甘南退化高寒草地
生态恢复理论与实践

GANNAN TUIHUA GAOHAN CAODI
SHENGTAI HUIFU LILUN YU SHIJIAN

苏军虎　主编

中国农业出版社
北 京

编 写 人 员

主　编　苏军虎

副主编　孙小妹　王　静　白小明　刘永杰

参　编　王海芳　石亚飞　康宇坤　王志成
　　　　　姚宝辉　安　航

　　草原是我国面积最大的陆地生态系统，在维持国家生态安全、牧民生活富裕及边疆稳定等方面起着重要的作用。自 20 世纪后半叶以来，在人类活动干扰、全球气候变化等多种因素的影响下，我国草地出现了明显的退化，主要特征包括草地生物量与生物多样性降低、毒杂草大肆扩张、牲畜产量和质量下降、草地生态系统服务功能下降等。作为天然草地的主要分布区，我国西北地区受草地退化问题的影响甚深。

　　甘肃省是我国草地分布面积较大的省份之一，甘南藏族自治州（简称甘南州）是甘肃省草地的主要分布区。甘南州也是黄河上游最大的水源补给区和径流汇流区，以不足 5％的流域面积贡献了约 20％的水资源量，是维系黄河流域生态安全的重要天然屏障。甘南州地处青藏高原西北部边缘，其草场平整、面积广阔，但由于整体海拔较高，高寒草甸成为当地主要的草地类型。严酷的自然环境也使得甘南州高寒草甸的牲畜承载力较差，易受外界过度扰动而退化，严重时会出现土地沙化或黑土滩等现象。

　　针对普遍的草地退化问题，我国自 20 世纪末开始推行"退耕还林还草"政策。自 1999 年以来，已推进了两轮退耕还草，也实施了草原生态保护补助奖励及相关工程等，甘南州高寒草甸也因此得到了保护和恢复，取得了较好的治理成效。同时，甘南州逾 20 年的高寒草甸退化治理和实践过程，取得了哪些进展与成效、还有哪些缺点与不足、未来应如何改进等，也成为相关草地生态科研工作者和从业者亟须系统回答的问题。

　　近 20 年来，编者团队长期在甘南州开展草原鼠害防控管理和退化草甸生态修复和治理的研究与实践。在自身以往工作基础上，编者团队系统整理相关成果后编写了本书。本书对甘南州退化高寒草地生态恢复理论与实践进行了系统回顾和总结，涉及退化草地生态修复的基础理论、应用技术及管理模式，也提出了未来进行退化高寒草甸治理需要改进和完善的方向。其中：第一章概述了甘南州草地生态系统的退化现状；第二和第三章分别介绍了草地退化诊断、恢复和重建的理论，以及甘南州退化草地修复与重建的若干技术；第四、五章分别介绍了鼠害综合防治与鼠荒地的治理；第六、七章介绍了病害与虫害的治理；第八章介绍了毒杂草管理；第九章介绍了放牧管理措施；第十章提出了未来实现甘南高寒草甸可持续管理的建议与展望。希望本书的出版能够对政府相关部门、草地保护研究人员及相关从业者的工作有所助益，并对加强社会各界认识和了解我国高寒草甸保护现状起到一定作用。草原是一个复杂的生态系统，我们对这个系统的认识还远远不够，退化草地的修复管理需要诸多学科知识，加之编者水平有限，书中难免存在疏漏和错误，恳请读者批评指正。

本书的撰写和出版得到了国家自然科学基金项目（31460566、31760706、32272566）和甘肃省林草科技支撑项目的资助，在此一并感谢。

编　者

2024 年 3 月

目 录 //////////
CONTENTS

前言

第一章　甘南州草地生态系统退化态势 ……………………………………… 1

第一节　甘南州国土利用状况 ………………………………………………… 1

第二节　甘南州草地类型 ……………………………………………………… 3

一、甘南州草原概况 …………………………………………………………… 3

二、甘南州草场类型 …………………………………………………………… 3

第三节　草地永续利用中存在的问题 ………………………………………… 7

一、超载及过度放牧造成草地退化 …………………………………………… 7

二、生物种质遭到严重破坏 …………………………………………………… 7

三、鼠虫灾害严重 ……………………………………………………………… 8

四、草地经营管理水平低 ……………………………………………………… 8

第四节　甘南草地生态系统退化成因 ………………………………………… 8

一、自然因素 …………………………………………………………………… 8

二、人为因素 …………………………………………………………………… 9

三、鼠虫害因素 ……………………………………………………………… 11

第五节　甘南草地生态系统退化现状及机制 ……………………………… 12

一、草地退化的类型 ………………………………………………………… 12

二、退化草地的植物群落特征 ……………………………………………… 12

三、鼠害对植物群落特征的影响 …………………………………………… 13

四、退化草地土壤种子库的变化 …………………………………………… 15

五、退化草地土壤理化性质 ………………………………………………… 18

六、退化草地土壤微生物特性 ……………………………………………… 21

七、退化机制与生态过程 …………………………………………………… 24

第二章　退化草地诊断及恢复与重建的理论方法体系 ……………………… 25

第一节　草地生态系统诊断 ………………………………………………… 25

一、草地生态系统退化的概念 ……………………………………………… 25

二、草地退化等级与生物环境指示 ………………………………………… 25

三、草地退化评估的专有名词 ……………………………………………… 27

第二节　退化草地生态系统恢复重建的目标和原则 ……………………… 29

一、草地生态系统退化成因及过程分析 ……………………………… 29

二、退化草地生态系统恢复的原则与标准 …………………………… 32

第三节　退化草地生态系统恢复的理论 ……………………………………… 36

一、传统生态学理论 …………………………………………………… 36

二、现代生态学理论 …………………………………………………… 40

三、人为设计与自我设计理论 ………………………………………… 43

四、系统性恢复理论 …………………………………………………… 43

五、近自然恢复理论 …………………………………………………… 43

第三章　甘南退化草地植被的恢复与重建技术 …………………………… 44

第一节　退化草地生态系统恢复的模式与方法 …………………………… 44

一、草地围栏模式 ……………………………………………………… 45

二、划区轮牧，以草定畜 ……………………………………………… 45

三、增强土壤肥力 ……………………………………………………… 46

四、改善土壤结构 ……………………………………………………… 49

五、草地补播 …………………………………………………………… 49

六、毒杂草防除 ………………………………………………………… 49

七、控制草地鼠害和病虫害 …………………………………………… 50

八、近自然恢复 ………………………………………………………… 51

第二节　不同退化程度草地具体治理技术 ………………………………… 52

一、轻度退化草地 ……………………………………………………… 52

二、中度退化草地 ……………………………………………………… 54

三、严重退化草地 ……………………………………………………… 55

四、"黑土滩"型二次退化草地 ……………………………………… 56

第三节　优良牧草筛选与人工草地建植 …………………………………… 56

一、优良牧草及饲料作物品种筛选 …………………………………… 56

二、人工草地建植 ……………………………………………………… 58

三、甘南高寒人工草地建植模式与效应比较 ………………………… 64

第四章　甘南草原鼠害综合防治技术 ……………………………………… 97

第一节　甘南州草原鼠害治理现状 ………………………………………… 97

一、草原鼠害综合治理概述 …………………………………………… 97

二、草原鼠害综合治理策略 …………………………………………… 98

第二节　主要鼠害的生物学特征及防治技术 ……………………………… 99

一、高原鼢鼠 …………………………………………………………… 100

二、高原鼠兔 …………………………………………………………… 106

三、喜马拉雅旱獭 ……………………………………………………… 111

四、甘肃鼢鼠 ……………………………………………………… 116

五、达乌尔黄鼠 ………………………………………………… 121

六、大林姬鼠 …………………………………………………… 126

七、花鼠 ………………………………………………………… 129

八、根田鼠 ……………………………………………………… 132

九、社鼠 ………………………………………………………… 136

十、高原兔 ……………………………………………………… 139

第五章　甘南草原鼠荒地治理技术 ……………………………… 144

第一节　鼠荒地的概念 …………………………………………… 144

一、鼠荒地概述 ………………………………………………… 144

二、鼠荒地的发生 ……………………………………………… 144

三、鼠荒地的生态环境变化 …………………………………… 145

第二节　鼠荒地的修复 …………………………………………… 146

一、鼠荒地治理技术 …………………………………………… 146

二、鼠荒地治理模式相关研究 ………………………………… 147

三、生态调控治理 ……………………………………………… 148

第六章　甘南草原草地病害治理技术 …………………………… 150

第一节　主要病害类型 …………………………………………… 150

一、锈病 ………………………………………………………… 150

二、黑粉病 ……………………………………………………… 152

三、白锈病 ……………………………………………………… 154

四、白粉病 ……………………………………………………… 154

五、霜霉病 ……………………………………………………… 156

第二节　草地病害的防控技术 …………………………………… 157

一、物理防控 …………………………………………………… 157

二、化学防控 …………………………………………………… 157

三、生物防控 …………………………………………………… 157

四、生态防控 …………………………………………………… 158

五、展望 ………………………………………………………… 158

第七章　甘南草原虫害治理技术 ………………………………… 159

第一节　草地害虫类型及危害 …………………………………… 159

一、草地虫害 …………………………………………………… 159

二、主要的害虫类型及危害 …………………………………… 159

第二节　草原害虫防控技术体系 ………………………………… 176

一、草地虫害监测预警 ………………………………………… 176

二、草原害虫的可持续治理 ……………………………………………………… 177

三、建立健全草原监测体系 ……………………………………………………… 178

四、制定草原虫灾应急防治预案 ………………………………………………… 179

第八章　甘南草原毒杂草治理技术 ………………………………………………… 180

第一节　退化草地毒杂草化 ………………………………………………………… 180

一、退化草地有毒植物种类 ……………………………………………………… 180

二、毒杂草的地理分布 …………………………………………………………… 181

第二节　退化草地毒杂草对畜牧业的危害 ………………………………………… 182

一、对草原牲畜的危害 …………………………………………………………… 182

二、对草原生态的危害 …………………………………………………………… 183

第三节　国内外退化草地毒害草治理技术研究概况 ……………………………… 184

一、物理防控 ……………………………………………………………………… 184

二、化学防控 ……………………………………………………………………… 185

三、替代防控 ……………………………………………………………………… 186

四、生物防控 ……………………………………………………………………… 186

五、生态防控 ……………………………………………………………………… 187

六、综合利用 ……………………………………………………………………… 187

第四节　退化草地主要毒害草治理技术 …………………………………………… 188

一、有毒棘豆综合治理技术 ……………………………………………………… 188

二、有毒黄芪综合治理技术 ……………………………………………………… 193

三、瑞香狼毒综合治理技术 ……………………………………………………… 196

四、醉马芨芨草综合治理技术 …………………………………………………… 197

五、乌头属有毒植物综合治理技术 ……………………………………………… 198

六、橐吾综合治理技术 …………………………………………………………… 202

第九章　退化草地的放牧管理技术 ………………………………………………… 206

第一节　放牧对草地群落结构及生态系统功能的影响 …………………………… 206

一、放牧对草地植物群落多样性的影响 ………………………………………… 206

二、放牧对土壤理化性质的影响 ………………………………………………… 207

三、放牧对草地生态系统服务功能的影响 ……………………………………… 209

第二节　放牧对牧草品质及家畜生产力的影响 …………………………………… 209

一、放牧对牧草品质的影响 ……………………………………………………… 209

二、放牧对家畜生产力的影响 …………………………………………………… 210

第三节　放牧对草地啮齿动物的影响 ……………………………………………… 212

一、啮齿动物在草地生态系统中的作用 ………………………………………… 212

二、放牧对啮齿动物的影响 ……………………………………………………… 213

三、未来的研究方向 ……………………………………………………………… 217

第四节　放牧对草地虫害的影响 ··· 218

一、放牧对草地昆虫多样性的影响 ·· 219

二、放牧影响昆虫多样性的途径 ·· 219

第五节　放牧对草地病害的影响 ··· 221

一、植物群落多样性对病害的影响 ·· 221

二、放牧对草地植物病害的影响 ·· 222

三、刈割对草地病害的影响 ··· 223

四、焚烧对草地病害的影响 ··· 224

第六节　草地合理的放牧管理技术 ··· 224

一、草地放牧管理的目的、原理和意义 ······································ 224

二、草地放牧模式 ··· 226

三、草地放牧管理技术 ·· 228

第十章　甘南高寒草地生态系统可持续管理与展望 ····························· 231

第一节　天然草地生态系统的可持续管理 ··· 231

一、生态系统可持续管理的概念 ·· 231

二、生态系统可持续管理的原理和方法 ······································· 231

三、天然草地生态系统可持续管理的方法 ···································· 232

第二节　人工草地的可持续发展 ··· 236

一、人工草地的经济及生态效益分析 ·· 236

二、影响人工草地可持续利用的方式 ·· 237

三、生物土壤结皮对人工草地土壤特性的影响 ···························· 238

四、人工草地的信息管理 ··· 239

第三节　生态奖补政策的优化 ··· 241

一、退牧还草 ·· 241

二、生态奖补 ·· 250

第四节　国家公园保护技术 ·· 252

一、国家公园建设总体要求 ··· 252

二、国家公园建设存在的主要问题及改进措施 ···························· 253

三、草原自然公园 ··· 254

参考文献 ··· 258

第一章　甘南州草地生态系统退化态势

　　甘肃省甘南藏族自治州，简称甘南州，位于甘肃省西南部，地处甘肃、青海、四川三省交界处，是以藏族为主体的少数民族自治地区。甘南州居于青藏高原东北边缘与黄土高原的接壤带，介于北纬 33°06′30″—35°34′00″与东经 100°45′45″—104°45′30″之间。地势西北高东南低，整体地形较为复杂。全州主要由山原、山地丘陵和高山峡谷 3 个地貌类型组成。海拔最高 4 900 米，最低 1 172 米，平均 3 000 米左右。大陆性季风气候明显，光照充裕，太阳年总辐射量 433.39～5 486.7 兆焦/米²，但利用率低，热量不足，垂直差异大，无霜期约 200 天，降水较多，地理季节分布差异显著。

　　甘南州是甘肃省的主要牧区之一，草地畜牧业是本州的主导产业。持续稳定地发展草地畜牧业，对振兴甘南州的民族经济有着举足轻重的作用。从总体上看，甘南的草地畜牧业仍没有摆脱靠天养畜的被动局面，保护与发展的矛盾较重，产业转型步伐滞后，创新发展任务艰巨。长期以来，人们对草原这一复杂系统认识不足，对草地资源缺乏科学管理和合理利用，导致天然草地长期超载过牧，草地退化和草地沙漠化得不到有效控制，加之鼠虫害和气候变化等原因，草地环境日趋恶化，生态系统遭到严重破坏，影响了草地资源利用和草地生态农牧业的发展。因此，立足资源禀赋，坚持市场导向，依托科技支撑，在生态优先的基础上，发展壮大现代农牧业，对甘南州国民经济和社会发展具有重要意义。

第一节　甘南州国土利用状况

　　按照《国务院关于开展第三次全国土地调查的通知》（国发〔2017〕48 号）和《甘肃省人民政府关于开展第三次全国土地调查的通知》（甘政发〔2017〕82 号）要求，甘南州第三次全国国土调查获得的主要地类数据如下：

　　（一）耕地 139 559.38 公顷（209.34 万亩*）。其中，水浇地 2 854.03 公顷（4.28 万亩），占 2.05%；旱地 136 705.35 公顷（205.06 万亩），占 97.95%。临潭县、舟曲县、卓尼县耕地面积较大，占全州耕地的 67.06%。

　　位于 2°以下坡度（含 2°）的耕地 4 486.01 公顷（6.73 万亩），占全州耕地的 3.21%；位于 2°～6°坡度（含 6°）的耕地 11 240.86 公顷（16.86 万亩），占 8.05%；位于 6°～15°

---

　　* 亩为我国非法定计量单位，1 亩≈667 米²。——编者注

坡度（含 15°）的耕地 53 949.44 公顷（80.92 万亩），占 38.66％；位于 15°～25° 坡度（含 25°）的耕地 39 004.82 公顷（58.51 万亩），占 27.95％；位于 25° 以上坡度的耕地 30 878.25 公顷（46.32 万亩），占 22.13％。

（二）种植园用地 1 421.81 公顷（2.13 万亩）。其中，果园 375.16 公顷（0.56 万亩），占 26.39％；其他园地 1 046.65 公顷（1.57 万亩），占 73.61％。舟曲县、迭部县园地面积较大，占全州园地的 99.75％。

（三）林地 1 213 587.17 公顷（1 820.38 万亩）。其中，乔木林地 666 775.35 公顷（1 000.16 万亩），占 54.94％；灌木林地 524 164.76 公顷（786.25 万亩），占 43.19％；其他林地 22 647.06 公顷（33.97 万亩），占 1.87％。迭部县、卓尼县、舟曲县、夏河县林地面积较大，占全州林地的 75.80％。

（四）草地 1 766 165.92 公顷（2 649.25 万亩）。其中，天然牧草地 1 765 677.10 公顷（2 648.52 万亩），占 99.97％；人工牧草地 44.75 公顷（0.07 万亩），占 0.003％；其他草地 444.07 公顷（0.66 万亩），占 0.03％。草地主要分布在玛曲县、夏河县、碌曲县和卓尼县，占全州草地的 83.95％。

（五）湿地 384 030.44 公顷（576.05 万亩）。湿地是"三调"新增的一级地类。其中，森林沼泽 1 508.43 公顷（2.26 万亩），占 0.39％；灌丛沼泽 18 479.35 公顷（27.72 万亩），占 4.81％；沼泽草地 356 085.47 公顷（534.13 万亩），占 92.72％；内陆滩涂 7 957.19 公顷（11.94 万亩），占 2.08％。湿地主要分布在玛曲县、夏河县、碌曲县和合作市，占全州湿地的 98.22％。

（六）城镇村及工矿用地 19 416.41 公顷（29.12 万亩）。其中，城市用地 995.21 公顷（1.49 万亩），占 5.13％；建制镇用地 2 766.12 公顷（4.15 万亩），占 14.25％；村庄用地 13 585.98 公顷（20.38 万亩），占 69.97％；采矿用地 1 546.38 公顷（2.32 万亩），占 7.96％；风景名胜及特殊用地 522.72 公顷（0.78 万亩），占 2.69％。

（七）交通运输用地 12 716.48 公顷（19.07 万亩）。其中，公路用地 4 744.79 公顷（7.12 万亩），占 37.31％；农村道路 7 793.89 公顷（11.69 万亩），占 61.29％；机场用地 174.59 公顷（0.26 万亩），占 1.37％；管道运输用地 3.21 公顷（48 亩），占 0.03％。

（八）水域及水利设施用地 41 016.81 公顷（61.53 万亩）。其中，河流水面 36 599.57 公顷（54.90 万亩），占 89.23％；湖泊水面 1 861.39 公顷（2.79 万亩），占 4.54％；水库水面 1 874.5 公顷（2.81 万亩），占 4.57％；坑塘水面 230.86 公顷（0.35 万亩），占 0.56％；沟渠 153.43 公顷（0.23 万亩），占 0.37％；水工建筑用地 297.06 公顷（0.45 万亩），占 0.73％。玛曲县、碌曲县、夏河县和卓尼县水域面积较大，占全州水域的 85.78％。

第三次全国国土调查数据全面反映了甘南州的国土利用状况，也客观反映出甘南州在耕地保护、生态建设、节约集约用地等方面应采取的措施等。应坚持系统观念，加强顶层规划，因地制宜继续推动城乡存量建设用地开发利用，完善政府引导市场参与的城镇低效用地再开发政策体系；同时，还应强化土地使用标准和节约集约用地评价，大力推广节地模式，统筹生态建设。这些对于甘南州生态保护至关重要。

第二节 甘南州草地类型

一、甘南州草原概况

甘南州草场牧草茂密,全州除少数地方峰岩裸露外,平均植被覆盖度达 85% 以上。600 亩以上连片的天然草地总面积为 3 758.30 万亩,占 80% 以上,且多为山原地貌,地形平坦开阔,利于放牧。草地主要分布于玛曲、夏河、合作及卓尼的部分地区和碌曲四县一市,饲养方式多为逐水草而游牧。

全州草地可分为高山草甸、亚高山草甸、亚高山灌丛草甸、林间草甸、盐生草甸、沼泽草甸和山地草原 7 个草地类、17 个草地组和 29 个草地型。在天然草地诸类中,亚高山草甸草场是甘南天然草地的主体,其次是亚高山灌丛草甸草场,以上两类草地之和占全州草地总面积的 86.97%,两者的兴衰影响着甘南生态畜牧业的发展。

调查发现,甘南州组成草地植被的植物有 94 科 369 属 917 种,其中可食植物有 86 科 890 种,适口性好的优良植物有 258 种。有驯化栽培前景的有 2 科 34 种。禾本科共计 43 属 114 种。莎草科植物 5 属 41 种。豆科植物 12 属 56 种,其中可食者 9 属 43 种。杂类植物中,菊科 135 种、蓼科 23 种、蔷薇科 19 种,共计 177 种。有毒有害植物共 10 科 23 属 98 种。牧草以禾本科、莎草科为主,豆科较少,主要有披碱草属、鹅冠草属、短柄草属、翦股颖属、凤毛菊属、蓼属、委陵菜属及野豌豆、野苜蓿和小鳌豆等,平均高度 35 厘米。这些植物形成多种不同类型的草地植被,在大陆性季风气候的综合影响下,一般从 4 月下旬开始萌发,9 月中旬开始枯黄,枯草期达 7 个月。牧草具有粗蛋白、粗脂肪、无氮浸出物高及纤维素低的"三高一低"特点,且热值高,耐家畜啃食和践踏。

二、甘南州草场类型

(一)高山草甸类草场

高山草甸类草场包含 1 个组、2 个型。

山岭坡地莎草草场组

(1)高山嵩草+胎生早熟禾/高山嵩草草场型 其中禾草占 62.4%,莎草科占 3.6%,杂类草占 30.4%,毒害草占 3.6%。

(2)线叶嵩草+高山嵩草+矮嵩草草场型 其中,莎草科占 53%~60.4%,杂类草占 21%~35%,禾草占 10%,豆科占 1%~2%,毒害草极少。

(二)亚高山草甸类草场

亚高山草甸类草场为甘南州面积最大、利用价值最高的草场类。土壤为亚高山草甸黑钙土。草群高度 15~80 厘米,平均亩产鲜草 374.72 千克。亚高山草甸类草场分 4 个草场组、9 个草场型。

1. 阳坡禾草草场组

(1)异针茅+硬质早熟禾/异针茅+线叶嵩草+珠芽蓼草场型 本型分布在亚高山草甸带的阳坡,密丛禾草占优势。种的饱和度 22~34 种/米²,盖度 80%~90%。其中禾本科 11.9%,豆科 2.3%,莎草科 41.4%,杂类草 28.8%,毒害草占 15.6%。

（2）野青茅＋短柄草＋密生苔＋珠芽蓼草草场型　本型只出现在2 700～3 400米的林间草地（阴坡为林阳草），草群茂密高大（40厘米以上）。种的饱和度约40种/米²。其中，禾本科32.92%，莎草科3.34%，豆科7.39%，杂类草54.59%，毒害草1.76%。

2. 滩阶地禾草草场组

（1）垂穗披碱草＋鹅绒委陵菜草场型　植被成分较单调，种的饱和度15种/米²。草群高度90～120厘米，盖度95%～100%，按重量计禾草占87.89%、杂类草占12.00%。

（2）异针茅＋嵩草草场型　分布与（1）型类似，主要在碌曲尕海和玛曲县黄河两岸阶地丘陵阳坡，种的饱和度15～23种/米²。草群高度25厘米，盖度80%～85%。其中，禾本科32%～49%，莎草科18.7%～25%，杂类草16.2%～39.4%，豆科3.8%，毒害草7%～11%。

3. 沟坡莎草杂类草草场组

（1）黑褐苔＋紫羊茅＋藏异燕麦　本型分布在坡度比较平缓，生境比较湿润的山地沟部，以黑褐苔为优势种，紫羊茅为亚优势种。种的饱和度22～30种/米²。草群高度20～40厘米，盖度80%～100%。

（2）珠芽蓼＋线叶嵩草＋紫羊茅/珠芽蓼＋线叶嵩草＋银莲花草场型　本型分布在山地沟谷东西两向坡面上，双子叶植物起主导作用，种的饱和度25～35种/米²。草层高度15～25厘米，盖度75%～80%。草群比例为杂草55.22%，嵩草20.69%，莎草11.19%，毒害草12.7%。

4. 浅山山顶夷平面莎草草场组

（1）嵩草＋密生苔＋紫羊茅草场型　一般分布于中低的浑圆山顶种的饱和度20～30种/米²，草群高度在15厘米以下的占90%以上，经济类群比重小，禾本科8.6%，莎草科31.2%，豆科3.0%，杂类草33.9%，毒害草23.2%。

（2）糙喙苔草＋禾叶嵩草＋狭穗针茅草场型　本型多出现在3 600～3 900米的平缓阳坡和冻融夷平面上。种的饱和度30～40种/米²，草群高度15～25厘米。盖度90%以上，其中禾本科占5.2%，莎草科86.2%，杂类草2.3%。

（三）亚高山灌丛草甸草场类

甘南州代表灌木有金露梅、高山柳、窄叶鲜卑花、高山绣线菊、烈香杜鹃、火花杜鹃和小叶杜鹃等。本类主要分布在林线以上山地阴坡及河谷两岸生境潮湿的地段。土层深厚，质地疏松湿润。有机质含量11.7%，pH6.3，无石灰性反应，含氧0.526%，含磷0.23%，含钾2.3%。灌木盖度5%～30%，草本植物覆盖度70%～95%。

1. 丘陵阶地落叶灌丛草场组

（1）金露梅-珠芽蓼＋紫羊茅＋矮嵩草草场型　主要分布在河谷两岸及北坡坡麓生境湿润地段。种的饱和度为25～35种/米²。灌木丛高40～60厘米，草群高15～20厘米，总盖度95%～100%。其中，灌木（可食部分）占7.5%，禾草占13.7%，莎草占48.4%，杂类草占22.4%，毒害草占8.0%。

（2）金露梅-珠芽蓼＋勃氏针茅＋垂穗披碱草草场型　主要分布在排水良好的半阴坡及丘陵地带，生境比前一型稍干燥，属放牧过重的草场地段。种的饱和度为20～30种/米²，灌木高度40～60厘米，盖度10%～20%，草群高度25～30厘米，盖度70%～

80%。其中，灌木（可食部分）占 2.0%，禾草占 45.8%，莎草占 34.7%，杂类草占 8.5%，毒害草占 9.0%。

2. 阴坡落叶/常绿革叶灌丛草场组

（1）高山柳＋珠芽蓼＋嵩草＋黑褐苔草草场型　主要分布在阴坡较平缓湿润的坡面和沟垴地段上。分布有高山柳、怀腺柳、高山绣线菊、鬼箭锦鸡儿等。种的饱和度为 26～34 种/米²，灌丛高度为 15～25 厘米，盖度 70%～80%。在河漫滩上还出现灌林组成的矮曲林。其中，灌木（可食部分）占 34.2%，禾草占 6.9%，豆科占 1.8%，莎草占 26.7%，杂类草占 24.3%，毒害草占 5.6%。

（2）窄叶鲜卑花-珠芽蓼＋川甘蔗草＋杂类草草场型　斑块状分布于高山柳灌下部向金露梅灌丛的过渡地带，海拔上限不超过 3 600 米。种的饱和度为 20～30 种/米²，总盖度为 75%～85%，草群高度 15～20 厘米。其中，禾草占 13.27%，莎草占 17.11%，豆科占 4.42%，杂类草占 60.79%，毒害草占 4.4%。

（3）杜鹃-珠芽蓼＋黑褐苔＋糙喙苔草草场型　分布在林线以上的正北坡，以常绿革叶灌丛为主，物种以各类杜鹃及羌活、大黄为主，放牧价值不大，但药物资源丰富，是野生动物的栖息场所。其中，灌木（可食部分）占 30.45%，禾草占 10%，莎草占 35.94%，杂类草 22.35%，毒害草占 1.2%。

3. 沙棘-短柄草＋野青茅草场型　分布在洮河、大夏河、白龙江和黄河南岸的各沟谷阳坡下部及半阴坡上，种的饱和度 30～45 种/米²。草群高度 25～30 厘米，盖度 70%～90%。本型总面积 752 835 亩，可利用面积 649 523 亩，平均亩产鲜草 373.6 千克。其中，禾本科与莎草科牧草共占 64.7%，杂类草占 29.4%，毒害草占 5.9%。

（四）林间草甸草场类

总面积 420 300 亩，占全州草场总面积的 1.12%，其中可利用面积 112 950 亩，占全州可利用总面积的 0.32%。

1. 阴坡暖针林＋林间草场组　杂灌-野青茅＋糙喙苔＋高山嵩草草场型，郁闭度为 20%～40%，草本有野青茅、拂子茅、糙喙苔、高山嵩草、林地早熟禾等。

2. 峡谷坡地小叶林＋林间草场组　铁杆蒿-小米草＋蕨类草场型，分布在海拔 3 000 米以下，有白杨、白桦出现，草本有各类蒿、蕨，优良牧草有短柄草、鹅观草、披碱草早熟禾、歪头菜等，种的饱和度为 40～50 种/米²。

（五）盐生草甸草场类

半干旱气候条件下发育的以耐盐高大禾草为主的草场，分布在海拔 3 000 米以下的河谷滩阶地，仅有 1 组 1 型。

芨芨草＋光稃早熟禾＋阿尔泰狗娃花草场型，分布在夏河甘加盆地和洮河、大夏河河谷阶地上。有芨芨草、醉马草、赖草、光稃早熟禾、阴山扁蓿豆、碱茅、远志、灰绿藜等耐旱生植物，在近河滩地上间形成以马蔺、华扁穗草为优势种的盐生草甸，面积较小。其中，禾草占 37.07%（其中芨芨草占 33.85%），豆科草占 46%，杂类草占 50.33%，毒害草占 8.0%。

（六）沼泽草甸草场类

本类是在土壤过湿的条件下发育起来的，在甘南分布较广，但面积不大。在玛曲县分布最广，有 1 360 293.1 亩，占全州该类草场总面积的 68.11%，占到玛曲县可利用面积的 10%。

本类草场不论在高山夷平面，还是河谷阶地，都以莎草科植物为优势种，分 2 个草场组、4 个草场型。

1. 溢水泛溢地莎草场组

（1）华扁穗草＋发草＋垂头菊草场型　仅分布在河漫滩泛水地上，往往沿溪流两岸呈狭带分布。分布地特点是地面平坦，地表无积水，但潮湿呈沮洳状，只在春泛和汛期内出现水淹现象。草群以华扁穗草占绝对优势，其次是发草、鹅绒委陵菜、车前、垂头菊。种的饱和度约为 10 种/米²。其中，华扁穗草占 80%，禾草占 8%，杂类草占 9%。

（2）华扁穗草＋鹅绒委陵菜＋狭舌垂头菊/华扁穗草＋褐鳞苔草草场型　分布于高原宽谷排水不畅的滩地，是本州最常见的沼泽草甸，地表密布冻胀丘。丘顶生长有喜马拉雅嵩草、针蔺、嵩草、矮泽芹、梅花草、风铃草、鹅绒委陵菜；丘间凹地生长华扁穗草、褐鳞苔、裸果苔、驴蹄草、金莲花和垂头菊。除雨季外地表不积水，呈沮洳状。地下有泥炭层，为泥炭沼泽土。其中，莎草占 59.1%，禾草占 14.8%，杂类草占 14.8%，毒草占 11.5%。

2. 浸水丘墩莎草场组　分布于常年积水条件下形成的水网状丘墩沼泽草场。草丘与水坑间的植被由水生和沼生植物构成。

（1）裸果丘墩苔＋水葫芦苗＋甘肃嵩草/裸果扁穗苔＋沿沟草＋甘肃嵩草草场型　主要分布在碌曲县尕海湖周围及玛曲县黄河咕河道低地、丘间积水和凹地上。生长有裸果穗扁苔、水葫芦苗、沿沟草、水麦冬、海韭菜、蔺草三裂叶毛茛等，丘墩上生长有假苇拂子茅、圆柱黑穗苔、狸藻、眼子菜等。由于常年积水，本型草场只能在积水封冻后放牧利用。

（2）藏嵩草＋甘肃嵩草草场型　本型多出现在分水岭、沟垴等地下水外露积水泛溢的地段。地面有较多的丘墩，丘墩间有积水。草群中优势种除藏嵩草、甘肃嵩草外，还有华扁穗草裸果穗苔、禾叶嵩草、镰草山地虎耳草、梅花草等。其中，禾草占 8.8%，莎草占 63.1%，杂类草占 12.4%，毒害草占 15.7%。

（七）山地草原草场类

本类仅分布在白龙江、洮河、大夏河及其支流的河谷阳坡下部及低山丘陵阳坡。分布海拔 1 500～2 700 米，土壤为山地草原土，有机质含量较低，结构紧实，pH 7.1～8.5。在黄土丘陵阶地上，针茅属植物为优势种。本类有 4 个草场组，5 个草场型。

1. 坡丘地禾草草场组

（1）本氏针茅＋铁杆蒿草场型　本型分布在山前丘陵坡地上。在洮河大夏河下游与黄土高原接壤的八角、治力关、康多、洮砚新堡、麻当、甘加等乡都有分布。禾草有本氏针茅、克氏针茅、波伐早熟禾、宾草、芨芨草等，莎草有密生苔草、矮嵩草，还分布有铁杆蒿、白山蒿、点地梅、五蕊梅等。种的饱和度为 13～20 种/米²，草群盖度 50%～70%。其中，禾草占 29.1%，莎草占 8.8%，豆科占 5.5%，杂类草占 46.2%，毒害草占 10.4%。

（2）紫花针茅＋勃氏针茅草场型　本型分布在河谷阶地及土层瘠薄的干燥的阳坡上。

除紫花针茅、勃氏针茅外，还有阿尔泰狗娃花、茵陈蒿、矩镰荚苜蓿等。在卓尼县新堡洮砚一带的黄土坡地上还出现本氏针茅与草木樨状黄花共同组成的禾草草场，但面积不大。本型草场植被稀疏、水蚀严重，草群盖度只有50%～60%。

2. 阶地禾草草场组 本型主要分布在河谷北岸坡麓水土流失严重的地段。以青海固沙草、克氏针茅为优势种。一般不连片，与其他草场型交错分布。种的饱和度为12种/米²。结构简单，草场植被稀疏，盖度只有40%～60%。其中，禾草占48.6%，莎草占3.37%豆科占2.9%，杂类占44.94%。

3. 阳坡具刺灌木草场组 为森林破坏后发育的灌丛草场。在洮河流域碌曲县西仓乡以下，大夏河流域九甲、下卡加以下以及白龙江流域河谷洮河沿岸的下部都有分布。具刺灌植物有秦岭小柏、藏锦鸡儿、鬼箭锦鸡儿、山桃等，半灌木有铁杆蒿、灌木亚菊、木紫宛、莸、华帚菊等。蒿类植物加白山蒿也占较大比例。禾草有落芒草、克氏针茅-芨芨草、本氏针茅三毛草、波伐早熟禾等。其中，禾草占20%～45%，莎草占10%～25%，豆科草占5%～8%，杂类草占30%～40%，毒害草占5%～10%。本型草场分布地段坡度大，难于放牧大型牲畜。具刺灌木也不利于毛畜，以放养山羊较宜。

4. 河谷坡麓灌木草场组

河蒴荛花＋莸＋刺旋花-本氏针茅型 本型分布在迭部县花园乡以下的白龙江河谷地带。分布区山坡陡峻，气温较高，降雨强度大，且植被稀疏，土流失严重。大部地方基岩裸露，河谷冲积扇多被砾石覆盖，呈戈壁状。生长有中旱生、旱生超旱生植物，如旋花、河蒴荛花、本氏针茅等。在冲沟泥沙沉积的山弯台地上长有大油芒、白茅、狗牙根等暖温带亚热带丛生禾草，说明本型草场原是灌木禾草草场。

第三节　草地永续利用中存在的问题

一、超载及过度放牧造成草地退化

长期以来，随着牧区人口的增长，本来游牧的形式转变为定居放牧，加之市场经济发展，牛羊的载畜量持续增多，超载和过度放牧问题突出，草地资源利用长期处于掠夺式经营状态。尽管国家出台了一系列生态保护和草原修复工程的措施，但目前全州中度及重度退化面积仍占全州草地总面积的50%，毒杂草由30%上升到55%，牧草高度由75厘米下降到15厘米，导致产量下降35%，并且部分地区出现沙化现象。因超载及过度放牧造成草地退化是目前亟须解决的问题，而如何衔接国家生态保护工程并在有效遏制草地退化的基础上，提升退化草地的功能，发挥草地的生态服务功能，则是未来要解决的关键问题。

二、生物种质遭到严重破坏

在甘南草原利用过程中，由于缺乏规划等，草地生态系统的生物种质和生物多样性遭到严重破坏。甘南草原地处青藏高原东缘，是世界生物多样性热点地区之一。独特的环境、地质历史和气候条件孕育了丰富的生物多样性和种质资源，形成了诸多的特有种以及培育和栽培种质，如河曲马、牦牛、甘加藏羊、蕨麻猪，独一味、蕨麻等，都是适应青藏高原高寒草地特殊环境的物种。然而由于不合理的利用，加之滥捕乱杀和滥采乱樵，生物种质遭到严重破坏，优良牧草减少，毒杂草增加，一些特有种质资源已丧失。如合作市与20世纪70年代相比，植被覆盖度降低了19%，群落中的小嵩草逐渐被棘豆、龙胆等毒杂草所代替并趋于消失。

生物资源是人类生存和社会发展的物质基础，是可再生和更新的资源，为满足当代人及子孙后代的需求，寻求有效保护和持续利用生物资源的新途径和新方法已迫在眉睫。

三、鼠虫灾害严重

受气候变化和人类活动导致的超载和过度放牧等影响，甘南草原生态系统出现严重的退化，系统组分减少、结构简单化，原本健康的生态系统出现整体衰退。一方面，甘南草原退化导致植被稀疏、盖度降低，为啮齿动物和昆虫的生长发育提供了较为适宜的生境，导致鼠虫害的发生；另一方面，生态系统中原本相互制约的啮齿动物和昆虫等二级消费者、三级消费者，如狐狸、黄鼬、大型猛禽等物种的种类和数量减少、分布区缩小，生态系统制约关系出现紊乱，导致鼠虫害的发生，而鼠虫害的发生又加剧了草地的退化。

四、草地经营管理水平低

甘南草原的生产经营一直采用传统模式，牧民逐水草而居，牛羊大多处于天然放牧状态，草地的管理水平不高，而草地退化导致家畜品种退化，个体生产性能降低。据调查，20世纪60—70年代牦牛平均胴体重约105千克，藏羊胴体约28千克；80年代牦牛胴体重约96千克，藏羊胴体重约25千克；90年代牦牛胴体重约86千克，藏羊胴体重约23千克。近年牧业产值虽有增加，但同内蒙古等地相比，差距仍较大，牲畜出栏率低（生产性能逐年降低）是产肉能力低的一个重要原因。

第四节　甘南草地生态系统退化成因

大量研究已证实，外界干扰如人类活动与气候变化是导致草地退化的重要原因。其中，人类干扰是草地生态系统退化的关键影响因素。草场超载过牧、滥樵乱采、工矿开发、生物资源掠夺式利用是导致草地退化的直接原因。在利用过程中，对草场保护和管理不足，使得草地无法休养生息。这表明，以往人们只重视草地作为畜牧业基地的生产功能，轻视其生态功能，草地长期处于超负荷状态。

一、自然因素

自然因素包括光、温度、降水（雨、雪、露、雹）、气体含量等单一因素，还包括气候、土壤、火烧、洪涝灾害、地质活动等复合因素。这些自然因素的剧烈变化，都可直接或间接影响生态系统的结构与功能。对于草地生态系统，除自然因素外，生物条件（如外来种的入侵、鼠害与虫害种群的突然爆发）也同样能够造成生态系统的改变或退化。

对于气候导致的草地退化，当前我国草地生态学界存在两种截然相反的观点。一种观点认为干旱和半干旱草原的气候变化非常大，这里的生态系统在功能上表现为非平衡状态，其变化不是向确定的顶极状态发展，而是由一些不可预测的随机因素控制，如降水、干旱等。过度放牧引起草原退化，实际上可能是草原植被对气候等随机因素变化的反应。气候的干旱化以及有限的降水量在空间与季节之间的分布不均，造成了草地植被的生长受到不同程度的限制。在降水减少的同时，气温的升高又使土壤的蒸发量加大。所以，草地植被的水循环以及与之相关的其他营养物质循环均受到影响。不仅草地植被的正常生长受到限制，而且出现退化演替过程。另外一种观点认为，气候变化是一个漫长而复杂的过程，仅凭数十年的资料难以判断气候变化的趋势。干旱和半干旱地区所观测到的温度升降和降水量增减均在植物正常生长的范围之内，尚不足以引起草原的迅速退化。

从全国草原的整体退化状况来看，气候变化不是 20 世纪 60 年代后草地退化的决定因素，但气候在局部地区对草地退化有重要影响。近年来，关于气候影响草地资源的研究逐渐增多。青藏高原 20 世纪 90 年代的牧草高度比 80 年代末期普遍下降 30％～50％，这个变化与该区域气候变化有紧密的关系。方精云（2000）研究指出，温度升高对草原上绝大多数植物生长有不利影响。随着研究的深入，研究者不再局限于笼统地分析气候年度变化的影响，部分研究还分析了季度气温与降水变化对土地荒漠化的影响。有些研究者甚至估算了气候变化对草地生产力的边际影响。例如，吕晓英（2003）发现气温平均升高 1℃，夏河县草原每亩产草量平均减少 122.6 千克。

二、人为因素

草地退化是人为因素和自然因素共同作用下生态系统的逆向演替过程，人类活动是草地退化的主要驱动因素。涉及草地资源退化的人为因素包括过度放牧、人口增加、草地开荒、频繁割草、樵采滥挖、经济结构单一，以及其他草原管理相关的制度与政策（草原产权、草原投资、围封、禁牧状况及人工草场建设等）的不足。

（一）草地开荒

草地开荒是人类对草地干扰的一种主要形式。耕作破坏了草原植被，松散了生草土层，裸露松散的沙质土地在干旱的风沙中极易受风蚀。其次，过多的开垦缩小了草地面积，增加了草地的牲畜负荷量，这种连锁反应加剧了草地植被的退化。草地开荒在世界诸多国家都曾发生过。例如，美国建国后曾在一望无际北美大平原的普列里上大规模开垦土地，种植小麦等粮食作物。最终 1934 年在北美大平原上出现"黑风暴"，席卷美国 2/3 的国土，草原开垦区域的植被有 15％～85％被破坏，4 500×10⁴ 公顷已被开垦的农田不复存在，16 万农牧民破产。1963 年这种现象也曾在苏联出现。1986—1996 年，我国黑龙江、内蒙古、甘肃、新疆 4 省份，新开荒的 194×10⁴ 公顷土地中有 95×10⁴ 公顷撂荒。全国草原区 40 多年累计开荒 670×10⁴ 公顷，按开荒 1 公顷荒地会使 3 公顷草地沙化的比例计算，全国仅开荒就造成 2 010×10⁴ 公顷草地沙化。

（二）过度放牧

放牧将草地资源的初级生产力直接转化为动物性产品。草地放牧强度（密度和频度）

的合理性和科学性决定草地的稳定生产性能。因此，确定草地放牧压力是避免过度放牧的前提。过度放牧对草地的影响还体现在放牧家畜的采食方式与践踏作用上。例如，绵羊对植物的采食方式是去顶、拔心、摘叶。去顶指家畜采食植物的生长点部分，拔心是家畜采食时将植株上端嫩茎拔离，留下空心叶鞘。去顶与摘叶都能刺激植物生长，而拔心对植物的伤害相对较大。放牧过程中家畜还存在践踏作用。践踏对草地土壤的物理结构乃至化学性质都可能有不同程度的改变。通常过度放牧使土壤硬度加大、通透性降低，改变了土壤的物理与化学性质而不利于植物根系生长。

研究发现，牦牛放牧强度对牧草地上、地下生物量有极显著影响。在放牧压力为零的对照区，牧草地上生物量最大，约419克/米²；在高强度（牦牛6.5头/公顷）放牧下，牧草地下生物量显著高于其他处理。高强度放牧降低了植被物种丰富度，但对植被群落密度、可食与不可食牧草生物量比重影响不显著（表1-1）。放牧强度对高寒草甸表层土壤（0~10厘米）含水量和地表温度（0~10厘米）有显著影响。随着放牧强度增大，表层土壤含水量总体呈下降趋势，地表温度呈递增趋势。放牧强度对牧草品质也有一定影响（表1-2），但各放牧强度之间差异不显著。因此，适宜强度的牦牛放牧可能会促进牧草地下生物量生长，潜在影响不同经济类群的比重，维持高寒草甸生态系统健康。

表1-1　牦牛活动强度对植被群落结构的影响

（引自柴林荣等，2018）

指标	对照	轻牧	中牧	重牧
0.25米²内物种数量	28.67±4.16a	23.67±1.53ab	20.33±2.89b	20.00±3.60b
0.25米²内群落密度	224.00±22.34a	192.33±14.19ab	139.67±48.05b	182.33±49.40ab
可食牧草生物量比重	64.05±2.99a	72.56±7.86a	64.33±15.32a	73.80±4.52a
不可食牧草生物量比重	35.95±2.99a	27.44±7.86a	35.67±15.32a	26.20±4.52a

注：同行不同小写字母间表示不同放牧处理间的差异显著（$P<0.05$）。

表1-2　牦牛活动强度对牧草品质的影响

利用强度	粗蛋白/%	粗脂肪/%	中性洗涤纤维/%	酸性洗涤纤维/%	灰分/%
对照	10.80±1.50a	2.84±0.36a	35.16±8.35a	29.47±8.74a	7.52±1.52a
轻牧	12.10±1.42a	2.69±0.63a	32.27±8.32a	29.90±1.97a	8.85±0.86a
中牧	12.90±0.75a	2.98±0.24a	36.00±2.07a	27.68±4.64a	10.12±2.44a
重牧	12.07±0.67a	3.50±0.61a	30.30±1.19a	26.64±2.08a	10.85±2.80a

注：同列不同小写字母表示不同放牧强度间差异显著（$P<0.05$）。

（三）频繁刈割

刈割是草地另一种重要的利用方式。刈割虽然不涉及家畜践踏问题，但刈割强度会直接影响草地植被的动态，如改变群落结构及初级生产力。随着刈割强度的持续增加，植物种类向单调的方向发展，羊草加杂类草群落逐渐变成羊草和寸草苔群落，刈割的强度继续增加，草地植被消失，最终出现碱斑景观。因此，过度刈割对草地的影响在生产实践中也不容忽视。

（四）樵采、乱挖与开矿等

樵采、乱挖与开矿等行为也是影响草地退化的人为因素。草地不仅为畜牧业发展提供牧草饲料，而且盛产大量的药材、野生植物以及相当数量的灌木林，很多地区草地地下还蕴藏着丰富的矿产资源。因此，一些地区的人们樵采灌木做薪柴，同时为了增加经济收入，还大规模、频繁地挖掘野菜和药材。例如，甘肃省甘南藏族自治州夏河-合作一带为金矿密集区，区内发现金、铜、铅、锌、铁等矿床（点）60余处，尤以金矿床（点）占绝对优势（38处）。

（五）人口增加

牧区人口增加被认为是导致草原过度利用和草地退化的重要原因。实际上，在中国的农村和牧区，人口压力与环境退化之间存在着紧密的联系。随着人口压力的增加，人均收入水平下降，财政压力日趋扩大，牧民不得不大幅度提高草场的利用强度，以致最终使自然资源遭到破坏。随着自然资源条件的下降，这一过程产生了第二轮效应，即财政压力进一步扩大，反过来又迫使牧民进一步增加对草场的利用强度。草地资源虽然是可以再生资源，但在草场一定的情况下，人口增多就需要增加牲畜数量，因而就越容易超载过牧，最终导致草原退化。

（六）草地管理制度与政策

不合理的草地管理制度与政策在一定程度上也可能加剧草地退化。其中，草地产权不完善是导致草原过度利用并最终导致草地退化的重要原因。局部区域的草地流转和高强度的利用导致出现草地的急剧破坏。全面落实草地所有权，建立适宜的草地放牧制度、生态补偿制度等迫在眉睫，如应加大制度创新、政府干涉（征收牛羊税）、减少或迁移牧区人口。

三、鼠虫害因素

鼠害和虫害也是加速甘南草原草地退化的重要原因。草地生态系统中的啮齿动物、昆虫等本是系统的固有成员，功能方面承上启下，具有加速物质循环、能量流动等作用。保持其适宜的种类和数量是物种多样性的直观体现，不仅不会造成危害，还有助于食肉类等野生动物的生存，对于保护自然生态环境、维护生态系统稳定具有不可替代的作用。但草地生态系统在气候变化、人为扰动等影响下，物种减少、天敌消失、各种制约因素减弱，导致啮齿动物和昆虫数量剧增，形成鼠害和虫害。甘南州草原高原鼠兔、高原鼢鼠、达乌尔鼠兔和喜马拉雅旱獭等对植物的啃食与挖掘活动造成草地植被及土壤的破坏。频繁发生的鼠害直接造成草地初级生产量损失和植被与土壤的退化。据2020年甘南州草原鼠害专项普查结果显示，全州共有鼠害危害草地605万亩，其中重度危害草地面积109万亩，中度危害面积238万亩，轻度危害面积258万亩。甘南草原上出现的"黑土滩"就是由鼠害泛滥直接造成。此外，草地害虫也大量消耗牧草，加之家畜的高强度放牧，草地植被的再生受到抑制，虫害加剧了草地退化。甘南草原草地主要害虫包括草原毛虫、蛴螬和蝗虫，以及入侵的草地贪夜蛾等。

第五节　甘南草地生态系统退化现状及机制

一、草地退化的类型

草地退化的类型包含草地退化、草地沙化和草地盐碱化三种情况。草地退化通常可分为轻度退化、中度退化、重度退化（包含高度退化和严重退化）三个等级。轻度退化指草群优势植物没有变化，但产草量下降约 30%，仅可用于季节放牧。中度退化是草群优势植物种群发生变化，出现劣质草类，产草量下降 40%~50%，只能在冬春季节利用，在生长季需休养生息。强度退化与严重退化是指产草量下降 60%~70% 及以上，优势植物已发生更替，不可食用的草类大量生长，甚至成为优势植物种群（如狼毒、黄花囊吾等）。

草地沙化在概念上与退化存在严格的差别，但在很多情况下，人们把沙化视为草地退化的一种特殊形式。它是在干旱条件下，草地遭受人类的不合理利用，土壤质地变得松散、内聚力变差，地表植被受到破坏，风力作用使草地地表出现风蚀、粗化、片状流沙、流动沙丘的一种草地演变过程。在过度放牧或草地开垦时，由于人工植被不能迅速建植，加之气候干旱，风蚀很容易造成草地沙化。

草地盐碱化是土壤含有的氯化物、硫酸盐、碳酸钠和硝酸盐等易溶性盐类在土壤中的重新分配和不断积累。通常当土壤含盐量达到 0.2%~0.3% 时，植物的生长就会受到影响。当土壤含盐量达到 0.55% 时，中性的牧草，如苜蓿便不能出苗。当土壤盐化严重时，如碱化盐土俗称"黑碱土"，地面上几乎不长植物。

二、退化草地的植物群落特征

随着肉类在人类饮食结构中的比重增加，超载过牧现象频繁发生。虽然国家出台了退牧还草、奖补等政策减畜禁牧，但在边远区域及大型牧场区执行效果欠佳。此外，全球变暖以及暖干化天气频次增加，更是加剧了植被退化。

（一）放牧对甘南高寒草甸植物群落特征的影响

甘南高寒草甸试验草地经过不同放牧制度后，轮牧区的禾本科和莎草科植物，无论是高度，还是生物量总体都高于连续放牧区。毒杂草类如毛果婆婆那、乳浆大戟、乳白香青、车前、黄帚橐吾、巴天酸模等，植被高度和生物量均表现为轮牧区低于连续放牧区。高寒草甸试验草地经过不同放牧强度的放牧后，禾本科植被在低放牧率处理下的植被高度高于高放牧率处理，生物量也表现为低放牧率处理高于高放牧率处理。毒杂草类如乳浆大戟、乳白香青、黄帚橐吾、巴天酸模等植被高度表现为高放牧率放牧区高于低放牧率放牧区，生物量也表现为高放牧率放牧区高于低放牧率放牧区。

（二）施肥对甘南高寒草甸植物群落特征的影响

草地施肥能增加草地群落的生产力，研究发现不同氮素添加水平影响草地群落生产力与物种丰富度关系。氮素水平与群落生产力存在正相关，与草地群落物种多样性存在负相关。并非是随着施肥量不断增加，牧草生产力能不断提高，二者之间呈单峰曲线关系。

氮素对高寒草甸植物类群的影响最大。在施肥量增加的情况下，高寒草甸群落中喜水肥的禾草类比例和生物量会逐渐增加，杂类草减少，而莎草类植物则保持相对稳定的状态。随着氮素添加量的增加，草地地上生产力呈先增加后降低的变化趋势，各功能群中禾草生物量显著增加，而杂类草和豆科牧草生物量随氮素添加量的增加逐渐减少。

养分添加对人工草地增产效果同样显著，氮素添加量与燕麦产量、种子产量之间呈显著的二次回归关系，表现为先增加后减小的变化趋势，但获得最高牧草产量和种子产量的氮素添加量却不一致。对不同氮素添加水平与冬牧70黑麦、光叶紫花苕、一年生黑麦草、燕麦鲜草产量和干物质的研究发现，随着氮素添加量的增加，牧草鲜草产量和干物质明显增加，一年生黑麦和光叶紫花苕产量增加最为明显，而燕麦在此氮素添加范围内产量增加量的变化不大。对多年生人工草地开展的施肥试验也表明，养分的供应水平直接影响牧草的产量。生长7年的短芒老芒麦人工草地施氮磷钾混合肥，不仅增加了牧草的生殖枝数量，提高了牧草产量，而且为种子产量的形成奠定了基础。李青云等（2004）对三江源区二龄老芒麦人工草地施磷酸二铵时发现，施肥量对老芒麦人工草地的产草量增产效果极显著。

在改良退化草地时，应当根据实际需要来确定肥料量，以控制群落的物种结构组成，做到既增加牧草产量又提高群落中优良牧草组分。

三、鼠害对植物群落特征的影响

随着气候变化和人类活动干扰，甘南草原鼠害发生频繁，极大影响了植物群落特征。甘南优势害鼠包括高原鼢鼠、高原鼠兔和喜马拉雅旱獭等，当地出现特殊的鼠害危害景观如鼠荒地等。

（一）鼠荒地概述

鼠荒地是由于草地植被受到严重破坏，位于草皮下的黑褐色土壤腐殖层裸露所形成的一种土地特征。鼠荒地的土壤的吸附性能严重下降，表层极度疏松，风吹尘涌，极易形成"沙尘暴"，致使天然草原优质牧草种类减少，毒杂草比例上升，产草量下降，加速了天然草原退化进程，威胁整个草原的生态环境。鼠荒地主要有沙化型鼠荒地、沼泽退化型鼠荒地等类型。草地形成鼠荒地的重要标志是草地生产力的下降，一旦形成鼠荒地，原生植被破坏率达80%～90%，并滋生一、二年生杂草，植被稀疏，群落结构简化，植被盖度不及10%，地上植物量仅为37.5～152.5千克/公顷。鼠荒地加速了草场荒漠化进程，对整个草地生态环境形成巨大威胁，对草场生产能力产生巨大影响，严重影响农牧民的日常生产生活。

（二）鼠荒地的发生

1. 草原过牧　在1977年的联合国沙漠化会议上，将每头家畜占有的5公顷草场作为干旱地区的临界放牧面积。然而，我国牧区以及青藏高原地区，每头家畜所占有的草场面积远远小于5公顷，并且牲畜数量一直增加。在这种状况下，草地开始退化，一些禾本科牧草出现衰退，同时毒杂草（委陵菜等）数量逐渐增多，草层高度、盖度、密度以及产量严重下降，形成了各种害鼠的适宜栖息地。

2. 自然因素和害鼠活动　牧区草场地表组成物质多为质地松散、内聚力差、物理沙粒成分为主的沙质沉积物或发育在沙质、沙砾母质上的沙性土壤。当地气候干旱、大风较多，且年内风季与周期性干旱期相吻合。质地疏松的地表组成物质，加上干燥期大风频繁的气候条件构成了草场沙漠化的潜在自然因素。与此同时，在大量、频繁的鼠类活动干扰下，激发与活化了沙漠化的潜在因素，产生了草场沙漠化过程和鼠荒地的雏形。气候干旱加剧了害鼠对草场的破坏，减弱了被破坏草场自我恢复的可能性。鼠荒地发生后又导致了草原生态环境的进一步恶化。

3. 人类活动 人类的任意开采以及工程建设等对草场的占用，使草场逐渐形成了镶嵌分布的裸地和秃斑，极易被各种害鼠入侵。加之害鼠强大的繁殖能力使得害鼠数量剧增，裸地面积进一步增大，形成恶性循环。裸露地表经常会遭受大量牲畜的踩踏，表层结皮破碎、分裂，形成众多风蚀突破口，在风力作用下开始风蚀过程，直至破坏生草层，形成次生裸地。

（三）鼠荒地的生态环境变化

1. 地表形态变化 形成鼠荒地后，最明显的是地表特征的变化。草场上形成土丘、洞口、塌陷的洞道，以及裸地和秃斑等，使得地表凹凸不平，构成了很有特点的鼠荒地景观。通过植被特征、土壤养分以及害鼠数量的调查，可以衡量出鼠荒地的危害程度（表1-3）。

表1-3　鼠荒地危害程度分级与分级指标
（引自孙飞达等，2018）

主因子群	分级指标	危害程度分级			
		轻度	中度	重度	极度
害鼠种群	总洞穴数量/个/公顷	<500	500~1 000	1 000~2 000	>2 000
	有效洞穴数量/个/公顷	<150	250~500	150~500	>500
	数量/只/公顷	<30	31~60	61~70	>70
植物群落	总盖度/%	>80	65~80	30~65	<30
	草层高度的降低率/%	<10	11~20	21~50	>50
	可食牧草个体数减少率/%	<10	11~20	21~40	>40
	不可食杂草个体数增加率/%	<10	11~20	21~40	>40
	总产草量减少率/%	<10	11~20	21~50	>50
	可食草产量减少率/%	<10	11~20	21~50	>50
土壤养分	0~20厘米土层有机质含量减少率/%	<10	11~20	21~40	>40
	0~20厘米土层土壤全氮含量相对百分数的减少率/%	<10	11~20	21~25	>25

2. 土壤养分变化 土壤侵蚀下，有机物和营养元素严重流失。随着风蚀程度的加深，有机物和氮素等营养元素损失量也会越来越多。

3. 土壤含水率和紧实度变化 鼠荒地的发展分为以下几个阶段：原生植被（无鼠害）—轻度危害—中度危害—鼠荒地（重度危害）—鼠荒地（极度危害）。随着鼠荒地的发展，土壤含水率越来越低，同时随着土壤结构被严重破坏，土壤紧实度越来越高。

4. 植被变化 在地下鼠（高原鼢鼠等）和地面鼠（高原鼠兔等）的长期影响下，按照鼠类的分布及危害由少至多，植被退化演替模式如下：密丛禾草阶段—疏丛禾草阶段—

根茎、匍匐茎杂类草阶段——一、二年生杂类草阶段—次生裸地阶段。植物群落结构也会发生变化，随着鼠害程度的加深，杂类草的数量会越来越多，其他禾本科牧草数量所占比例越来越小。植物群落的优势层片由密丛禾草变为杂类草，植被盖度与地上生物量也随着鼠荒地的发展逐渐减少。

四、退化草地土壤种子库的变化

土壤种子库是指存在于土壤上层凋落物和土壤中全部存活种子的总和。土壤种子库是植物生活史上的一个阶段，是植物种群、群落及生态系统演替和发展过程中的重要阶段，在种群生态对策、物种进化研究方面具有重要价值。种子库作为繁殖体的储备库，可以减小种群灭绝的概率，在植物群落的保护和恢复中起着重要的作用（图1-1）。丰富的种子库多样性为重建多种植被提供了潜在的可能，成为植被周期变化的关键，不同的植被地带、植被群落，其种子库的组成特性、生态功能各不相同。张黎敏等（2005）对4种不同退化程度的高寒草甸用不同大小孔径的筛子检测了其土壤种子库种子组成，发现高寒草甸土壤种子库中可萌发种子的总量94%～98%集中于0.25～2毫米粒径，粒径大于6毫米的可萌发种子数占2%～6%，小于0.25毫米粒径土样中未发现可萌发种子。

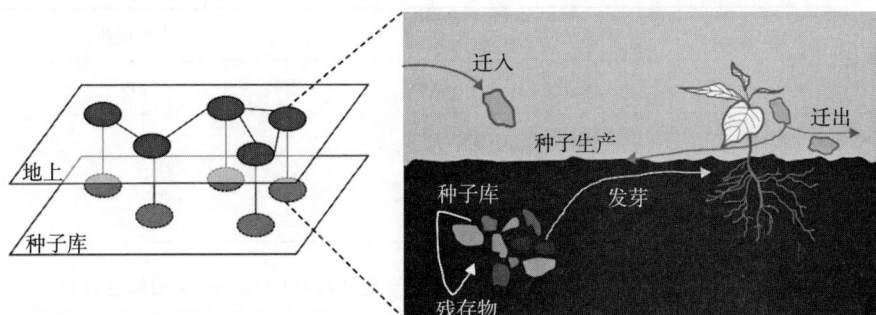

图1-1　土壤种子库异质性特征

申波等（2018）以青藏高原玛曲地区高寒草甸为研究对象，以暖季牧场与冷季牧场不同的放牧强度为处理，探讨了可萌发土壤种子库的密度、垂直分布规律及其与地上植被的关系，结果如下：

（一）放牧对可萌发土壤种子库的物种多样性的影响

在暖季和冷季牧场的各项多样性指数中，轻度放牧处理都有高于重度放牧和禁牧的趋势。轻牧和禁牧条件下，暖季牧场的各指数基本都要略高于冷季牧场（表1-4）。

表1-4　不同放牧强度下可萌发土壤种子库的物种多样性指数分析

牧场	指标	轻牧	重牧	禁牧
暖季牧场	多样性指数	1.67±0.16	0.69±0.42	0.83±0.16
	均匀度指数	0.66±0.74	0.41±0.21	0.70±0.15
	优势度指数	0.78±0.04	0.39±0.21	0.52±0.05
	丰富度指数	1.98±0.43	0.91±0.53	1.24±0.17

（续）

牧场	指标	轻牧	重牧	禁牧
冷季牧场	多样性指数	1.55±0.12	0.95±0.30	0.58±0.31
	均匀度指数	0.53±0.07	0.30±0.05	0.58±0.30
	优势度指数	0.73±0.06	0.51±0.11	0.38±0.19
	丰富度指数	1.89±0.19	0.95±0.36	0.96±0.48

（二）不同放牧制度下可萌发土壤种子库的物种多样性与相似性

暖季牧场中各放牧强度下土壤种子库相似性较为接近，其中轻牧和重牧的相似性略高于轻牧和禁牧、重牧和禁牧之间的相似性（表1-5）。冷季牧场土壤种子库只有轻牧和重牧之间的相似性较高（0.67），其他放牧强度之间相似性很低。无论是暖季牧场还是冷季牧场，在不同的放牧强度下，土壤种子库与地上植被的物种组成相似性都较低，最大值为0.27（表1-6）。表现出来的一个共同特征是重度放牧的 Sorensen 指数最高，其次是轻度放牧，最低的是禁牧。

表1-5 不同放牧强度下可萌发土壤种子库的 Sorensen 相似性分析

放牧强度	暖季放牧			冷季放牧		
	重牧	轻牧	禁牧	重牧	轻牧	禁牧
重牧	—	0.63	0.59	—	0.67	0.35
轻牧	0.63	—	0.50	0.67	—	0.29
禁牧	0.59	0.50	—	0.35	0.29	—

表1-6 不同放牧季节可萌发土壤种子库与地面植被的 Sorensen 相似性分析

土壤种子库	暖季放牧			冷季放牧		
	重牧	轻牧	禁牧	重牧	轻牧	禁牧
重牧	0.27	—	—	0.27	—	—
轻牧	—	0.18	—	—	0.26	—
禁牧	—	—	0.00	—	—	0.11

（三）放牧对可萌发土壤种子库特征的影响

轻牧的暖季牧场土壤种子库密度为 2 307.66 粒/米²，重牧条件下为 1 065.08 粒/米²，禁牧条件下为 828.38 粒/米²。整体表现为轻牧＞重牧＞禁牧（表1-7）。轻牧和重牧共有的植物种分别是草地早熟禾、车前、卷耳、鹅绒委陵菜、莓叶委陵菜和苔草。比较轻牧和重牧的结果发现，随牧压增大，草地早熟禾、车前和卷耳的土壤种子库密度均下降，但另外3个植物种（鹅绒委陵菜、莓叶委陵菜、苔草）的种子库密度则没有变化。

轻牧的冷季牧场土壤种子库的密度为 3 786.88 粒/米²，重牧条件下为 5 621.15 粒/米²，禁牧条件下为 532.53 粒/米²（表1-8）。整体表现为重牧＞轻牧＞禁牧。冷季牧场中各植物种对不同强度放牧干扰的响应模式也是不一样的。轻牧和重牧条件下的结果表明，共有的植物种是草地早熟禾、钝裂银莲花、鹅绒委陵菜、苔草和车前。相较轻牧、重牧条件下，草地早熟禾、钝裂银莲花、鹅绒委陵菜和苔草的种子库密度均增加，车前的种子库密度下降。

表 1-7 暖季放牧不同强度下可萌发土壤种子库物种组成

植物种类	科	生活型	种子库密度		
			禁牧	轻牧	重牧
紫花苜蓿	豆科	P	—	19.72±19.72	—
堇菜	堇菜科	P	—	78.89±39.45	
车前	车前科	A	19.72±1 972	157.79±71.12	118.34±68.33
草地早熟禾	禾本科	P	59.17±34.16	197.24±104.37	157.79±129.34
荠菜	十字花科	A	19.72±19.72	39.45±19.72	
鹅绒委陵菜	蔷薇科	P	—	19.72±19.72	19.72±19.72
莓叶委陵菜	蔷薇科	P	—	19.72±19.72	19.72±19.72
垂穗披碱草	禾本科	P	—	59.17±34.16	—
卷耳	石竹科	P	34.45±19.72	59.17±34.16	19.72±19.72
钝裂银莲花	毛茛科	P	128.00±85.97	59.17±59.17	—
苔草	莎草科	P	—	19.72±19.72	19.72±19.72
甘青剪股颖	禾本科	P	—	39.45±39.45	—
总计 total			828.38±129.33b	2 307.66±90.39a	1 065.08±90.39b

注：同行不同字母表示差异显著（$P<0.05$）。A. 一年生；P. 多年生。表 1-8 同此。

表 1-8 冷季不同放牧强度下可萌发土壤种子库物种组成

植物种类	科	生活型	种子库密度		
			禁牧	轻牧	重牧
紫花苜蓿	豆科	P	59.17±59.17	—	—
堇菜	堇菜科	P	—	78.89±39.45	—
车前	车前科	A	39.45±39.45	197.23±71.11	177.51±90.38
草地早熟禾	禾本科	P	—	157.79±52.18	611.42±142.23
荠菜	十字花科	A	—	394.47±394.47	
鹅绒委陵菜	蔷薇科	P	—	19.72±19.72	39.45±39.45
莓叶委陵	蔷薇科	P	—	19.72±19.72	19.72±19.72
垂穗披碱草	禾本科	P	—		39.45±39.45
卷耳	石竹科	P	—	39.45±39.45	—
钝裂银莲花	毛茛科	P	—	59.17±59.17	78.89±52.18
苔草	莎草科	P	39.45±19.72	98.62±19.72	177.51±177.51
甘青剪股颖	禾本科	P	—	157.79±104.37	—

（续）

植物种类	科	生活型	种子库密度		
			禁牧	轻牧	重牧
毛果婆婆纳	玄参科	P	19.72±19.72	—	—
虎耳草	虎耳草科	P	19.72±19.72	—	—
老鹳草	牻牛儿苗科	P	—	19.72±19.72	—
乳白香青	菊科	P	—	19.72±19.72	—
蒙古蒿	菊科	P	—	—	729.76±729.76
总计			532.53±34.16a	3 786.88±376.30a	621.15±1 253.48a

不同季节可萌发土壤种子库在各放牧强度下呈现出相似的规律，即随着土壤深度增加，可萌发种子数越来越少，且大部分集中在0～2厘米土层（表1-9）。2～5厘米土层中的可萌发种子数急剧减少，5～10厘米土层中可萌发土壤种子数量很少。

表1-9 不同放牧强度下可萌发土壤种子库的垂直分布

牧场	土层/厘米	轻牧		重牧		禁牧	
		分布/种子数	比例/%	分布/种子数	比例/%	分布/种子数	比例/%
暖季放牧	0～2	532.33±90.45	71.05	315.67±138.23	84.21	138.33±39.67	50.00
	2～5	138.00±86.03	18.42	39.33±39.33	10.53	19.67±19.67	7.14
	5～10	79.00±79.00	10.53	19.67±19.67	5.26	118.33±90.45	42.86
冷季放牧	0～2	513.00±86.03	40.63	1 656.67±976.32	86.60	177.67±34.35	100.00
	2～5	473.33±177.33	37.50	0	0	0	0
	5～10	276.00±276.00	21.88	256.33±256.33	13.40	0	0

五、退化草地土壤理化性质

（一）放牧强度对土壤理化性质的影响

柴林荣（2018）基于牧户牦牛存栏数、牧场面积、距离牧户棚圈的远近及结合放牧时牦牛的行走路径，在甘南玛曲阿孜畜牧科技示范园区的3家牧户草地设定3个放牧梯度。以牧户样地围栏为边界，畜圈为圆心，由畜圈向外辐射大约250米、500米、1 000米，分别定量牦牛的放牧强度为重牧区（HG）、中牧区（MG）、轻牧区（LG），研究了放牧强度对土壤理化性质的影响。结论如下：

1. 对土壤表层含水量及 pH 的影响 牦牛放牧强度对0～10厘米表层土壤含水量的影响差异显著，土壤表层（0～10厘米）含水量均随放牧强度的增大呈降低趋势，但作用较弱且差异不显著（$P>0.05$）。土壤 pH 5.12～6.93，整体偏酸性。但也有研究表明放牧强度对土壤 pH 影响显著（$P<0.05$），土壤 pH 随放牧强度增大有增高趋势。

2. 对土壤有机碳和全氮的影响 牦牛放牧强度显著影响0～10厘米表层土壤有机碳

(SOC) 含量（$P<0.05$），SOC 含量随放牧强度的增大表现出降低的趋势，高强度活动区 SOC 含量显著低于轻度活动区。土壤全氮（TN）含量对牦牛放牧强度的响应与土壤有机碳含量一致，随着放牧强度的增加，土壤 TN 含量均表现为下降趋势，且差异显著（$P<0.05$）。另外，在不同年份，随着放牧强度增大，土壤碳氮比也呈现出降低趋势，这说明有机碳对放牧强度影响更为敏感。

（二）不同退化程度草地土壤理化性质及其季节变化

笔者团队根据《天然草地退化、沙化、盐渍化的分级标准》（GB 19377—2003）及研究区草地退化程度，将甘南州碌曲县草原研究区的草地分为轻度退化（light degradation，LD；草地植被盖度 75%～80%）、中度退化（moderate degradation，MD；草地植被盖度 50%～75%）和极度退化（黑土滩）（extreme degradation，ED；草地植被盖度<50%）3 个演替阶段和 1 个对照组（正常草地，CK；草地植被盖度≥90%），样地具体情况见表 1 - 10。

表 1 - 10　样地基本情况

退化程度	物种组成	植被盖度/%	地下生物量/克·米²	地上生物量/克·米²	优势种
CK	莎草科、禾本科、豆科	90（≥90）	2 455.36	3 125.41	苔草、冰草、垂穗披碱草、黄花苜蓿
LD	莎草科、禾本科	75（75～80）	1 898.67	2 475.12	苔草、垂穗披碱草
MD	杂类草	50（50～75）	639.11	1 581.74	鹅绒委陵菜、密花香薷
ED	土地沙化，少量杂类草	20（<50）	254.27	704.83	箭叶橐吾

分析其土壤理化特性及其季节变化，发现土壤含水量在 7 月最小，对照处理草地的土壤含水量在 5 月和 7 月 0～20 厘米层均显著小于轻度、中度和极度退化草地（$P<0.05$），而对照草地 10 月 0～30 厘米层的土壤含水量却显著大于轻度、中度和极度退化草地（$P<0.05$）（图 1 - 2）。土壤 pH 在各月份间变化差异均不显著（$P>0.05$）。在同一月份，土壤 pH 随着退化程度的加剧而逐渐升高，极度退化草地 0～30 厘米土层土壤 pH 显著大于对照草地、轻度和中度退化草地（$P<0.05$），但随土层变化不显著（$P>0.05$）（表 1 - 11）。

土壤有机碳含量在 5—10 月期间逐渐增加。5 月中度退化草地 0～10 厘米土层有机碳含量最高（$P<0.05$），7 月轻度退化草地 0～30 厘米土层有机碳含量最高（$P<0.05$），10 月对照草地 0～30 厘米土层有机碳含量最高（$P<0.05$），而且随退化程度的增加土壤有机碳含量逐渐减少（图 1 - 3）。土壤全氮含量在各月间差异不显著（$P>0.05$）。5 月和 7 月轻度退化草地 0～20 厘米层全氮含量显著大于极度退化草地（$P<0.05$），10 月各退化草地的土壤全氮含量随退化程度加剧而减小，对照草地 0～10 厘米层土壤全氮含量最高（$P<0.05$）（图 1 - 4）。5 月中度退化草地 0～10 厘米层土壤全磷含量显著大于对照草地和轻度退化草地（$P<0.05$），7 月对照草地 0～10 厘米层土壤全磷含量最高（$P<0.05$），10 月对照草地和轻度退化草地 0～10 厘米层土壤全磷含量显著大于中度和极度退化草地

（$P<0.05$）。土壤全磷含量随土层的变化不显著，在各月份间差异也不显著（$P>0.05$）（图 1-5）。

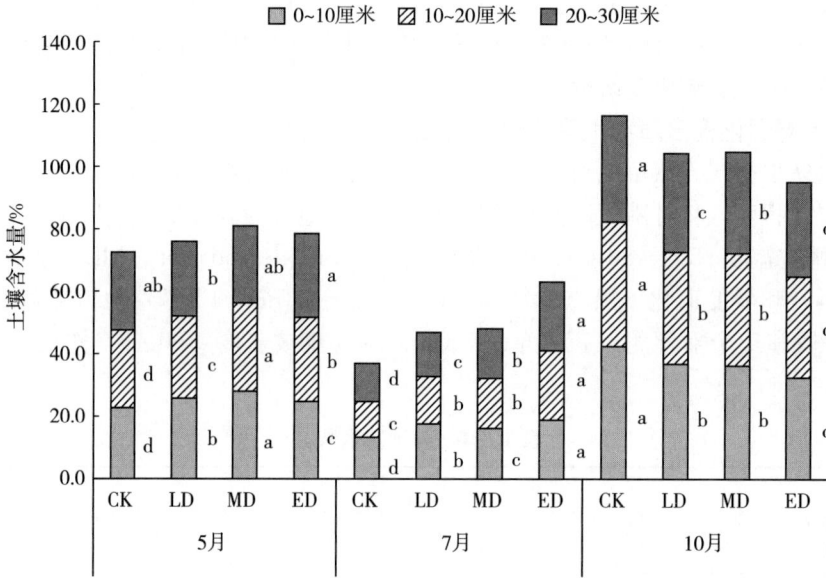

图 1-2　不同退化程度草地土壤含水量的变化

注：小写字母表示同一季节不同退化草地同一层之间的差异显著（$P<0.05$）。

表 1-11　不同退化程度草地土壤 pH 和土壤有机碳与全氮比的变化

退化程度	土层/厘米	5月		7月		10月	
		pH	C/N	pH	C/N	pH	C/N
CK	0～10	7.32±0.01b	5.59±0.55a	7.26±0.03b	8.84±0.31a	7.21±0.03c	9.31±0.1b
	10～20	7.32±0.03c	6.67±0.74ab	7.31±0.02ab	6.96±0.13b	7.21±0.02c	10.33±0.02a
	20～30	7.3±0.02b	6.71±0.97a	7.28±0.01b	8.83±0.24a	7.33±0.02b	10.82±0.62a
LD	0～10	7.33±0.03b	5.27±0.25a	7.27±0.03ab	6.97±0.02c	7.38±0.04b	11.1±0.21a
	10～20	7.39±0.01b	4.87±0.75b	7.18±0.04b	7.51±0.09a	7.35±0.02b	10.13±0.87a
	20～30	7.3±0.04b	6.56±1.02a	7.22±0.02b	7.42±0.12b	7.33±0.01b	7.25±0.31b
MD	0～10	7.37±0.02ab	6.65±0.87a	7.2±0.05b	7.59±0.08b	7.46±0.01ab	10.47±0.37a
	10～20	7.37±0.02bc	8.21±0.61a	7.22±0.06b	7.2±0.09ab	7.48±0.02a	7.3±0.2b
	20～30	7.4±0.03b	6.22±0.57a	7.3±0.06b	7.43±0.41b	7.51±0.02a	7.27±0.06b
ED	0～10	7.44±0.04a	5.05±0.42a	7.36±0.03a	6.8±0.12c	7.49±0.02a	10.45±0.34a
	10～20	7.48±0.02a	5.08±0.56b	7.37±0.03a	6.83±0.25b	7.45±0.01a	8.57±0.03b
	20～30	7.51±0.01a	4.81±0.27a	7.45±0.04a	7.44±0.08b	7.53±0.02a	9.82±0.08a

注：表中数据为（平均值±标准误），小写字母表示同一季节不同退化草地同一层之间的差异显著（$P<0.05$）。

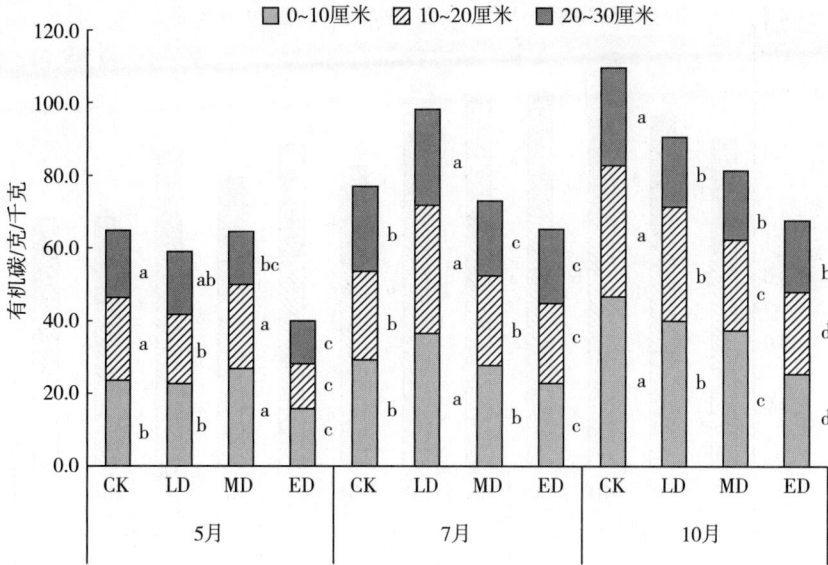

图 1-3　不同退化程度草地土壤有机碳的变化

注：小写字母表示同一季节不同退化草地同一层之间的差异显著（$P<0.05$）。

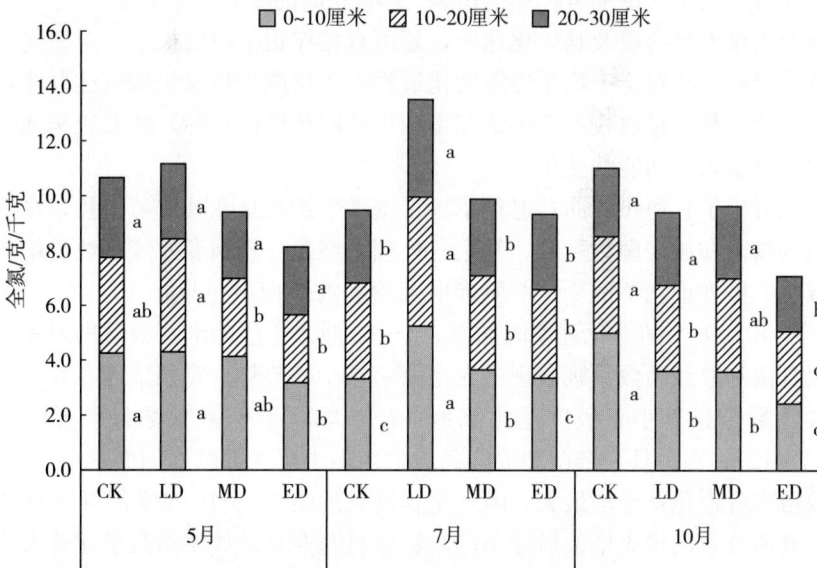

图 1-4　不同退化程度草地土壤全氮的变化

注：小写字母表示同一季节不同退化草地同一层之间的差异显著（$P<0.05$）。

六、退化草地土壤微生物特性

土壤中的微生物数量巨大、种类繁多，繁殖速度快、活动强度大，是联系不同圈层物质循环与能量流动的重要纽带。土壤微生物作为草地地下生态系统最大的资源库，是土壤

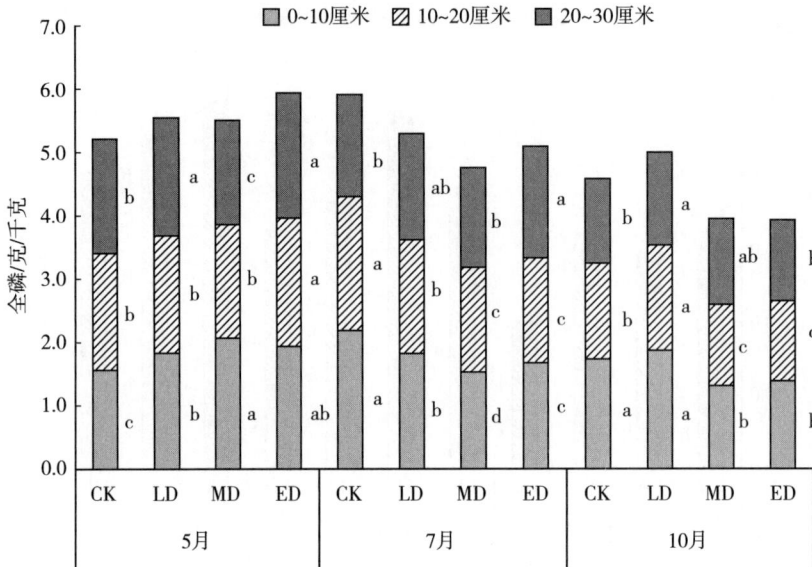

图 1-5 不同退化程度草地土壤全磷的变化

注：小写字母表示同一季节不同退化草地同一层之间的差异显著（$P<0.05$）。

系统中各生物进程的主要推动者。作为植物-土壤界面的生物介质，微生物不仅能够通过分解活动改变土壤养分含量及其矿化速率，还可直接作用于植物根系，对植物个体生长和群落演替造成影响。相对于土壤缓慢的变化过程，土壤微生物属于敏感性群体，容易受到外界干扰的影响，是衡量放牧对土壤状况影响程度的评价性指标，能够较早地指示草原生态环境变化和生态系统功能的变化。

笔者团队分析了甘南州碌曲县退化草场土壤微生物数量及其季节变化，在5月，除极度退化草地的真菌和放线菌数量外，其余各处理下细菌、真菌和放线菌数量均随土层深度的增加而减小，极度退化草地0~10厘米层真菌和放线菌数量小于10~20厘米层，但差异不显著（$P>0.05$）。随退化程度的加剧，0~10厘米土层的细菌数量出现先减小后增大的趋势，而真菌和放线菌数量则表现出先增大后减小的趋势。对照草地在0~10厘米层的细菌和放线菌数量显著小于极度退化草地（$P>0.05$），但真菌数量差异不显著（$P>0.05$）（表1-12）。在7月，细菌和放线菌数量均随土层深度的增加而减小，但10~20厘米层真菌数量在各退化草地均最大。随退化程度的加剧，0~10厘米层细菌和放线菌数量逐渐减小，真菌数量出现先增大后减小的趋势，且对照草地放线菌数量显著大于轻度、中度和重度退化草地（$P<0.05$）（表1-12）。在10月，细菌、真菌和放线菌数量在各退化草地均为0~10厘米层最大，但真菌和放线菌在极度退化草地表层和亚表层间差异不显著。随退化程度的加剧，0~10厘米层细菌和放线菌数量出现先减小后增大的趋势，真菌数量逐渐增大，但差异均不显著（$P>0.05$）。对照草地和极度退化草地在0~10厘米层细菌数量差异显著（$P<0.05$），真菌和放线菌数量间差异不显著（$P>0.05$）（表1-12）。

从季节变化来看，5—10月，0~10厘米层细菌数量在对照草地和中度退化草地呈现

表1-12　不同退化程度草地土壤微生物数量

退化程度	土层/厘米	5月		7月			10月		
		细菌/×10⁵菌落形成单位/克	真菌/×10³菌落形成单位/克	放线菌/×10⁴菌落形成单位/克	细菌/×10⁵菌落形成单位/克	真菌/×10³菌落形成单位/克	放线菌/×10⁴菌落形成单位/克	细菌/×10⁵菌落形成单位/克	真菌/×10³菌落形成单位/克
CK	0~10	99.33±10.99b	22.00±4.73a	92.33±2.19b	149.00±8.66a	13.50±0.87b	238.00±8.08a	322.00±14.05a	18.67±2.33a
	10~20	39.00±5.86ab	8.67±1.86b	87.33±4.41b	75.50±12.99a	66.00±5.20a	176.00±6.35a	87.33±11.86a	17.67±1.33bc
	20~30	45.67±4.1a	5.33±0.88b	78.33±7.51b	38.00±4.04a	16.50±0.87c	101.50±6.06a	94.67±21.17a	5.67±0.88b
LD	0~10	86.67±2.03b	36.00±6.66a	140.00±6.25a	143.50±18.76a	17.50±0.87b	191.50±2.6b	107.33±7.42b	36.00±9.24a
	10~20	83.33±26.03a	13.00±2.52b	131.33±12.99a	59.00±16.17ab	19.50±0.87c	125.00±3.46b	81.00±6.11a	29.67±5.36a
	20~30	52.33±11.05a	10.33±0.88ab	87.67±2.91ab	20.50±1.44b	13.00±0.58c	91.00±1.15ab	56.00±12.53a	12.00±0.58a
MD	0~10	44.33±10.04c	31.33±2.85a	119.00±11.53ab	80.50±2.02b	42.50±2.6a	187.50±3.75a	95.33±15.19b	37.33±8.22a
	10~20	36.00±4.58b	16.00±1.53a	113.67±6.77ab	30.50±1.44b	58.50±7.79a	126.50±11.26b	76.67±36.70a	15.33±2.96a
	20~30	32.67±4.26a	13.00±0.58a	56.33±6.96c	18.50±2.60b	48.00±4.04a	89.00±3.46ab	55.67±26.62a	14.00±0.58a
ED	0~10	122.67±10.68a	31.33±5.24a	132.67±20.04a	78.50±28b	18.00±2.31b	174.00±5.77b	119.33±15.93b	39.67±6.57a
	10~20	33.75±5.34b	38.67±8.01a	140.00±14.53a	36.50±10.68ab	40.00±2.31b	142.00±6.35b	31.00±1.13a	26.33±0.67ab
	20~30	32.33±7.22a	15.33±2.85a	102.33±6.01a	24.00±5.2b	35.00±4.04b	82.00±3.46b	60.67±9.84a	15.67±2.33a

注：表中数据为（平均值±标准误），小写字母表示同一季节不同退化草地同一层之间的差异显著（$P<0.05$）。

增大的趋势,轻度退化草地和极度退化草地呈增大后减小的趋势;真菌数量在对照草地及轻度和极度退化草地呈现先减小后增大的趋势;放线菌数量呈现先增大后减小的趋势,7月数量最大(表1-12)。

另一类为放牧造成土壤微生物群落结构改变。陈懂懂等(2011)比较了甘南州玛曲县高寒草甸4个放牧梯度下土壤微生物的特征,发现与其他处理相比,中度放牧处理下土壤有较高的微生物量及微生物熵,表明适度的放牧可以增加土壤有效性碳、氮库。微生物代谢熵(q_{CO_2})在禁牧、轻牧和中牧处理间无显著差异,而重牧处理下的 q_{CO_2} 明显高于其他处理,说明高频度的放牧增强了土壤微生物的代谢活性。不同放牧处理下的 w(厘米$_{ic}$)/$w(N_{mic})$ 不存在显著差异,说明放牧强度对微生物群落结构不存在显著影响,在研究区域内细菌在微生物群落中占优势。

七、退化机制与生态过程

通过大量的试验与理论研究,迄今人们已经对草地退化中的一些主要问题,如草地退化的特征、原因、过程及机制等有了基本认识。

草地退化的直观特征是植被的覆盖度与生产力降低,植物多样性减少,植被结构也趋于简单化。同时,土壤的组成结构及理化性质发生改变,包括砂质化、盐碱化、肥力下降等。也就是说,草地退化的直接表现一方面是生物组分的变化,诸如植物优势种及其他营养级物种(节肢动物、土壤线虫)的衰退及生物多样性的严重降低。另一方面则是食物网结构的简单化,可能通过营养级物种的"缺失"、原有优势种被其他物种替代等过程体现。在草地退化与恢复过程中,这些结构性变化必然会导致系统的代谢格局发生改变。

草地退化的总体特征体现于其生产和生态等多功能的衰退,即草地承载家畜能力显著降低、生态服务功能减弱。草地退化是十分复杂的生态过程。实际上,草地退化直接源于其生态系统结构与过程特征的明显改变,这些变化可以反映在其营养级或食物网的弱化或缺失、养分循环的受阻,最终体现为系统结构与功能之间的"解耦合"(decoupling)过程。

草地退化可以归因于自然过程的变化与人为不合理的利用两个主要方面。如上所述,全球变化,特别是气候变化(增温、干旱等极端气候事件)已经导致草地出现不同程度的退化。更为重要的是,草地不合理的放牧(过高的载畜量与失衡的畜群结构)、高强度割草、开垦也都会直接使草地退化。在大多数牧区,草地退化可能是由自然与人为两方面因素的共同作用导致,但在区域与局域尺度,自然过程与人为活动对草地退化的贡献率会有所差异。

第二章　退化草地诊断及恢复与重建的理论方法体系

第一节　草地生态系统诊断

一、草地生态系统退化的概念

不同学科对草地生态系统退化的定义存在差异。如生态学家认为，所谓草地退化是草地生态系统背离顶极的逆行演替过程；对草地经营者而言，草地退化指草地生产力下降、质量降低和生态环境变劣的过程。陈佐忠和汪诗平（2000）在其著作《中国典型草原生态系统》中认为草地的退化是草地生态系统在演化过程中，其结构特征、能流与物质循环等功能的恶化，即生物群落（植物、动物、微生物群落）及其赖以生存环境的恶化。该过程不仅指地上植被的退化，亦包括地下土壤环境的退化，即草地退化过程将体现在非生物因素和生物因素的构成（生产者、消费者和分解者）上，故草地的退化实质上是草地生态系统的退化和其生态功能与服务功能的退化。

二、草地退化等级与生物环境指示

任继周（1996）提出了"健康阈、警戒阈、不健康阈"的三阈划分标准评判草地是否退化，建立了评价草地是否健康与具备功能的尺度，指出从健康阈逐渐向警戒阈的过渡是逐渐退化的过程，超过警戒阈则是草地向系统崩溃的方向发展。因此，明确警戒阈和不健康阈两个阈值是利用草地生态系统和探究其退化的关键。除此之外，还可以将环境和生物指示种的属性和特征作为草地生态系统退化的标准。

（一）生物环境指示

生物环境可作为判断草地生态系统退化的标志。对此，世界各国草地研究者依据不同体系提出了相应的标准。例如，对内蒙古典型草原，可将植物群落生物产量的下降率、优势植物衰减率、优质草种群产量下降率、可食植物产量下降率、退化演替指示植物增长率、株丛高度下降率、群落盖度下降率、轻质土壤侵蚀程度、中重质土壤容重硬度增高、可恢复年限 10 个指标作为退化程度的鉴定标准（刘钟龄等，1998）。任继周提出了利用草地植物经济类群和特征植物、地表状况、水土流失现象、土壤有机质和 pH 作为评判草地生态系统退化的综合评价法，并将草地的退化等级划分为轻度退化、明显退化、严重退化、极度退化、彻底破坏 5 个等级。草地的退化等级和评判指标在草地生态系统退化的理论研究和实践生产中具有重要的指导意义。

（二）退化草地等级划分

1. 退化等级综合诊断模式　基于草地质量不同，章祖同（2004）将草地生态系统划分为优、良、中、劣 4 个等级（图 2-1），并就草地从优等逐渐变为劣等的现象列出了其变化的生态过程。例如，处于群落演替顶极状态的通常为优等草地；当侵入种出现并且适口性好的物种呈现下降的趋势时，草地已变为中等草地；随着侵入种的持续增加，草地逐渐退化为劣等草地。

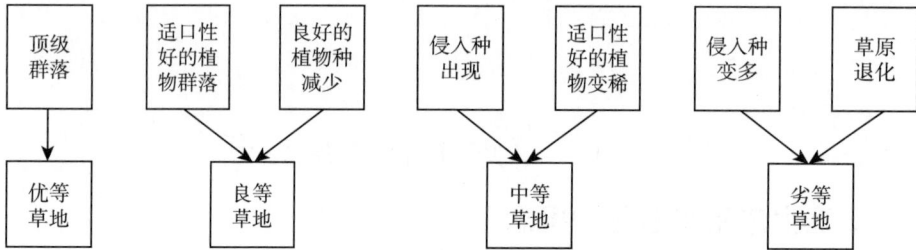

图 2-1　草地退化程度等级图

（引自章祖同，2004）

2. 不同类型草地退化诊断　在以往的研究中，通常将草地退化分为轻度退化、中度退化和重度退化 3 个等级。但是对于不同的草地生态系统类型，由于其物种组成的类型、数量均存在差异，判断其处于哪个退化阶段的评判标准亦存在差异。依据内蒙古天然草地退化标准（DB15/T 323—1999），可将草甸草原、典型草原、荒漠草原、低地草甸等不同类型的草原划分其所处的退化阶段。

（1）草甸草原退化评判指标

轻度退化：群落物种组成及结构未发生明显变化，生产力下降 30% 左右，原优势种产量占总产量的 30%～50%，地表土壤比较干燥。

中度退化：群落物种组成及结构已发生明显变化，原优势种重要值显著降低，出现退化指示种，如阿尔泰狗娃花、星毛萎陵菜、茵陈蒿、黄金蒿等，生产力下降 30%～60%，原优势种产量占比 10%～30%，指示种的生物量占比增加到 15%～40%；地表干燥，土壤紧实。

重度退化：群落物种组成及结构发生根本性改变，狼毒、星毛萎陵菜和一年生杂类草等指示种大量出现，草地生产力下降 60% 以上，毒杂草占比高达 40% 以上，土壤坚硬，部分区域出现裸斑。

（2）典型草原退化评判指标

轻度退化：群落物种组成及结构基本保持不变；总生产力下降 30% 左右，原有优势种的生产力占比 40%～60%；地表有轻度的侵蚀、覆沙或砾石化现象。

中度退化：群落物种组成及结构有所改变，原优势种重要值降低，出现草场退化指示种，如阿氏旋花、星毛萎陵菜、牛心朴子、赖草、狼毒等；草地生产力下降 30%～60%，原有优势种产量占比为 20%～40%，退化指示种产量占比 15%～40%；地表有中度侵蚀、覆沙或砾石化现象。

重度退化：群落物种组成及结构变化明显，原优势种消退，大量骆驼蓬、阿氏旋花、狼毒、牛心朴子、一年生杂类草拓殖并占据优势；生产力下降 60% 以上，原有优势种产量占比低于 10%，退化指示种产量占比高达 40% 以上；地表侵蚀严重，或有大量的砾石和覆沙。

（3）荒漠草原退化评判指标

轻度退化：群落物种组成及结构变化不大，生产力下降 30% 以下，原有优势种产量占比 40%～60%；地表风蚀较重，有轻微覆沙或砾石化现象。

中度退化：盖度显著下降，植被明显稀疏、低矮，出现退化指示种阿氏旋花、一年生与二年生杂类草占比加剧；生产力下降 30%～60%，原有优势种产量占比 10%～40%，退化种产量占比 15%～40%；地表风蚀严重，表现为中度覆沙或中度砾石化。

重度退化：原有优势种严重消退，产量占比低于 10%，侵入种骆驼蓬占据优势，退化指示种产量占比 40% 以上；地表极度风蚀，表现为严重砾石化。

（4）低地草甸退化指标

轻度退化：群落物种组成及结构变化不大，草地产量下降 30% 左右，原有优势种产量占比 30%～50%，表层土壤含水率下降，容重增加，开始旱化。

中度退化：原有优势种重要值显著下降，植被覆盖度下降，生产力降低 30%～60%，原有优势种产量占比 20%～30%；表层土壤容重进一步增加，表土比较坚实。

重度退化：群落结构大变样；生产力下降 60% 以上，原有优势种产量占比低于 20%；地表土壤旱化，表土紧实。

当然，作为评判草场退化的通用指标，不可能同时都达到界定的范围，可采用以下规则作为最终评判依据：轻度退化以优势种生物量占比为判定的主要依据；中度退化草地以草场退化指示种出现以及原优势种的生物量占比作为判定依据；重度退化草地以退化指示种及其生物量占比和原优势种生物量占比作为判定的主要依据。

三、草地退化评估的专有名词

草地地上生物量：在某一时刻单位面积内植物种或群落地上部分的总重量（鲜重或干重）。它是牧草生长的数量化指标。

优良牧草比例：草地植物中，优良牧草地上生物量占地上总生物量的比例。优良牧草所占比重的大小一定程度上反映出草地的质量高低。

毒害草生物量占比：毒害草地上生物量占地上总生物量的比例。

植被盖度：植物群落地上部分的垂直投影面积与取样面积的百分比。它反映植被的茂密程度和植物进行光合作用的面积。

优势草群高度：草层在自然状态下的高度，反映牧草的生长状况，选取其自然状态下离地面的最高点测量。

植被枯落物：死亡或衰老后脱落到地面的植物残体。枯落物是土壤有机质形成及养分循环的主要原料，也是土壤动物和微生物的食物来源。

地下生物量：单位面积上一定深度土层草地植物地下部分有机物的干重。

土壤有机质：存在于土壤中的所有含碳的有机物质，包括土壤中各种动、植物残体，微生物体及其分解合成的各种有机物质。土壤有机质是土壤肥力的重要指标。

土壤容重：亦称"土壤假比重"，为一定容积的土壤（包括土粒及粒间的孔隙）烘干后的重量与同容积水重的比值。

土壤全氮：土壤中的氮元素可分为有机氮和无机氮，两者之和称为全氮。

生草层厚度：生草层是由草本植物活体及残体所构织成的紧实的土壤有机质层。可用皮尺测量生草层的厚度。

裸地面积比例：单位面积内没有植物生长的裸露地面的比例。裸地是群落形成、发育和演替的最初条件和场所。

鼠洞密度：一定面积内鼠洞的数量。

虫口密度：一般为每平方米虫子的数量，也可以用每植株计算，常用于虫灾防治和统计工作。

放牧强度：指在一定时间和一定面积内，草地所承载放牧牲畜的数量，用来表示草地的利用程度。

浅层蓄水能力：完好的天然草地不仅具有截留降水的功能，而且比空旷裸地有较高的渗透性和保水能力，对涵养水分有着重要的意义。假定在降雨充足的条件下，土壤有多少孔隙就有多少水分储存在里面。为此，可以用土壤孔隙度来估算草地蓄水能力，即草地浅层蓄水能力＝土壤厚度×面积×土壤孔隙度。

土壤碳储能力：指在一定大小的土地面积上某一土层深度中所储藏的碳的量，主要是限定为单位草地面积（1 米^2）某土层深（如 0.25 米）中所储藏的碳的总量，即土壤有机碳×容重×土层厚度，土壤有机质含量与土壤有机碳的转换系数为 1.724。

物种丰富度：指一个群落或生境中物种数目的多寡。在统计种的数目的时候，需要说明多大的面积，以便进行比较。

侵蚀控制：草地生态系统对防止土壤风力侵蚀、减少地面径流、防止水力侵蚀具有显著作用。侵蚀控制可以用土壤保持量来估算，而土壤保持量跟植被盖度和坡度有关。基于土壤侵蚀强度分级指标，用植被盖度和坡度来估算侵蚀控制。

草地过度放牧：指当草地的放牧压/放牧密度/放牧率超过草地生产的临界限度时，草地开始出现退化。

物种多样性：包括两个方面，一是物种丰富程度，二是物种分布的均匀程度。物种多样性是衡量一定地区生物资源丰富程度的一个客观指标。

一年生植物比例：一年生植物盖度占植物总盖度的百分比。一年生植物的比例能够反映植物群落的稳定性。一年生植物所占比例少，群落稳定性好；反之群落不稳定。

固定沙地比例：固定沙地面积占工程区总土地面积的百分比。固定沙地比例越大，表明工程区植被恢复得越好。

裸沙地比例：裸沙地面积占工程区总土地面积的百分比。裸沙地比例越小，表明工程区植被恢复得越好。

土壤风蚀模数：每年每平方千米的土壤风蚀量，常用单位为吨/（千米^2·年）。土壤风蚀模数直观地反映了土壤的风蚀程度。

景观破碎度：指由于自然或人文因素的干扰所导致的景观斑块类型由简单到复杂的过程，即景观由单一均质向复杂异质的过程。景观破碎度用来表征景观被分割的破碎程度，在一定程度上反映人为对景观的干扰强度。

第二节　退化草地生态系统恢复重建的目标和原则

一、草地生态系统退化成因及过程分析

(一)世界草地生态系统退化

1. 世界草地生态系统现状　全球草地类型按照其组成特点与地理分布，可粗略分为温带草地和热带草地。温带草地分布在南北两半球的中纬度地带，包括欧亚大陆草原、北美大陆草原、南美草原等。其中，欧亚大陆是地球上最为宽广的草原地带，西起欧洲多瑙河下游，呈连续性带状分布，向东延伸经罗马尼亚、乌克兰、俄罗斯、哈萨克斯坦、土库曼斯坦和乌兹别克斯坦，横跨蒙古达我国的东北，构成了世界草地的主体。热带草地主要分布在低纬度地区，包括热带非洲、大洋洲、南美洲以及东南亚的热带半干旱地区。虽然草地分布面积广阔，但是存在分布的不均一性。亚洲的草地面积位居第一，其次为非洲、北美和中美洲、南美洲、大洋洲和欧洲。如果按照草地面积所占比重划分，草地占比面积超过50%的有大洋洲（72.7%）和非洲（67.4%），亚洲、北美洲和中美洲、南美洲均在48%左右，欧洲只有25.82%。就国家而言，澳大利亚、俄罗斯、中国、美国是世界四大草地资源大国，其中澳大利亚、俄罗斯和中国略超过或接近4亿公顷，美国超过2亿公顷。哈萨克斯坦、巴西、阿根廷和蒙古国的草地面积在1亿~2亿公顷，也是世界草地资源大国。

2. 世界草地生态系统面临的问题　历史上，农业发展导致地球上大部分草原被侵蚀，致使野生动植物的生存受到威胁。全世界超过1/4的土地（约占农业土地的70%）被草原覆盖，平坦、开阔的牧场和富含营养的土壤是其主要特征。作为各种动植物的家园，草原对干旱或野火等自然灾害有较强的抵抗能力。实际上，原生草原植物已经适应了各类极端天气条件。科学研究表明，位于非洲、澳大利亚、南美和印度的部分稀树草原需要借助季节性干旱和野火来维持生物多样性。但是，这种在一定区域范围内显现出来的适应性并不等于草原生物群落已经对自然灾害具备免疫力。

目前，草原生态系统仍然面临着诸多威胁，例如，由人类活动造成的生物栖息地丧失，包括不可持续的农业实践、过度放牧和农作物清理等。全球将近一半的温带草原和16%的热带草原已被转变为农业或工业用途，截至目前，仅剩1%的原生草原。草原区面临的主要威胁包括以下几个方面。

（1）**不良的农业实践**　这类实践毁坏土壤层，剥夺地表草原覆盖。如果农作物轮作不当，土壤肥力可能下降，导致地表植物数年无法生长，甚至荒漠化。单作或一次仅种植一种作物（如玉米）的农业实践会耗损土壤的养分。此外，仅有一种植物单作还会削弱生物群落并增加其对自然灾害的脆弱性。

（2）**农药滥用**　在农业耕地中长期使用的有毒农药可能对野生动植物群落有害。

（3）放牧　放牧牲畜会消耗、践踏和破坏草原。选择性放牧会淘汰一些植物，进而使其他植物过度繁殖，降低整个生态系统的竞争性。

（4）持续的全球变暖　随着降雨模式的变化，持续的全球变暖可能会将当前的边缘草原退化成沙漠。

（5）城市化　城市化发展与扩张不断侵占草原。

（6）外来物种入侵　外来入侵物种可能会取代本地植物并降低草地质量。

（二）我国草地生态系统退化

1. 我国草地生态系统退化的成因　董世魁（2015）提出了"草地退化的内外因综合作用说"，完善了青藏高原高寒草地退化成因理论体系。该观点认为，青藏高原草地退化是内因和外因综合作用的结果，生境脆弱性（地表组成物质的脆弱性和水热因子的匹配性差）是高寒草地退化的内部因素；自然环境变化（气候变暖、鼠虫害增加、水蚀风蚀和冻融剥蚀增强）和人为过度干扰（过度放牧、盲目开垦草地、采矿、修路、采金挖沙）是草地退化的外部因素；人文-自然耦合系统的崩解加速了高寒草地的退化进程（图2-2）。

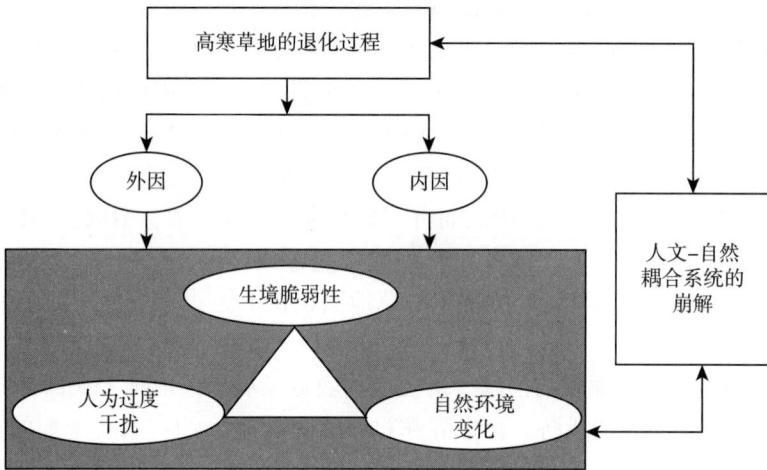

图 2-2　高寒草地的退化过程示意图

2. 我国草地生态系统的现状　我国是一个草原大国，草原面积达40亿亩，居世界第一。我国不但拥有热带、亚热带、暖温带、中温带和寒温带草原植被，还拥有世界上独一无二的高寒草原类型。内蒙古、新疆、青海、西藏、四川、甘肃、云南、宁夏、河北、山西、黑龙江、吉林、辽宁等13个牧区县（自治区）草原占全国草原总面积的85.8%。中国天然草原主要分布在年降水量少于400毫米的干旱、半干旱地区，全国84.4%的草地分布在西部地区。

大部分草地生态系统所处地域环境较为恶劣，多分布在干旱、半干旱地区和高海拔的寒冷地区，存在生态脆弱敏感性，受到干扰后自我恢复的抵抗力和恢复力也较低。加之人类的过度干扰，我国90%的可利用天然草原有不同程度的退化，其中中度退化以上草地面积过半，严重退化草原接近1.8亿公顷。全国退化草地的面积以每年200万公顷的速度扩张，表现为地上生产力、植被盖度、高质量牧草和土壤养分含量的下降，而退化指示种的占比则逐渐增加。近30年植物产草量下降30%～50%。西北地区沙漠化逐渐扩展，荒漠化日益严重，沙尘暴频发。20 世纪 80 年代以来，北方主要草原产草量平均降幅为 17.6%，下降幅度最大的荒漠草原达 40% 左右，典型草原的下降幅度在 20% 左右。产草量下降幅度排名前五的省份主要是内蒙古、宁夏、新疆、青海和甘肃，分别达 27.6%、25.3%、24.4%、24.6%、20.2%。

对于轻度退化的草地，利用围封自然演替的方式可以恢复到与之前相近的状态。但对于重度退化的草地，需要高额的技术和人工投入，且存在修复后体系稳定性可持续性差的特点。反复修复的经济投入可能超过了其经济产出。

3. 甘肃省甘南高寒草原存在的威胁　该区域以高寒草原为主，生态系统极其脆弱，自然条件严酷，牧草生长期短，退化草原达 75%，退化草原治理任务繁重。同时，草原鼠虫害分布面积大，局部地区黑土滩、毒杂草危害严重，本土化草种质资源保护利用不够。草原的退化沙化加剧了湿地萎缩，涵养水源功能减弱。

（三）生态系统退化过程

在理解生态系统退化过程之前，首先需明确什么是脆弱生态系统。所谓脆弱生态系统是指抵抗外界干扰能力弱、自身的稳定性差的生态系统。脆弱生态系统与退化生态系统相似，主要的区别是脆弱生态系统还包括容易退化而尚未退化的生态系统。退化生态系统有 3 种理解：①指生态系统的正常功能被打乱，系统发生不可逆的变化，从而失去恢复能力；②指发生变化以至于影响当前或近期人类的生存和自然资源利用的生态系统；③指生态系统发生退化，其承载力无法维持目前人类利用和发展水平状况。

生态系统退化实质是系统的逆向演替。生态系统的退化与正向演替相反，退化是从高级向低级、从复杂向简单的转变。由于所遭受的外界干扰力度差异以及生态系统自身抵抗力和恢复能力的差异，生态系统的退化过程可分为突变过程、渐变过程、跃变过程、间断不连续退化过程和复合退化过程几种类型（包维楷和陈庆恒，1999）（图 2-3）。

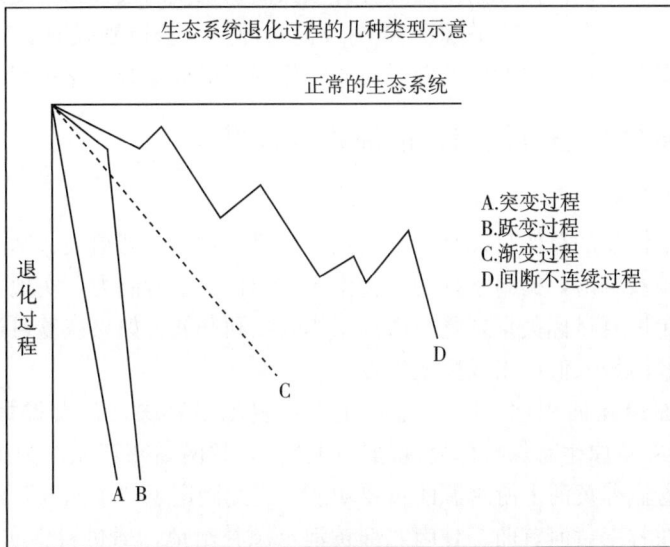

图 2-3　生态系统退化过程类型示意图

（引自包维楷和陈庆恒，1999）

突变过程： 在受到外界突然且强烈的干扰时，生态系统来不及做出应对，表现出突然的退化过程。突变过程的重要特点是系统退化干扰力远远大于系统自身的抵抗力，因此，退化的时间短、速度快，退化程度极为严重，退化后系统的恢复能力弱，仅靠自身自然恢复极慢。如各种突然暴发的自然灾害（泥石流导致的植被退化过程、火山突然暴发导致的植被退化过程等）或者大型采矿导致生态系统迅速转变成废坑地的过程。

跃变过程： 在持续干扰的作用下，生态系统最初并未表现出十分明显的退化，但随着干扰的持续，生态系统的物种组成和结构逐渐发生变化，其自身的抵抗力和恢复力不足以抗衡干扰力，导致生态系统出现突然退化而被称为跃变过程。看似突然，实质是量变到质变的过程。基本特点是干扰为持续的，作用时间较长，退化速度前期慢或未退化，而后期突然加快，系统自身抵抗力逐渐丧失。退化后系统靠自身可以自然恢复，但恢复所需的时间长短不一。如大气污染胁迫下的森林生态系统的退化过程，水污染胁迫下的湖泊水生生态系统的退化过程以及草地持续超载放牧下的草地生态系统的退化过程等。与突变退化过程相比，跃变过程干扰持续期较长，退化速度相对较慢。

渐变过程： 指干扰后，生态系统表现出退化速度较一致、退化程度逐渐加重的退化过程。最明显的例子是陡坡开垦耕地连续种植作物导致土壤生态系统的逐渐退化过程。

间接不连续过程： 外界干扰力在生态系统的承受范围内，干扰作用一段时间，然后消失，如此反复。即在持续干扰的作用下，由于未超出恢复阈值故而依靠自身恢复力有所改善，但在周期性干扰下，生态系统最终表现出退化过程。在此过程中，干扰存在时，系统在退化，而在两次干扰的间隙（无干扰），生态系统有一定程度的恢复。如热带雨林的轮歇、刀耕火种下的土壤退化过程等。间断不联系过程与其他退化过程最明显的区别是整个退化过程中包含有明显的恢复阶段。

复合退化过程： 包含上述的2～3种退化过程同时或分别间断的作用，综合导致生态系统的退化。例如，中国西南亚高山暗针叶林被大面积砍伐的过程为突变过程；若得不到及时更新，将进一步退化为"红白刺"灌丛或箭竹灌丛（若得到及时更新就逐渐恢复），这个过程是渐变退化过程。在两者的前后或同时作用下形成复合退化过程。

二、退化草地生态系统恢复的原则与标准

（一）恢复的目标

退化生态系统恢复的总体目标是恢复受损的生境，建立合理组成、结构、格局、异质性和功能的稳定植被群落，提高系统的生物生产力和自我维持能力，实现持续利用等。在恢复过程中，确定恢复目标关系到整个恢复工作的顺利开展。如果恢复目标定得过高或不切实际，会导致经济投入低产出或恢复失败。

甘南高寒草原退化面积达75%，进行生态恢复刻不容缓。甘肃省林业和草原局在《甘肃省"十四五"草原生态保护修复规划》中指出，甘南高寒草原作为黄河上游重要水源补给区，担负着涵养黄河上游水源的重要功能，因此制定了"十四五"期间甘南高寒草原的修复目标：在甘南黄河首曲、甘南北部黄河水源补给地，通过科学实行禁牧、休牧、轮牧等方式，努力保持草畜平衡。采取补播改良、松土施肥、鼠害防控及黑土滩、毒害草治理等综合措施，加强人工草场建设和草原鼠害等有害生物治理，修复退化沙化草原，使

受损的草原得到休养生息，提升草原水源涵养补给能力。而要实现以上修复目标，必须做到以下几个方面：①恢复植被和土壤，提高顶极群落亚优势种和优势种的地表植被覆盖度和生物量，利用植物根系保持水土，提升土壤肥力；②提高生物多样性，在一定程度上增加恢复后群落的稳定性；③改善地上、地下种间关系，利用群落的自我恢复力提升生态功能；④优化对恢复草地的管理措施。具体内容如下：

1. 恢复植被和土壤　生态系统的退化不仅表现在植被群落特征的退化，也包括土壤特性的退化，其退化过程是地上与地下生态过程的"去耦合"过程。因此，对退化草地生态系统的修复亦需要从植被结构和土壤特性两方面来同时实现恢复，再次构建地上与地下体系的"再耦合"过程。只有土壤环境足够优化，方可满足地上植被的资源需求，减少种间竞争关系，实现植物的拓殖，增加地上植被盖度和地上生产力。因此，对退化草地生态系统修复前，需对土壤养分状况调查并适量施肥增加土壤肥力。草场的植被覆盖度下降率是表征草场退化程度的关键指标，需首先增加草场植被的覆盖度来减少水土流失，增加凋落物改善土壤有机质，提升土壤结构和肥力，实现地表基底的稳定性。

2. 增加种类组成和生物多样性　生物多样性可以从多个层次上描述，如遗传多样性、物种多样性、群落多样性、生态系统与景观多样性等。通常在一个生物群落中能量流经的可能途径越多，其组成物种的密度越不可能因其他物种的异常升降而改变。因此，构建群落层级间具有相互关系的体系是维持群落稳定性的关键。所以，为了维系恢复系统的稳定性和可持续性，也为了获得更多的生活、经济和生态效益，在退化草地恢复重建时，也需将生物多样性恢复作为主要目标之一。

在甘南未退化高寒草地，0.25 米^2 中物种的丰富度可高达 30～45 种。提升甘南退化高寒草地的生态功能，首先需增加其物种多样性。在不同的恢复阶段，应选择相应层次的生物多样性目标。不同层次的生物多样性总是互相联系和密不可分的，低层次多样性总是被包含在高层次的多样性之中。因此，在进行生态系统恢复重建并制定分阶段目标时，初期总是选择低层次的生物多样性目标，中后期总是选择高层次的多样性目标。这种目标多样性的变化，既随着恢复进程而改变，也包含在生态系统多样性恢复的总体目标之中。

3. 提高群落生产力　甘南高寒草地的功能不仅仅是涵养黄河上游的水源，亦包括固碳释氧及满足畜牧业发展的需要。因此，草地恢复重建的最重要的目标之一是提高草地的牧草产量。通常采取封育或补播的形式，辅助施肥、灌水、灭鼠虫等措施，可以显著提高草地牧草产量。在增加群落产量的同时，也需要注意提高质量，尤其是增加家畜喜食的优质牧草数量。因此，增加群落生产力包含两方面的内容，其一，要适畜适草，即养什么畜有什么草，草地能为所养牲畜提供最合适的牧草种类；其二，草地中优良牧草的占比很高，所生产的牧草主要由优质牧草组成。只有在草地牧草产量提高的同时，牧草质量也有很大提高，草地生产能力才算真正有所提高。

4. 实现草地调节功能　当高寒草地的土壤特性提升、物种多样性增加、群落生产力提高时，其各种生态功能也在逐渐提高，如气候调节、土壤碳固定、水资源调节、侵蚀控制、空气质量调节、废弃物降解、营养物质循环等。草地的生态功能虽然很多，但这些功能之间是相互关联、相互影响的。在诸多功能中需要重点考虑的是草地植被的防风固沙、减少水土流失功能。

5. 可持续发展的目标　草地生态系统可以看作是一个不断面临意外环境胁迫的动态变化系统。这种变化过程是非线性的，发生变化的时间是不确定的，同时导致变化的非人为外在因素在时空上是随机分布的。这需要我们在进行生态系统恢复重建时，既要考虑现实利益，又要考虑长远利益，将近期效益和长远效益结合，让近期效益为长远效益服务。

（二）退化生态系统恢复的基本原则

1. 退化生态系统恢复的基本原则　生态恢复的原则一般包括自然原则、社会经济技术原则和美学原则。自然原则是生态恢复与重建的基本原则，只有遵循自然规律的恢复重建才是真正意义上的恢复重建，否则只能背道而驰；社会经济技术原则是生态恢复重建的基础，在一定尺度上制约着恢复重建的可能性、水平和深度；美学原则是指退化生态系统恢复重建应给人以美的享受，并保证对健康有利。

2. 退化生态系统恢复的具体原则　在遵循"近自然"恢复的规律上，根据退化生态系统恢复的基本原则，选择性地利用技术手段，采取社会接受度高的方法，实现退化体系的修复。应遵循 3 个具体原则。

①地域性原则。遵循"因地制宜，因时制宜"的方针，如气候条件、地貌和水文条件等，在采用相应修复技术方法时，需实地考察，根据环境条件等修改技术方法。应具体问题具体对待，切忌照搬照抄，在长期定位实验的基础上，总结经验，获取优化与成功模式，方可示范推广。

②生态学与系统学原则。包括生态演替原则、食物链、生态位原则等。生态学原则要求根据生态系统自身的演替规律分步骤，分阶段进行，循序渐进，不能急于求成。例如，要恢复某一极端退化裸地，首先应进行先锋种的引入，在先锋植物将土壤肥力状况改善并达到一定覆盖度后，引种栽植草本、灌木，最后才是乔木树种的加入。其次，在生态恢复与重建时，要从生态系统的层次上展开，有整体系统思路，根据生物特征及其与环境间的共生、互惠、竞争和拮抗关系，以及生态位和生物多样性原则，构建生态系统结构和生物群落，使物质循环和能量转化处于最大利用和最优循环状态，力求达到土壤、植被、生物同步和谐进化。只有这样，恢复后的生态系统才能稳步、持续地发展。

③最小风险原则与效益最大原则。由于生态系统的复杂性以及某些环境要素的突变性，加之人们对生态过程及其内在运行机制认识的局限性，人们往往难以对生态恢复与重建的后果以及生态最终演替方向进行准确估计和把握。因此，在某种意义上，退化生态系统的恢复与重建具有一定的风险性。这就要求研究人员认真透彻地研究恢复对象，进行综合分析评价和论证，将其风险降到最低限度。同时，生态恢复又是一个高成本、高投入的工程。因此，在考虑当前经济的承受能力的同时，也要考虑生态恢复的经济效益和收益周期。保持最小风险并获得最大效益是生态系统恢复的重要目标之一，也是实现生态效益、经济效益和社会效益完美统一的必然要求。

（三）退化生态系统恢复的一般程序

退化生态系统的修复是一个复杂的过程，为了高效完成修复工作，董世魁（2009）等制定了一套开展恢复工作的流程，其包含的一般程序为：①恢复对象的时空定位。接受所选恢复项目、明确恢复对象及确定系统的边界（生态系统的层次与级别、时空尺度与规模、结构与功能）。②退化生态系统的评价及健康诊断。评价样点并鉴定退化的原因及过程、退化的阶段与强度及退化的关键因子等,并以此作为恢复的重要依据。③恢复目标和原则的确定。根据社会、经济、生态和文化条件决定恢复与重建生态系统的结构、功能目标,并结合背景情况进行决策,是恢复、重建还是改建,其必要性与可行性如何;同时对生态经济风险进行评估,设计优化方案,找出控制和减缓退化的方法。④参照系统的选择。参照系统是用来规划和评价恢复过程及结果的参照体系。因此,对于参照体系的选择也格外重要。通常参照体系需要选择生物多样性发育良好的地方;同时为了更好地制定修复方案,还需了解该体系的演替过程,明晰种间相互替代的机制和过程。其次,恢复目标是自然生态系统,但基本上所有的参照系统都受到人类干扰。所以,参照系统的解释需要剔除人为干扰因素。⑤具体的试验、示范与推广。关键是制定易于测量的成功标准,发展在大尺度情况下完成有关目标的具体操作技术和推广应用;在恢复实践中根据出现的新情况、遇到的新问题对整个恢复方案进行适当的调整或改进,以取得最佳恢复效果。⑥生态恢复与重建的后续监测、预测与评价。重点监测恢复中的关键变量与过程。

(四) 恢复成功的标准

经过一系列的恢复对象明确,退化原因诊断,修复目标明确,具体技术措施的实施、优化后,继续监管工作,判断修复后的退化体系是否成功。由于生态系统的复杂性和动态性,以及对植被历史状况和退化原因缺乏深刻了解,目前关于恢复成功的标准并无定论。国际恢复生态学会建议比较恢复系统与参照系统的生物多样性、群落结构、生态系统功能、干扰体系及非生物的生态服务功能。但上述指标为定性指标,且不同退化生态系统存在差异性,更多具体的定量指标尚有待确定。

1. 恢复成功的标准设定　判断恢复项目的目标是否达到需建立在执行标准上。目前,有关生态恢复成功的指标和标准虽未建立,但在评价生态恢复时应重点考虑如下方面:新系统是否稳定,并具有可持续力;系统是否具有较高的生产力;土壤水分和养分条件是否得到改善;组分之间相互关系是否协调;所建造的群落是否能够抵抗新种的侵入。

2. 恢复成效的综合评价　目前缺少评判恢复成功的统一标准,且在评判时以定性指标偏多。对于任何生态系统而言,服务价值是其存在意义的一部分,如果以其生态服务价值的测算体系来评估生态恢复的成效,比较参照系统和恢复系统之间生态服务价值的差异可作为评判其是否恢复成功的办法。对退化的草地生态系统而言,恢复成功至少表现在以下3个方面。

(1) 地上植被恢复　具备稳定的群落结构和高的地上生产力,且优势种的生物量占比能达到40%~60%。

(2) 土壤环境的优化　不仅包括土壤营养含量的增加和土壤有机质的富集,还包括土壤生物过程-土壤食物网的丰度多样化。

(3) 地上、地下生态过程的再耦合以及生态系统综合功能的提升　例如,可通过以下指标的权重折算生态价值:地表反射率、暴雨频率、降水量、土壤侵蚀率、盐碱化率、群落种类、关键种数量、生物量、营养含量、人类干扰、土壤有机质含量、土层厚度、地下水位、家畜产量等。

第三节　退化草地生态系统恢复的理论

退化生态系统在修复过程中涉及的理论有传统生态学理论（限制性因子理论、生态适宜性理论、物种共生理论、生态位理论、群落演替理论、生态系统的结构理论、生物多样性理论、景观生态学理论），现代生态学理论（干扰-稳定性理论、阈值理论），自身形成的理论（自我设计理论和人为设计理论），以及由王德利等（2020）提出的"系统性恢复"和贺金生等（2020）提出的"近自然恢复"理念。

一、传统生态学理论

（一）限制性因子理论

1. 限制性因子　环境因子是指生物体外部的全部要素，而生态因子则是环境中对生物生存、发展和繁衍起作用的因子。生态因子主要包括气候因子、土壤因子和生物因子 3 大类。Begon 等（1996）将非生物因子分为条件因子（温度、湿度、pH 等）和资源因子（营养物质、水、辐射能等）2 类，也有研究者将生态因子分为能量因子和条件因子 2 大类。

在众多生态因子中，任何接近或超过某种生物的耐受性极限（耐受范围、变化程度）而限制其生存、生长、繁殖或扩散的因子称限制因子。例如，氧气对于陆生和水生生物的限制作用不同。

2. 最小因子定律与耐受性定律　Liebig 最小因子定律（law of minimum）：植物的生长取决于相对处于最少量状态的营养成分，类似于经济学中的木桶原理。

Shelford 耐受性定律（law of tolerance）：每种生物对每一种生态因子都有一个耐受范围，即有一个生态学上的最低点和最高点，之间的范围就称为生态幅（ecological amplitude）。任何一个生态因子在数量或质量上的不足或过多，即当其接近或达到某种生物的耐受性限度时，就会使该生物衰退或不能生存。不同种类的生物对同一生态因子耐受范围是不同的，同一种生物的耐受性也因年龄、发育阶段、季节、栖息地的不同而有差异。自然界中的动物和植物很少能够生活在对它们来说是最适宜的地方，而是生活在它们占有更大竞争（相对）优势的地方。

3. Liebig 最小因子定律与 Shelford 耐受性定律对生态恢复的意义　恢复退化生态系统时，进行物种选择和生境改良具有重要意义。极度退化生态系统恢复初期应选择对生境忍耐区间很大的物种作为先锋种，并针对某些关键低量的生态因子或营养元素给予人工补偿。进行盐碱地、裸地、沙化土地的治理和改良时，目标应更加明确，重点应更加突出。退化生态系统恢复会遇到许多因子的制约，如光照、温度、水分和土壤等。应从多方面进行设计并改造生态环境和生物种群，认真分析立地条件，只有根据限制因子理论找出限制生物生产力的主导因子和切入点，才能有效地进行生态恢复。

（二）生态适宜性理论

生物与环境长期相互作用过程中形成了一些具有重要意义的特征，以确保个体发育的正常进行，这个过程称为生态适应。生物的生态适应机制主要靠内稳态来实现。生物经过长期与环境的协调进化，对环境产生了依赖，其生长发育对生态环境产生了要求，其对环境中光、温、水、土等的依赖就是生态适宜性。也就是说，环境对植物生长发育有重要影响，每一物种只有在一定生态幅度范围内才能正常生长发育。因此，只有将适宜的物种引入适宜环境中，物种才能存活和生长。

（三）物种共生理论与生态位理论

1. 种间关系 种群之间相互作用的形式很多，可以是直接的，也可以是间接的，可以是有利的，也可以是有害的。总结起来，2个种群之间的相互关系包括偏利、互利、中性、竞争、偏害、寄生和捕食等7种类型（表2-1）。在种间关系中，最重要的是竞争关系。种间竞争是指具有相似要求的物种为争夺空间和资源而产生的直接或间接抑制对方的现象。

表 2-1 生物种间相互关系基本类型

种间关系类型	种 1	种 2	特征
偏利作用	+	0	种群1受益，种群2无影响
互利共生	+	+	对两物种都有利
中性作用	0	0	两物种彼此无影响
竞争作用	−	−	两物种互相抑制
偏害作用	−	0	种群1受抑制，种群2无影响
寄生作用	+	−	种群1（寄生者）受益，种群2（宿主）受害
捕食作用	+	−	种群1（捕食者）受益，种群2（被捕食者）受害

2. 生态位理论 种间竞争的大小取决于生态位分化。生态位是指种群在时空上的位置及其与相关种群间的功能关系。生态位不仅包括生物占有的物理空间，还包括它在种群中的功能、作用，以及它们在温度、湿度、土壤和其他环境条件变化梯度中的位置。不同的生物种，如动物、植物，在生态系统中的营养和功能关系上占据不同的地位，受环境条件的影响，它们的生态位会出现重叠与分化。不同生物在某一生态位维度上的分布，可以用资源利用曲线来表示，该曲线常呈正态分布。它表示物种具有喜好位置及散布在喜好位置周围的变异度。

生态位理论/竞争排斥原理：物种之间的生态位越接近，相互之间的竞争就越激烈。分类上属于同一属的物种之间由于亲缘关系较接近，因而具有较为相似的生态位，可以分布在不同的区域。如果它们分布在同一区域，必然由于竞争而逐渐导致其生态位的分离，竞争排斥也导致亲缘种的生态位分离。根据生态位理论，要避免引进生态位相同的物种，尽可能使各物种的生态位错开，使各种群在群落中具有各自的生态位，避免种群之间的直接竞争，保证群落的稳定。也就是说，要组建由多个种群组成的生物群落，充分有效利用时间、空间和资源，维持生态系统长期的生产力和稳定性。

（四）群落演替理论

在植物群落发展变化的过程中，由低级到高级、从简单到复杂、一个阶段接着一个阶段、一种群落代替另一种群落的有序的自然演变称之为演替。

群落演替理论是退化生态系统恢复重建最重要的理论基础，生态系统的退化实质上是一个系统在超载干扰下逆向演替的动态过程，主要表现为生物多样性下降、生物生产力降低、系统结构和功能退化、稳定性下降及生态效益降低。目前有关群落演替的理论有单元顶极论、多元顶极论、顶极格局假说。

1. 单元顶极论　Clements 等（1916）提出的单元顶极论认为，演替就是在地表上同一地段连续出现各种不同生物群落的时间过程。任何一类演替都经过迁移、定居、群聚、竞争、反应及稳定 6 个阶段。到达稳定阶段的群落是和当地气候条件保持协调和平衡的群落，是演替的终点，被称为演替顶极（climax）。演替是生物群落与环境相互作用导致生境变化的结果，是渐进有序进行的。这要求人们在进行退化生态系统恢复和重建时，也要循序渐进，依据退化阶段，按照生态演替规律分阶段、分步骤地促进顺行演替，而不能急于求成、拔苗助长。

2. 多元顶极论　由英国学者 Tansley 于 1954 年提出。这个学说认为，如果一个群落在某种生境中基本稳定，能自行繁殖并结束它的演替过程，就可看作顶极群落。在一个气候区域内，群落演替的最终结果不一定都汇集于一个共同的气候顶极终点。除了气候顶极之外，还可有土壤演替顶极（edaphic climax）、地形顶极（topographic climax）、火烧顶极（fire climax）、动物顶极（zootic climax）。同时还可能存在一些复合型的顶极，如地极-土壤顶极（tope - edaphic climax）和火烧-动物顶极（fire - zootic climax）等。一般在地带性生境上是气候顶极，在别的生境上可能是其他类型的顶极。

不论是单元顶极论还是多元顶极论，都承认顶极群落是经过单向变化而达到稳定状态的群落，而且顶极群落在时间上的变化和空间上的分布，都是和生境相适应的。二者的不同点在于：①单元顶极论认为，只有气候才是演替的决定因素，其他因素都是第二位的，但可以阻止群落向气候顶极发展；多元顶极论则认为，气候以外的其他因素也可以决定顶极形成。②单元顶极论认为，在一个气候区域内，所有群落都有趋同性的发展，最终形成气候顶极；而多元顶极论不认为所有群落最后都会趋于一个顶极。

3. 顶极格局假说　由 Whittaker 于 1953 年提出，是多元顶极的一个变型，也称种群格局顶极理论（population pattern climax theory）。在任何一个区域内，环境因子都是连续不断地变化的。随着环境梯度的变化，各种类型的顶极群落，如气候顶极、土壤顶极、地形顶极及火烧顶极等，不是截然呈离散状态，而是连续变化的，因而形成连续的顶极类型（continuouity climax types），进而构成一个顶极群落连续变化的格局。在这个格局中，分布最广泛且通常位于格局中心的顶极群落，叫作优势顶极（prevailing climax），它是最能反映该地区气候特征的顶极群落，相当于单元顶极论的气候顶极。

Whittaker 还提出了识别顶极群落的方法。认为顶极群落具有如下特征：①群落中的种群处于稳定状态；②达到演替趋向的最大值，即群落总呼吸量与总第一性生产量的比值接近 1；③与生境的协同性高，相似的顶极群落分布在相似的生境中；④不同干扰形式和时间所导致的不同演替系列都向类似的顶极群落会聚；⑤在同一区域内具有最大的中生性；⑥占有发育最成熟的土壤；⑦在一个气候区内最占优势。

（五）生物多样性理论

1. 物种多样性（species diversity）**的定义**　生物多样性（biological diversity）可定

义为"生物的多样化和变异性以及生境的生态复杂性"。它包括植物、动物和微生物物种的丰富程度、变化过程以及由其组成的复杂多样的群落、生态系统和景观。生物多样性一般有 3 个水平：遗传多样性（物种所包含的遗传信息之总和）、物种多样性（地球上生物种类的多样化）和生态系统多样性（生物圈中生物群落、生境与生态过程的多样化）。

2. 物种多样性（species diversity）**的内涵**

（1）种的数目（numbers）或丰富度（species richness）　丰富度指一个群落或生境中物种数目的多寡。有学者认为只有这个指标才是唯一真正客观的多样性指标。

（2）种的均匀度（species evenness or equitability）　指一个群落或生境中全部物种个体的空间配置状况，它反映的是各物种个体分配的均匀程度。

3. 物种多样性的测定

（1）多样性指数（diversity index）　是结合丰富度和均匀性的综合指标。低丰富度、高均匀度的群落与高丰富度、低均匀度的群落可能得到相同的多样性指数。两个最著名的计算公式为：

①辛普森多样性指数（Simpson's diversity index）。为随机取样的 2 个个体属于不同种的概率，也等于 1 减去随机取样的 2 个个体属于同种的概率。设种 i 的个体数 n_i 占群落中总个体数 N 的比例为 P_i，那么，随机取种 2 个个体的联合概率应为 $P_i \times P_i$，即 P_i^2。如果将群落中全部种的概率组合起来，就可得到辛普森指数，即：

$$D = 1 - \sum (i = 1 - S) P_i^2$$

式中，$P_i = N_i/N$。

辛普森多样性指数的最低值是 0，最高值为 $1-1/S$。前一种情况出现在全部个体均属于一个种的时候，后一种情况则出现在每个个体分别属于不同种的时候。

②香农-威纳指数（Shannon - Weiner index）。该公式借用了信息论中熵的计算方法，是表示信息（物种个体）的紊乱和不确定程度的指标。计算公式为：

$$H' = -\sum_{i=1}^{s} P_i \log_2 P_i$$

式中，对数的底可取 2、e 和 10，H' 为信息量（information content），即物种的多样性指数，S 为物种数目，P_i 为属于种 i 的个体 n_i 在全部个体 N 中的比例。

（2）丰富度指数（richness index）　与群落中物种的总数与样本含量有关，它可以表明一定面积的生境内生物种类的数目。生态学上用过的丰富度指数很多，现举两例。

①Gleason 指数：

$$d_{GL} = (S-1)/\ln A$$

式中，A 为单位面积，S 为群落中物种数目。

②Margalef 指数：

$$d_M = (S-1)/\ln N$$

式中，N 为样方中观察到的个体总数（随样本大小而增减）。

4. 生物多样性的生态学意义　生物多样性高的生态系统往往具有许多优势。例如，在多样性高的生态系统内，高生产力物种出现的机会增加、能量和营养关系多样化且稳定、抗干扰和入侵能力强、资源利用效率高等。

生物多样性是生态系统稳定的基础，也会导致生态系统功能的优化。多样性会导致群落的复杂性，复杂的群落意味着更多的垂直分层和更多的水平斑块格局。在退耕地或荒山造林时，应特别注意避免造林物种单一化，尽量营造混交林。不同的生物种类能相互影响、相互制约，使病原、害虫丧失自下而上的适应条件，同时也可招来各种天敌和益鸟，从而减轻或控制病虫的危害。

（六）生态系统的结构理论

1. 生态系统及其结构　生态系统指在一定空间中共同栖居的所用生物（即生物群落）与其环境之间由于不断地进行物质循环和能量流动而形成的统一整体。生态系统的结构包括多种组成，其中物种结构指生态系统由哪些生物种群组成，以及它们之间的量比关系。例如，浙江北部平原地区的农业生态系统中，粮、桑、猪和鱼的量比关系。时空结构指生态系统中各生物种群在空间上的配置和时间上的分布。营养结构指由生产者、消费者和分解者三大功能类群以食物营养关系所组成的食物链和食物网，是生态系统中物质循环、能量流动和信息传递的主要途径。

2. 生态系统的结构理论　生态系统的结构是否合理体现在生物群体与环境资源组合能否相互适应，能否充分发挥资源的优势，实现资源的可持续利用。提高物种多样性来优化物种结构，有利于系统的稳定和持续发展。在时空结构上充分利用光、热、水和土资源，提高资源利用率。在营养结构上应实现生物物种和能量的多级利用与转化，形成一个高效的、无冗余组分的系统。

3. 生态系统的结构理论在生态恢复中的应用　根据生态系统的结构理论，生态恢复时应结合采用不同特性的物种，如深根与浅根、喜光与耐阴、喜肥与耐贫瘠、喜水与耐旱、常绿与落叶、乔木与灌草种相结合，实行农业物种、林业物种、牧业物种和渔业物种的结合，实现物种间的能量、物质和信息的交流，提高资源利用效率。同时根据区域位置的不同，侧重于不同恢复措施，例如，山区的生态恢复以林业为主，丘陵区的生态恢复以林草结合为主，平原地区的生态恢复则以农、渔、饲料和绿肥结合为主。

二、现代生态学理论

（一）干扰-稳定性理论

恢复生态学中占主导思想的是排除干扰、加速生物组分的变化和启动演替过程，使退化的生态系统恢复到某种理想的状态。

干扰-稳定性理论认为：在外来干扰（包括环境因子变化）的作用下，生态系统的正常功能和基本结构将发生改变，即受扰生态系统在物种组成、群落结构、生态功能与参照生态系统（未受干扰）之间存在较大差异，干扰作用的大小取决于类型（生物或非生物干扰）、强度（受扰生态系统偏离参照生态系统的程度）、频率（干扰发生的周期）和尺度（干扰发生的时空格局和层次水平如物种、种群、群落等）；消除或减轻干扰因素后，生态系统将会回到原来的稳定状态或发展到另一个新的稳定状态；生态系统的稳定性与其弹性力（恢复力）和抵抗力有关，生态系统的弹性力越大，则其受干扰后恢复所需的时间越短，生态系统的抵抗力越大，则其在外来干扰或环境变化影响下发生的偏离程度越小（图2-4、图2-5）。

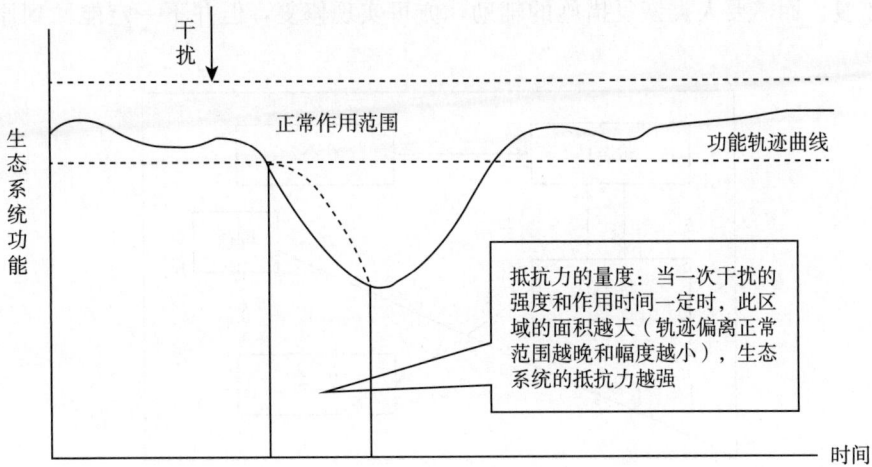

图 2-4　生态系统抵抗力稳定性示意图

(引自董世魁等，2009)

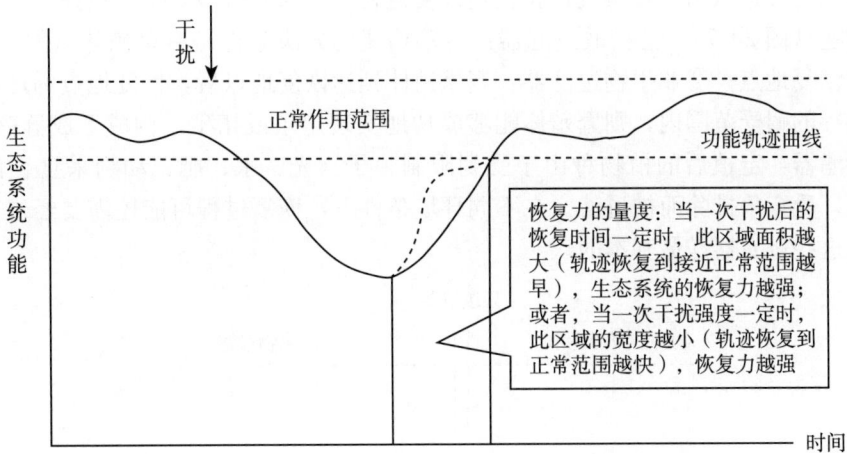

图 2-5　生态系统恢复力稳定性示意图

(引自董世魁等，2009)

(二) 阈值理论

恢复生态学的另一重要思想是阈值理论，其认为生态系统的演替是一个动态过程，只要外界干扰不超过生态系统恢复的阈值，退化生态系统就能自然恢复。

阈值理论还认为生态系统退化并不是有序、渐进的过程，而需要经历不同的亚稳定状态过渡以达到新的稳定状态，这些过渡状态是生态系统对不同管理措施或环境因子的非线性阈值响应。如果生态系统的退化未超过其生态阈值，消除干扰因素或退化诱因后，生态系统能够恢复到原来的稳定状态；一旦退化程度超过其生态阈值，消除干扰因素或退化诱因也不能使生态系统恢复到原来的稳定状态，必须通过外力作用或其他管理措施才能使生态系统恢复到原来的稳定状态。例如，如果草地由于过度放牧而退化，控制放牧则很快自然恢复；但当草地已由退化指示种杂类草或一年生杂草占据优势时，控制放牧已不能使草地自然恢复，而需要人类恢复措施的辅助，方可实现修复，但并不一定能回到原有状态（图 2-6）。

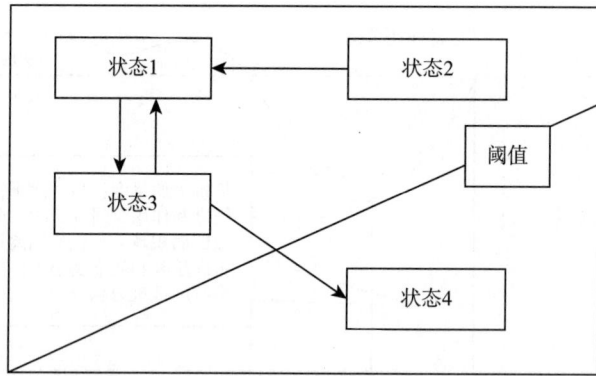

图 2-6　生态系统退化与恢复的阈值理论模型

（三）过滤模型

过滤模型理论认为，在实现退化生境修复过程中，需要打破 3 个"过滤器"方可实现群落的构建（图 2-7）。①扩散过滤器：群落构建的先决条件是有繁殖体（根系或种子）能够到达恢复地点；②非生物过滤器：当繁殖体到达恢复地点后，恢复地点的环境因子在繁殖体生存的耐受范围内，则繁殖体能够成功地实现定殖或拓殖，构成形成群落的基础；③生物过滤器：定植后的植物种由于受到限制因子（光、水、肥、动物采食、化感作用等）作用，受竞争排除而被过滤。在不同环境条件下，恢复过程可能还需要经过其他过滤器，上述这些过滤器是最基本的。

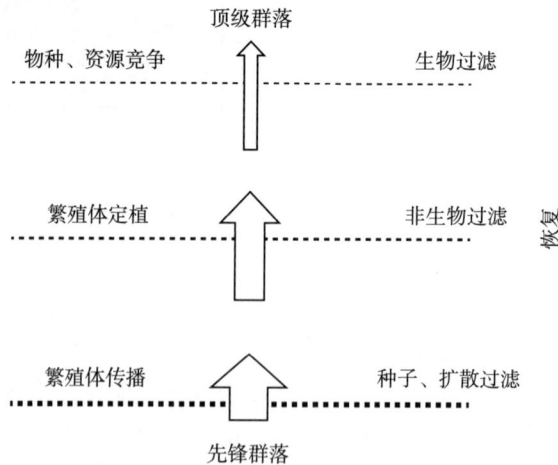

图 2-7　过滤模型（filtering model）

以上对恢复演替理论、阈值模型、干扰-稳定性理论以及过滤模型进行了介绍，这些理论或模型都对草地的恢复从不同侧面进行描述、判定与解释。恢复演替理论关注于草地的恢复路径，即按照演替的轨迹来实施恢复；阈值模型对于草地退化与恢复评价具有实际意义，前提条件是阈值相对容易被确定（并非所有草地恢复过程都能够发现）；过滤模型则展示出草地恢复的关键阶段性，即在每一个阶段都可能有不同机制，需要有特殊且针对性的恢复方式。

三、人为设计与自我设计理论

（一）人为设计理论和自我设计理论

自我设计理论认为，只要有足够的时间，退化生态系统将根据环境条件逐渐合理地组织自己，并会最终改变其组分。人为设计理论认为，通过工程方法和植被重建，可以直接恢复退化的生态系统，恢复的类型可能是多样的。

（二）人为设计理论和自我设计理论的区别

自我设计理论把恢复放在生态系统层次上考虑，未考虑到缺乏种子库的情况，其恢复的只能是由环境决定的群落；人为设计理论把物种的生活史作为植被恢复的重要因子，认为通过调整物种生活史的方法加快植被的恢复，即把恢复放在个体或种群层次上去考虑，恢复的结果可能是多样的。

四、系统性恢复理论

王德利等（2020）提出"系统性恢复"理论，通过构建基本的草地关键组分（植被-动物-微生物的营养级物种与优势种），激发草地生态的自组织过程（跨营养级的养分-水分耦合、地上-地下耦合），实现以系统的稳定平衡与多功能协同为目标的恢复方式。也就是说，对于退化生态系统的修复，要从"系统性"的角度去探讨修复的措施和方法，激发修复后退化草地生态系统的自组织性，从而实现退化草地生态系统的多功能性和稳定性。要实现退化草地的系统性恢复，尤其要实现地上与地下生态过程的再耦合。因为生态系统的退化实质上是系统结构与功能之间的"解耦合"，而修复过程是再次构建系统结构与功能之间的耦合关系。从系统性恢复的观点看，草地的恢复不是单一或某些功能的恢复，应该是草地多功能性的恢复。只有系统多功能性得到恢复，草地才能体现作为生态系统（而非简单的生产载体）的存在价值，多功能性的恢复也是当前草地恢复的最终目标。因此，通过构建关键种之间的关系，不断增强主要功能之间的耦合作用（coupling effect），诸如碳、氮、磷循环之间耦合，水分与养分之间的耦合，激发草地"自我适应、自我调整、自我恢复"的能力，实现草地的自组织性，促发草地"自然地"达到稳定状态。

五、近自然恢复理论

贺金生等（2020）基于"近自然林业"理念和森林管理中提倡的"回归自然"理念，针对退化草地生态系统修复过程中存在稳定性和可持续性差的现状，提出了针对退化草地修复的"近自然恢复理论"。近自然恢复注重"基于自然"和"回归自然"，更多利用自然生态系统的自调节（self-regulating）系统属性，引导退化生态系统重新进行组织，通过自我调节实现可持续恢复。因此，近自然恢复后的生态系统具有较高的生物多样性，能够提供更多生态系统功能和服务，并增加应对灾害风险的弹性，确保退化草地生态系统，尤其是退化高寒草地实现稳定和可持续的恢复。

第三章 甘南退化草地植被的恢复与重建技术

针对草地大面积退化的态势，科学家们从草地退化的原因、机制以及草地恢复的理论与技术等方面进行了大量的研究。目前对草地退化的成因已有较为一致的认识，但草地退化修复的理论与技术还在探索完善中。早期，美国、加拿大、欧洲等从天然植被恢复、人工植被重建、土壤过程和生物群落等角度探讨了退化草甸恢复的理论与方法。基于功能性状的群落生态理论、生态系统下行效应原理、阈值模型及集成过滤模型成为退化草地恢复的最新理论依据。国内外学者也提出了草地恢复的"系统性恢复"和"近自然恢复"等理论，发展了"种群途径""生物多样性途径""进化恢复途径""生态系统多功能途径"等恢复方法，草地修复技术也取得了诸多进展。19世纪中叶，欧洲各国采用施肥及灌溉等改良草地，澳大利亚、新西兰及苏联等又采用了补播、耕翻、划破草皮、火烧、外来种引入等方式研究草地改良技术。随着人们意识到草地的复杂性和系统多组分退化后，综合治理措施才得以应用。现今我国的草地生态恢复技术约有20多种，主要为免耕补播、草地翻耕和减畜等。相较于国外，我国利用围栏封育来减畜的措施较多，而利用火烧、刈割、控制杂草等措施较少。此外，草方格沙障和草地鼠害防控则是我国特有的草地生态恢复技术。

第一节 退化草地生态系统恢复的模式与方法

目前有关退化草地生态系统修复的方法，总体上可分为物理（非生物）方法、生物方法等管理手段。具体选用哪种方式，需要根据修复体系的退化原因、退化类型、退化阶段和过程作判断。在退化草地的修复过程中，物理方法通常包括施肥、灌水、铺干草等措施；生物方法如补播、单播或混播，通过改变群落结构，利用生物过滤器激活修复体系的自组织过程，实现退化草场的修复。

对不同退化阶段草地进行修复，其恢复目标、侧重点及选用的配套关键技术往往会有所不同。不管采取物理方法、生物方法，还是采取物理和生物结合的方法，都需要将"水-草-土-畜"有机结合起来制定相应修复策略。

在草地恢复过程中应该特别关注几个问题：①利用非生物或环境恢复技术进行土壤或自然气候条件的恢复时，需注意土壤的扰动程度问题，是松土、浅耕翻、深耕，还是采取其他的土壤培肥措施；②利用生物恢复技术进行物种的选择、草群混播和生物群落的构建时，应注意消费者和分解者的引进，这是该恢复过程的关键；③应考虑生态系统的总体规划、设计与组装技术。

经过多年实践，人们已经总结出一系列退化草地恢复与重建的措施与方法。国内外有关草地恢复的措施有 20 多种，如建立人工草地，缓解草畜矛盾；实行季节轮牧，控制净载畜量，减轻草地放牧压力；围栏封育，给予草地休养生息的机会，自然演替促进其自然恢复；通过人工干预（施肥、灌溉、补播、轻耙等）措施，促进草地的更新复壮；严重退化的草地实施"围封转移"进行人工干预和围栏封育。其中，免耕补播、减畜、火烧、退耕还草和刈割是国外使用最多的 5 种草地生态恢复技术，而我国使用较多的则是免耕补播、减畜、栽培草地、围栏封育和草地翻耕。下面就各种措施进行详细的介绍。

一、草地围栏模式

围栏有钢立柱网围栏、钢筋混凝土立柱刺铁丝围栏、电围栏和生物围栏（利用灌木建立的隔离墙）等。构建草地围栏是为了特定目标而分隔区域，例如，对每家每户间草场边界的划分；打草场的圈围是为了保护打草草地，打草后用于冬春放牧；人工饲草地围栏过去通常被称为草库伦，将饲草饲料地进行围栏以保护饲草料生产；用于草地保护的区域是将具有特殊功能的草地进行围栏，减少人为干扰，开展科学研究；对于放牧和非放牧的区间划分，通常放牧围栏多用于划区轮牧，通过围栏将草地划分成几片，依次进行放牧利用。围封不仅是空间上的，亦可是时间尺度上的。例如，在牧草旺盛生长的夏季进行短期封育，这样可以保证牧草的充分生长，对提高草地牧草产量意义很大。夏季封育主要适用于作为冬场的草地，封育后夏季牧草生长旺盛，为冬季利用打下良好基础。对于打草地、补播改良草地等，为了获得较高草地产量，或为提高各种改良措施的效果，一般也需进行夏季封育。

以上是将草地围栏按照不同的目的进行划分，如今草地围栏也是用于退化草场修复的常规措施。对于轻度退化的草场，围栏封育是最有效的措施。对于中度退化草场，采用补播加围栏封育的模式是行之有效的方法之一。对于退化严重的草场，围栏封育是治理后期必不可少的环节。在以上不同退化程度草场修复中，采取围栏封育主要是为了恢复草地植被，利用围栏或其他设施将草地围圈起来，禁止放牧利用，促进退化草地的自然恢复。在一定时间内将草地围护起来，不加利用，给牧草以休养生息，种子成熟、繁衍、更新的机会，进而达到提高它的生物再生产能力。通过围封育草可增加草地牧草产量，加快草地植被的恢复，改善牧草的质量。在提高草群高度、密度和盖度的同时，地下根量也有明显增加。还可培育优良的割草场，为草地的合理轮牧创造条件。在众多草地保护建设措施中，草地围栏封育具有简便易行、投资少、见效快、方法简便、节省劳力等特点，是可以大面积使用的植被恢复和培育措施，也是草地保护与建设的重要手段，比较适合我国国情。在高寒草甸进行围栏封育，通常需要 5～6 年时间才能恢复到接近原生状态的水平，之后仍旧需要进行适当的放牧活动维持草地生物多样性。如果对枯草不加以利用会抑制幼苗的形成和草地的繁殖更新，也不利于牧草的正常生长和发育。

二、划区轮牧，以草定畜

所谓划区轮牧是指在空间上对草地设置围栏，按照一定次序进行逐区采食、轮回利用的一种草地放牧方式。划区轮牧可以有效对放牧家畜的种类、家畜密度、放牧季节、频率和持续时间进行有效调整，使之符合草地牧草生长发育规律，因而是一种较为合理的草地放牧制度。由于该方法不仅兼顾了草场植被保护和防治退化，同时保障了牧业的持续发展、增加了经济收益，是实现草地牧业持续发展的健康模式。根据草场状况确定放牧家畜的种类配比及其数量，即以草定畜，利用该方法构建合理的畜群模式，在增加经济收益的同时，可以促进草-畜间的物质循环，降低植物对光资源的竞争，提升草场耐受性强物种优势度，是改良草地质量的关键措施。此外，培育和改良生产性能较好的畜种也很重要；还应逐步完善舍饲牧业的发展，降低畜种对草地的干扰，减轻草地放牧压力。

三、增强土壤肥力

由于受全球气候变化和人类活动（肆意开垦和过度放牧）的过度干扰，外加鼠虫害频发，甘南大面积优良草地正逐渐退化。此外，高寒草甸生态系统自身的脆弱敏感性，也使得地上植被在发生逆向演替的同时，土壤的组成结构呈现亚健康、肥力趋于下降，严重威胁区域生态安全和当地畜牧业的可持续发展，严重的退化草地已难以依靠其自身的调节能力进行恢复。

土壤是植物生长的重要基质环境，能够为植物提供所需的营养物质。阈值理论表明，当外界干扰超过生态系统恢复的阈值时，将引发生态系统的逆向演替。对土壤环境而言，高寒草甸的退化包括土壤理化特性的下降和微生物群落结构的改变。研究表明，土壤有机质含量随草地的退化而降低，全量与速效养分含量呈不同程度的下降趋势，而土壤酶活性受多环境因子影响，变化规律与其不一致。此外，植被群落结构的退化及覆盖度的下降又引发土壤养分流失，进一步减弱土壤肥力，致使极度退化草地的土壤养分已不能满足植物的生长所需。

基于土壤和植物间的上-下行效应，对极度退化高寒草甸进行修复时，应首先改善土壤肥力。土壤氮素作为提升草地生产力的重要元素，对促苗增产、提高草地生产力具有正向效应。已有研究表明，高寒草甸生产力的积累主要受氮素限制，当氮素添加量≥10克/（米^2·年）时会造成生物多样性的下降，而氮添加量为5克/（米^2·年）时，对生物多样性的影响不显著，还可促进生产力。除氮肥外，微生物菌肥也具有类似的功效。研究表明微生物菌肥（关键菌株蜡状芽孢杆菌和胶状芽孢杆菌）可提高氧化氮（N_2O）（97.2%）、氧化钾（K_2O）（83.9%），增强根系活力（17.2%），刺激植物生长达到增产效果。由此可见，添加氮肥或微生物菌肥能改善土壤肥力，实现地下-地上再耦合，激发草地生态的自我调节过程。

草地常见的施肥模式有以下几种。

（一）常量化肥施用模式

氮、磷、钾是植物生产必需的三大常量元素，也是植物生长过程中消耗最多的营养元素。大多数土壤缺氮少磷，而钾较为充足。已有研究表明，高寒草甸生产力的积累主要受氮素限制，也有研究表明，长期放牧的区域由于磷随畜产品的输出，逐渐呈现磷限制的趋势。所以氮、磷常成为限制植物生长的主要元素，对其进行适当的补充格外重要。

1. 单施氮肥的模式

（1）氮肥的作用　氮是构成生命的基础物质，也是制约光合器官发育的关键因素和植物生长所必需的元素。若土壤中存在氮匮缺则无法满足地上植物的生长所需，亦不能提高牧草的产量和品质。

（2）适用对象 植被群落中缺乏豆科物种或杂类草占比高、草地生产力低下的体系。不过，对于一些土壤有机质和全氮含量高但有效氮含量低的草地，如一些高寒草甸，最好采用其他方法提高草地土壤的矿化程度，而非大量施用氮肥。

（3）施肥模式 施氮量需要视草地生态系统的氮平衡情况和环境条件来决定。已有研究表明，高寒草甸生产力的积累主要受氮素限制，当氮素添加量≥10克/（米²·年）时会造成生物多样性的下降，而氮添加量为5克/（米²·年）时，对生物多样性的影响不显著，还可促进生产力。氮肥主要以追肥方式施入，施肥时间一般在牧草开始旺盛生长的初期，可一次性施入，也可分次施入。

（4）注意事项 牧草产量并不会随施氮量的增加而持续增加，通常两者间呈单峰曲线模式。当土壤中氮含量较低时，牧草产量会随施氮量而增加；但是当土壤中氮含量积累到一定程度时，牧草产量的增加幅度会下降，反而会抑制牧草生物量的积累。在单峰的后期模式中，禾草增产不仅取决于施氮量，而且与施氮后草地的利用强度和年限也有关。

2. 单施磷肥的模式

（1）磷肥的作用 磷素也是构成植物生命代谢所需的常量元素，其利于植物体细胞分裂、增殖，促进根系伸展和地上部的生长发育，能提高作物对环境变化的抗逆能力。其循环过程为沉积型，磷元素也会随着畜牧业的发展而被带出草地生态系统。因此，磷也是限制草地植物生长发育的关键因子。

（2）施用效果 施加磷肥可显著提高牧草产量，增加牧草中粗纤维和磷的含量。还可以促进植物根系和地上部分的生长，增强抗寒性，提高牧草越冬率。研究表明，磷肥添加量对高寒草甸物种丰富度和地上生物量的影响不显著。氮添加对植物群落物种多样性的影响效果要比磷添加的效果更为明显。原因可能是土壤有效氮含量随外界氮含量添加或氮沉降加剧而增加，从而丰富了限制植物生长的营养因子，加剧了物种间的竞争。

（3）注意事项 磷肥的肥效期长，一次施入后，即使几年内不施磷，土壤中的磷仍然有显著增产作用，当然增产的幅度会随着磷肥施入年限的增加而降低。

3. 氮磷合施的模式

（1）复合作用 氮磷复合添加对物种丰富度和地上净初级产量的影响效应要强于单独添加氮或磷的效应。研究发现，氮磷营养元素的复合添加对物种丰富度、地上生产力、株高不整齐性和冠层底部相对光照强度影响效应的增幅大于单独的氮或磷添加，说明氮磷矿质元素间存在交互作用。可能是因为单独的氮或磷富集会加快诱导另外一种元素成为限制元素，氮磷同时添加则达到多个关键营养物质的平衡而产生实质的交互效应。此外，合施可弥补单施其中一种元素而引起的某些营养成分下降的弊端，从而提高牧草品质。

（2）注意事项 一般以磷肥作种肥，氮肥作追肥，以氮磷合施并采用氮磷各半或磷略少的搭配比例效果最佳，此时氮磷交互作用最大。氮磷合施对4～5龄人工草地种子产量有极显著效应。

（二）微量化肥施用模式

微量元素又称生物性元素，主要包括硼、钼、锌、锰、铜、钴和稀土元素。微量元素是多种酶的组成成分，对植物生长起促进作用；而微量元素中的稀土元素具有生理活性，小剂量稀土对作物生长有刺激作用。微量元素在植物体内的作用具有很强的专一性，既不可缺少也不能代替。

施用效果：微量元素亦符合"木桶效应"，当某种微量元素过低时会限制植物的生长。但是微量元素不同于常量元素，微量元素过多会出现中毒现象。

施用模式：微量元素的添加主要包括种子浸泡、土壤施肥和根外追肥3种模式。在播种前用微量元素水溶液浸泡种子是一种经济可行的方法。土壤施肥通常用微肥、有机螯合肥料、玻璃肥料、矿渣或沼渣等。微肥施用量一般不宜过大，防止集中施用造成局部毒害。根外追肥可通过活体叶面喷施或灌根进行。其中，叶面喷施方法具有喷施均匀的优点，可避免喷洒不均造成的毒害。随着现代技术水平的提高，也可采用机械操作或飞机喷洒的方式。表3-1为各种微量元素的适宜喷施浓度，务必注意微量元素肥料喷施量过高会造成毒害效应。

表 3-1　喷施微量元素肥料的溶液浓度

微量元素	使用的化合物	溶液浓度/%
铜	硫酸铜	0.2～0.05
硼	硼酸	0.05～0.20
硼	硼镁肥料	0.5～0.20
锰	硫酸锰	0.5～1.00
锌	硫酸锌	0.005～0.10
钼	钼酸铵	0.01～0.05
钴	硫酸钴	0.000 5～0.01

（三）微生物肥料施用模式

微生物类肥料通过添加特有微生物菌群结构，实现固氮或者加快有机物分解，提高土壤养分含量。例如，研究表明微生物菌肥（关键菌株：蜡状芽孢杆菌和胶状芽孢杆菌）可提高 N_2O（97.2%）、K_2O（83.9%），增强根系活力（17.2%），刺激植物生长达到增产。

目前，市场上使用的微生物肥料大致有以下几种类型：

1. 固氮类生物肥料　以固氮微生物为主，通过其中固氮酶的作用，将空气中的氮气（N_2）还原为可被作物吸收利用的氨气（NH_3）；目前应用最多的是共生固氮肥料，如根瘤菌肥等。

2. 分解土壤有机物类　利用微生物分解土壤中的有机物质来给作物提供养分。如有机磷细菌肥料、综合细菌肥料等。

3. 分解土壤难溶性矿物类　利用微生物分解土壤中的难溶矿物为作物生长提供养分。通常对环境较为敏感，表现时好时坏。

4. 抗病与刺激作物生长类　它们除刺激作物生长发育外，还具有一定的提高抗病能力等效果，但对提高土壤养分等方面作用相对不大。

注意事项：生物肥料不能代替无机肥料和有机肥，它只能作为辅助肥料，在施足有机肥和适量化肥的基础上才能发挥出增产效果。

四、改善土壤结构

土壤的粒径、孔径、缝隙等会影响土壤含水量的固持和植物种子的萌发。可通过浅耕翻、划破草皮等措施，改善草地土壤结构。其中，松耙和浅耕翻这两项措施对改善土壤物理性状有效果，可促进植被的恢复。但这两种措施对自然植被有一定程度的破坏，多用于根系较为致密的根茎禾草草甸和干草原。浅耕翻松土之后，土壤通气性好转，有利于土壤动物和微生物的活动，同时还可切断牧草的地下茎而促进其分蘖，从而增加恢复速率（龙章富和刘世贵，1996）。

五、草地补播

家畜对牧草选择性采食导致优良牧草比重逐年下降，杂类草尤其是毒杂草比重增加，植被结构发生逆向演替。如果仅依靠封育措施来恢复或改善草地，该过程缓慢且产量和质量不及补播优良草种的方式。草地补播是在不破坏或少破坏自然植被的前提下，在草地中播入一些适应性强、饲用价值高的牧草，加速植被恢复。

当然并不是所有的草场都适宜于采用补播模式。对于退化较为严重的草场，如植被盖度低于30％的草地或沙地。因为当植被盖度低于30％时，植物个体间竞争减弱，有些草地甚至出现裸斑，这有利于补播植物的成活和生长。对于轻度退化草地，不适宜于采用该方法。因为其植物密度和植被盖度较高，植物个体之间竞争较为激烈，补播的牧草由于苗期生长慢、竞争力弱而不易成活。对于土壤含氮量严重不足的退化草原，补播豆科牧草可利用根瘤菌的固氮作用增加土壤的肥力，从而增加草原生产力。

目前常用的补播方式主要有撒播和条播。

（一）撒播模式

撒播方式有飞播、骑马撒播、人工步行撒播、羊群播种等。若面积不大，人工撒播即可；面积大则需要借助马车、拖拉机或汽车装上草籽，人工撒播草种；在大面积的沙面地区，或土壤基质疏松的草地上，可采用飞机播种。飞机播种速度快，面积大，作业范围广，适合于地势开阔的沙化、退化严重的草地和黄土丘陵。首先，飞机播种的种子一定要经过事先处理，防止种子位移，最好把小粒种子制成丸衣种。种子外面的丸衣成分应包含磷、微量元素等多种养分。其次，播区要有适于飞播草种发芽成苗和生长的自然条件，降水量最少在250毫米以上，或有灌溉条件，土层厚度不小于20厘米。再者，飞播后应加强管理，落实承包权并在当年禁止利用。

（二）条播模式

在植被盖度小于30％的区域，雨季到来之前用拖拉机悬挂或牵引补播机直接播种牧草种子。复土深度1～2厘米，松土深度10～15厘米。要求开沟、播种、施肥、覆土和镇压5道工序一次完成。补播可使草地生产力提高2～3倍。补播草地有效利用年限因草种寿命而不同，一般可利用5～8年。

六、毒杂草防除

在草场退化过程中，优良牧草的比重逐渐下降，杂类草及毒杂草的占比逐渐增加，如高寒草原上的醉马草和狼毒等。一些毒杂草对环境的适应能力强，能够通过竞争获得更多资源，可以迅速扩散生长，进而抑制草地其他禾本科草本植物的生长。毒杂草数量增多且对养分的竞争能力更强，限制了周围其他植物对草地有限水资源的竞争和利用，使草地生态系统物种组成逐渐变得单一化，群落结构也变得单一化，加速草地退化。同时，毒草还会对家畜的消化系统、神经系统和呼吸系统造成危害，严重时导致家畜死亡。毒杂草在退化草地会逐渐发展为优势种，因此，对于其治理多采用机械防除和化学防除手段。清除有毒有害或不良牧草就是通过物理、生物和化学手段，抑制这些植物的生长，降低其对优良牧草的竞争优势，或直接清除这些有害植物种，降低家畜危险，提高草地的载畜量。最终，实现草地土壤营养物质和资源的再分配并逆转草地群落的演替方向，达到较好的草地退化治理效果。

（一）生物防除模式

生物防除是指利用毒害草的"天敌"生物来除杀毒害草，而对其他生物无害。可利用的生物防除模式包括昆虫、病原生物、寄生植物、选择性放牧等。利用生物防除模式时，还需注意有些植物在生长某一阶段或某一季节无毒，对家畜不会造成危害，可以组织畜群在此期间放牧。例如，虽然狼毒对家畜有毒，但生长早期植株含毒素量低，且根部的含毒素量高于地上部分，待霜杀后毒性降低，可在干枯后适当放牧利用。

（二）机械防除模式

机械除草是用人工和机具将毒害草铲除的一种方法。这种方法需要耗费大量劳动力，所以只适用于小面积草地。采用这种方法时必须做到连根铲除，以免再生；必须在毒害草结实前进行，以免种子散布传播。铲除毒害草的同时可以与补播优良牧草相结合，效果更好。

（三）化学防除模式

化学防除是利用化学药剂杀死毒害草的一种方法，是清除有毒有害植物最有效的方法。具有经济、节省劳力、见效快、不受地形限制、减少土壤侵蚀和有利于水土保持等特点。如果采用选择性除草剂，可使有价值的牧草不受损害。根据杀伤程度不同，除草剂分选择性除草剂和灭生性除草剂两种。前者在一定剂量下，只对某一类植物有杀伤性，而对另一种植物无害或危害很小；后者在一定剂量下能杀死一切植物。

七、控制草地鼠害和病虫害

草地病虫害是引起草地退化的重要原因。通常对于因病虫害引起的草地退化，只要消除病虫害，草地即可逐步恢复。但是，草地病虫害的彻底消除，并非易事，也没有必要。不同物种在草地生态系统中扮演着不同的角色，发挥着不同的功能，关联着物质循环或能量传递的不同环节。即使一个草地生态系统中的病、虫完全灭绝，周围地区或生态系统中的病虫类也会扩散或传播进来。因此，一般只对草地病虫进行控制，使之不形成严重危害或灾害即可。另外，病原、各种昆虫和啮齿动物也是草地生态系统中的重要成员，在草地生态系统物质循环和能量流动中起着重要作用，将其完全灭除，对于维持生态系统的结构和功能也是不利的。

总之，退化草地生态系统的恢复要综合考虑实际情况，充分利用现代科学技术，通过研究与实践尽快恢复系统的结构，进而恢复其功能，最终实现生态、社会和经济效益的统一。

八、近自然恢复

在青藏高原生态屏障保护与建设过程中，由于建植或改良的草地草种单一、优良乡土草种少，加之受高寒气候的限制，群落稳定性和可持续性不强，生态系统多功能性和多服务性往往难以完全恢复（贺金生等，2020）。关于草地退化的成因已有较为一致的认识，但对草地退化修复的理论与技术仍在探索完善中。越来越多的研究发现，土壤、植物、动物以及人类放牧管理活动的相互作用既影响草原生态系统的生产和稳定，又为草原生态系统的服务功能提供了驱动力。维系家畜和植物之间的平衡不仅在于草-畜之间的"数量"（家畜的放牧强度和植物生产力的关系），更在于草-畜之间的"质量"（图 3-1）。也就是说，当前更注重"基于自然"和"回归自然"的理念，更多利用自然生态系统的自调节（self-regulating）属性，引导退化生态系统重新进行组织，通过自我调节实现可持续恢复。

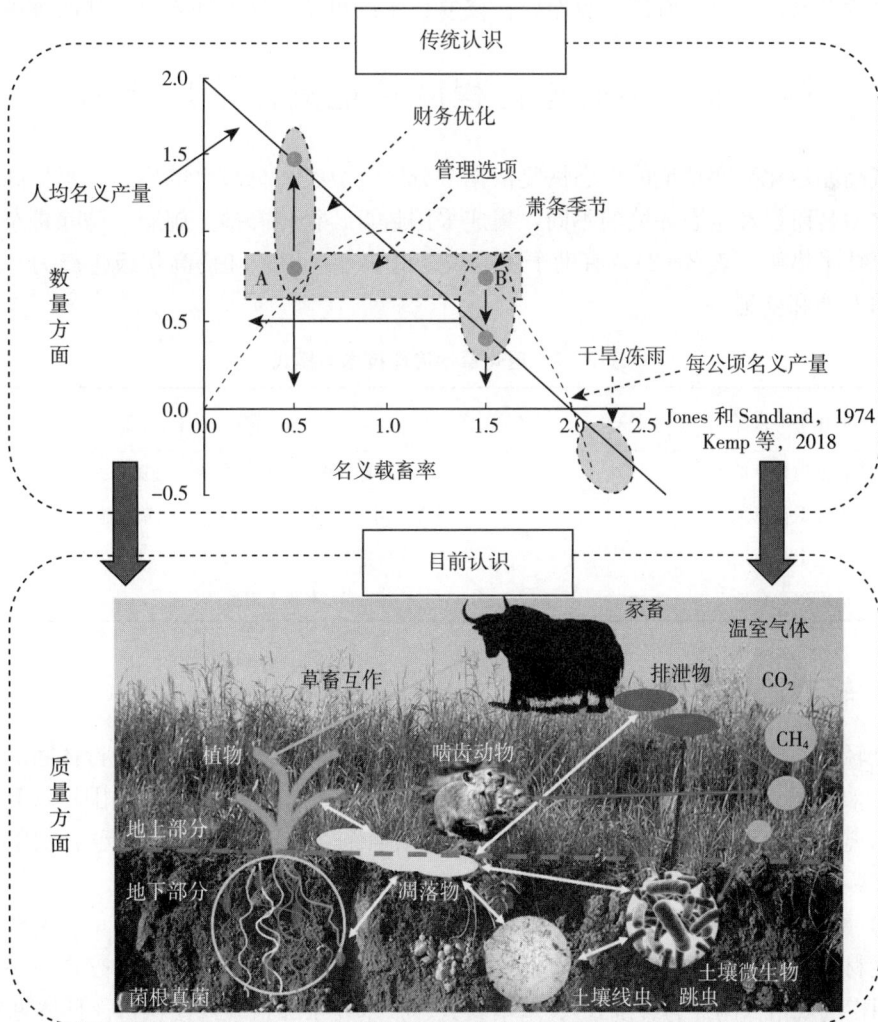

图 3-1　草-畜互作调控草原生态系统的途径理论模式

草食动物是各类天然草地生态系统中的主要成员，也是长期而稳定的草地干扰因子，其数量对植物种间关系、种群数量以及系统的抵抗力和恢复力产生极大作用，影响着草地生态系统的功能提升、稳定与维持。在放牧生态系统中，食草动物对植物的采食可以改变群落的演替格局，土壤动物、微生物与植物相互作用的改变也能影响群落演替。采食演替后期的植物会阻碍演替进程，而选择性采食演替早期物种会促进演替后期物种的建立，从而加速演替。就物种多样性而言，多种采食动物类群的存在会对演替趋势起到累加或互补效应，即取食于相同演替阶段的动物会对植物演替格局产生累加效应。

除家畜外，天然草原的采食动物还包括啮齿动物。一般情况下，草地啮齿动物适度地啃食对生态系统有利，在草地生态系统食物网及其能量流动和物质循环中有其独特的地位，是生态系统中的"生物工程师"。以往研究大都从土壤、植被或者放牧家畜入手，没有考虑小哺乳动物。基于小哺乳动物和放牧家畜的扰动，解析其对植被、土壤结构、功能的调控作用和互作关系影响，耦合食草动物、植被和土壤系统的关系，促进根系作用和地下生态过程及其调控，将有助于克服以往修复技术的可持续性差和效果不佳的弊端。

第二节　不同退化程度草地具体治理技术

青藏高原退化高寒草地的生态恢复依据"分区、分类、分级"的模式，根据高寒天然草地退化演替阶段和生态环境的不同，集成采用封育、松耙补播、施肥、防除毒杂草、鼠害防治等技术措施（表3-2），有助于快速恢复退化草地植被和提高初级生产力，遏制退化草地的发展和蔓延。

表3-2　退化草地治理技术与模式

退化草地类型	技术措施
轻度退化草地	封育、鼠害防治、封育＋施肥
中度退化草地	封育、封育＋补播、灭除鼠害/杂草＋施肥
严重退化草地	封育、松耙＋补播、建立人工或半人工草地
极度退化草地	重建人工群落

一、轻度退化草地

修复轻度、中度和重度退化草地的坡地和陡坡地时，均需建立围栏进行休牧。根据经费情况可采用钢立柱网围栏、钢筋混凝土立柱刺铁丝围栏、电围栏和生物围栏（利用灌木建立的隔离墙）等模式。采取联户连片的方式建设围栏。在建设围栏单元时利用GPS定位确定实际休牧的面积。围栏设计和建设应考虑如下方面：

（一）建设网围栏
围栏材料与施工安装均可参考青海省地方标准《编结网围栏》（DB63/T 437—2003）编结网围栏的规格（网片为缠绕式）、基本参数、技术要求和检验规则执行。具体见表3-3至表3-5。

表 3-3　编结网围栏的规格及技术参数（毫米）

规格	纬线根数	网宽公称尺寸	经线间距	钢丝公称直径			自上而下相邻两纬线间距
				边纬线	中纬线	经线	
91L8/110/50	8	1 100	500	2.8	2.5	2.5	200、180、180、150、130、130、130

表 3-4　刺钢丝的规模及技术参数（毫米）

规格	钢丝公称直径		刺距	刺长	刺线头数	捻数
	股线	刺线				
91L-双 2.8×2.2	2.8	2.2	102±13	16±3	4	≥4

表 3-5　钢制支撑件的规格及技术参数（毫米）

名称	尺寸长度≥	材料规格
门柱、角柱	2 000	热轧等边角钢 90×90×8
中间柱	2 000	热轧等边角钢 70×70×7
小立柱	2 000	热轧等边角钢 40×40×4
地锚、下立柱	600	热轧等边角钢 40×40×4
支撑杆	3 000	电焊钢管 50
小立柱横梁	200	热轧等边角钢 40×40×4

1. 连接件　①绑钩：绑钩的材料应为抗拉强度不低于 350 兆帕、直径 2.50 毫米的镀锌钢丝，每根长度 200 毫米。②挂钩：挂钩的材料应为抗拉强度不低于 350 兆帕、直径 2.50 毫米的镀锌钢丝，每根长度 200 毫米。

2. 围栏门　围栏门的框架采用《直缝电焊钢管》（GB/T 13793—2016）中 $\varphi25$ 毫米的直缝电焊钢管；围栏门采用双扇结构，单扇高为 1 300 毫米，宽为 1 500 毫米；原材料采用 30 毫米×3 毫米扁铁，40 毫米×40 毫米×4 毫米角钢，1.5 毫米钢板；围栏门的扁铁间距为 150 毫米；围栏门应焊接牢固，焊缝平整，无烧伤和虚焊；围栏门应涂防锈漆和银粉，涂层均匀，无裸露和涂层堆积表面。

3. 围栏施工安装　所有零部件必须检验合格，外购件必须有合格证明方可安装。配套网围栏根据地形平均 10 米设 1 根小立柱，每 400 米应设 1 根中立柱；各种立柱应埋设牢固，与地面垂直，埋入地下部分不得少于 0.6 米；网围栏形状应根据地形地貌和利用便利而定，一般以正方形和长方形为主；围栏门位置可根据牧户要求设置；编结网的每根纬线均应与立柱绑结牢固，所有的紧固件不得松动；保证大门安装牢固，转动灵活。

（二）生物围栏

生物围栏的建植方法有穴栽法和挖沟油槽法。以下为两种方法的建植要点。

1. 穴栽法　通常采取"三行双刺"排列。先栽主杆树，其高度平均比刺类高 1.5 米以上。在距主杆树两侧 20～30 厘米处挖穴，种植 8～12 棵/米刺类植物。采用大套小、高套矮的方式移栽，最后垒土15厘米以上。

2. 挖沟油槽法 先在设计好的围栏线路处挖沟，沟深和沟宽以40厘米为宜，再将主杆树和杂灌同时移栽，然后垒土15厘米以上。

生物围栏不管采取哪种模式，其栽植密度和宽度应按照实际栽植树种和畜种来定。一般围栏高度1.2米以上，宽度1.0米左右，可单排、双排、三排排列，高矮、大小套作栽植。在栽植树种时，尽量带土不伤主根，最好当天挖当天栽植，从而提高存活率。

（三）围栏后期管护

不论网围栏或生物围栏，建成后期的管护相当重要。对于网围栏，需不定期检修。而生物围栏，则需要查缺补种，同时采取"编、剪、压、补"等措施，提高围栏的效果。

二、中度退化草地

中度退化草地的修复可采用封育、封育＋补播、灭除鼠害/杂草＋施肥等模式。在坡地和陡坡地上可采用半人工草地补播治理模式。通过灭鼠、机械翻耕、免耕补播，采用适宜的草种建立禾本科混播人工植被并进行围栏封育。

（一）鼠害防治

1. 生物毒素防治方法 在植被建植治理前采用洞口投饵法，将 D 型肉毒杀鼠素拌于燕麦中，每亩需 D 型肉毒杀鼠素 0.1 毫升、饵料燕麦 0.1 千克，投放饵料于有效洞口 7～10 厘米处，每洞投放毒饵 15～20 粒，投洞率 90%。鼠害密度大、分布均匀的地区采用带状施饵，每隔 10～20 米均匀地撒施 1 条毒饵带。通常投饵 8 天后调查防治效果，防治率达到 90% 以上。

2. 招鹰架鼠害防控 利用鼠类的生物天敌鹰类，构建鹰架，为鹰类提供捕食、栖息和繁殖场所。合理布局鹰架能有效地控制草地地面害鼠的种群密度，减轻害鼠对草地的危害。通过长期控制，达到天敌、鼠类和牧草食物链间的生态平衡，使草地生态系统趋于良性循环。可按 730 亩建植草地设置 1 个招鹰架，2 900 亩设置 1 个鹰巢架进行设计。

（二）优良牧草补播

通过补播方式与补播种配合，达到多年生混播半人工草地的建植。补播时如果表土较硬，要求重耙 2 次。封育和灭鼠如上所述。

1. 补播种 通常选择适应性强、品质优良、种源充足的多年生禾本科牧草作为混播草种，并根据其植物学特性和生物学特性进行合理群落配置。选用的牧草品种通常为垂穗披碱草、同德无芒披碱草、多叶老芒麦、中华羊茅、冷地早熟禾、碱茅等。通常最适播种期在 5 月中旬至 6 月中旬。总播种量 2.55 千克/亩，其中垂穗披碱草或同德无芒披碱草 1 千克/亩、多叶老芒麦或短芒老芒麦 1 千克/亩、中华羊茅 0.25 千克/亩、冷地早熟禾 0.15 千克/亩、星星草 0.15 千克/亩。对于大粒牧草种子垂穗披碱草种植深度在 2～3 厘米、小粒牧草种子青海中华羊茅和青海冷地早熟禾种植深度在 0.5～1 厘米，必须保证大、小粒牧草种子合理覆土深度。

2. 田间管理 由于草地土地非常贫瘠，为保证牧草幼苗的正常生长，播种时必须用磷酸二铵或羊板粪作基肥，磷酸二铵施用量 9 千克/亩。

3. 补播工具 坡度为 7°～25° 的坡地退化草地可通过机播法补播建立半人工草地，使之较快地恢复其草地植被。机械宜选用中型拖拉机（50～60马力*），小块补播地采用小四轮拖拉机。圆盘开沟器能高质量完成种肥沟的开沟作业，满足不同播种深度的要求（免耕播种机配套动力要达到75马力以上，行距、播种行数、工作幅度根据机型确定，播种深度须精确控制）。坡度大于25°的陡坡地退化草地采用人工方法建立半人工草地。通过耙耱将牧草种子和化肥埋入表土中，不完全破坏原生植被。采用免耕播种机进行播种，一次性完成破茬、开沟、播种、施肥、覆土、镇压作业。

4. 管护与利用　半人工草地建植后第1～2年的返青期绝对禁牧。在利用期要根据草地实际生长状况确定合理的载畜量和利用时间，同时要进行科学施肥和灭除毒杂草。

三、严重退化草地

重度退化坡地和陡坡地可采用封育、松耙＋补播，建立人工或半人工草地的治理模式。在农艺措施方面主要为围栏＋灭鼠＋深翻＋耙平＋撒播＋施肥＋轻耙。

（一）草种选择

重度退化草地建植多年生人工草地应选择适应性强、品质优良、种源充足的多年生禾本科牧草作为混播草种，并根据其植物学特性和生物学特性进行合理群落配置。选用的牧草品种以老芒麦、披碱草、中华羊茅、紫羊茅、早熟禾、星星草等多年生禾草为主，建成混播人工草地，牧草种子的标准不低于3级。最适播种期在5月中旬至6月中旬。总播种量控制在4千克/亩。其中，垂穗披碱草1.5千克/亩、多叶老芒麦1.5千克/亩、中华羊茅0.5千克/亩、冷地早熟、禾0.25千克/亩、星星草0.25千克/亩。

（二）农艺措施

在补播草种过程中要切实抓好整地、镇压、保墒、保苗等关键环节。就种植深度而言，大粒牧草种子垂穗披碱草种植深度2～3厘米，小粒牧草种子青海中华羊茅和青海冷地早熟禾种植深度0.5～1厘米。种植后的镇压环节格外重要，镇压不但可使种子与土壤紧密结合，有利于种子破土萌发，而且能起到保墒和减少风蚀的作用，同时对于提高牧草苗期的耐旱性尤其重要，在轻壤或轻沙壤土地区尤为重要。均匀撒播草种的草地容易形成均匀的草皮，覆土深度控制在2～3厘米。此外，建立多年生人工草地时应与合理施肥相结合，否则种植当年牧草的保苗率低、产量低，翌年的越冬和返青率低，草地的利用年限也相应缩短。

（三）作业方式

坡度为7°～25°的坡地重度退化草地适于机械作业，因此可通过机械作业并种植适宜的草种建立人工草地而快速恢复其植被。机械选用为中型拖拉机（50～60马力），小块补播地采用小四轮拖拉机。坡度大于25°的陡坡地只能采用人工方法建立人工草地。

（四）田间管理与后期管护

由于重度退化草地土壤非常贫瘠，为保证牧草幼苗的正常生长，播种时必须用磷酸二铵或羊板粪作基肥，磷酸二铵施用量12千克/亩。人工草地建植后第1～2年的返青期绝对禁牧。在利用期要根据草地实际生长状况确定合理的载畜量和利用时间，同时要进行科

---

* 马力为我国非法定计量单位，1马力≈735瓦特。——编者注

学施肥和灭除毒杂草。

四、"黑土滩"型二次退化草地

"黑土滩"是高寒植被极度退化后的一种现象，不具备类型学、发生学的含义。黑土滩最典型表现是秃斑化、高密度的鼠洞、土壤侵蚀严重，在高寒草地退化阶段处于中、重度的均属于黑土滩。尚占环等（2008）提出了黑土滩形成的"三阶段"观点：阶段一为在草甸区退化初期开始出现秃斑块；阶段二为秃斑块在草地退化过程中逐渐增加、连通，使得草甸草毡层成为干化的"孤岛"；阶段三为毒杂草占据生境，形成"黑土滩"退化草地。

随着退化程度加剧，"黑土滩"已经失去自我恢复能力，需要更多的人工措施辅助恢复，常通过"人工草地改建"的技术恢复。然而，采用高强度农艺学措施建植人工草地的方式修复黑土滩存在很大的争议，主要在于建植人工草地迅速退化的问题，从而出现黑土滩二次退化。尚占环等（2018）在综合分析了近10年内黑土滩研究和治理工作的主要研究进展后提出，针对黑土滩生态恢复，应发展黑土滩治理的"分区—分类—分级—分段"的技术体系；研究更多植物物种组合（>10种）的混合群落构建技术；研发启动和引导黑土滩人工草地自我恢复技术及近自然恢复模式。经过多年研究发现，混播较单播群落更加稳定。例如，马玉寿等（2006）发现黑土滩人工建植草地的物种组合越多，建植的人工草地也越稳定。现阶段推荐5~6种禾草的组合：垂穗披碱草＋冷地早熟禾＋中华羊茅＋波伐早熟禾＋西北羊茅＋短芒老芒麦，治理黑土滩效果更佳。施建军等（2012）推荐以"垂穗披碱草＋青海草地早熟禾＋青海中华羊茅＋青海冷地早熟禾＋碱茅＋西北羊茅"的混播组合治理黑土滩。

第三节　优良牧草筛选与人工草地建植

随着现代人类饮食结构的变化和对肉制品需求量的增加，利用传统的高寒草甸已不能满足人们对畜牧产品的需求。由于草地自然灾害、天然草地生长期有限等原因，家畜在漫长的枯草季往往营养严重不足，大量掉膘，形成著名的"春乏"问题，生产波动极大。为了缓解该矛盾，任继周（2002）提出了"藏粮于草"的理念，构建人工打草场等模式可大幅度提高牧草产量（一般可提高5~10倍），同时提高饲草质量，解决冬春饲草不足、牲畜乏弱、遇灾即死等限制动物生产增长的瓶颈问题。

一、优良牧草及饲料作物品种筛选

（一）燕麦品种筛选

燕麦，属于禾本科燕麦属，具有耐寒、耐旱、耐贫瘠、耐盐碱和适应性强的特点，适于生长在气候凉爽、雨量充足的地区。燕麦在世界上的种植面积仅次于小麦、水稻和玉米，位居粮食作物的第4位。中国栽培燕麦的主要品种是普通栽培燕麦和裸燕麦，分布在华北、西北、东北和青藏高原等地。其中，华北、西北以种植裸燕麦为主，青藏高原及其周围地区主要种植普通栽培燕麦用于冬春家畜补饲。

在青藏高原及其周边高海拔地区，受严酷的高寒自然条件限制，传统畜牧业依靠天然草地牧养家畜的产出是有限的。燕麦作为人工草地的主栽培种，是青藏高原地区人工打草场的优良牧草品种。种植燕麦解决了高寒地区牧业发展过程中草地过度放牧利用、冬季严重缺草的瓶颈问题。因此，发展燕麦人工草地，可提高草地生产力和牧草产量，增加对草地畜牧业的物质和科技投入，促进集约化经营。优良的燕麦品种，如 P20、永久 1 号、永久 404、察北、381 白、382 白、阿尔巴尼亚、罗马尼亚、永久 479、P67 和 080、加拿大、巴燕 3 号、永久 440、巴燕 5 号、永久 444 和 066 等 17 个燕麦品种在年均气温 0℃左右、最热月（7 月）平均气温 10℃左右的高寒地区仅能生长 100 天，但种子不能成熟，仅适合营养体（茎叶）生产，种子生产应在水热条件较好的地区进行。鉴于以上问题，在燕麦的育种过程中考虑将 P67、永久 444、066、罗马尼亚燕麦等优质品种与 P20、加拿大和永久 479 燕麦等高产品种杂交，以获得产量和质量的双优性状，或者在栽培措施上实行优质品种和高产品种的混合播种，提高产草量和质量。

（二）多汁饲料的选择

芜菁、饲用甜菜、马铃薯、胡萝卜等根茎类饲料作物为青藏高原区可种植的多汁饲料。这些饲料作物水分含量可达 70%～90%，粗纤维较低，富含维生素和矿物质，且多为易消化的淀粉或糖分，是青藏高原家畜冷季的主要补饲饲料，也是当地牧民的主要蔬菜资源。

1. 饲用甜菜　新型多汁饲料作物，属于藜科、甜菜属、甜菜栽培种的一个变种，富含营养物质。表 3-6 为饲用甜菜与其他常用饲料营养物质含量的比较。在青藏高原高寒地区，饲用甜菜的产量因品种、栽培条件不同而差异较大，其产量与燕麦人工草地相近。

表 3-6　饲用甜菜与其他常用饲料营养物质含量（%）

类别	灰分	粗纤维	脂肪	无氮浸出物	粗蛋白质
饲用甜菜根	9.79	12.46	0.89	63.40	13.39
饲用甜菜叶	5.80	10.50	2.90	60.85	20.30
苜蓿	9.00	28.00	1.70	27.10	15.50
青干草	9.90	30.90	1.90	40.60	17.00
干草粉	10.60	30.10	2.30	37.60	19.50
青干玉米	5.20	21.00	1.90	43.60	6.80
干草	7.60	27.00	2.20	54.50	8.70
大麦草	6.60	23.70	1.90	47.80	7.70
碱草	6.37	33.63	3.28	46.35	10.35
羊胡子草	4.50	25.88	3.76	53.25	12.40
芨芨草	6.79	28.16	4.52	39.50	21.00
芦苇	11.90	30.92	3.33	42.38	11.40
山地杂草	8.10	31.50	5.40	49.40	5.60

2. 芜菁　十字花科芸薹属芸薹种芜菁亚种植物，别名蔓菁、圆根、莞根、盘菜和大

头菜。芜菁具有生长快、产量高、对土壤和气候适应范围广、抗病虫害、耐低温、叶衰老缓慢等特点。芜菁茎叶和根富含粗蛋白、碳水化合物、维生素和矿物质元素，兼备饲料和蔬菜双重用途。芜菁茎叶和根消化率高，对促进家畜的生长发育、饲料的营养平衡、提高母畜乳产量有非常重要的饲用价值。春末夏初种植芜菁，用以放牧家畜冬春季添补性饲料，对促进青藏高原草地畜牧业的可持续发展具有重要意义。表 3-7 为芜菁在不同地区种植后的产量。

表 3-7 不同地区各种芜菁的产量

试验地	海拔/米	芜菁品种	播期/日/月	种植条件	茎叶产量/吨/公顷	块根产量/吨/公顷	合计/吨/公顷	资料来源
青海省称多县	4 415	玉树芜菁	17/6	未覆膜	4.2	15.0	19.2	张国胜和李希来，1999
青海省治多县	4 179	玉树芜菁	19/5	未覆膜	3.5	11.4	14.9	张国胜和李希来，1999
			3/6	未覆膜	2.3	9.6	11.9	
			7/5	未覆膜	4.8	19.0	23.8	晁玉祥，2002
青海省达日县	3 967	紫芜菁	19/5	未覆膜	—	9.8	—	施建军等，2003
		白芜菁	19/5	未覆膜	—	8.1	—	
		青海紫芜菁	19/5	未覆膜	—	12.3	—	
青海省同德县	3 289	玉树芜菁	2/5	未覆膜	8.1	12.2	20.3	张国胜和李希来，1999
			12/5	未覆膜	8.2	26.4	34.6	
			22/5	未覆膜	12.3	25.1	37.4	
甘肃省天祝县金强河	2 960	平芜菁	26/4	覆膜	—	8.7	—	刘千枝和胡自治，2000
				未覆膜	—	10.6	—	
			14/5	覆膜	—	13.5	—	
				未覆膜	—	7.7	—	
			27/5	覆膜	—	5.4	—	
				未覆膜	—	6.4	—	

二、人工草地建植

人工草地是在完全破坏了天然植被的基础上，利用补播、排灌、施肥、刈割等农业综合技术建植的新人工草本群落。以饲用为目的的人工灌木或乔木群落，也属于人工草地的范畴。常见的人工草地包括燕麦人工草地、苜蓿人工草地、燕麦＋豌豆混播人工草地、多汁饲料地、多年生禾草人工草地、多年生禾草混播人工草地等，这些人工草地具有重要的意义也存在若干现实问题。

（一）燕麦人工草地

施氮是保障燕麦人工草地稳定高产的一项重要措施，但燕麦人工草地的产量并不是随着施氮量的增大而持续增加。在甘肃省金强河高寒地区，燕麦人工草地的最佳尿素施用量为93.9千克/公顷左右。氮肥的添加对燕麦的营养成分含量也有影响，随施肥量增加，燕麦的粗蛋白和全磷含量线性增加，中性洗涤纤维增加趋势由快变慢，粗脂肪和无氮浸出物表现为递减趋势。

（二）苜蓿人工草地

1. 高寒地区发展苜蓿人工草地的意义　高寒地区自然条件恶劣、生态环境脆弱、长期的自由放牧导致天然草地退化。因此，在该区域发展优质苜蓿人工草地可以减轻天然草地的放牧压力，既可以为牲畜提供优良的饲草，又可以使生态环境得到改善。苜蓿为多年生豆科牧草，品质优良，为各种家畜所喜食，而且苜蓿干草营养价值高，用来饲喂家畜可以代替粮食。例如，1.6千克苜蓿干草相当于1千克的粮食。

高寒地区生长季相对较短，种植以收获籽粒为主的粮食作物产量低、风险高。高原夜间气温低，苜蓿草茎秆长得更细、更短，而更高的草叶与草茎比例意味着更高质量的苜蓿草。此外，苜蓿的种植不仅补给了饲料所需，也改善了生态环境。首先，苜蓿为多年生植物，可增加地表覆盖度，减少地表蒸发，起到防风固沙、保持水土的作用。其次，苜蓿有发达的根系体系，播种当年入土可达1～2米，多而发达的侧根主要分布在浅层土壤中，可以有效地固定土壤（杨青川等，2016）。另外，苜蓿是豆科牧草，根瘤菌可将大气中的氮转化为植物所需的铵态氮，增加土壤肥力。因此，高寒地区苜蓿人工草地的建植，不仅能够促进牧区草牧业的快速发展，也能保障高寒地区的生态环境。

2. 高寒地区种植苜蓿存在的问题

（1）缺少优质高产的苜蓿品种　高寒地区优质苜蓿的种植、抚育管理、收获加工技术方面仍然存在一些不足，严重制约着苜蓿人工草地的发展。目前，我国先后培育出公农系列、东苜系列、草原系列和龙牧系列等耐寒、抗旱苜蓿品种。西北主要育成品种还有甘农、新牧等系列优良品种（杨青川等，2016）。但是，我国高寒地区气候变异大、极端气象事件（如极寒天气）频发，目前的品种远不能满足生产的需求。因此，我国苜蓿育种多年来一直以抗旱、抗寒、耐盐碱和持久力为主要育种目标（师尚礼等，2010）。截至2014年，我国已育成紫花苜蓿、黄花苜蓿和杂花苜蓿品种共72个。其中，育成品种33个，引进品种17个，地方品种18个，野生栽培种4个。引进的俄罗斯杂花苜蓿在呼伦贝尔地区表现优异，亩产干草300～400千克。这些品种为我国高寒地区苜蓿人工草地建植提供了重要保障。

（2）越冬率制约高寒地区优质苜蓿生产　苜蓿是多年生牧草，保证其顺利越冬和返青是生产管理中非常重要的环节。我国北方高寒地区冬季寒冷（极端低温）、大风、干燥少雪以及倒春寒（温度的骤升骤降）等给苜蓿越冬带来极大的挑战。苜蓿不能越冬包括如下原因：①风蚀作用导致苜蓿根茎生长点裸露干死亡；②播种时间晚或灌溉不合理，导致苜蓿根系细弱、入土较浅，抗冻能力差，整个苜蓿根系受冻害死亡；③苜蓿根颈部1厘米左右受倒春寒冻害后冻伤腐烂。

（3）栽培模式单一，过分依赖少数品种　高寒地区无霜期短，年际变化大，传统的作物种植模式与管理手段不适合高寒苜蓿。例如，采用免耕模式种植管理苜蓿，苜蓿根系难以进入较深土层，降低了苜蓿的抗寒与抗旱性。

（4）苜蓿种植的生态安全问题　作为全世界种植面积和交易量最大的牧草，苜蓿品种在选育、种植、管理、收获和加工上已经形成了较为完备的技术体系。尽管目前生产上种植的苜蓿都是以人工选育的品种为主，但其近缘野生种在世界范围内广泛分布。例如，我国野生黄花苜蓿在新疆和内蒙古分布十分广泛，这些地区是我国野生黄花苜蓿的主要地理分布区。黄花苜蓿的原变种在新疆、内蒙古中东部、黑龙江、辽宁等均有分布（王俊杰，2008）。"呼伦贝尔"黄花苜蓿是由当地野生苜蓿 30 年的栽培驯化培育而成，"草原 1 号"和"草原 2 号"是内蒙古草原上野生黄花苜蓿与紫花苜蓿进行种间杂交育成。国内主要苜蓿品种新牧和甘农系列也是由当地野生品种和紫花苜蓿杂交培育而成（王俊杰，2008）。经过多年的种植和推广，苜蓿将对高寒地区的生态系统产生怎样的干扰机制？这种干扰怎样作用于草地生态系统的稳定与变化？这些都将是需要关注的科学问题。

3. 高寒地区苜蓿生产关键技术

（1）品种选择　由于青藏高原的低温环境，对抗寒、抗旱苜蓿品种的选择格外重要。通常高寒地区品种的选择需要考虑秋眠级、越冬指数、根系类型、其他抗逆性等。所谓秋眠级是指苜蓿在秋季温度降低和日照缩短后的生长能力。寒冷地区主要选择秋眠级 1～4 的品种，国内推荐龙牧系列、图牧系列、新牧系列、公农系列、草原系列、新疆大叶苜蓿等，国外推荐俄罗斯杂花苜蓿等。越冬指数分为 1～6 级，高寒地区适宜选择越冬指数为 1～2 的品种。苜蓿按照根系特征可分为轴根型（直根型）、侧根型（杂花苜蓿）和根蘖型。通常根蘖型具匍匐根，母株可通过根蘖产生分枝，耐寒性强。苜蓿品种应具有抗盐碱性、抗病虫害等特性。

（2）选地与整地　首先，苜蓿是深根植物，通常选择土壤层深厚的地块，尤其是地势高、平整、排水良好富含钙质的沙壤土和壤土，有利于机械作业，并且有利于根系的发育生长。土壤板结地块因不利于根系生长而不适宜于种植苜蓿。其次，苜蓿土壤地下水位应在 1.5 米以下，土壤 pH 为中性或弱碱性，最适宜 pH 为 6.8～7.5。对于酸性土壤区，需提前一年施入石灰调节土壤 pH 至中性。土壤的盐分含量需低于 0.3%，若大于该值则会严重影响苜蓿种子的发芽及幼苗的生长（张文浩等，2018）。

整地可提高苜蓿的产量，高寒地区适宜在播种当年的春夏整地，防止冬季整地造成风沙天气和土壤流失。首先，整地时，通常需要深翻到 30 厘米以下，为主根的发育创造良好条件，提高抗旱抗寒性。其次，苜蓿种子小，整地需土粒细小，防止幼芽顶土力弱而影响发育。再者，整地时要进行杂草防除及喷施除草剂，避免苜蓿种子萌发和幼苗期杂草的竞争（张文浩等，2018）。

（3）播种技术　苜蓿的耐寒性与其粗壮的根系有关，亦受扎根深度的影响。因此，播种时间的迟早影响根系的生长状况，决定了根系中非结构性碳（淀粉与可溶性糖）的含量累积及占比，从而应对高海拔寒冷的天气（方强恩，2018）。苜蓿生长期最适宜的温度为 25～30℃。播种早，根系可深扎入土壤，变得粗壮，储存足以应对越冬的碳水化合物；但如果播种过早，存在经历倒春寒的风险。若播种太晚，到 8 月以后，高寒地区昼夜温差大，不利于根系中非结构性碳水化合物的积累。因此，高寒地区苜蓿播种期推荐晚春至初夏或早秋播种为宜。

播种方法对高寒地区苜蓿播种也有重要影响，高寒地区沙性土采用深开沟浅覆土技术，有效利用垄沟的水热优势，促进萌发定植。此外，在风力和水的作用下，垄沟逐渐填平，增加了苜蓿根冠的覆土深度，降低冬季冷风对根系的伤害，提高越冬率。此外，利用一年生燕麦、大麦的株高挡风雪的牧草轮作方式，也能提高高寒地区苜蓿的播种成功率和越冬率。播后镇压技术也是高寒地区常用的一种模式，可以减少地表风沙等尘土的移动和风蚀，进而保水保墒，提高越冬率。

多品种的混合栽培也很重要，可利用品种特性间的差异提高牧草对生长季光能、养分和水分的利用率和光合效率，提高抗病虫能力和产量。

（4）密植技术　种植密度过高或过低都影响牧草对光、热、水、肥等因素的竞争，不利于产量的积累。密度过高时，随着植株的生长，根系系统的发育加速了地下部分对水分与养分资源的竞争，同时逐渐增大的地上部分使冠层密闭，冠层透光率下降，种内从对地下水肥资源的竞争变为对地上光资源的竞争，最终由于高密度的种内自疏而降低了产量；若密度过低，在整个生育期则不能高效利用各种资源。根据"最大产量恒定法则"构建适宜的播种密度，是提高产量行之有效的方法。高寒地区推荐苜蓿种植行距 15～20 厘米（张文浩等，2018）。

（5）根瘤菌接种技术　豆科植物与革兰氏阴性菌存在共生作用，可将大气中的氮转化为可供植物使用的氮素。对从未种植过苜蓿的田地需要人为接种根瘤菌，有助于苜蓿的壮苗和提高苜蓿地的固氮能力。

影响根瘤菌共生固氮效率的主要因素包括根瘤菌种类、植物基因型、土壤因素、宿主植物、固氮酶基因等（师尚礼等，2018）。因此，在选择适宜根瘤菌菌剂时需综合考虑其与宿主形成有效根瘤的速度与效率、与土壤中土著根瘤菌竞争结瘤的能力、无宿主时的存活能力、在载体基质中的生长能力、在载体里和种子上的存活能力，具有对酸碱、化肥和农药的耐受能力及相对的遗传稳定性等。高寒苜蓿种植时应考虑根瘤菌的极端低温适应性。

根瘤菌剂接种包括拌种和丸衣接种技术。拌种指粉状根瘤菌剂加水或黏合剂与种子充分拌匀，在菌剂干燥前完成播种。丸衣接种指将水溶性或易分解的黏着剂和根瘤菌剂调匀，与种子拌匀后加固体丸衣材料，使每粒种子都被包裹，晾干。将根瘤菌剂接种在丸衣里可延长菌剂的存活时间，减轻不利土壤环境（干旱、盐分、酸碱度）对根瘤菌的危害。高寒地区推荐选择根瘤菌剂丸衣化的苜蓿种子。

根瘤菌的解磷作用以及强大的根系加强了对土壤磷的吸收利用，增加了植株磷含量，保证植物在低有效磷的土壤上正常生长。研究表明，根系发育强度与接种效果成正比（马其东等，1999），接种根瘤菌不仅能提高苜蓿的产量和品质，还能起到增加土壤有机质含量、改良土壤结构和提高土壤肥力等作用。

（6）水肥管理技术　虽然苜蓿具有固氮能力，但施肥仍可改善苜蓿的生长状况，增强苜蓿的抗逆性。苜蓿的生长需要充足的磷肥，缺磷不仅限制其生长，而且影响根瘤氮的固定与吸收。苜蓿地有效磷供应为 15 千克/亩。春季和秋季补施磷肥也很关键。秋季补磷能提高苜蓿结瘤率，促进刈割后苜蓿的再生长，增加植株磷含量，提高苜蓿抗寒能力和越冬率。钾肥既是苜蓿高产稳产的关键，又能提高植株抗寒性。苜蓿还是典型的喜钾植物，钾能增加根长和根重，促进苜蓿对土壤中营养和水分的吸收。充足的磷肥和钾肥供应可促进根系生长，为越冬存储足够的营养物质，降低苜蓿根腐病的发病率和镰刀菌的侵入率。高寒地区钾肥与磷肥播种时一起施用，钾肥使用量为 50 千克/亩。

此外，有机肥施用对高寒地区苜蓿优质高产也有重要作用。增施有机肥能改善土壤养分，提高苜蓿的越冬率，增加地表覆盖度。高寒地区在刈割后施入厩肥，每亩施肥量 1 000～2 000 千克。

苜蓿的浇水应遵循深灌、少浇的原则。幼苗生长发育期深灌有助于苜蓿形成发达的根系，提高抗寒抗旱能力。冬灌可增加土壤水分，提高土壤保温能力，减缓地温下降，利于苜蓿抵御严寒，使苜蓿安全越冬。冬灌可采用漫灌，提高春季土壤墒情，减小倒春寒的影响，促进苜蓿返青。如果冬灌后气温没有迅速下降，导致地表变干，需要用喷灌设备在冻前及时补充灌溉。就土壤质地而言，黏性土壤越冬前深灌一次，沙性土壤需要补充灌溉。春季返青浇水宜晚不宜早，一定要浇透。切忌在春季降温期间浇水，否则会因冻害加剧导致苜蓿死亡。此外，在春季连续高温期间切忌浇水，因为高温导致苜蓿根颈部失水萎蔫，此时给水根系会迅速吸水膨胀。如果夜间温度骤降至零下，会造成根系膨胀部分不可逆冻伤，腐烂而死（孙洪仁等，2015）。

（7）刈割技术　刈割技术的关键点在于刈割时间和留茬高度。刈割时期影响苜蓿生长期、根系营养物质的存贮和应对越冬。冬季根贮营养物质含量越高，抗寒能力越强，越有利于越冬返青。留茬高度影响苜蓿的地上高度和盖度，可调节降雪分配、风沙、温度和水分等地表及土壤环境。这些环境因子又反作用于苜蓿越冬和翌年春天的返青生长。为提高苜蓿冬季根贮营养物质的含量，刈割时期为封冻前的末次刈割时间。初霜日指秋冬季节地面最低温度≤0℃的最初日期，生长季末最低气温第一次降至−4℃以下的日期称为杀霜日。在初霜日前 4～6 周或杀霜日前 6 周刈割，可以给苜蓿留下足够的越冬准备时间，使根部获得充足的贮藏性营养物质，保障苜蓿冬季根贮营养物质含量处于较高水平，对越冬和翌年春季萌生有良好的作用（王金梅等，2006）。如果在越冬准备期前苜蓿已经比较高了，也可以选择等霜冻后刈割，此时苜蓿根系内贮藏的越冬能量达到最高，存活率也高。

选择合适的留茬高度。最后一次刈割的高度直接影响再生草的生长速度，留茬高度也与越冬率成正比。留茬高度对苜蓿越冬性的影响主要有 3 个方面：①高留茬可更好地保护根冠，有助于翌年返青，而留茬过低尤其是齐地面刈割对根冠保护不利，在寒冷、干旱和冬春温度变化剧烈时，根冠丧失再生能力；②高留茬可减少风蚀对地表的影响，更好地保持水土，有助于成功越冬；③高留茬可固留冬季积雪，阻隔地上空气与土壤直接接触，抵御冬季气温改变、积雪覆盖，还可以保证土壤含水量，有利于苜蓿的春季返青。高寒地区推荐一年收割一茬，以在 8 月中旬收割、留茬高度 8～10 厘米为宜。

（三）燕麦＋豌豆混播人工草地

燕麦人工草地单播需大量施用氮肥以提高牧草的蛋白质含量。若施肥不够，燕麦单播存在牧草粗蛋白质含量较低，无法弥补高寒地区因豆科牧草缺乏而蛋白质饲草料供应不足的问题。但是，大量施氮不仅会造成人工草地建设成本增加、经济收益不高，而且会导致土壤退化或环境污染。因此，从经济和环境效益来看，燕麦草地并不是高寒地区一年生人工草地的最佳选择。然而，燕麦和一年生豆科牧草的混播可缓解以上问题，如燕麦与一年生豆科牧草箭筈豌豆、毛苕子的混播。研究表明毛苕子与燕麦混播时的产量比单播燕麦和毛苕子分别增产 4.2％和 16.1％。如果将燕麦与毛苕子按照 5.5：4.5 混播,平均鲜草产量最高且混播产量都高于各单播产量。若毛苕子与燕麦以 6：4 混播可提高产草量,分别比单播燕麦和毛苕子提高 27.92％和 34.38％。

(四) 多汁饲料地

为促进“以农促牧、以农养牧”的良性循环,可进行多汁饲料的开发,其应用有利于调整饲料产业的产品结构和种植业结构。在青藏高原高寒地区种植多汁饲料芜菁,可采用覆膜栽培的模式,宜播种时间为 5 月上中旬,收获期在 9 月上中旬。覆膜可提高土壤温度和含水量,改善土壤养分状况及有机质的含量。研究表明,与未覆膜地块芜菁的产量相比,覆膜下其产量提高了 25.4％,且品质改善。覆膜使芜菁的粗灰分、粗蛋白、粗纤维、磷、钙含量较对照分别增加 6.65％、16.20％、9.46％、21.6％和 24.74％。

在种植多汁饲料甜菜时,由于甜菜为深根系作物,根系入土可达 2 米,其种植地块要求土壤疏松肥沃、富含腐殖质且耕层深厚。甜菜作为块根类作物,对营养物质的需求量是谷类的 2～3 倍,因此在整地种植前施入充分的基肥是非常必要的。甜菜种前需深耕在 30 厘米左右,整平时施入磷二铵 300 千克/公顷作为底肥。在高寒地区对甜菜覆膜是提高产量的可行之举。覆膜前灌足水分,待地面稍干后人工起垄覆膜,种植垄面的采光面保证有 50 厘米。覆膜过程中需拉紧地膜,以防刮风揭起地膜。甜菜连茬种植容易引发病虫害,因此不宜重茬。

(五) 多年生禾草人工草地

应对日益退化的高寒草甸,构建人工草地并实施围栏封育是解决青藏高原高寒草地高效生产和持续发展矛盾的重要途径。人工草地的构建减轻了天然草地的放牧压力,使草地生态环境得到改善、草地生物多样性提升,有助于草地生态平衡;还可以补偿因退牧、减牧、休牧而下降的饲养能力,实现牧业生产和生态环境保护的协调发展。

研究表明,在青藏高原高寒地区构建多年生禾草人工草地,具有提高草地生产力和改善草地生态环境的双重功能,是该区开展现代草地畜牧业建设的主要内容。构建多年生禾草人工草地可采用单一种植或者混播模式。适宜草种的混播种植可提高空间和时间层面上对环境资源(光、水、养分)的利用效率以及互补草种生育期的差异,最大程度提高生物量积累和产量,形成优势种群与非优势种群的共生局面。优势种群通过增加单位时间、单位面积的净积累来争夺生存空间和环境资源,从而以较高的地上和地下生物量净积累增强对邻体植物的干扰和竞争。非优势种群则产生了相应的生态对策,如提高地下地上的生物量比以增加生长潜势,增加茎叶器官细胞的克隆生长量以提高单体植物的生物量,加快生长速度以提高对垂直空间的竞争力。

多年生禾草混播草地群落的种间相容性分为 3 种类型。①稳定平衡的群落:无芒雀麦＋多叶老芒麦＋垂穗披碱草＋扁穗冰草、无芒雀麦＋垂穗披碱草＋扁穗冰草＋冷地早熟禾、无芒雀麦＋多叶老芒麦＋扁穗冰草＋冷地早熟禾和多叶老芒麦＋垂穗披碱草＋扁穗冰草＋冷地早熟禾;②不稳定的群落:无芒雀麦＋垂穗披碱草、多叶老芒麦＋扁穗冰草、多叶老芒麦＋无芒雀麦＋垂穗披碱草和垂穗披碱草＋多叶老芒麦＋扁穗冰草;③不稳定-稳定过渡群落:无芒雀麦＋多叶老芒麦＋扁穗冰草。

研究表明,多年生禾草混播人工草地建植次年,草地植被盖度达 95％以上,和封育天然草地相近；可食牧草比例达 99％，比天然草原提高 23％；草群产量分别为封育天然草地和未封育天然草地的 2.3、3.1 倍，初级生产力分别比封育天然草地和未封育天然草地每公顷提高 5.21、6.23 吨；粗蛋白产量分别为未封育天然草地和封育的 2.6、3.5 倍，每公顷草地面积的粗蛋白净增量分别为 721.9、842.0 千克。多年生禾草人工草地可以有效遏制土壤侵蚀，其作用效果几乎与未封育天然草地相当；多年生禾草人工草地建植可使弃荒地和一年生燕麦地的全氮损失量分别减少 71.7％和 92.5％，全磷损失量分别减少 72.8％和 94.5％，全钾损失量分别减少 73.4％和 91.9％，土壤肥力得到有效维护。

三、甘南高寒人工草地建植模式与效应比较

以碌曲县重度退化草地为研究对象，基于生态修复中群落近自然恢复理论，结合生态系统结构理论的时空结构（水、热、光等）优化方式，采用 70％垂穗披碱草（*Elymus nutans*，以下简称 *E. n*）＋30％燕麦（*Avena sativa*，以下简称 *A. s*）和 70％垂穗披碱草＋30％黑麦草（*Lolium multiflorum*，以下简称 *L. m*）两种本土物种混播方式，以整地和施肥两种措施建植人工草地，每种混播方式下设置垄沟和平地两种整地方式，每种整地方式下采用单施氮肥、单施微生物菌剂、氮肥与微生物菌剂共施和不施肥共 16 个处理，通过 3 年的持续监测，测定重建草地植被群落物种多样性、地上生产力和土壤养分的变化特征，揭示高寒退化重建草地植被群落结构和土壤养分特征间的关系，旨在探寻适宜的生产力和生态功能多重维持特点的高寒退化草地人工建植模式。

试验样地为重度退化高寒草甸（原生植被覆盖度＜20％），草地优势种为箭叶橐吾（*Ligularia sagitta*）。2020 年 4 月进行了喷洒除草剂，草地平整和起垄等前期准备工作。试验小区采用随机区组设计，小区面积 6 米×6 米，各小区间有 1 米的缓冲带（缓冲带不施肥），各区的四边起垄作标记。每种混播方式下均设置垄沟和平地 2 种整地方式，每个样地均设置 4 种不同施肥措施的小区，共 16 个处理（表 3-8）。每个处理 3 个重复，共48 个小区。2020 年 6 月初开展施肥和补播试验。

表 3-8 样地设置

70％ *E. n*＋30％ *A. s*	70％ *E. n*＋30％ *L. m*
垄地施氮肥（LAY）	垄地施氮肥（LAH）
垄地施微生物菌剂（LBY）	垄地施微生物菌剂（LBH）
垄地氮肥配施微生物菌剂（LCY）	垄地氮肥配施微生物菌剂（LCH）
垄地不施肥（LCKY）	垄地不施肥（LCKH）
平地施氮肥（PAY）	平地施氮肥（PAH）
平地施微生物菌剂（PBY）	平地施微生物菌剂（PBH）
平地氮肥配施微生物菌剂（PCY）	平地氮肥配施微生物菌剂（PCH）
平地不施肥（PCKY）	平地不施肥（PCKH）

选择雨天添加营养元素，使肥料颗粒化解并且满足施肥后对水分的需求。氮肥（尿素）施加量为 5 毫升/（米² · 年）。糖蜜发酵复合微生物肥料选自辽宁三色微谷有限公司生

产的"三色原菌剂"(有效活菌数≥2×10⁸菌落单位/毫升),使用量为 6 毫升/(米²·年)。依据当地条件,经过前期筛选,选出适合该地区补播的两种混播草种配比 70%垂穗披碱草+30%黑麦草和 70%垂穗披碱草+30%燕麦,每个小区草种补播量分别为燕麦 45 克、披碱草 105 克、黑麦草 45 克,除草剂选用 24%唑草·苯磺隆 WP120~150 克/公顷,不仅对一年生杂草密花香薷、遏蓝菜有良好的防除效果,还对多年生杂草刺儿菜有良好的防效,30%苯磺隆·苄嘧磺隆·氯氟吡氧乙酸 WP600 毫升/公顷对一年生杂草密花香薷和多年生苣荬菜有良好的防除效果。

(一)植被群落盖度和生物量的变化

通过对 $E.n+A.s$ 混播草地植被盖度和生物量的分析发现(图 3-2),植被盖度在同一建植年限间,垄地样地均高于平地样地,但都随着建植年限的延长其盖度逐年降低,3 年间在 LCY 和 PCY 下最高且较稳定,在 LBY 和 PBY 下盖度变化较大,分别减少了 19.67%和 32.33%,垄地建植第 1 年和第 2 年不同施肥处理间差异性不显著($P>0.05$),但在建植第 3 年不同施肥处理间差异显著($P<0.05$),LCY 下相对于 LAY、LBY 和 LCKY 下盖度分别增加了 11%、16%和 14.33%;平地样地建植第 2 年和第 3 年在不同施肥处理间差异显著($P<0.05$),建植第 3 年在 PAY、PBY 和 PCKY 下相对于 PCY 下盖度分别降低了 11.67%、20%和 11%。

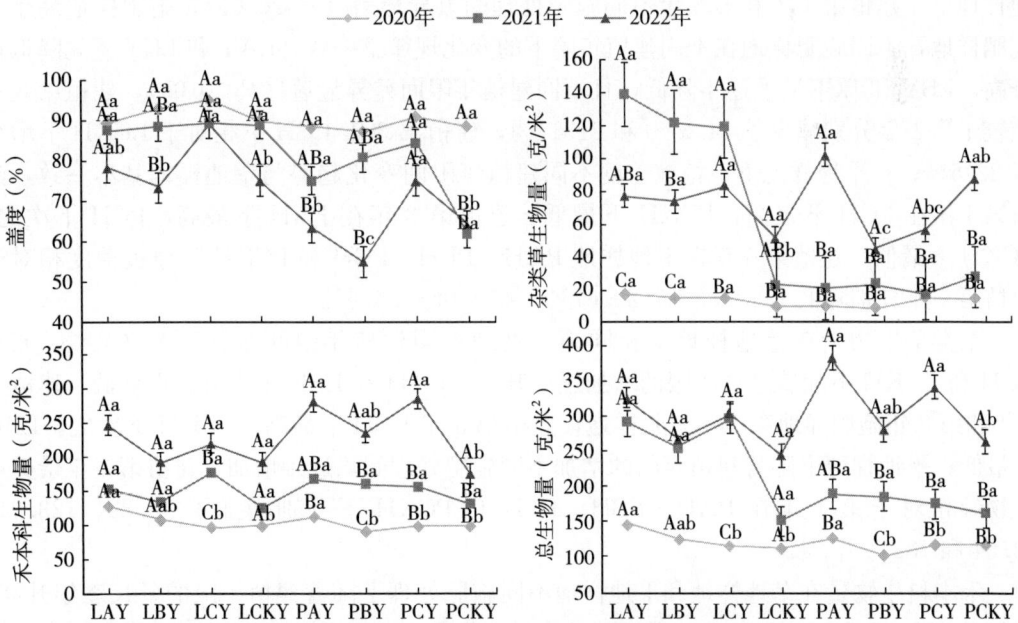

图 3-2 $E.n+A.s$ 混播草地盖度和生物量的变化

注:不同小写字母表示同一建植年限和整地方式下不同施肥样地之间差异显著($P<0.05$);不同大写字母表示同一整地施肥方式下不同建植年限间差异显著($P<0.05$)。本章余图同此。

杂类草生物量在垄地样地不同施肥处理下,随着建植年限的延长先升高再降低,仅LCKY 下逐年升高。在建植第 2 年不同施肥处理下差异显著($P<0.05$),施肥样地高于不施肥样地,LAY、LBY、LCY 下相对于 LCKY 下杂类草生物量分别增加了 115.21、

98.22 和 95.8 克/米²；在平地样地同一施肥处理不同年限间差异显著（$P<0.05$），随着建植年限的延长其杂类草生物量逐年升高，仅建植第 3 年不同施肥处理间差异显著（$P<0.05$），PAY 下最高，PCKY 下次之，PBY 下最低。

禾本科生物量在同一整地方式和施肥处理下，随着建植年限的延长逐年升高，在 LCY 下不同建植年限间差异显著（$P<0.05$），3 年间增加了 122.14 克/米²，在垄地样地下，仅在建植第 1 年不同施肥处理下差异显著（$P<0.05$），建植 3 年间在 LAY 和 LCY 下禾本科生物量最高；在平地样地下，同一建植年限不同施肥处理和同一施肥处理不同建植年限间差异均显著（$P<0.05$）。PAY 和 PCY 下禾本科生物量最高，施肥样地高于不施肥样地。

而地上总生物量的变化趋势与禾草类生物量的变化一致，在垄地样地和平地样地不同施肥处理下，均随着建植年限的延长生物量逐年升高。在建植第 1 年垄地样地下，总生物量不同施肥处理间差异显著（$P<0.05$），3 年间在 LAY 下最高、LCY 下次之、LCKY 下最低；在平地样地下，总生物量在建植第 1 年和第 3 年不同养分添加处理下差异显著（$P<0.05$），建植第 3 年 PAY、PBY、PCY 和 PCKY 下生物量相对于建植第 1 年分别增加了 258.78、179.65、226.69 和 148.61 克/米²。

通过对 E. n+L. m 混播草地植被盖度和生物量的研究发现（图 3-3）：植被盖度在垄地样地下，建植第 1 年和第 3 年不同施肥处理间差异显著（$P<0.05$），施肥样地高于不施肥样地，不同施肥样地在不同建植年限下的变化规律不一致，LAY 和 LCY 下先降低再升高，LBY 和 LCKY 下逐年降低，且不同建植年限间差异显著（$P<0.05$），建植第 3 年相较于第 1 年分别减少了 14.67% 和 21.17%，建植第 3 年 LCH 下相对于 LCKH 下增加了 22.5%；在平地样地下，植被盖度不同建植年限间变化趋势与垄地样地基本一致，建植第 1 年在 PCH 下最高，PCKH 下最低，建植第 3 年在 PAH 下最高，PCH 下次之，PCKH 下最低。建植第 3 年在平地样地 PAH、PBH、PCH 和 PCKH 下植被盖度相对于建植第 1 年分别降低了 13.83%、20.67%、23% 和 33.67%。

杂类草生物量在垄地样地下相同施肥处理不同建植年限间差异显著（$P<0.05$），LCH 和 LCKH 下随着建植年限的增加逐年升高，LAH 和 LBH 下先升高再降低，建植第 1 年和第 2 年施肥样地高于不施肥样地，建植第 3 年 LCH 下最高，LCKH 下次之，LBH 下最低；平地样地下随着建植年限的增加不同施肥处理间均逐年增加，建植第 3 年杂类草生物量相对于第 1 年在 PAH、PBH、PCH 和 PCKH 下分别增加了 48.82、123.91、44.64 和 73.74 克/米²。

禾本科生物量在垄地样地和平地样地不同施肥处理下随着建植年限的延长逐年升高，仅 LCH 下先升高再降低，垄地样地下禾本科生物量在相同建植年限不同施肥处理下差异均显著（$P<0.05$），建植第 1 年和第 2 年在 LCH 下最高，LBH 下次之，LCKH 下最低。建植第 3 年施肥样地高于不施肥样地，LBH 下最高，LCKH 下最低；平地样地下禾本科生物量在建植第 2 年和第 3 年在施肥样地高于不施肥样地，建植第 3 年在 PAH、PBH 和 PCH 下相对于 PCKH 下分别增加了 54.77、2.34 和 67.57 克/米²，平地样地的禾本科生物量在建植第 3 年相对于第 1 年 PAH、PBH、PCH 和 PCKH 下分别增加了 186.2、143.04、230.15 和 147.91 克/米²。

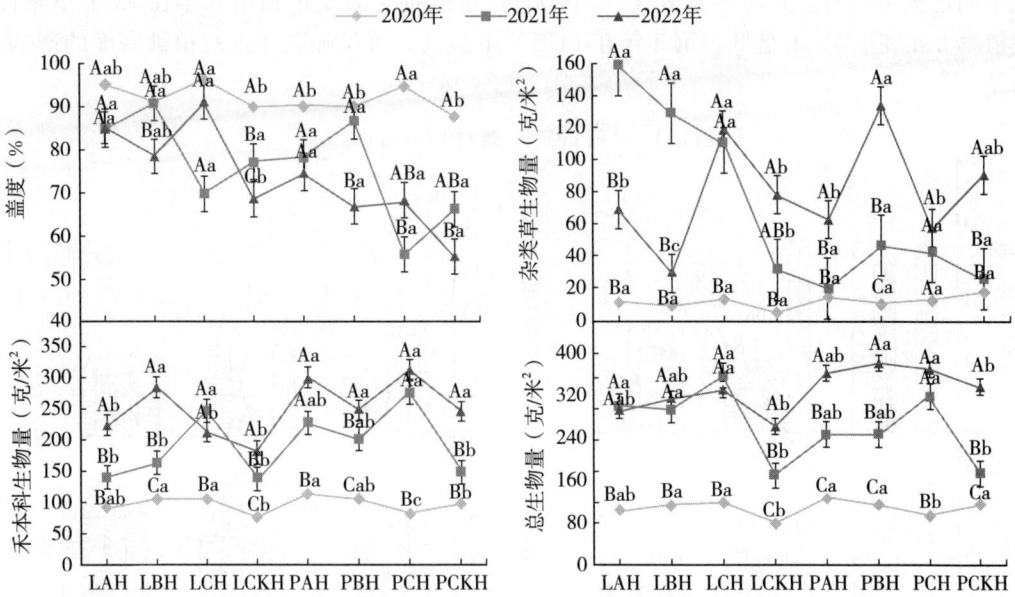

图 3-3 $E. n + L. m$ 混播草地盖度和生物量的变化

$E. n + L. m$ 混播草地在垄地样地和平地样地下，地上总生物量在不同建植年限的变化趋势与禾本科生物量的一致，随着建植年限的延长逐年升高，仅 LCH 下先升高再降低。在不同整地方式下施肥样地均高于不施肥样地，在垄地样地下建植 3 年间 LCH 下最高，LCKH 下最低。在平地样地下建植 3 年间地上总生物量在 PAH、PBH、PCH 和 PCKH 下分别增加了 235.02、266.92、274.79 和 221.65 克/米²，PAH、PBH 和 PCH 下相对于 PCKH 下分别提高了 7.81%、13.44% 和 9.91%，可见在单施菌剂处理下效果最高，菌剂和氮肥配施生长效应优势不明显。

（二）不同人工建植草地植被群落结构特征的变化

通过对 $E. n + A. s$ 混播垄地植被群落结构特征的研究发现（图 3-4）：禾本科草高度在建植第 1 年不同施肥处理下差异显著（$P < 0.05$），在 LAY 处理下禾本科草高度相对于 LCKY 处理下增加了 26.11%，在建植第 3 年施肥样地高于不施肥样地，在 LCY 和 LCKY 下禾本科草高度在不同建植年限间差异显著（$P < 0.05$），且随着建植年限的延长禾本科生物量逐年降低。

1. 植被群落高度和密度的变化 杂类草高度在相同施肥处理不同建植年限和相同建植年限不同施肥处理下差异均不显著（$P > 0.05$），建植第 1 年在 LCY 下最高，LCKY 下最低，不同施肥处理下年限间变化无明显规律。

$E. n + A. s$ 混播垄地样地草地植被整体高度建植第 1 年和第 2 年在不同施肥处理下差异显著（$P < 0.05$），建植第 1 年在 LAY 下植被整体高度显著高于其他处理（$P < 0.05$），而建植第 3 年在不同施肥处理间差异不显著（$P > 0.05$），在建植第 1 年 LAY 处理下草地植被群落整体高度相对于 LCKY 处理下增加了 36.04%。

$E. n + A. s$ 混播垄地样地下草地植被密度在同一建植年限不同施肥处理和同一施肥处

理不同建植年限间差异均不显著（$P>0.05$），建植后的第 2 年和第 3 年在 LCY 下最高，建植第 2 年在 LBY 下最低，第 3 年在 LCKY 下最低，可见施肥处理对植被密度的影响不明显。

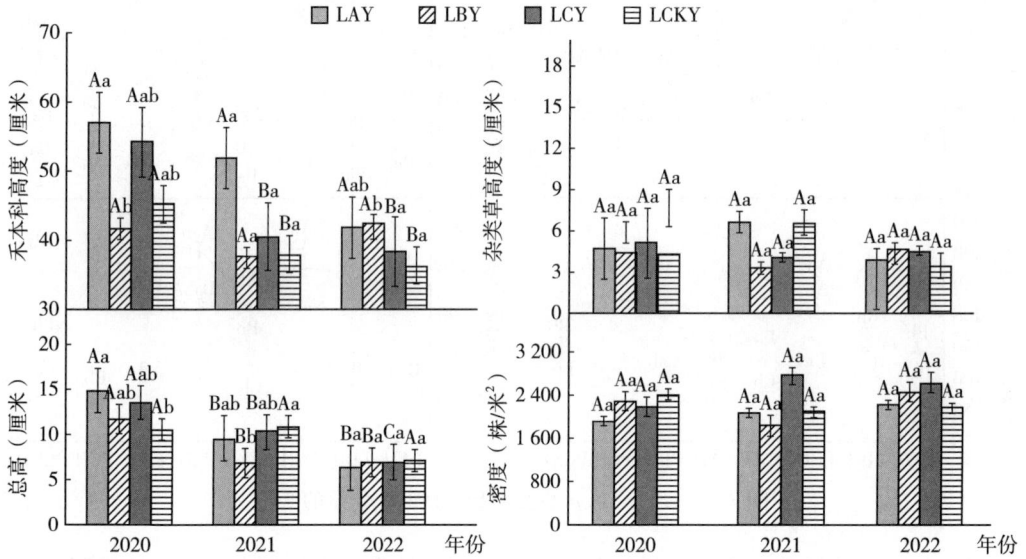

图 3-4　$E. n+A. s$ 混播垄地草地植被群落高度和密度的变化

通过对 $E. n+L. m$ 混播草地垄地样地下植被群落高度和密度的变化研究发现（图 3-5）：禾本科平均高度在相同建植年限不同施肥处理和同一施肥处理不同建植年限下差异均不显著（$P>0.05$），在建植的 3 年间施肥样地高于不施肥样地，在建植第 1 年杂类草高度在不同施肥处理间差异显著（$P<0.05$），建植第 1 年在 LAH 下杂草高度比 LCKH 下高 88.06%，$E. n+L. m$ 混播草地垄地样地下植被群落总体高度在建植第 1 年和第 2 年不同施肥处理下差异不显著（$P>0.05$），在建植第 3 年各处理间差异显著（$P<0.05$），LCH 下群落整体高度高于 LCKH 处理下 9.44%，$E. n+L. m$ 混播草地垄地 LAH、LCH 和 LCKH 处理下在不同建植年限下群落整体高度差异显著（$P<0.05$），且随着建植年限的增加其高度逐年降低。

$E. n+L. m$ 混播草地群落密度在垄地样地下相同建植年限不同施肥处理间差异不显著（$P>0.05$），LAH、LCH 和 LCKH 处理下不同建植年限间差异显著（$P<0.05$），建植 3 年间植被群落密度先降低再升高。施肥样地植被群落密度高于不施肥样地。

通过对 $E. n+A. s$ 混播平地样地下植被群落结构的研究发现（图 3-6）：禾本科草高度在不同施肥处理和建植年限间差异均不显著（$P>0.05$），建植第 1 年和第 2 年施肥样地高于不施肥样地，建植第 1 年在 PCY 下最高，第 2 年在 PAY 下最高，且不同建植年限间变化无明显规律。

杂类草高度在相同建植年限不同施肥处理和相同施肥处理不同建植年限间差异均不显著（$P>0.05$），建植第 1 年和第 2 年在 PAY 下最高，但是第 3 年则最低。

草地植被群落整体高度在同一建植年限不同施肥处理间差异不显著（$P>0.05$），在

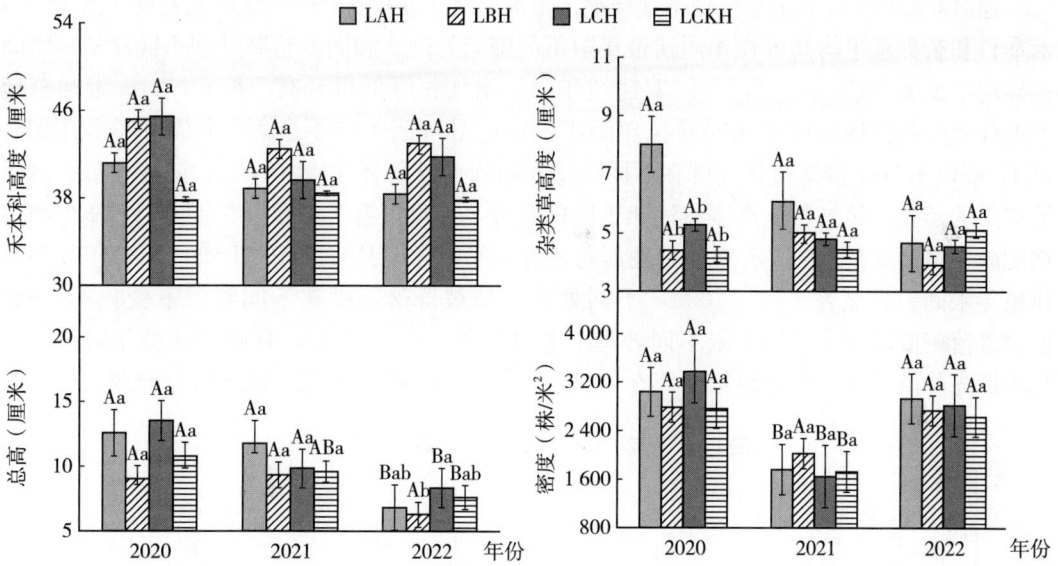

图 3-5　*E.n+L.m* 混播垄地草地植被群落高度和密度的变化

PAY 和 PCY 处理下不同建植年限间差异显著（$P<0.05$），建植第 1 年草地植被群落整体高度显著高于第 2 年和第 3 年，且随着建植年限的延长草地植被群落整体高度逐年降低。

　　E.n+A.s 混播平地样地下草地植被群落密度仅在建植第 3 年在不同施肥处理下差异显著（$P<0.05$），在 PCY 处理下草地植被群落密度最高，相对于 PCKY 处理增加了 64.45%，仅在 PCY 处理下草地植被群落密度在不同建植年限下差异显著（$P<0.05$），且随着建植年限的延长其密度逐年升高，草地植被群落密度在建植第 3 年相对于建植第 1 年增加了 80%，可见随着建植年限的增加植被群落密度在 PCY 处理下效果逐年凸显。

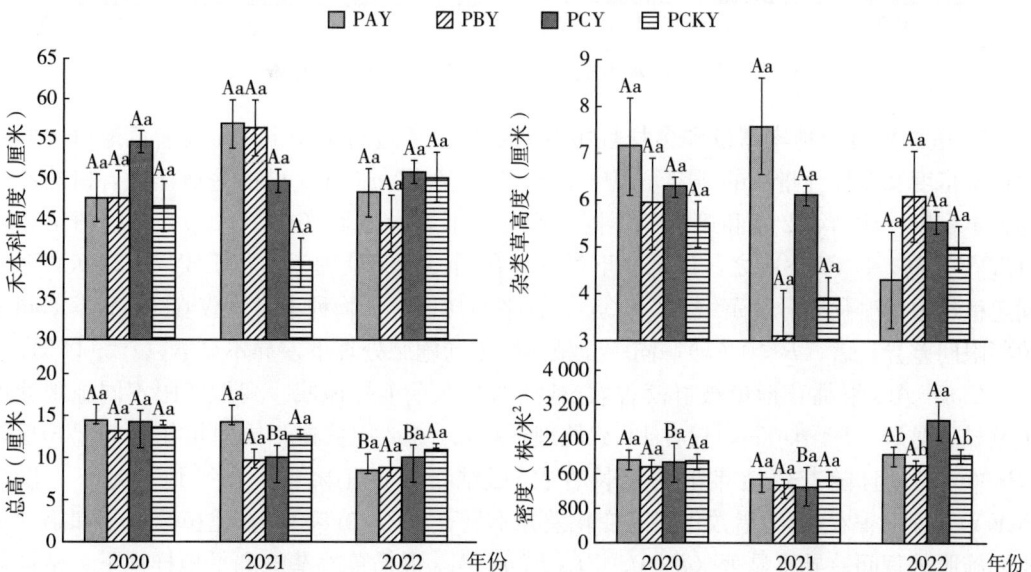

图 3-6　*E.n+A.s* 混播平地草地植被群落高度和密度的变化

通过对 *E.n*+*L.m* 混播草地平地样地下植被群落高度和密度的变化研究发现（图 3-7），禾本科和杂类草平均高度在相同建植年限不同施肥处理下和同一施肥处理不同建植年限间差异均不显著（*P*>0.05），且随着建植年限的增加先降低再升高。*E.n*+*L.m* 混播草地平地样地群落整体高度在相同建植年限不同施肥处理间差异不显著（*P*>0.05），PBH、PCH 和 PCKH 下群落整体高度在不同建植年限间差异显著（*P*<0.05），随着植被群落建植年限的延长，植被整体高度有逐年下降的趋势，在建植第 1 年和第 3 年氮肥和微生物菌剂配施下最高，*E.n*+*L.m* 混播草地群落密度在平地样地 PAH、PBH 和 PCKH 下在不同建植年限间差异显著（*P*<0.05），不同处理下植被群落密度在不同年限下变化不一致。植被群落密度在同一建植年限不同处理下差异显著（*P*<0.05），且随着建植年限的延长其密度先降低再升高，建植第 3 年在 PBH 下最高，PCH 下次之，PCKH 下最低。

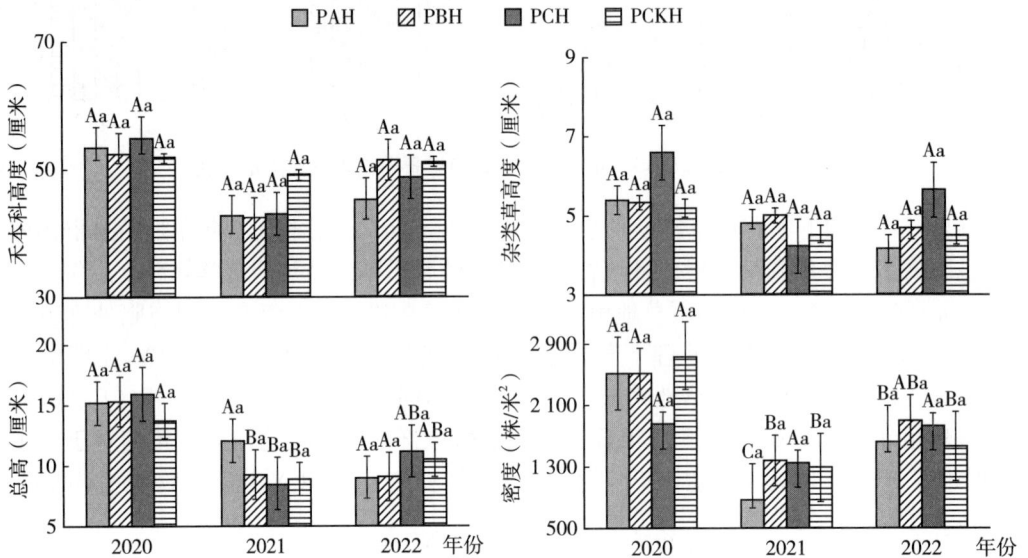

图 3-7 *E.n*+*L.m* 混播平地草地植被群落高度和密度的变化

2. 植被群落物种丰富度和多样性指数的变化 通过对 *E.n*+*A.s* 混播草地植被群落物种丰富度和多样性指数的研究发现（图 3-8），在 *E.n*+*A.s* 混播垄地样地，植被群落物种丰富度在建植第 2 年和第 3 年不同施肥处理下差异显著（*P*<0.05），在建植第 2 年 LCY 下最高，LAY 下次之，LCKY 下最低。在同一施肥处理下，仅 LBY 和 LCKY 下不同建植年限间变化差异显著（*P*<0.05）；在平地样地下，物种丰富度仅在 PAY 下不同建植年限间差异显著（*P*<0.05），同一建植年限不同施肥处理下差异不显著（*P*>0.05）。

E.n+*A.s* 混播草地植被群落香农-威纳指数在垄地样地同一建植年限不同施肥处理下差异不显著（*P*>0.05），仅在 LCY 处理下香农-威纳指数在不同建植年限间差异显著（*P*<0.05），且随着建植年限的延长香农-威纳指数逐年降低；在平地样地下，仅在 PCKY 处理下香农-威纳指数年间变化差异不显著（*P*>0.05），在建植第 1 年和第 3 年不同施肥处理间差异不显著（*P*>0.05）。*E.n*+*A.s* 混播草地垄地和平地样地下，植被群落均匀度指数在相同建植年限不同施肥处理下差异不显著（*P*>0.05），仅 LCY 和 PCY

下草地植被群落均匀度指数在不同建植年限间变化差异显著（$P<0.05$），其他样地在同一施肥处理不同年限间差异不显著（$P>0.05$），随着建植年限的增加均匀度指数逐渐降低，仅 LBY、PAY 和 PCKY 下均匀度指数先升高再降低，建植第 3 年均匀度指数最低，第 2 年最高。$E.n+A.s$ 混播草地在垄地样地下，植被群落辛普森指数仅 LAY 和 LBY 处理下不同建植年限间差异不显著（$P>0.05$），LCY 和 LCKY 样地下辛普森指数不同建植年限间差异显著（$P<0.05$），同一建植年限不同施肥处理下辛普森指数差异不显著（$P>0.05$），随着建植年限的延长辛普森指数逐渐降低；$E.n+A.s$ 混播草地在平地样地下，植被群落辛普森指数在建植第 2 年不同施肥处理下差异显著（$P<0.05$），PAY、PBY 和 PCY 处理下辛普森指数不同建植年限间差异显著（$P<0.05$），随着建植年限的延长，各个处理间辛普森指数变化趋势不一致，PAY、PCY 和 PCKY 逐年降低，PBY 先降低再升高。

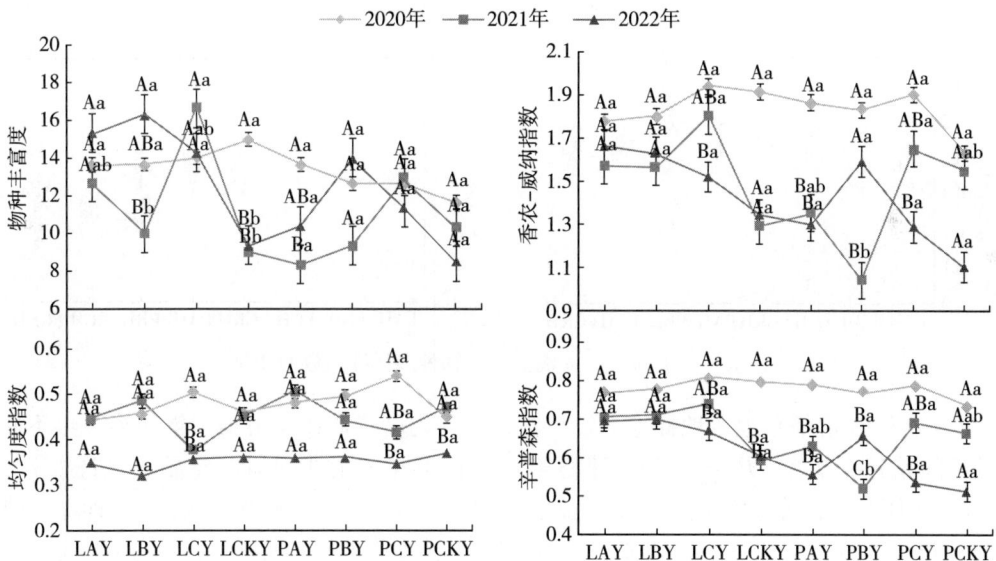

图 3-8　$E.n+A.s$ 混播草地物种多样性指数的变化

通过对 $E.n+L.m$ 混播草地物种多样性指数的研究发现（图 3-9），$E.n+L.m$ 混播草地垄地样地物种丰富度在建植第 1 年和第 2 年不同施肥处理间差异不显著（$P>0.05$），建植第 3 年在不同施肥处理间差异显著（$P<0.05$），LBH 和 LCH 下不同建植年限间差异显著（$P<0.05$），随着建植年限的延长物种丰富度逐年升高，LAH 和 LCKH 下随着建植年限的延长先降低再升高。3 年间物种丰富度在施肥样地高于不施肥样地。$E.n+L.m$ 混播草地平地样地物种丰富度在同一施肥处理不同建植年限间和同一建植年限不同施肥处理下差异均不显著（$P>0.05$），PAH、PCH 和 PCKH 下随着建植年限的延长物种丰富度逐年降低，PBH 处理下随着建植年限的延长物种丰富度先升高再降低。

$E.n+L.m$ 混播草地垄地样地下，香农-威纳指数在草地建植第 1 年和第 2 年不同施肥处理间差异不显著（$P>0.05$），建植第 3 年在不同施肥处理间差异显著（$P<0.05$），在同一施肥处理不同建植年限间差异均显著（$P>0.05$），LAH 和 LCKH 下随着建植年限的延长香农-威纳指数逐年降低，而在 LBH 和 LCH 下随着建植年限的延长香农-威纳指数先升高再降低。$E.n+L.m$ 混播草地平地样地在同一施肥处理不同建植年限和同一建植年限不同施肥处理下差异不显著（$P>0.05$），仅 PCH 下香农-威纳指数在不同建植年限间差异显著（$P<0.05$），随着建植年限的延长，PBH、PCH 和 PCKH 下香农-威纳指数逐年降低，在 PAH 下先升高再降低。

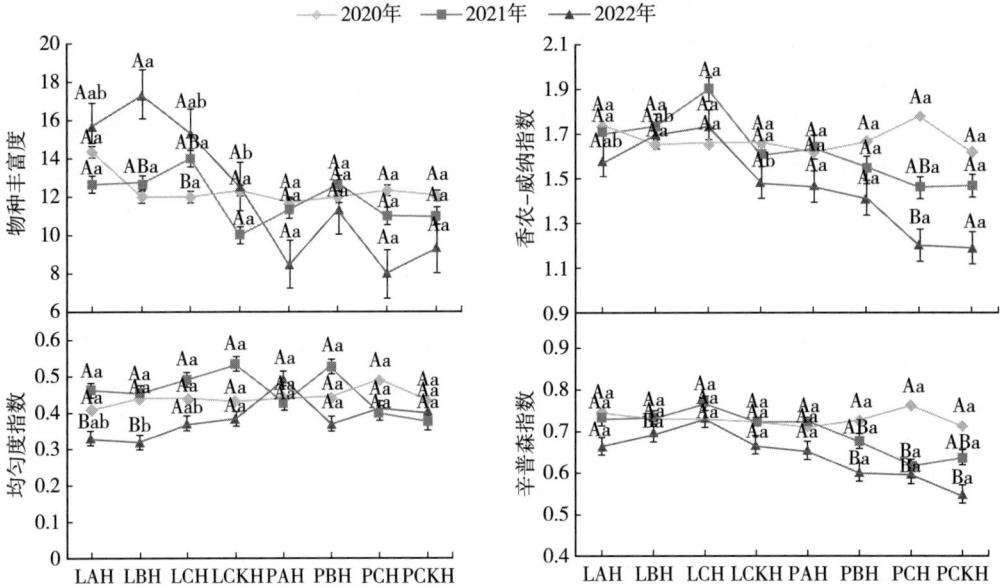

图 3-9 $E.n+L.m$ 混播草地物种多样性指数的变化

$E.n+L.m$ 混播草地垄地样地下，植被群落均匀度指数在建植第 1 年和第 2 年不同施肥处理间差异不显著（$P>0.05$），建植第 3 年在不同施肥处理间差异显著（$P<0.05$），LAH 和 LBH 下不同建植年限间差异显著（$P<0.05$），不同施肥处理下，随着建植年限的延长均匀度指数先升高再降低。$E.n+L.m$ 混播草地平地样地在同一施肥处理不同建植年限和同一建植年限不同施肥处理下差异不显著（$P>0.05$），PBH 下先升高再降低，PAH、PCH 和 PCKH 下先降低再升高。$E.n+L.m$ 混播草地垄地样地下，植被群落辛普森指数在同一施肥处理不同建植年限和同一建植年限不同施肥处理下差异不显著（$P>0.05$），仅 LBH 下不同建植年限间差异显著（$P<0.05$），辛普森指数在 LAH、LBH 和 LCKH 下逐年降低，在 LCH 下先升高再降低。$E.n+L.m$ 混播草地平地样地下在同一建植年限不同施肥处理下差异不显著（$P>0.05$），PAH 下不同建植年限间差异不显著（$P>0.05$），随着建植年限的延长，植被群落辛普森指数先升高再降低，PBH、PCH 和 PCKH 下不同建植年限间差异显著（$P<0.05$），随着建植年限的延长辛普森指数逐年降低。

3. 植被群落结构变异系数 通过对 $E.n+A.s$ 混播草地植被群落地上生产力、密度、物种丰富度和多样性指数变异强度的研究发现（表 3-9）：LAY、LCY 和 PCY 下的物种丰富度，LAY 和 LCKY 下的植被群落密度，LAY、LBY 和 LCY 下的辛普森指数均属于弱变异；其他不同样地下的物种丰富度、密度、生物量和多样性指数均属中等变异，无强变异；一般以植被群落密度变异强度作为群落结构稳定性的一个重要指标，由表3－9可知，通过对不同样地下的植被群落密度的变异性研究发现，在 LAY 下密度变异性最小，PCY 下密度变异性最大，可见在 LAY 下植被群落结构最为稳定。

表3－9　E. n＋A. s 混播草地地上生产力和物种多样性指数的变异强度

处理	变异系数 *C.V.*					
	物种丰富度	密度	香农-威纳指数	均匀度指数	辛普森指数	总生物量
LAY	9.70	7.14	15.53	16.36	8.07	37.46
LBY	23.85	14.31	12.70	24.71	7.63	36.51
LCY	9.69	12.21	14.32	19.43	9.34	45.38
LCKY	30.35	7.39	27.45	14.96	19.17	40.96
PAY	25.00	16.91	21.16	21.82	17.70	58.06
PBY	20.03	15.42	25.16	19.56	17.84	47.66
PCY	7.15	48.33	22.25	25.56	21.84	55.94
PCKY	15.64	15.53	27.40	11.73	22.28	42.43

通过对 E. n＋L. m 混播草地地上生产力、密度和物种多样性指数的变异强度的研究发现（表3－10），PBH 下物种丰富度，LAH、LBH 和 PAH 下香农-威纳指数，LAH、LBH、LCH、LCKH 和 PBH 下植被群落的辛普森指数均属于弱变异，其余不同样地施肥处理下植被群落结构的地上生产力、密度和多样性指数为中度变异，无强变异。

一般以植被群落密度变异强度作为群落结构稳定性的一个重要指标，由表3－10可知，通过对不同样地下的植被群落密度的变异性研究发现，垄地样地在 LBH 下最稳定，平地样地在 PCH 下最稳定，均属于中度变异。可见在高寒草地建植过程中，在垄地整地方式单施微生物菌剂处理下植被群落结构最稳定，在平地整地方式下氮肥和微生物菌剂配施最为稳定。因此，未来在高寒退化草地恢复过程中，微生物菌剂代替化学肥料的添加将具有一定的现实可行性。

表3－10　E. n＋L. m 混播草地地上生产力和物种多样性指数的变异强度

处理	变异系数 *C.V*					
	物种丰富度	密度	香农-威纳指数	均匀度指数	辛普森指数	总生物量
LAH	10.57	27.66	8.92	16.15	7.32	47.93
LBH	20.76	16.96	4.78	18.67	3.05	45.86
LCH	12.18	33.79	10.54	20.30	5.09	48.67
LCKH	12.18	23.87	12.04	21.91	7.25	53.30
PAH	16.57	49.10	9.85	20.60	10.53	47.77
PBH	5.56	29.30	16.56	33.08	9.86	53.79
PCH	21.25	16.94	19.52	13.95	14.37	55.90
PCKH	12.50	41.16	20.47	12.42	14.47	55.01

4. 植被群落密度与多样性指数的相关性 通过对 $E.n+A.s$ 混播草地物种多样性指数和植物群落密度的线性回归研究发现（图 3-10），在 $E.n+A.s$ 混播草地 3 年间物种丰富度与植被群落密度间呈显著正相关（$P<0.05$），香农-威纳指数和辛普森指数与植被群落密度在建植 3 年间呈负相关均不显著（$P>0.05$），而均匀度指数与植被群落密度在建植 3 年间呈极显著负相关（$P<0.01$）。

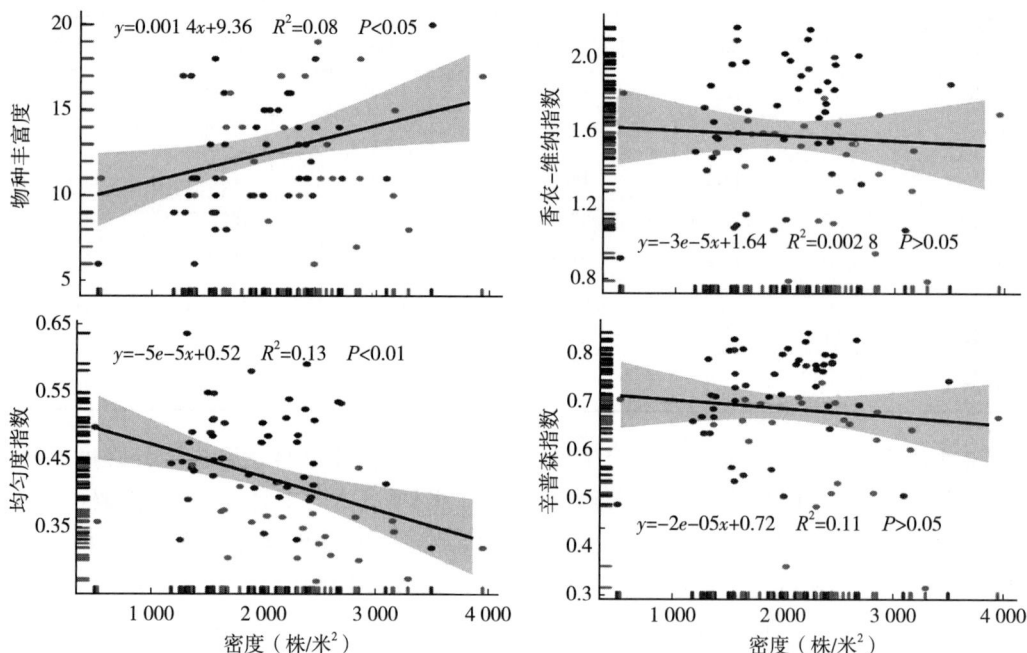

图 3-10 $E.n+A.s$ 混播草地物种多样性指数和植物密度的相关性

通过对 $E.n+L.m$ 混播草地物种多样性指数和植被群落密度的线性回归研究发现（图 3-11）：$E.n+L.m$ 混播草地物种丰富度与植被群落密度呈极显著正相关（$P<0.01$）；香农-威纳指数和辛普森指数与植被群落密度都呈正相关，但均不显著（$P>0.05$）；均匀度指数与植被群落密度呈显著负相关（$P<0.05$）。

5. 植被群落生物量与多样性指数的相关性 通过对 $E.n+A.s$ 混播草地物种多样性指数和植被群落地上总生物量的线性回归研究发现（图 3-12），3 年间物种丰富度与地上生物量之间呈正相关但不显著（$P>0.05$），香农维纳指数、均匀度指数和辛普森指数与地上生物量在 3 年间呈极显著负相关（$P<0.01$）。

通过对 $E.n+L.m$ 混播草地物种多样性指数和植被群落地上总生物量的线性回归研究发现（图 3-13），$E.n+L.m$ 混播草地物种丰富度与植被群落地上总生物量呈负相关但不显著（$P>0.05$），香农-威纳指数植被群落地上总生物量呈显著负相关（$P<0.05$），均匀度指数与植被群落地上总生物量呈负相关但不显著（$P>0.05$），辛普森指数与植被群落地上总生物量呈极显著负相关（$P<0.001$）。

（三）不同人工建植模式对土壤养分特征的影响

1. 土壤养分的变化 通过对 $E.n+A.s$ 混播垄地样地土壤全氮（total nitrogen，TN）、

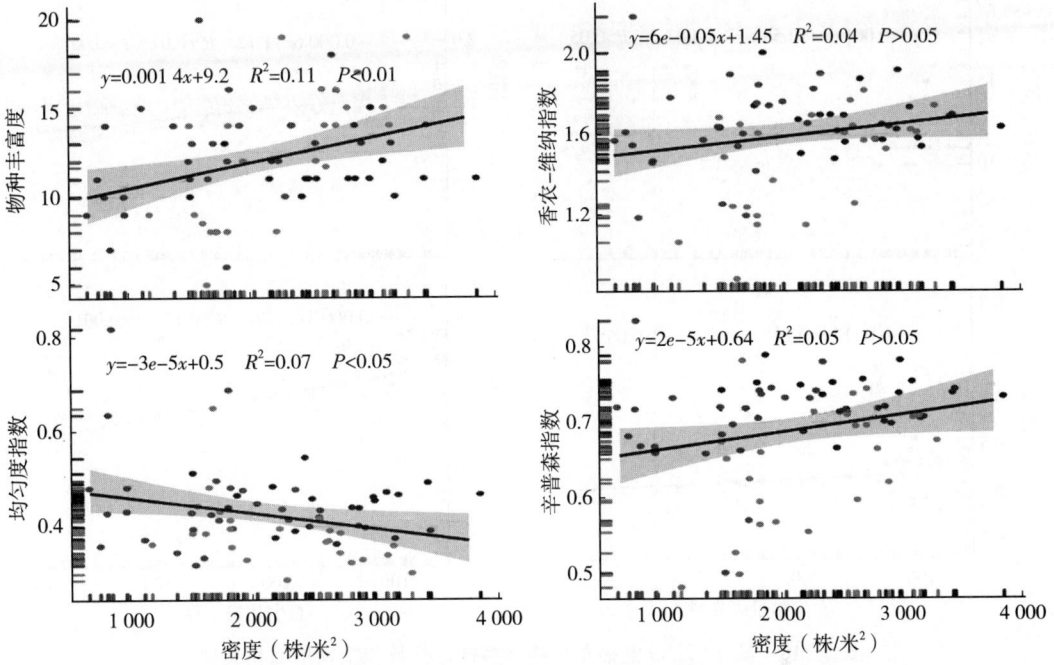

图 3-11　$E.n+L.m$ 混播草地物种多样性指数和密度的相关性

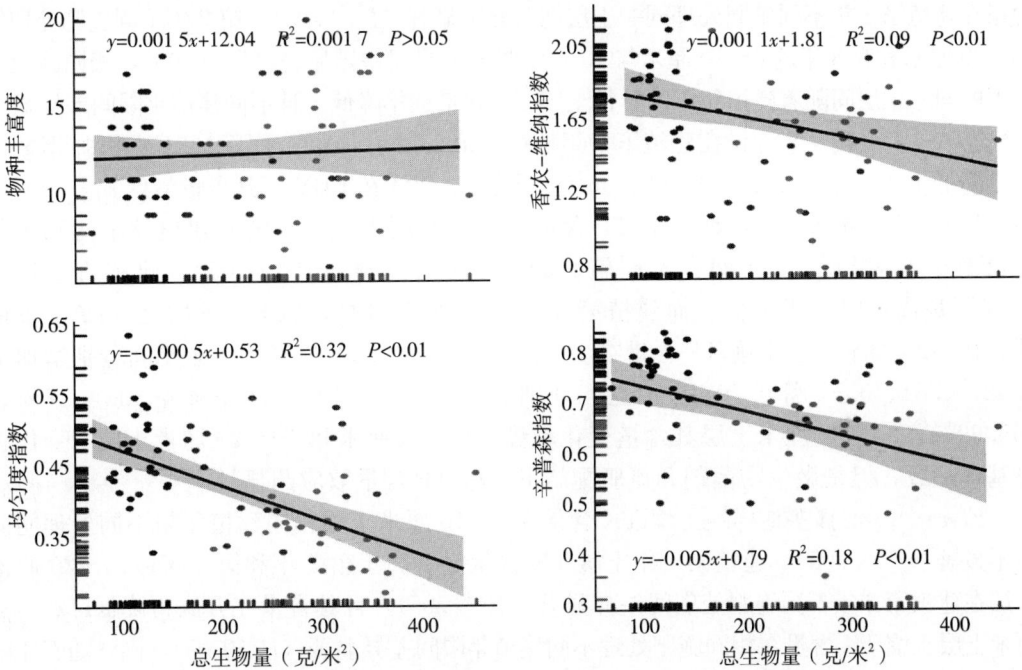

图 3-12　$E.n+A.s$ 混播草地物种多样性指数和生物量的相关性

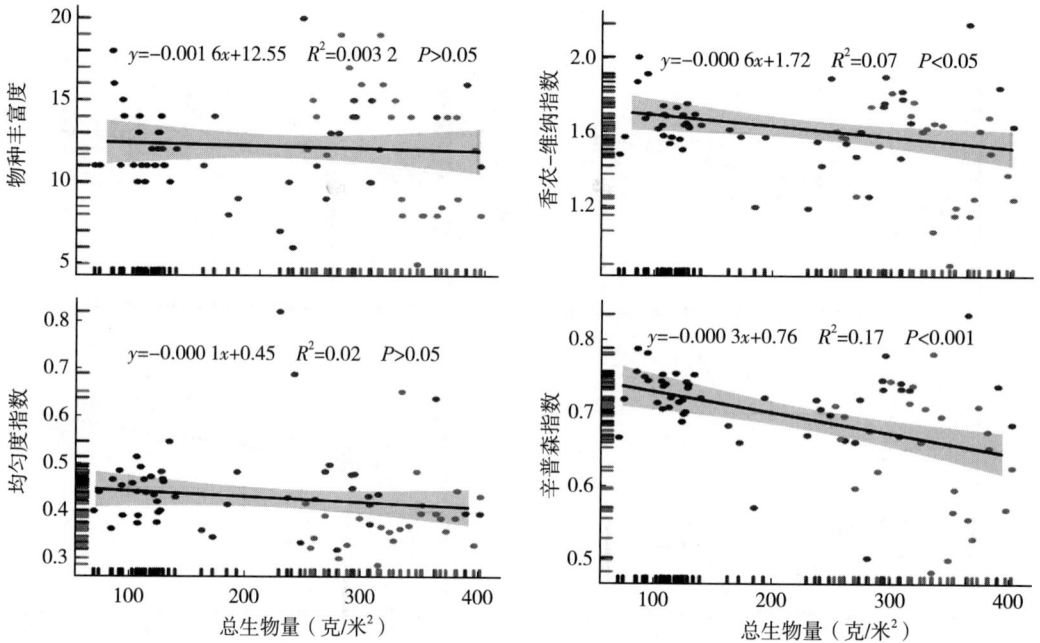

图 3-13 $E.n+L.m$ 混播草地物种多样性指数和生物量的相关性

全磷（total phosphorus，TP）和全钾（total potassium，TK）的研究发现（图 3-14），TN、TP 和 TK 含量在同一建植年限不同施肥处理间随着土层的加深其含量逐渐减少。土壤 TN 含量在建植第 1 年不同施肥处理同一土层间差异不显著（$P>0.05$），第 2 年不同施肥处理间 20~30 厘米和第 3 年的 0~10 厘米与 10~20 厘米土层间差异显著（$P<0.05$），相同施肥处理下的同一土层间随着建植年限的延长土壤 TN 含量逐年降低，且不同建植年限间差异显著（$P<0.05$），土壤 TN 含量在建植第 3 年相对于第 1 年在 LAY、LBY、LCY 和 LCKY 下分别降低了 1.71、1.49、1.45 和 1.56 克/千克，3 年间在 LBY 下其含量最低。

$E.n+A.s$ 混播垄地样地土壤 TP 含量在 0~10 厘米土层，随着建植年限的延长其含量先升高再降低，3 年间在不同施肥处理下差异显著（$P<0.05$），建植第 2 年在 LAY 下最高，LBY 下最低。而建植第 3 年在 LBY 下最高，LCKY 下次之，LAY 下最低。10~20 厘米土层土壤 TP 含量在 LAY、LBY、LCY 和 LCKY 下 3 年间分别增加了 0.52、0.81、0.51 和 0.70 克/千克，分别提高了 109.61%、142.54%、114.27% 和 165.69%；20~30 厘米土层其含量变化趋势与 0~10 厘米和 10~20 厘米土层间变化趋势基本一致，但是微生物菌剂和氮肥配施下土壤 TP 含量效应凸显。

$E.n+A.s$ 混播垄地样地土壤 TK 含量在 0~10 厘米土层相同建植年限不同处理间差异不显著（$P>0.05$），建植第 1 年土壤 TK 含量显著高于第 2 年和第 3 年；10~20 厘米土层在建植第 2 年不同施肥处理间差异显著（$P<0.05$），且其含量先升高再降低；20~30 厘米土层土壤 TK 含量在相同施肥处理不同建植年限间差异显著（$P<0.05$），同时随着年限的延长其含量先升高再降低，施肥处理相较于不施肥其土壤 TK 含量提升不明显，3 年间 LAY、LBY、LCY 和 LCKY 下分别降低了 23.88%、24.66%、23.38% 和 29.38%。

☐ LAY　▨ LBY　▦ LCY　▥ LCKY

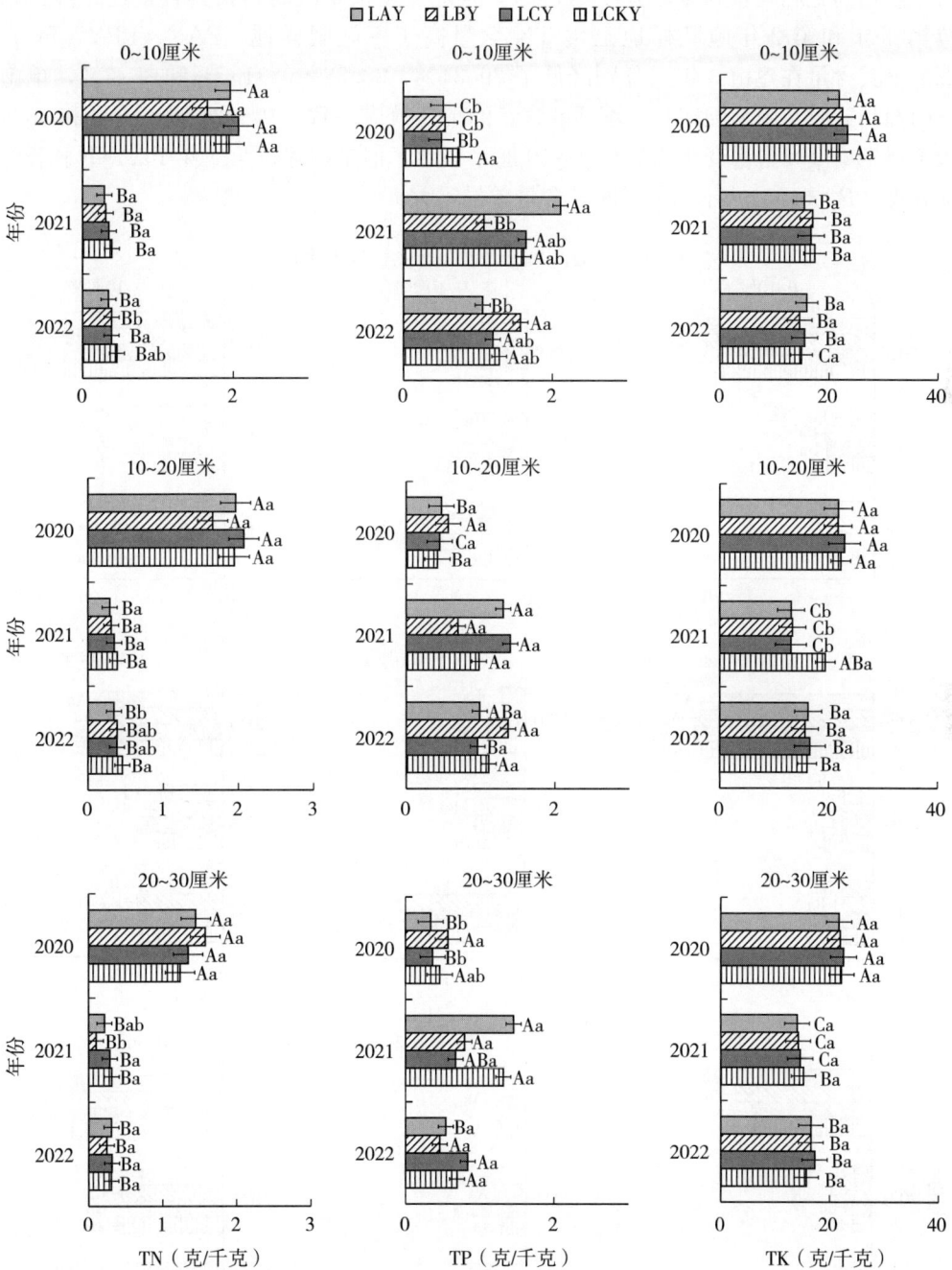

图 3-14　*E. n*+*A. s* 混播垄地土壤全氮、全磷和全钾的变化

注：不同小写字母表示同一建植年限下不同施肥样地之间差异显著（$P<0.05$）；不同大写字母表示同一施肥方式下不同建植年限间差异显著（$P<0.05$）。

通过对 *E. n*+*A. s* 混播平地土壤全氮、全磷和全钾的研究发现（图 3-15），0～10 厘米土层土壤 TN 含量在相同建植年限不同施肥处理间差异不显著（$P>0.05$），而在不同建植年限相同施肥间差异显著（$P<0.05$），且随着建植年限的延长其含量逐年降低，在建植第 1 年和第 2 年施肥样地土壤 TN 含量高于不施肥样地，PAY、PBY、PCY 和 PCKY 下其含量在建植 3 年间分别降低了 29.34%、30.38%、31.5% 和 35.2%，单施氮肥、菌剂和氮肥与菌剂配施对土壤 TN 含量的提升效应一致。10～20 厘米土层和 20～30 厘米土层土壤 TN 含量变化趋势与 0～10 厘米一致，但是在建植第 2 年 PAY 下显著低于其他处理（$P<0.05$），不同土层间其含量差异不大。

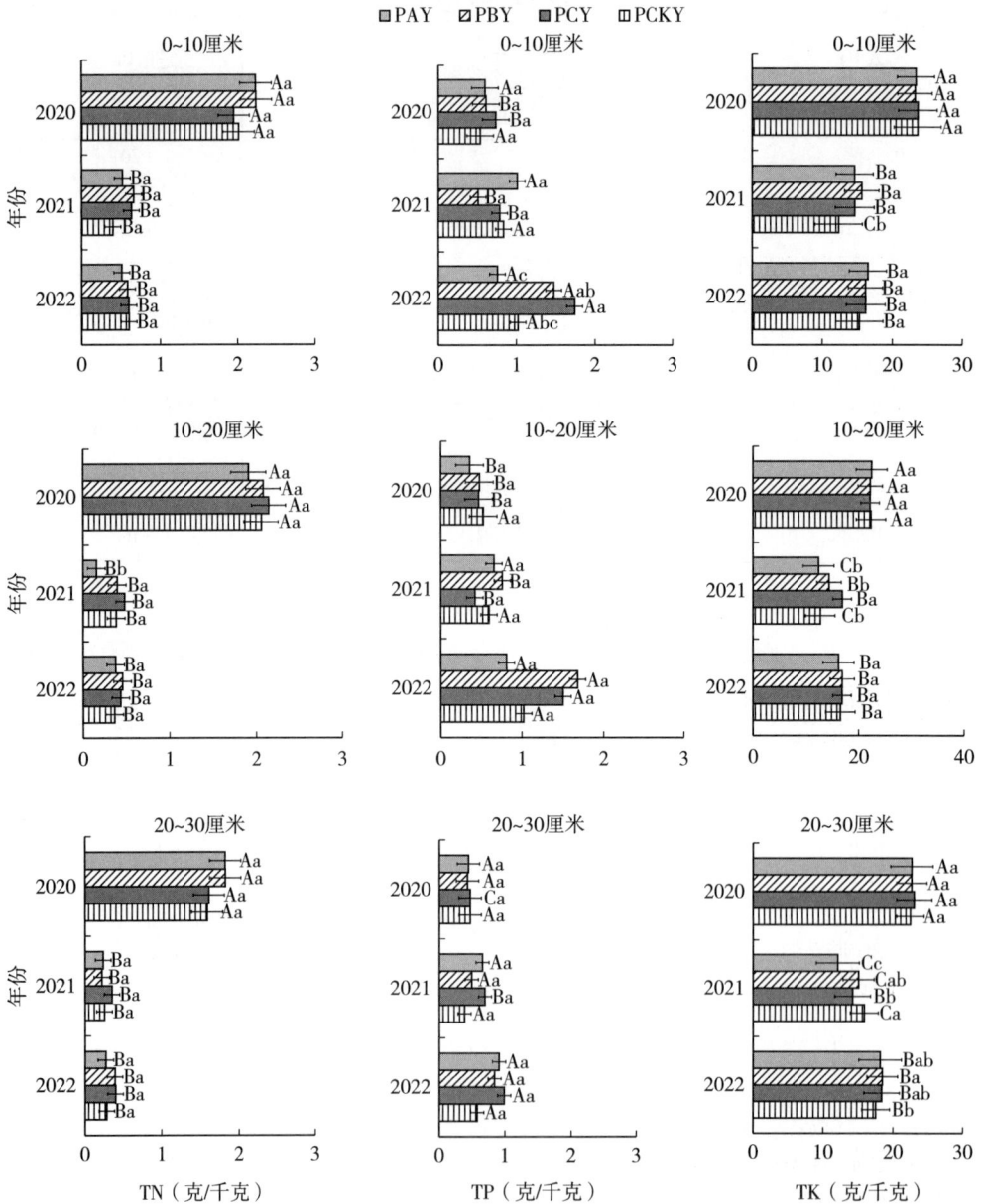

图 3-15　$E.n+A.s$ 混播平地土壤全氮、全磷和全钾的变化

土壤 TP 含量在 0～10 厘米土层建植第 1 年和第 2 年在不同施肥处理下差异不显著（$P>0.05$），建植第 3 年在 PCY 下其含量最高，PBY 下次之，PAY 下最低；10～20 厘米土层和 20～30 厘米土层间土壤 TP 含量变化趋势与 0～10 厘米基本一致，但是在 10～20 厘米土层建植第 3 年在 PAY 下最高，PCY 下次之，不同土层间含量均随着建植年限的延长逐年升高，3 年间土壤 TP 含量在 PAY、PBY、PCY 和 PCKY 下分别提升了 77.4%、164%、153.53% 和 71.54%。

$E. n+A. s$ 混播平地土壤 TK 含量在 0～10 厘米土层建植第 1 年和第 3 年不同施肥处理间差异不显著（$P>0.05$），但是随着建植年限的延长其含量先降低再升高，且不同建植年限间差异显著（$P<0.05$），3 年间在 PAY、PBY、PCY 和 PCKY 下分别降低了 6.86、7.07、7.45 和 8.31 克/千克；土壤 TK 含量在 10～20 厘米土层建植第 2 年不同施肥处理间差异显著（$P<0.05$），PCY 下最高，PBY 下次之，PAY 下最低；其 TK 含量在 20～30 厘米土层建植第 2 年和第 3 年不同施肥处理间差异显著（$P<0.05$），3 年间其 TK 含量在 PAY、PBY、PCY 和 PCKY 下分别降低了 19.99%、18.64%、20.37% 和 22.17%，10～20 厘米土层和 20～30 厘米土层不同建植年限间变化趋势与 0～10 厘米一致，均先降低再升高。

通过对 $E. n+A. s$ 混播垄地土壤速效养分的研究发现（图 3-16）：0～10 厘米土层土壤碱解氮（available nitrogen，AN）含量在相同建植年限不同施肥处理间差异不显著（$P>0.05$），随着建植年限的延长不同施肥处理下均先降低再升高，建植第 3 年相对于第 2 年在 LAY、LBY、LCY 和 LCKY 下分别增加了 64.73、46.41、75.27 和 7.58 毫克/千克，其 AN 含量富集效率分别为 19.35%、15.39%、23.07% 和 2.06%，可见在菌剂和氮肥配施下其养分富集效果最明显，LAY 下次之，LCKY 下最低；10～20 厘米土壤 AN 含量相同施肥不同建植年限间变化趋势与 0～10 厘米土层一致，随着建植年限的延长先升高再降低，但是在施肥样地低于不施肥样地；20～30 厘米土层土壤 AN 含量先升高再降低，并且在相同建植年限和施肥处理下随着土层加深其含量逐渐降低。

土壤速效磷（available phosphorus，AP）含量在 0～10 厘米土层相同建植年限不同施肥处理间差异不显著（$P>0.05$），在建植第 1 年 LCY 下最低，反之在第 2 年和第 3 年最高，3 年间总体处于一个逐渐降低的状态，在 LAY、LBY 和 LCKY 下分别降低了 7.71、9.17 和 7.28 毫克/千克，仅 LCY 下提升了 10.72%；10～20 厘米土层仅建植第 2 年在 LCY 下土壤 AN 含量高于其他处理，LBY 和 LCY 下随着建植年限的延长先升高再降低。20～30 厘米土层土壤 AN 含量在 LAY、LBY、LCY 和 LCKY 下随着建植年限的延长均先升高再降低，相同建植年限和施肥处理不同土层间其含量变化不明显。

土壤速效钾（available potassium，AK）含量在 0～10 厘米土层建植第 2 年和第 3 年不同施肥处理间差异显著（$P<0.05$），在施肥处理下随着建植年限的增加其 AK 含量均逐年降低，3 年间在 LAY 和 LBY、LCY 和 LCKY 下分别降低了 170.85、80.97、107.21 和 115.17 毫克/千克，其降低速率分别为 68.65%、41.16%、46.49% 和 40.28%，可见在 LAY 下其降低速率最大，LCY 下次之，LCKY 下最小；10～20 厘米土层和 20～30 厘米土层间土壤 AK 含量变化趋势与 0～10 厘米一致，且随着建植年限的延长其含量逐年降低，相同建植年限和施肥处理下随着土层加深其 AK 含量逐渐降低。

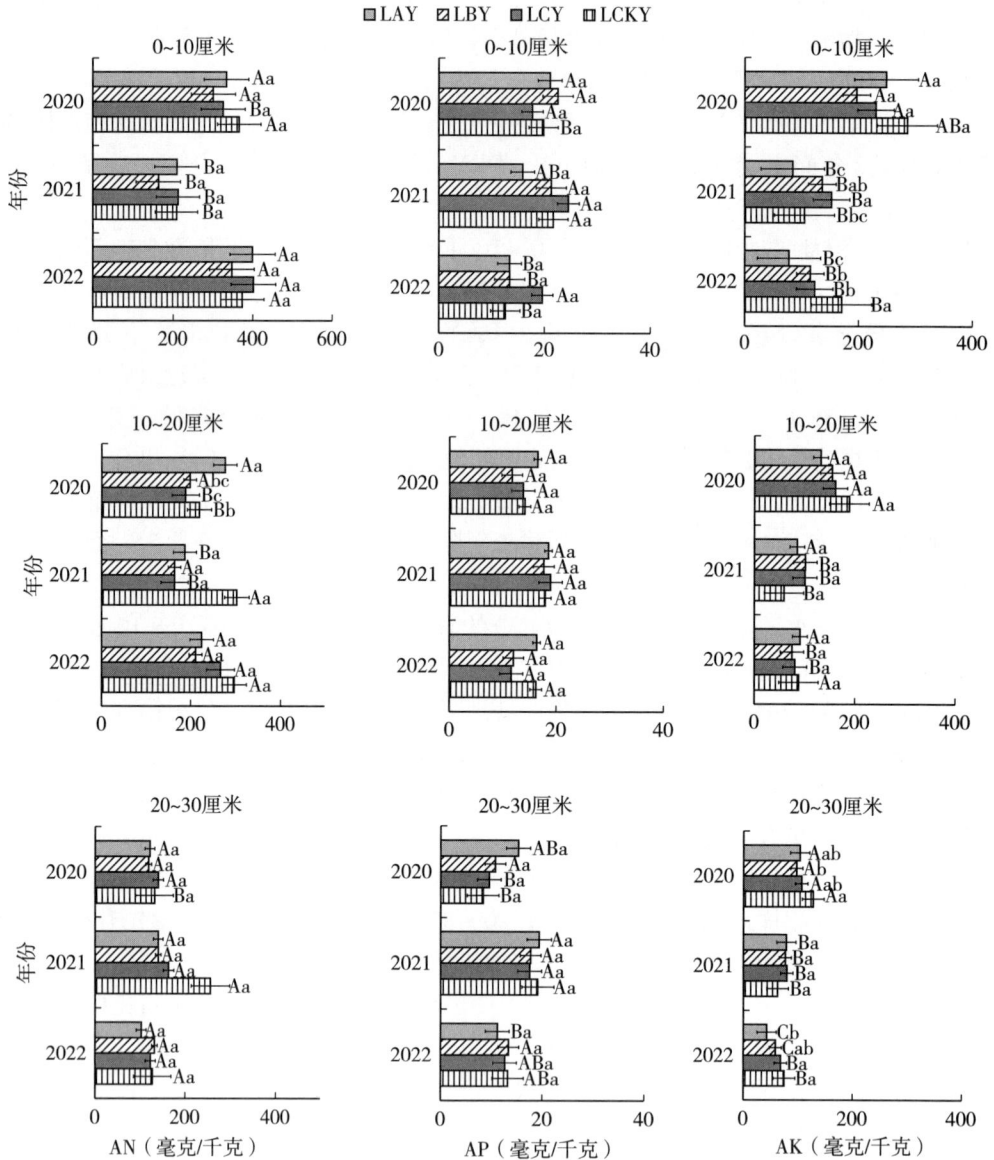

图 3-16 *E.n*＋*A.s* 混播垄地土壤碱解氮、速效磷和速效钾的变化

通过对 *E.n*＋*A.s* 混播平地土壤速效养分的研究发现（图 3-17）：土壤 AN 含量在 0～10 厘米土层建植第 1 年和第 3 年不同施肥处理间差异不显著（$P>0.05$），建植第 2 年在不同施肥处理间差异显著（$P<0.05$），在 PBY 下最高，PCY 下次之，PCKY 下最低，施肥样地在 PAY、PBY 和 PCY 下相对 PCKY 下分别增加了 37.6％、124.57％ 和 99.91％；土壤 AN 含量在 10～20 厘米土层建植 3 年整体上处于一个升高的趋势，建植第 3 年 PAY、PBY 和 PCY 下相对于第 1 年分别增加了 24.84％、26.89％ 和 13.42％；土壤 AN 含量在 20～30 厘米土层建植第 2 年和第 3 年不同施肥处理间差异显著（$P<0.05$），相同建植年限和施肥处理不同土层间随着土层的加深其含量逐渐降低。

$E.n+A.s$ 混播平地土壤 AP 含量在 0～10 厘米土层相同建植年限不同施肥处理间差异不显著（$P>0.05$），但是随着建植年限的延长其含量先升高再降低，在建植第 1 年和第 2 年在 PCY 下最高；土壤 AP 含量在 10～20 厘米土层和 20～30 厘米土层相同施肥处理不同建植年限间变化趋势与 0～10 厘米土层一致，先升高再降低，相同施肥处理和建植年限下随着土层加深其 AP 含量逐渐降低。

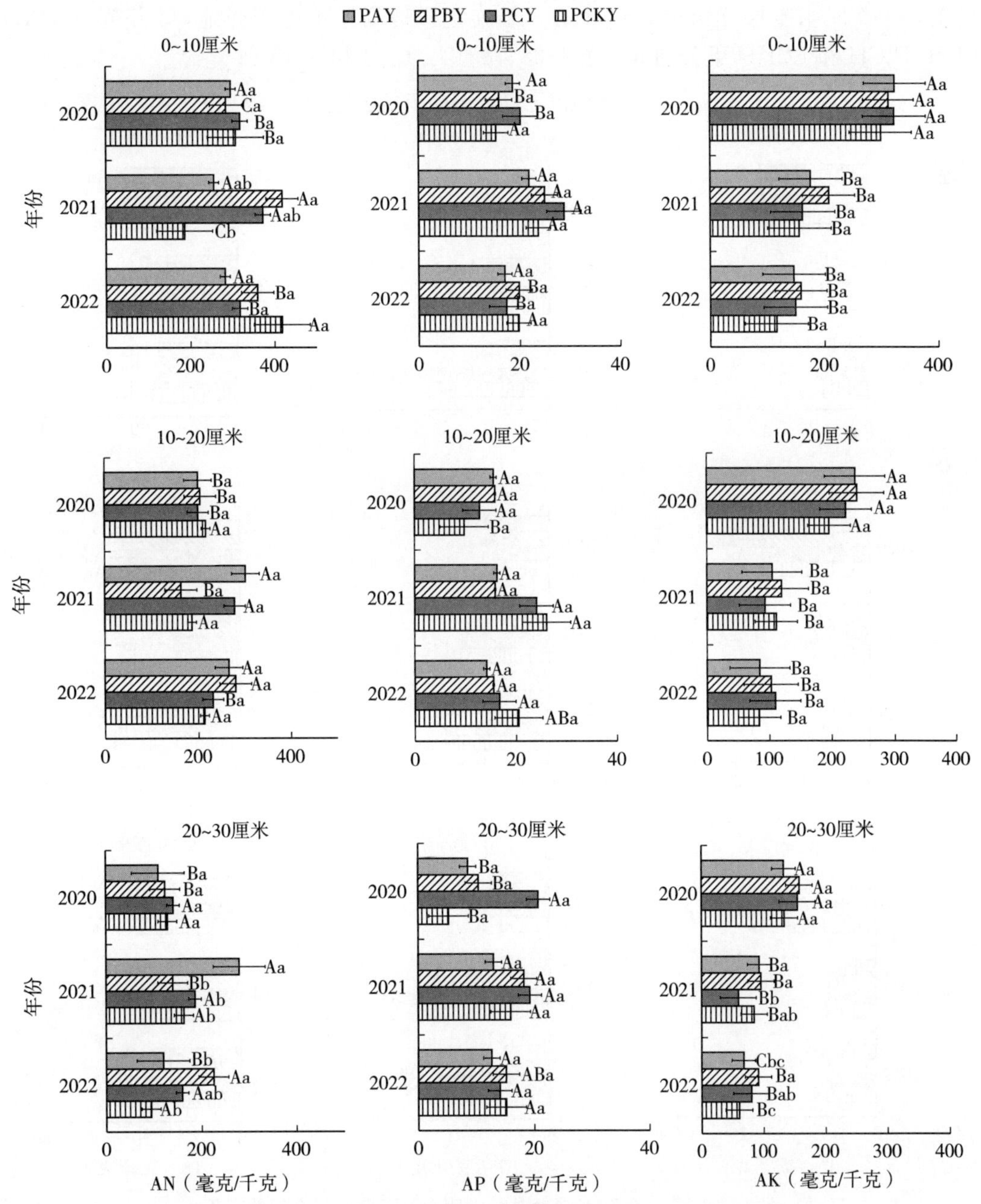

图 3-17　$E.n+A.s$ 混播平地土壤碱解氮、速效磷和速效钾的变化

  E.n＋*A.s* 混播平地土壤 AK 含量在 0～10 厘米土层随着建植年限的延长不同施肥处理间均逐渐降低，在 PAY、PBY、PCY 和 PCKY 下建植 3 年间分别降低了 176.94、153.34、173.03 和 182.15 毫克/千克，其减少速率分别为 54.78％、49.18％、53.75％和61.14％；土壤 AK 含量在 10～20 厘米和 20～30 厘米土层下不同施肥处理间随着建植年限的变化趋势与 0～10 厘米土层一致，并且随着土层加深其含量逐渐减少。

  通过对 *E.n*＋*L.m* 混播垄地样地土壤全量养分的研究发现（图 3-18）：土壤 TN 含量在 0～10 厘米土层建植第 2 年和第 3 年施肥样地高于不施肥样地，3 年间在 LAH、LBH、LCH 和 LCKH 下分别减少了 1.68、1.42、1.73 和 1.48

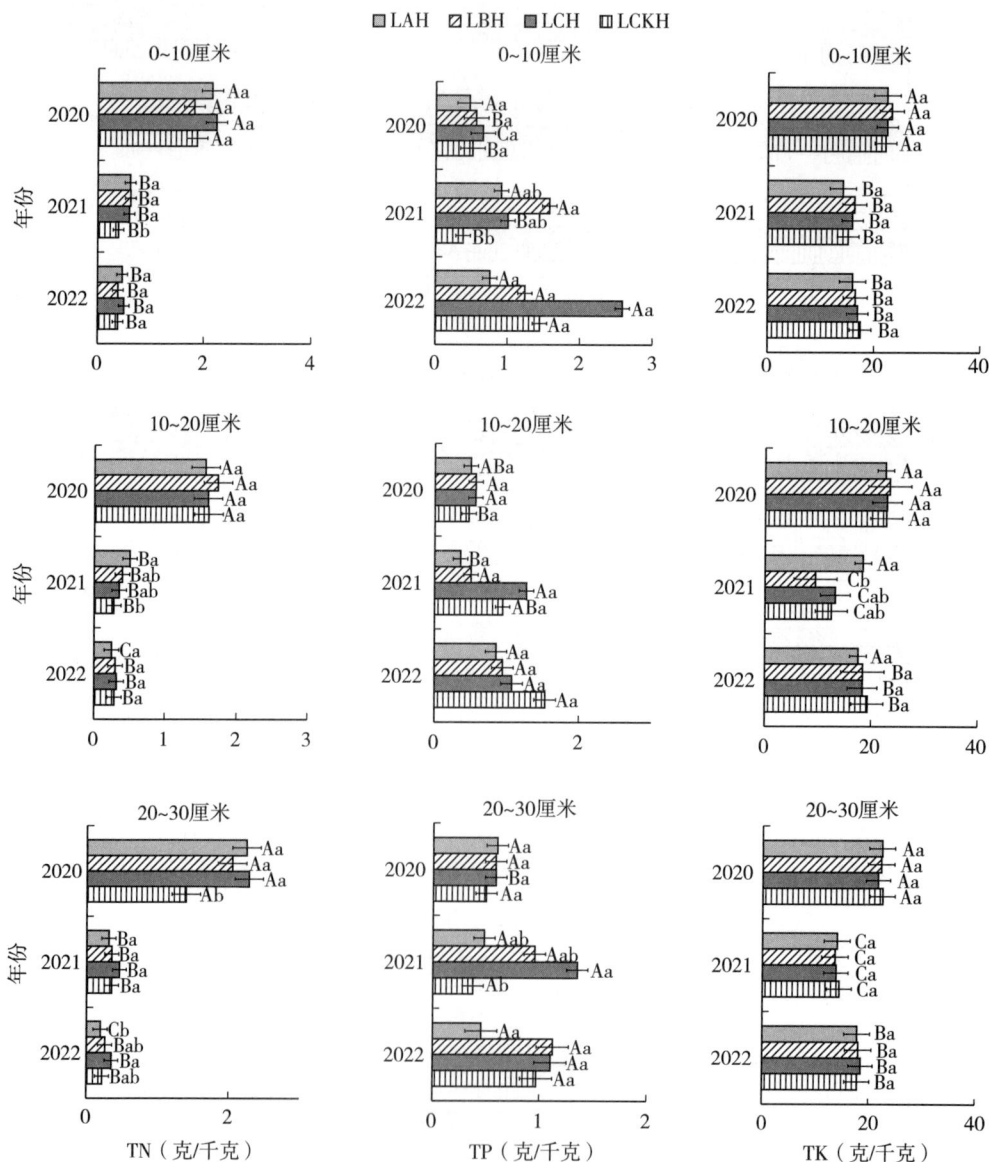

图 3-18　*E.n*＋*L.m* 混播垄地土壤全氮、全磷和全钾的变化

克/千克；土壤 TN 含量在 10～20 厘米和 20～30 厘米土层不同施肥处理下随着建植年限的增加其含量也逐渐降低，10～20 厘米土层建植第 2 年和 20～30 厘米土层建植第 1 年施肥样地高于不施肥样地，相同施肥处理同一建植年限不同土层间含量变化基本不变。

$E.n+L.m$ 混播垄地样地土壤 TP 含量在 0～10 厘米土层建植第 1 年和第 3 年不同施肥处理间差异不显著（$P>0.05$），建植第 2 年在不同施肥处理间差异显著（$P<0.05$），施肥样地均高于不施肥样地，建植第 3 年在 LCH 下其含量与 LAH、LBH 和 LCKH 下相比增加了 1.83、1.34 和 1.14 克/千克；10～20 厘米土层土壤 TP 含量随着建植年限的延长其含量逐渐增加，3 年间 TP 含量在 LAH、LBH、LCH 和 LCKH 样地分别增加了 0.36、0.39、0.52 和 1.06 克/千克；20～30 厘米土层土壤 TP 含量在建植第 2 年不同施肥处理间差异显著（$P<0.05$），施肥样地均高于不施肥样地，且随着年限延长其含量逐渐增高，3 年间在 LBH、LCH 和 LCKH 下分别增加了 90.34%、86.37% 和 93.81%。

$E.n+L.m$ 混播垄地样地土壤 TK 含量在 0～10 厘米土层相同建植年限不同施肥处理间差异不显著（$P>0.05$），随着建植年限的延长其含量逐渐降低，3 年间在 LAH、LBH、LCH 和 LCKH 下分别减少了 28.42%、28.80%、24.19% 和 20.76%；土壤 TK 含量在 10～20 厘米土层建植第 2 年不同施肥处理间差异显著（$P<0.05$），LAH 下相对于 LCKH 下增加了 32.15%，3 年间在 LAH、LBH、LCH 和 LCKH 下分别减少了 5.07、4.98、4.50 和 3.45 克/千克；土壤 TK 含量在 20～30 厘米土层随着建植年限的增加在不同施肥处理下均先降低再升高，但总体是减少的状态，3 年间在 LAH、LBH、LCH 和 LCKH 样地分别减少了 20.68%、19.03%、14.61% 和 20.82%。

通过对 $E.n+L.m$ 混播平地样地土壤全量养分的研究发现（图 3-19）：土壤 TN 含量在 0～10 厘米土层相同施肥处理不同建植年限间差异显著（$P<0.05$），随着建植年限延长其含量逐渐降低，3 年间在 PAH、PBH、PCH 和 PCKH 下分别降低了 1.72、1.65、1.35 和 1.41 克/千克；土壤 TN 含量在 10～20 厘米土层建植第 1 年和第 3 年不同施肥处理间差异显著（$P<0.05$），同样随着建植年限的延长其含量逐渐降低，3 年间在 PAH、PBH、PCH 和 PCKH 下分别降低了 1.54、1.63、1.72 和 1.70 克/千克；土壤 TN 含量在 20～30 厘米土层不同建植年限间变化趋势与 0～10 厘米和 10～20 厘米土层变化趋势一致，逐渐降低，3 年间在 PAH、PBH、PCH 和 PCKH 下分别降低了 1.55、1.44、1.22 和 1.31 克/千克，相同建植年限施肥处理下不同土层间变化差异不大。

$E.n+L.m$ 混播平地样地土壤 TP 含量在 0～10 厘米土层建植第 2 年和第 3 年在不同施肥处理间差异显著（$P<0.05$），随着建植年限的延长先降低再升高，仅 PCH 处理下先升高再降低，3 年间在 PAH、PBH、PCH 和 PCKH 下分别增加了 1.00、0.08、0.54 和 0.36 克/千克，其中在 PCH 下 TP 富集效果最明显；土壤 TP 含量在 10～20 厘米土层建植第 3 年不同施肥处理下差异显著（$P<0.05$），PCH 下最高，PAH 下次之，PBH 下最低，PAH 和 PCH 下相对于 PCKH 下分别增加了 52.60% 和 71.25%，3 年间在 PAH、PBH、PCH 和 PCKH 下分别增加了 0.78、0.27、0.79 和 0.35 克/千克；土壤 TP 含量在 20～30 厘米土层相同建植年限不同施肥处理间差异不显著（$P>0.05$），随着建植年限延长逐年升高，3 年间在 PAH、PBH、PCH 和 PCKH 下分别增加了 0.50、0.33、0.22 和 0.56 克/千克。

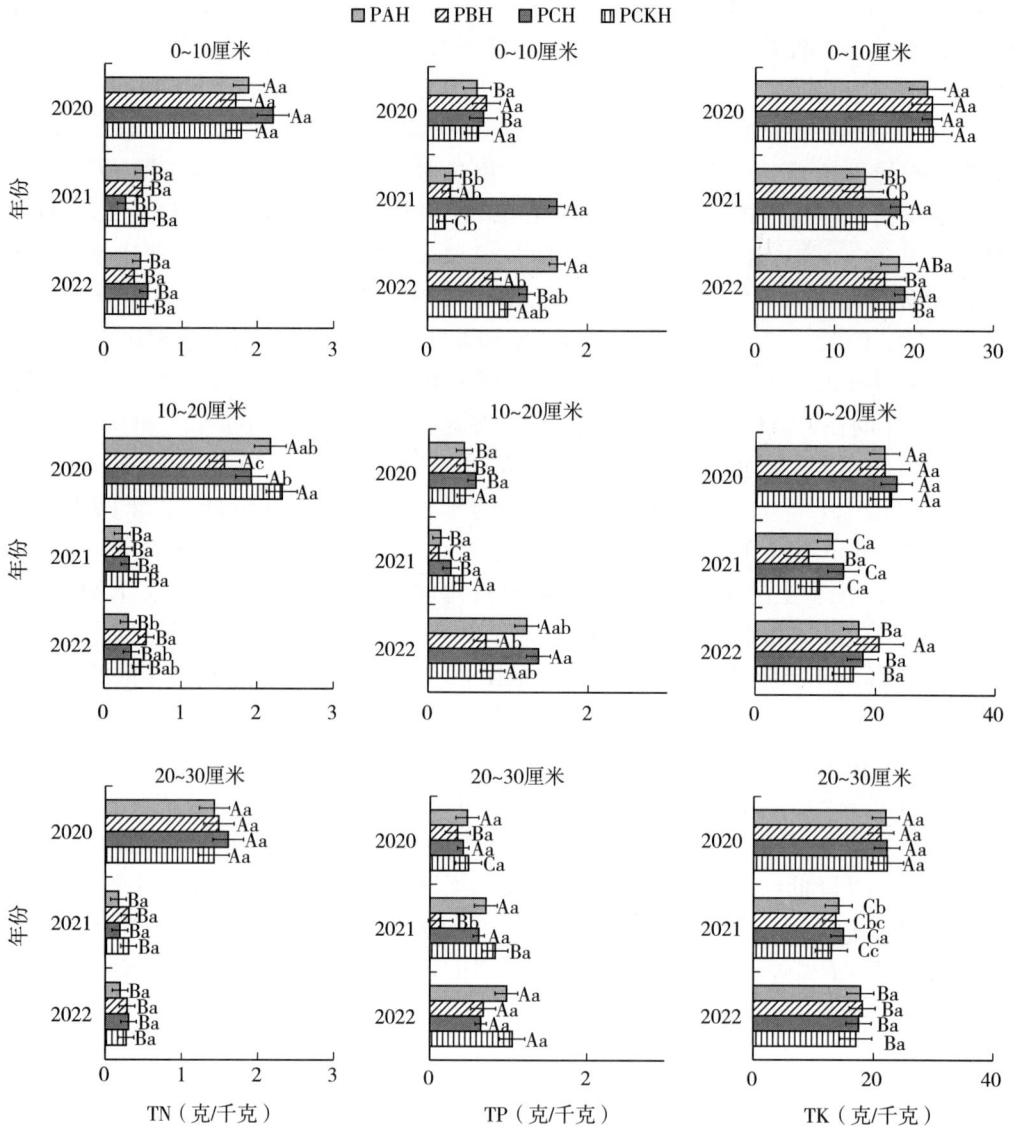

图 3-19 *E. n*+*L. m* 混播平地土壤全氮、全磷和全钾的变化

  E. n+*L. m* 混播平地样地土壤 TK 含量在 0~10 厘米土层建植第 2 年不同施肥处理间差异显著（$P<0.05$），PCH 下相对于 PCKH 下增加了 37.81%，随着建植年限的延长其含量逐年降低，3 年间在 PAH、PBH、PCH 和 PCKH 下分别减少了 16.13%、26.63%、15.17% 和 21.30%；土壤 TK 含量在 10~20 厘米和 20~30 厘米土层随着建植年限的延长均先降低再升高，10~20 厘米土层在建植的 3 年间 PAH、PBH、PCH 和 PCKH 样地分别降低了 19.69%、4.17%、23.50% 和 27.66%，20~30 厘米土层在建植的 3 年间 PAH、PBH、PCH 和 PCKH 样地土壤 TK 含量分别降低了 18.76%、14.14%、20.95% 和 23.12%，在 3 年建植期间相同施肥处理不同土层间 TK 含量一直处于稳定状态，不会随土层变化而减少或增加。

通过对 $E.n+L.m$ 混播垄地样地土壤速效养分的研究发现（图 3-20）：土壤 AN 含量在 0~10 厘米土层建植的 3 年间不同施肥处理间差异不显著（$P>0.05$），随着建植年限的延长其含量先降低再升高，3 年间在 LBH 和 LCKH 下分别增加了 14.85% 和 38.62%；

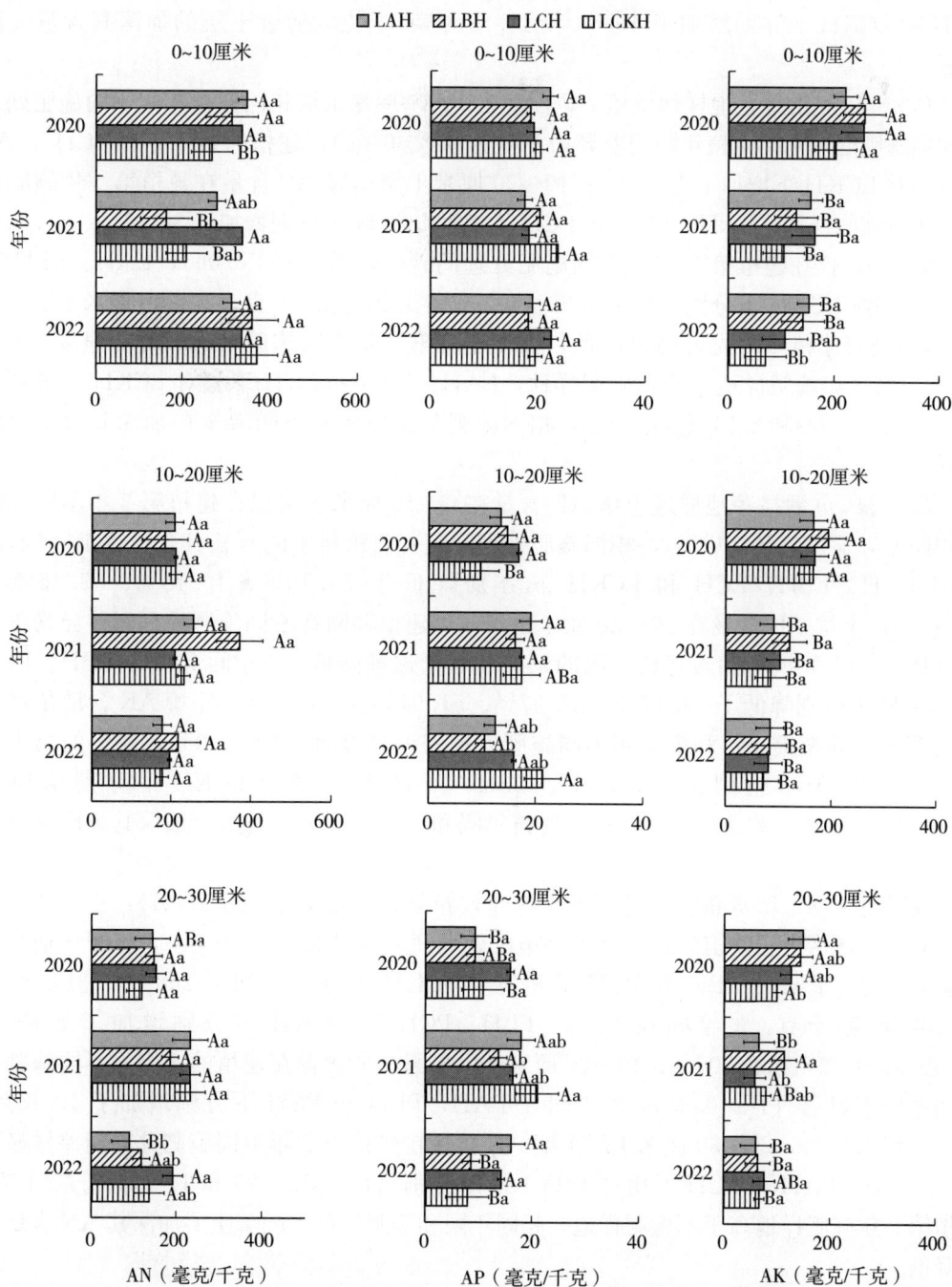

图 3-20　$E.n+L.m$ 混播垄地土壤碱解氮、速效磷和速效钾的变化

10~20厘米土层土壤AN含量随着建植年限的延长先升高再降低，在建植的第2年和第3年LBH样地最高，相对于LCKH样地分别增加了59.85%和22.27%；20~30厘米土层AN含量随着建植年限的延长先升高再降低，建植第3年在不同施肥处理间差异显著（$P<0.05$），LCH下最高，LAH下最低，LCH下相对于LCKH下增加了41.13%，3年间在LCH和LCKH下分别增加了40.60和18.55毫克/千克，随着土层的加深其含量逐渐降低。

$E.n+L.m$ 混播垄地样地土壤AP含量在0~10厘米土层相同建植年限不同施肥处理和相同施肥处理不同建植年限间差异均不显著（$P>0.05$），建植的第3年在LCH下AP含量相对LCKH下增加了15.05%；10~20厘米土层土壤AP含量在建植第1年施肥样地高于不施肥样地，LAH、LBH和LCH下相对LCKH下分别增加了38.91%、51.52%和73.41%，仅在建植第3年里不同施肥处理间差异显著（$P<0.05$），LAH、LBH和LCH下相对LCKH下分别减少了8.90、10.90和5.40毫克/千克；20~30厘米土层土壤AP含量随着建植年限先升高再降低，仅在建植第2年不同施肥处理间差异显著（$P<0.05$），第3年施肥样地高于不施肥样地，LAH、LBH和LCH下相对LCKH下分别增加了8.18、0.66和6.31毫克/千克，相同施肥和建植年限下随着土层加深其含量逐渐降低。

$E.n+L.m$ 混播垄地样地土壤AK含量在0~10厘米土层仅在建植第3年不同施肥处理间差异显著（$P<0.05$），相同施肥处理间随着建植年限的延长其含量逐渐降低，3年间LAH、LBH、LCH和LCKH下分别降低了54.78%、49.18%、53.75%和61.14%；土壤AK含量在10~20厘米土层3年建植期间在不同施肥处理间差异均不显著（$P>0.05$），同样随着建植年限的延长其含量逐渐降低，3年间LAH、LBH、LCH和LCKH下分别降低了49.47%、57.37%、51.91%和56.86%；土壤AK含量在20~30厘米土层建植第1年和第2年不同施肥处理间差异显著（$P<0.05$），建植的第1年施肥样地高于不施肥样地，LAH、LBH、LCH下相对于LCKH下分别增加了33.63%、31.19%和21.42%，相同建植年限和施肥处理下随着土层加深其AK含量逐渐降低。

通过对 $E.n+L.m$ 混播平地样地土壤速效养分的研究发现（图3-21）：土壤AN含量在0~10厘米土层建植的第2年不同施肥处理间差异显著（$P<0.05$），施肥样地高于不施肥样地，PAH、PBH和PCH下相对于PCKH下分别增加了268.09、210.02和105.02毫克/千克，3年间在PAH、PBH、PCH和PCKH下分别增加了8.47%、12.45%、9.22%和24.06%；10~20厘米土层土壤AN含量在建植的3年间不同施肥处理间差异不显著（$P>0.05$），3年间在PAH、PBH和PCH下分别增加了10.15%、8.57%和9.96%；20~30厘米土层土壤AN含量在建植第2年不同施肥处理间差异显著（$P<0.05$），PAH和PCH下相对于PCKH下分别增加了127.95和140.06毫克/千克，建植第3年施肥样地高于不施肥样地，相同年限和施肥处理下随着土层加深其AN含量逐渐降低。

$E.n+L.m$ 混播平地样地土壤AP含量在0~10厘米土层建植第2年不同施肥处理间差异显著（$P<0.05$），PCH下相对于PCKH下增加了54.19%，建植第3年施肥样地高

于不施肥样地；10~20 厘米土层土壤 AP 含量在建植第 2 年和第 3 年不同施肥处理间差异显著（$P<0.05$），随着建植年限的延长先升高再降低，仅 PAH 下其 AP 含量逐渐升高，建植的 3 年间在 PAH、PBH 和 PCH 下分别增加了 21.26、1.60 和 1.68 毫克/千克；20~30 厘米土层土壤 AP 含量随着建植年限延长其含量先升高再降低，建植第 2 年施肥样地高于不施肥样地，在建植第 3 年不同施肥处理间差异显著（$P<0.05$），PBH 下相对于 PCKH 下增加了 44.84%，3 年间在 PAH、PBH、PCH 和 PCKH 下分别增加了8.02%、119.28%、42.91%和 51.45%，相同建植年限和施肥处理下随着土层加深其 AP含量逐渐降低。

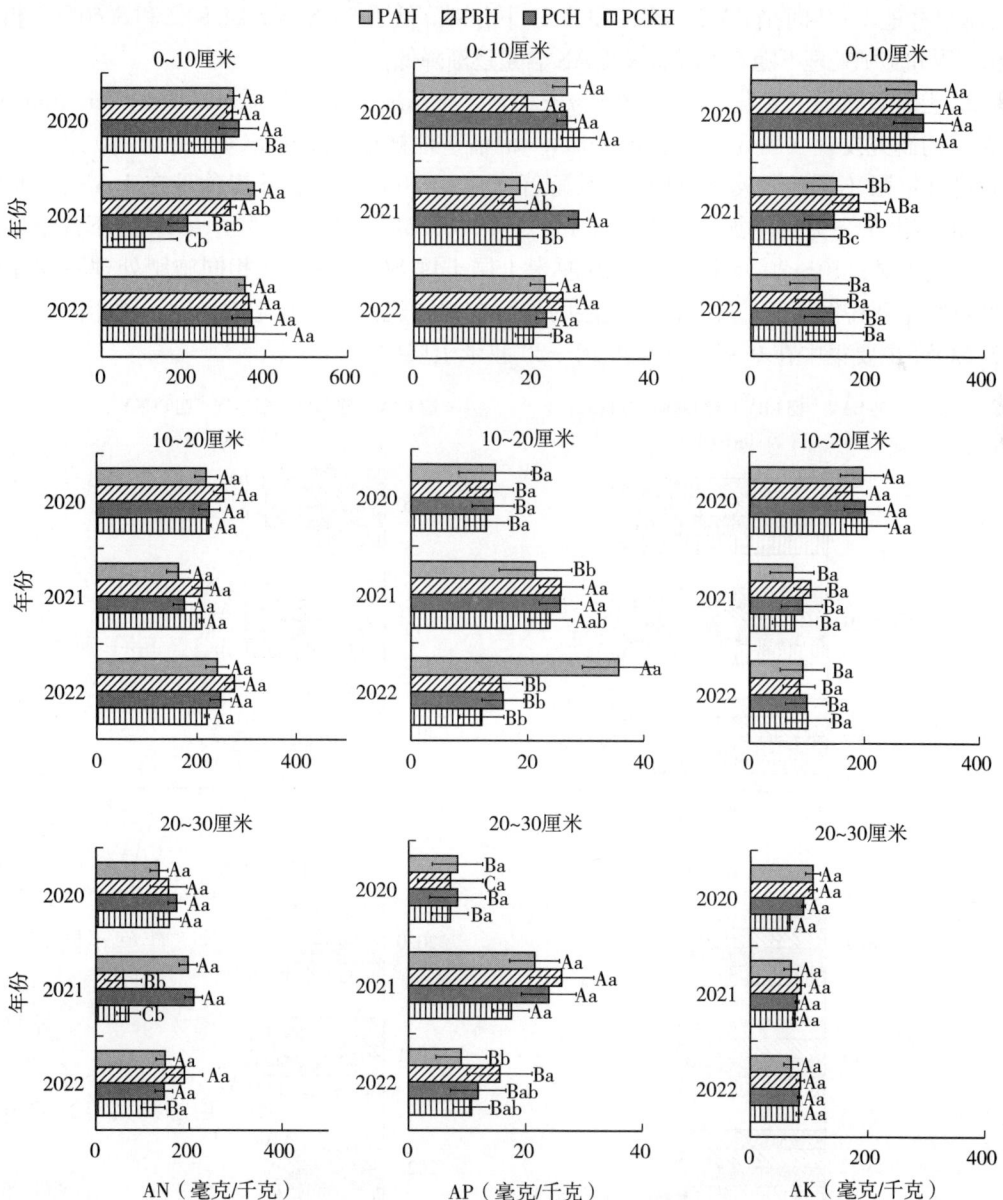

图 3-21　$E.n+L.m$ 混播平地土壤碱解氮、速效磷和速效钾的变化

E.n+*L.m* 混播平地样地土壤 AK 含量在 0～10 厘米土层建植的第 1 年和第 3 年不同施肥处理间差异不显著（$P>0.05$），第 1 年和第 2 年施肥样地高于不施肥样地，建植第 2 年不同施肥处理间差异显著（$P<0.05$），PBH 下相对于 PCKH 下增加了 42.54%，随着年限延长其含量逐渐降低，3 年间在 PAH、PBH、PCH 和 PCKH 下分别降低了 30.59%、44.87%、57.90% 和 65.07%；10～20 厘米土层土壤 AK 含量在 3 年间不同施肥处理间差异不显著（$P>0.05$），随着建植年限的延长其含量逐渐降低，3 年间在 PAH、PBH、PCH 和 PCKH 下分别降低了 103.67、90.32、101.23 和 102.50 毫克/千克；20～30 厘米土层土壤 AK 含量相同建植年限不同施肥处理间差异均不显著（$P>0.05$），仅建植第 1 年施肥样地高于不施肥样地，3 年间在 PAH、PBH 和 PCH 下分别降低了 53.61%、24.90% 和 8.60%，相同建植年限和施肥处理下随着土层加深其 AK 含量逐渐降低。

2. 土壤有机质的变化 通过对 *E.n*+*A.s* 混播草地土壤有机质（soil organic matter，SOM）的研究发现（图 3-22）：*E.n*+*A.s* 混播垄地样地下土壤 SOM 在 0～10 厘米土层相同建植年限不同施肥处理间差异不显著（$P>0.05$），3 年间其含量在 LAY、LBY、LCY 和 LCKY 下分别增加了 9.47%、14.15%、53.52% 和 13.09%，在 LCY 下含量最高且富集最明显；10～20 厘米和 20～30 厘米土层土壤 SOM 含量在相同施肥处理不同建植年限间均先升高再降低，并且随着土层的加深在相同建植年限和施肥处理下逐年降低，大多数 SOM 主要集中在 0～10 厘米和 10～20 厘米土层中。

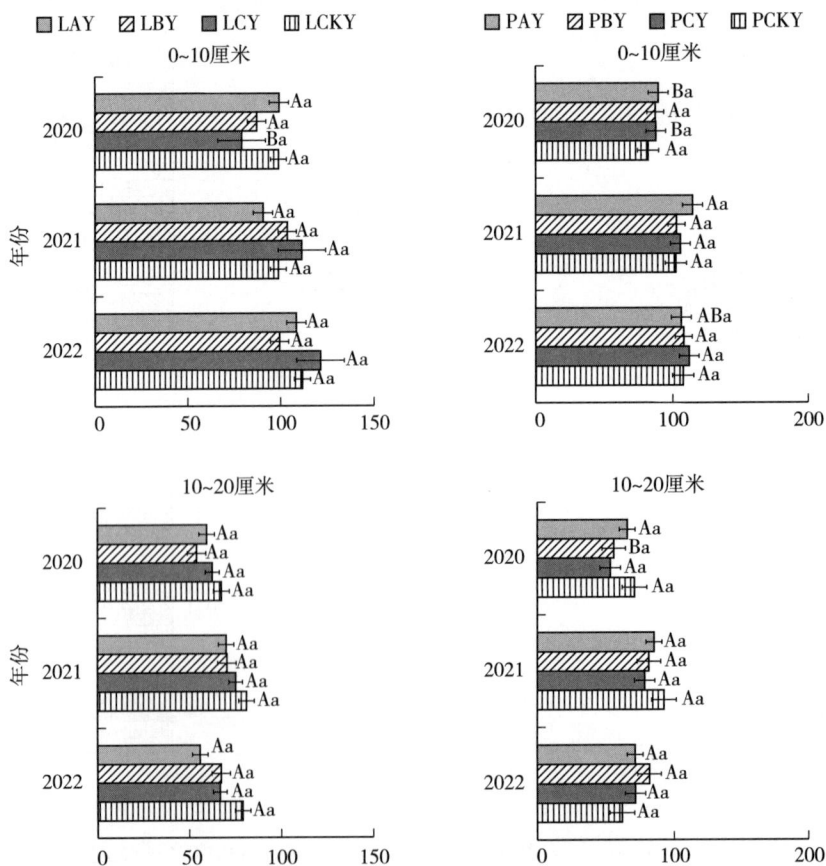

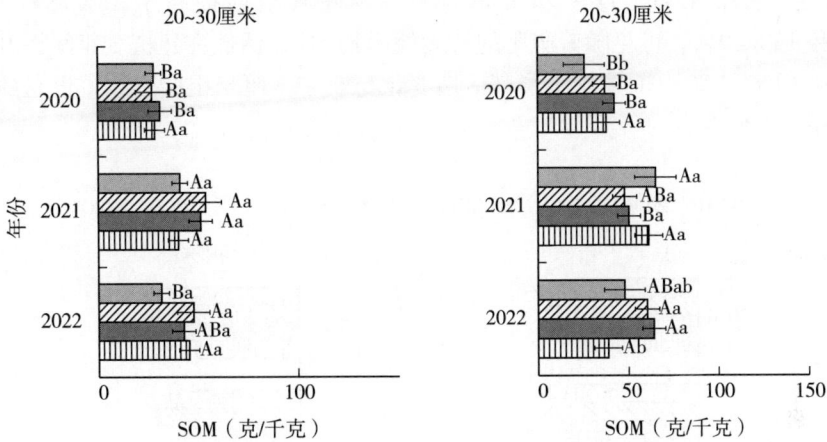

图 3-22　*E. n*+*A. s* 混播草地土壤有机质的变化

　　E. n+*A. s* 混播平地样地下土壤 SOM 在不同土层相同施肥处理不同建植年限间均先升高再降低，并且随着土层加深其含量逐渐降低，0～10 厘米土层 3 年间在 PAY、PBY、PCY 和 PCKY 处理下分别增加了 18.58%、23.55%、27.43% 和 31%；10～20 厘米土层在 PAY、PBY 和 PCY 下分别增加了 8.81%、46.86% 和 34.52%；20～30 厘米土层在 PAY、PBY、PCY 和 PCKY 处理下分别增加了 85.94%、62.94%、51.21% 和 2.21%，其中 20～30 厘米土层间增加趋势最大。

　　通过对 *E. n*+*L. m* 混播草地土壤有机质的研究发现（图 3-23）：垄地样地土壤 SOM 含量在 0～10 厘米土层建植的第 1 年和第 2 年不同施肥处理间差异显著（*P*＜0.05），建植第 2 年施肥样地高于不施肥样地，LAH、LBH 和 LCH 下相对于 LCKH 下分别增加了 18.88%、10.07% 和 31.20%；10～20 厘米和 20～30 厘米土层土壤 SOM 含量 3 年间不同施肥处理下差异均不显著（*P*＞0.05），10～20 厘米土层建植第 1 年和第 2 年施肥样地高于不施肥样地，20～30 厘米 3 年间在 LAH、LBH 和 LCKH 下分别增加了 14.61%、24% 和 34.53%，相同建植年限和施肥处理下随着土层加深其 SOM 含量逐渐降低。

　　E. n+*L. m* 混播草地平地样地土壤 SOM 含量在 0～10、10～20 和 20～30 厘米土层建植第 2 年不同施肥处理间差异显著（*P*＜0.05），第 1 年施肥样地高于不施肥样地，PBH 下最高，PAH 下次之，PCKH 下最低，PAH、PBH 和 PCH 下相对于 PCKH 下分别增加了 10.45%、15.11% 和 9.77%；10～20 厘米土层建植第 1 年在 PBH 和 PCH 下相对于 PCKH 下分别增加了 7.59% 和 12.22%；20～30 厘米土层随着建植年限的增加先升高再降低，第 2 年 PBH 下最高，PCH 下最低，PBH 下相对于 PCKH 增加了 30.85%，相同建植年限和施肥处理下随着土层加深其 SOM 含量逐渐降低。

　　3. 土壤酶活性的变化　通过对 *E. n*+*A. s* 混播垄地样地土壤酶活性的研究发现（图 3-24）：土壤脲酶（Urease，URE）活性在同一土层相同建植年限不同处理间差异均不显著（*P*＞0.05），但随着土层的加深土壤 UER 含量逐渐降低，同一土层同一施肥处理不同建植年限间差异显著（*P*＜0.05），并且随着建植年限的延长其活性逐渐提高，0～

10 厘米土层 LAY、LBY、LCY 和 LCKY 下 3 年间其活性提高了 151.78％、75.49％、165.95％和 112.49％，可见随着施肥的持续处理其 URE 活性在建植 3 年间提升了 1 倍左右；10~20 厘米和 20~30 厘米土层其活性变化与 0~10 厘米土层一致，也是随着建植年限其活性提升 1 倍左右。

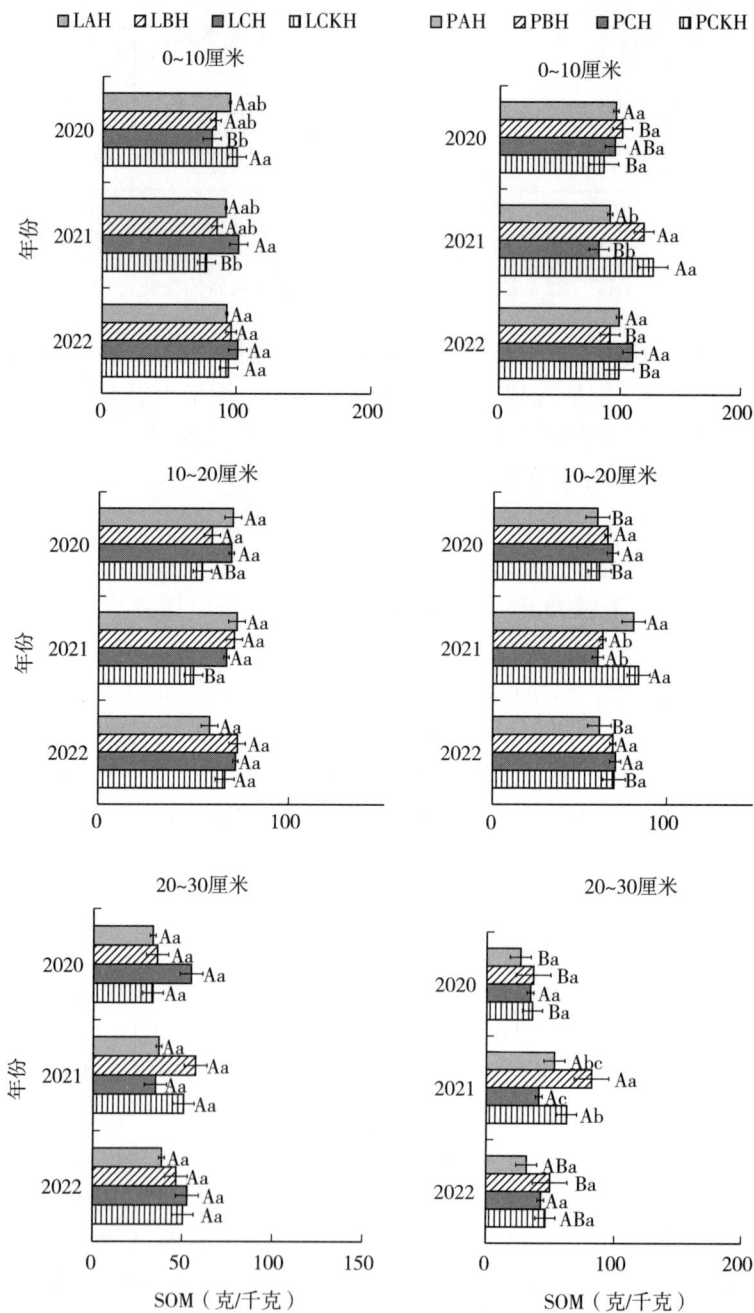

图 3-23　*E. n*＋*L. m* 混播草地土壤有机质的变化

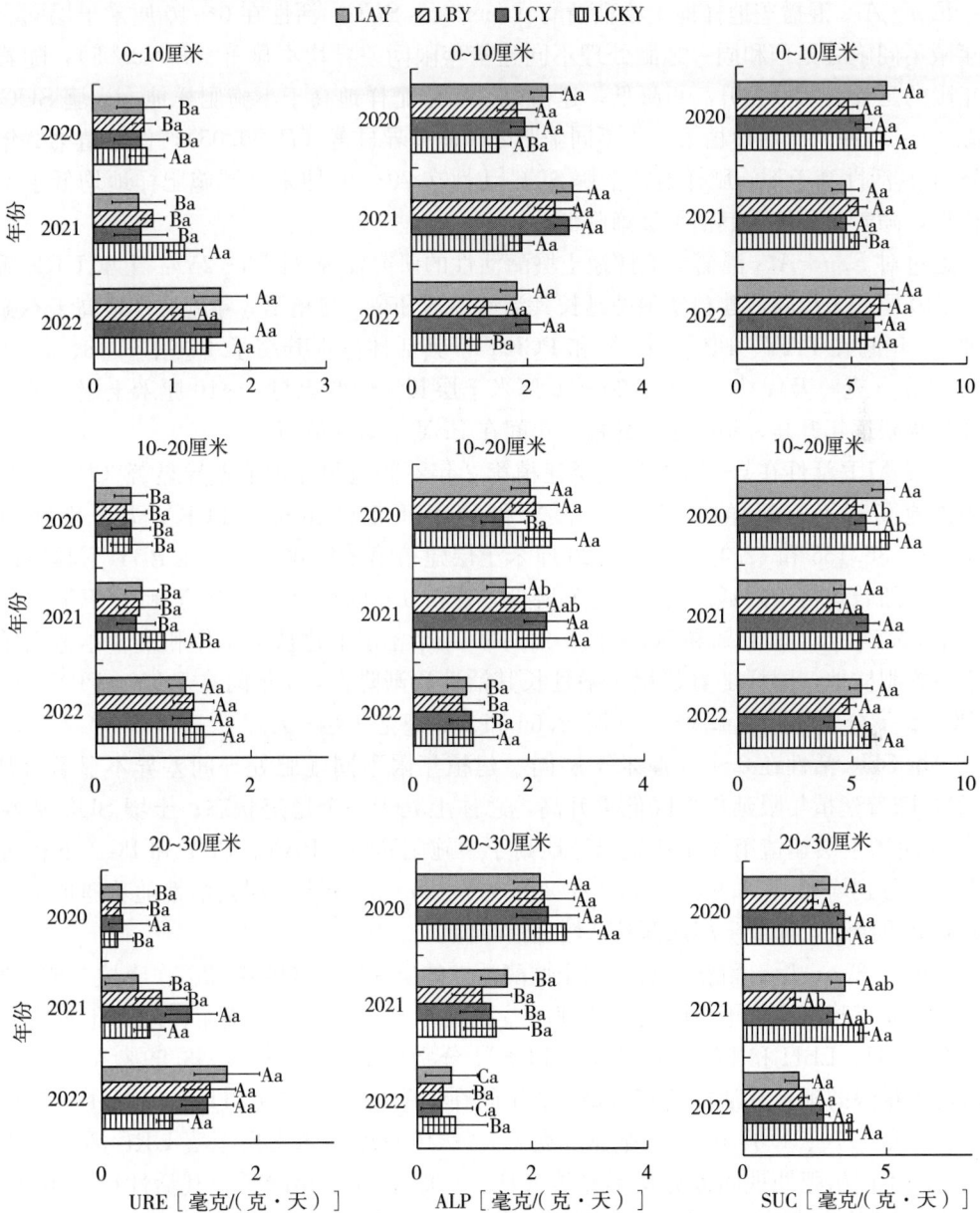

图 3-24 *E. n+A. s* 混播垄地土壤脲酶、碱性磷酸酶和蔗糖酶的变化

E. n+A. s 混播垄地样地土壤碱性磷酸酶（alkaline phosphatase，ALP）活性在 0～10 厘米土层不同施肥处理下随着建植年限延长其活性先升高再降低，仅 LCKY 下不同建植年限间差异显著（$P<0.05$），施肥样地均高于不施肥样地，建植第 3 年在 LCY 下最高，LAY 下次之，LCKY 下最低；其 ALP 活性在 10～20 厘米土层建植第 2 年同一土层不同施肥处理间差异显著（$P<0.05$），LCY 下最高，LAY 下最低，施肥样地低于不施肥样地；20～30 厘米土层其 ALP 活性变化与 10～20 厘米一致，3 年间在 LAY、LBY、LCY 和 LCKY 下其 ALP 活性降低了 1.55、1.77、1.86 和 1.93 毫克/（克·天）。

$E.n+A.s$ 混播垄地样地土壤蔗糖酶（sucrase，SUC）活性在 0～10 厘米土层同一建植年限不同施肥处理和同一施肥处理不同建植年限间差异均不显著（$P > 0.05$），随着建植年限的延长其活性先升高再降低，建植第 3 年施肥样地高于不施肥样地；土壤 SUC 活性在 10～20 厘米土层建植第 1 年不同施肥处理间差异显著（$P < 0.05$），仅建植第 2 年在 LCY 下其活性高于不施肥样地；土壤 SUC 活性在 20～30 厘米土层施肥样地均低于不施肥样地，随着土层加深其活性逐渐降低。

通过对 $E.n+A.s$ 混播平地样地土壤酶活性的研究发现（图 3-25）：土壤 URE 活性在 0～10 厘米土层随着建植年限的延长其活性逐渐升高，建植第 3 年施肥样地高于不施肥样地，3 年间在 PAY、PBY、PCY 和 PCKY 下其活性分别升高了 1.39、1.48、1.39 和 0.78 毫克/（克·天）；10～20 和 20～30 厘米土层其活性变化与 0～10 厘米土层一致，随着建植年限逐年升高，不同土层建植 3 年间在 PBY 下活性最高。

土壤 ALP 活性在 0～10 厘米土层建植第 2 年不同施肥处理下差异显著（$P < 0.05$），施肥样地高于不施肥样地，PAY、PBY 和 PCY 下活性相对于 PCKY 下分别增加了 25.27%、36.155 和 32.48%；10～20 厘米土层建植第 2 年和第 3 年在 PBY 下其活性最高，但是随着建植年限延长其活性逐渐降低，建植 3 年间在 PAY、PCY 和 PCKY 下分别减少了 55.54%、33.33% 和 50.67%；20～30 厘米土层下建植第 1 年和第 3 年施肥样地高于不施肥样地，同样随着建植年限延长其活性逐渐降低，3 年间在 PAY、PBY、PCY 和 PCKY 下分别降低了 1.89、1.52、2.66 和 1.7 毫克/（克·天）。

土壤 SUC 活性在 0～10 厘米土层同一建植年限不同施肥处理间差异不显著（$P > 0.05$），随着建植年限延长先降低再升高，总体上处于一个稳定状态；土壤 SUC 活性在 10～20 厘米土层建植第 3 年在施肥样地高于不施肥样地，PAY、PBY 和 PCY 下相对于 PCKY 下分别增加了 11.95%、24% 和 20.26%；20～30 厘米土层其活性随着建植年限延长先升高再降低，随着土层加深其活性逐渐降低。

通过对 $E.n+L.m$ 混播垄地样地土壤酶活性的研究发现（图 3-26）：土壤 URE 活性在 0～10 厘米建植第 1 年不同施肥处理间差异显著（$P < 0.05$），施肥样地高于不施肥样地，在 LAH、LBH 和 LCH 下相对于 LCKH 分别增加了 19.85%、3.59% 和 36.32%，随着建植年限的延长其活性逐年升高，3 年间在 LAH、LBH、LCH 和 LCKH 下分别增加了 0.66、1.70、1.04 和 0.55 毫克/（克·天）；10～20 厘米土层土壤 URE 活性在建植的 3 年间不同施肥处理间差异均不显著（$P > 0.05$），随着年限延长其活性也逐年升高，3 年间在 LAH、LBH、LCH 和 LCKH 下分别增加了 0.31、0.99、0.20 和 0.81 毫克/（克·天）；20～30 厘米土层土壤 URE 活性仅在建植第一年在不同施肥处理间差异显著（$P < 0.05$），施肥样地高于不施肥样地，LAH、LBH 和 LCH 下相对于 LCKH 下分别提高了 11%、128.26% 和 76.92%，相同建植年限和施肥处理下随着土层加深其 URE 活性逐渐降低。

土壤 ALP 活性在 0～10 厘米土层建植的第 3 年不同施肥处理间差异显著（$P < 0.05$），第 2 年施肥样地高于不施肥样地，LAH、LBH 和 LCH 下相对于 LCKH 下分别提高了 22.25%、18% 和 33.51%，3 年间在 LAH、LBH、LCH 和 LCKH 下分别增加了 0.02、0.24、0.44 和 1.29 毫克/（克·天）；土壤 ALP 活性在 10～20 厘米土层建植第 2

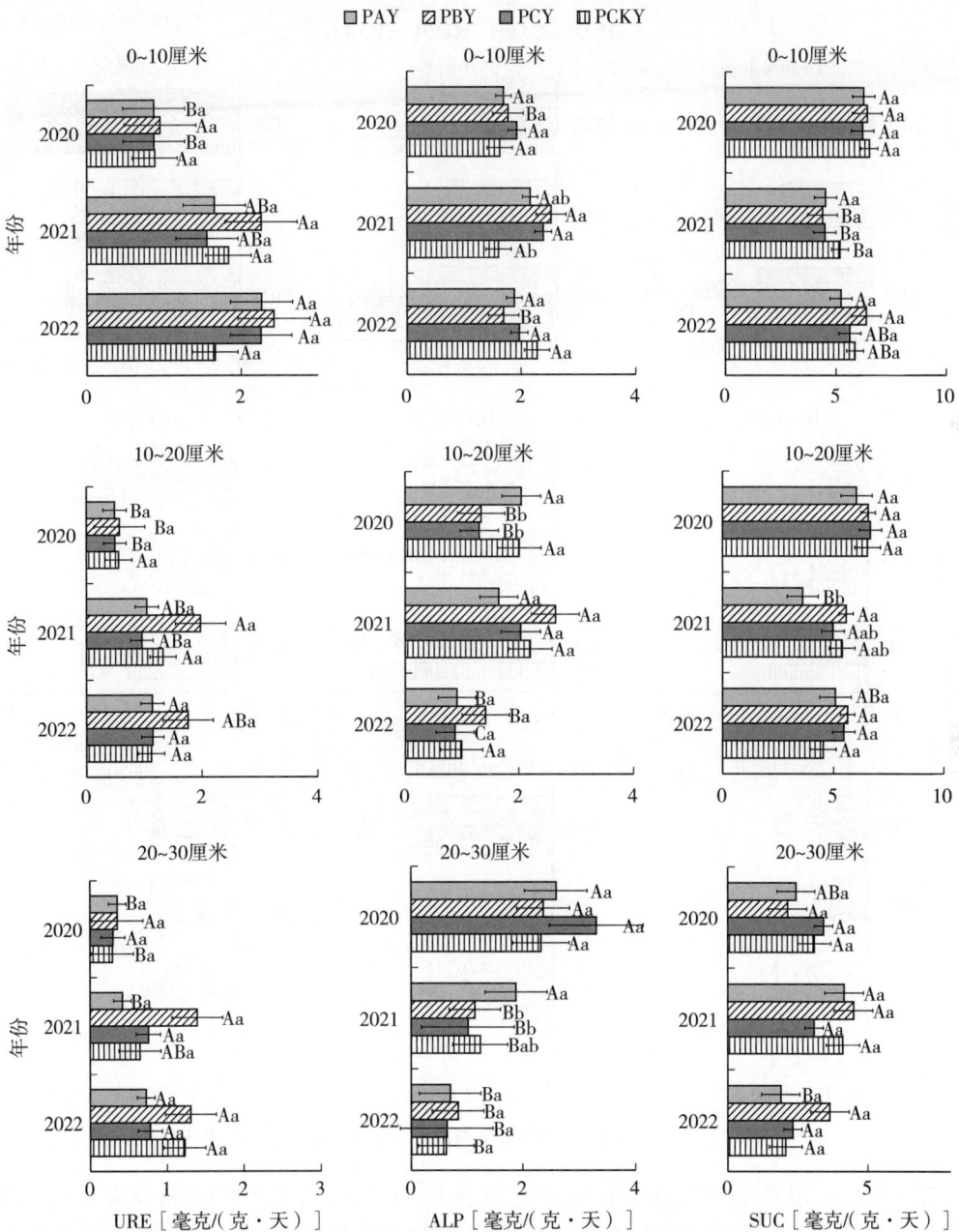

图 3-25 *E. n + A. s* 混播平地土壤脲酶、碱性磷酸酶和蔗糖酶的变化

年不同施肥处理间差异显著（$P < 0.05$），施肥样地高于不施肥样地，LAH、LBH 和 LCH 下相对于 LCKH 下分别提高了 38.21%、115.72% 和 20.31%；土壤 ALP 活性在 20~30 厘米土层相同建植年限不同施肥处理间差异均不显著（$P > 0.05$），随着建植年限的延长其活性逐年降低，3 年间在 LAH、LBH、LCH 和 LCKH 下分别减少了 0.96、1.08、1.26 和 0.82 毫克/（克·天），相同施肥处理下建植第 3 年随着土层加深其 ALP 活性逐渐降低。

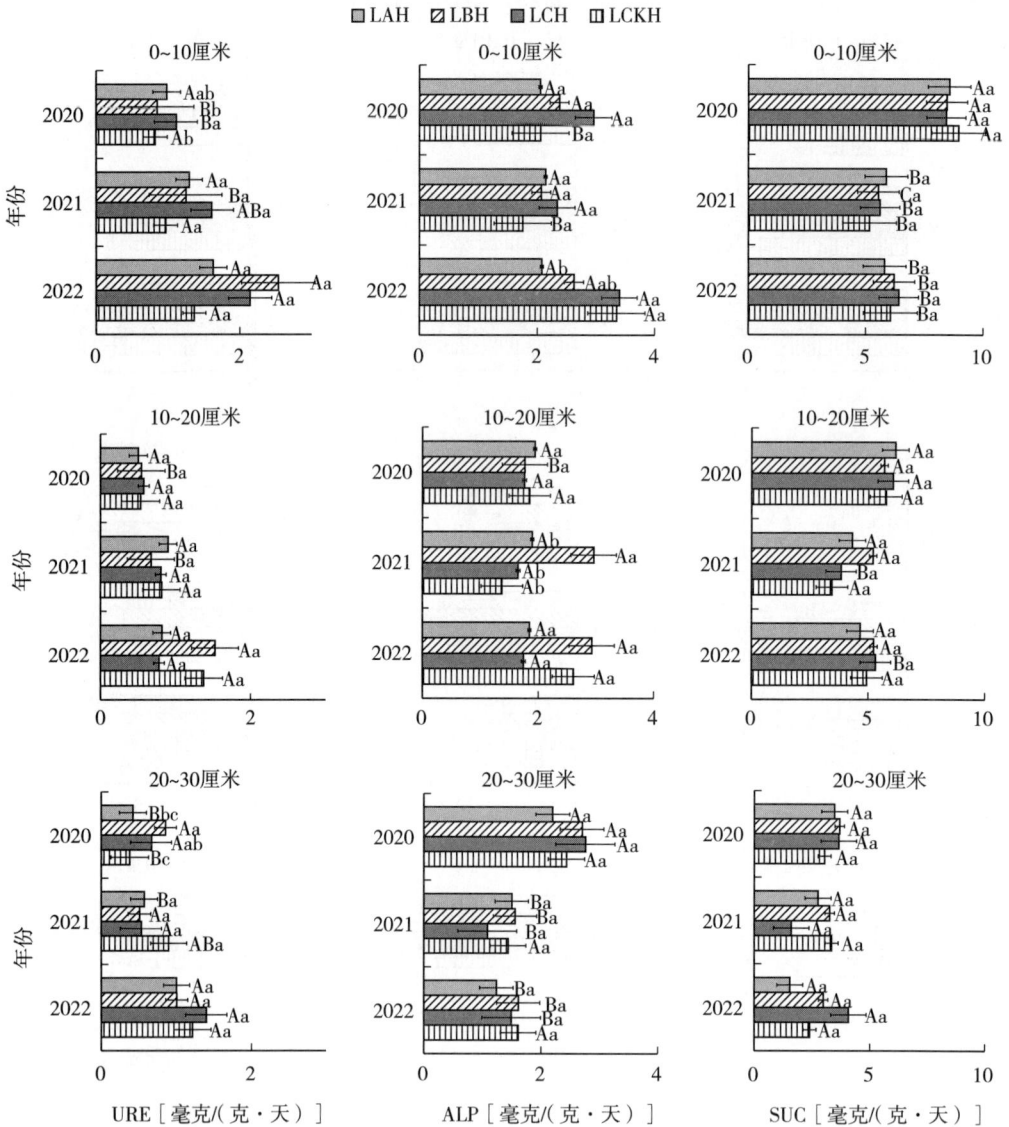

图 3-26 *E. n+L. m* 混播垄地土壤脲酶、碱性磷酸酶和蔗糖酶的变化

  E. n+L. m 混播垄地样地土壤 SUC 活性在 0~10 厘米土层相同建植年限不同处理间差异不显著（*P*>0.05），随着建植年限的延长其活性先降低再升高，3 年间在 LAH、LBH、LCH 和 LCKH 下分别降低了 32.23%、26.56%、23.89% 和 32.35%；土壤 SUC 活性在 10~20 厘米土层建植第 2 年施肥样地高于不施肥样地，LAH、LBH 和 LCH 下相对于 LCKH 下分别提高了 20.11%、33.72% 和 10.14%，3 年间在 LAH、LBH、LCH 和 LCKH 下分别降低了 1.50、0.46、0.75 和 0.83 毫克/（克·天）；土壤 SUC 活性在 20~30 厘米土层建植第 1 年施肥样地高于不施肥样地，LAH、LBH 和 LCH 下相对于 LCKH 下分别提高了 12.57%、17.77% 和 16.95%，相同建植年限和施肥处理下随着土层加深其 SUC 活性逐渐降低。

　　通过对 *E. n+L. m* 混播平地样地土壤酶活性的研究发现（图 3-27）：土壤 URE 活性在 0～10 厘米土层建植第 2 年不同施肥处理间差异显著（$P<0.05$），PAH、PBH 和

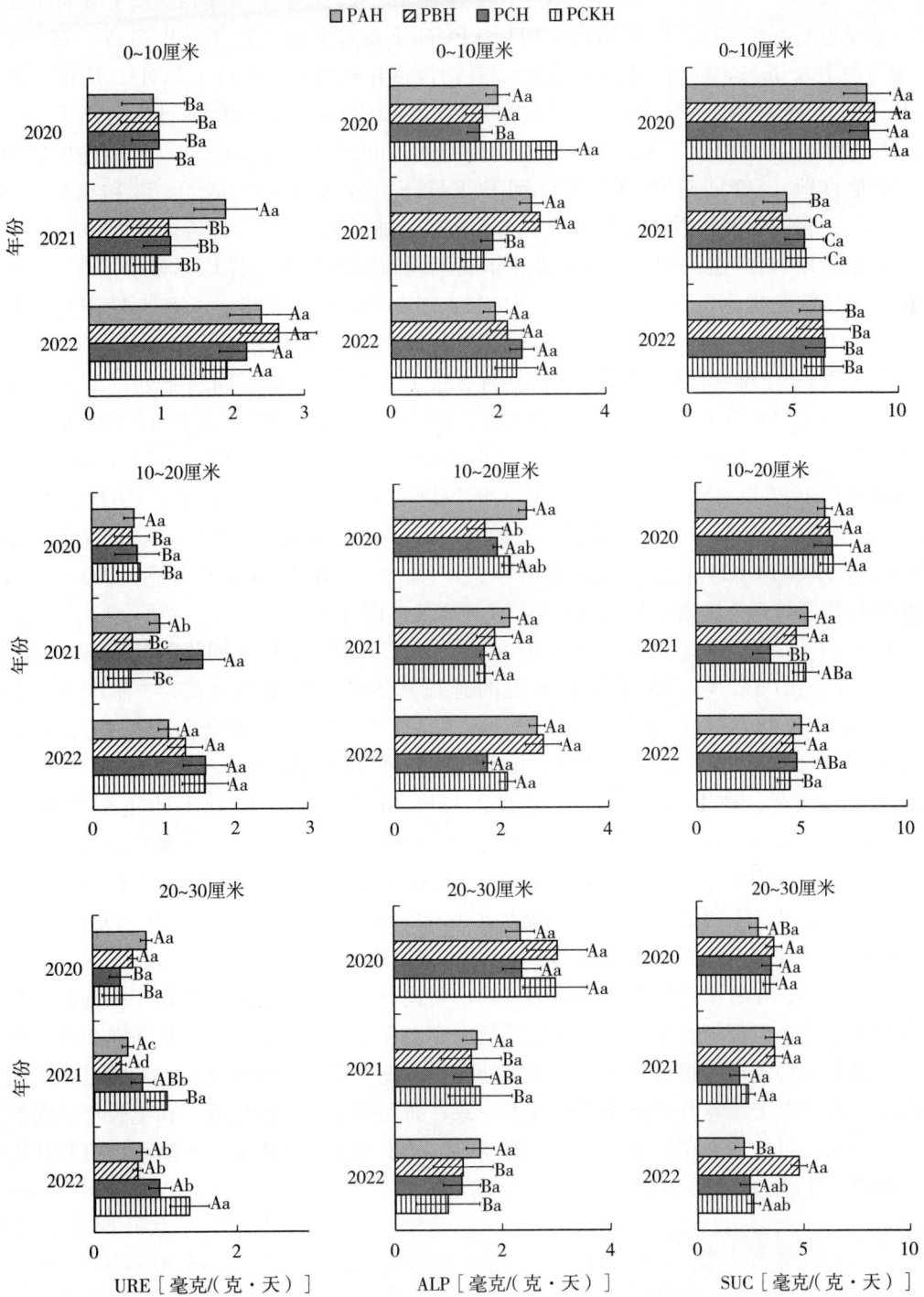

图 3-27　*E. n+L. m* 混播平地土壤脲酶、碱性磷酸酶和蔗糖酶的变化

PCH 下相对于 PCKH 下分别提高了 34.9%、29.92% 和 68.93%，随着建植年限的增加其活性逐年提高，3 年间在 PAH、PBH、PCH 和 PCKH 下分别增加了 0.66、1.70、1.04 和 0.55 毫克/（克·天）；土壤 URE 活性在 10～20 厘米土层建植第 2 年不同施肥处理间差异显著（$P<0.05$），PAH、PBH 和 PCH 下相对于 PCKH 下分别提高了 75.60%、4.28% 和 188.65%，随着建植年限的增加其活性逐年提高，3 年间在 PAH、PBH、PCH 和 PCKH 下分别增加了 0.46、0.73、0.94 和 0.90 毫克/（克·天）；土壤 URE 活性在 20～30 厘米土层建植第 2 年和第 3 年不同施肥处理间差异显著（$P<0.05$），施肥样地低于不施肥样地，3 年间在 PBH、PCH 和 PCKH 下分别增加了 0.06、0.53 和 0.93 毫克/（克·天），相同建植年限和施肥处理下随着土层的加深其 URE 活性逐渐降低。

土壤 ALP 活性在 0～10 厘米土层 3 年间不同施肥处理下差异均不显著（$P>0.05$），建植第 2 年施肥样地高于不施肥样地，PAH、PBH 和 PCH 下相对于 PCKH 下分别提高了 22.24%、17.99% 和 33.51%，PBH 和 PCH 下 3 年间分别增加了 0.44 毫克和 0.77 毫克/（克·天）；土壤 ALP 活性在 10～20 厘米土层建植第 1 年不同施肥处理间差异显著（$P<0.05$），PAH 下相对于 PCKH 下增加了 14.25%，建植的 3 年在 PBH 下增加了 1.06 毫克/（克·天），大约提升了 62.26%；土壤 ALP 活性在 20～30 厘米土层 3 年间在不同施肥处理均不显著（$P>0.05$），仅第 3 年施肥样地高于不施肥样地，PAH、PBH 和 PCH 下相对于 PCKH 下分别提高了 60.65%、28.48% 和 26.12%，3 年间在 PAH、PBH、PCH 和 PCKH 下分别减少了 0.76、1.75、1.12 和 1.99 毫克/（克·天），相同建植年限和施肥处理下随着土层的加深其 ALP 活性逐渐降低。

$E.n+L.m$ 混播平地样地土壤 SUC 活性在 0～10 厘米土层不同施肥处理下 3 年间均不显著（$P>0.05$），但是随着建植年限的延长其活性先降低再升高，3 年间在 PAH、PBH、PCH 和 PCKH 下分别减少了 2.14、2.47、2.12 和 2.24 毫克/（克·天）；土壤 SUC 活性在 10～20 厘米土层建植第 2 年不同施肥处理间差异显著（$P<0.05$），PAH 最高，PCKH 次之，PCH 最低，3 年间在 PAH、PBH、PCH 和 PCKH 下分别减少了 1.16、1.76、1.73 和 2.09 毫克/（克·天）；土壤 SUC 活性在 20～30 厘米土层建植第 3 年在不同施肥处理间差异显著（$P<0.05$），PCH 下相对于 PCKH 下提高了 45.34%，3 年间在 PAH、PCH 和 PCKH 下分别减少了 0.71、1.05 和 0.82 毫克/（克·天），相同建植年限和施肥处理下随着土层加深其 SUC 活性逐渐降低。

综上所述，在甘南高寒退化草地不同建植模式下，垄地整地模式相较于平地样地其生产效果不显著，但都随着生长年限的延长其生产力逐年升高，建植的 3 年间在单施微生物菌剂处理下物种多样性指数高于其他施肥处理，单施氮肥、微生物菌剂和氮肥与微生物菌剂配施处理下对土壤养分的富集效果基本一致，而混播模式、整地方式和生长年限间的差异并不显著。可见未来在高寒退化草地修复时，微生物菌剂可作为一种新型有机肥替代化学肥料进行生产力提升、多样性维持及土壤改良。

第四章　甘南草原鼠害综合防治技术

第一节　甘南州草原鼠害治理现状

　　近年来，受气候变暖、超载放牧和过度开垦等自然和人为因素影响，甘南州草原出现不同程度的退化，植被群落改变，系统功能弱化，草原鼠害问题日趋严重。鼠害爆发反过来导致草原退化、沙化、水土流失等现象愈发突出，加剧鼠、虫、毒害草及病害滋生蔓延，形成草原生物灾害，加剧了草原生态环境恶化，造成恶性生态循环。草原生态系统平衡遭到破坏，给我国西部生态屏障和北方生态防线的建设、少数民族地区稳定与繁荣目标的实现等都带来了严重的负面影响。

一、草原鼠害综合治理概述

　　有害生物综合管理（integrated pest management，IPM）是指综合考虑生态、社会和环境利益，从生态系统的整体性出发，协调并应用生物、化学和物理等多种有效防治技术及方法，将有害生物种群数量控制在经济损害水平之下。该概念于 1967 年由联合国粮食及农业组织在"有害生物综合防治会议"上首次提出，认为综合防治是控制有害生物数量和危害的一个科学管理体系。

　　草原害鼠为啮齿动物，包括兔形目和啮齿目 2 大类的 100 余种。常见的草原害鼠有 20 多种，已开展监测与防治的危害鼠种有高原鼠兔（*Ochotona curzoniae*）、高原鼢鼠（*Eospalax baileyi*）、大沙鼠（*Rhombomys opimus*）、布氏田鼠（*Lasiopodomys brandtii*）等。啮齿动物的综合治理，需要从经济、生态和环保 3 个方面加以考量：①依据生态学观点，要求以有害啮齿动物与周围生物与非生物之间的协调为基础，制定综合治理对策；②依据经济学观点，要求防治费用小于啮齿动物所造成的损失，使防治带来的"收益"最大化；③依据环境保护观点，认为鼠害综合防治要注意环境安全，主要使用生态和物理方法防制，尽量减少或不使用化学方法，避免对环境的污染或对环境的污染达到最低水平。因此，鼠害综合防治的目的并不是将有害啮齿动物全部消灭，而是允许有害啮齿动物种群数量维持在经济阈值允许的水平以下，并进行长期监测。

二、草原鼠害综合治理策略

(一)预防为主

草地生态系统中各种环境因子均衡共存的情况下，鼠类数量相对稳定，不会对草地植被构成破坏，相反对于能量流动和物质循环可以起到一定的调节作用，有利于草地生产力的维持。当草地生态系统的结构完整性遭到破坏，各种环境因子均衡共存的关系被打破后，鼠类数量才会出现异常增长并爆发鼠害。导致鼠害发生的因素有很多，除了少数无法避免的自然因素外，大多数因素与人类活动有关，因此，鼠害的发生在多数情况下是可以预防的。目前，人类活动，特别是经济活动（放牧、开垦等）缺乏明确的规范。我们需要了解人类经济活动的运行机制以及人类活动与鼠害的因果关系，据此对相关人类活动予以规范，将人类活动对草原的扰动程度控制在合理的范围之内，从而对鼠害的发生起到预防作用。例如，超载过牧或不合理的放牧制度对草地造成一定的破坏，降低了植被高度和盖度，为高原鼠兔的生存提供了有利的条件。若通过设定一个植被高度标准作为控制放牧强度的临界值，对放牧制度进行改革，有效控制放牧强度，高原鼠兔就会因为生境条件的制约而使种群数量始终保持在危害水平以下。

鼠害综合治理应当遵循预先密切监测鼠情动态并及时采取有效措施预防鼠害发生的原则。采用预防措施不但可以防止鼠害对草地造成破坏，还可以节约大量的治理成本，杜绝通过鼠害进一步引发其他草场退化的问题。因此，防治草地鼠害，预测预报是最基础的工作，对于防治工作的指导和决策制定起着关键作用。选取鼠害高发区建立鼠情监测站（点），对害鼠的种群数量变动进行长期定点监测，以此为基础对害鼠的数量进行准确预测预报，为鼠害综合防治提供科学依据。

大量研究表明，草地害鼠种群数量变动包括低谷—上升—高峰—下降—低谷5个主要阶段，一般低谷阶段较长，在5～10年或以上，上升阶段2～3年，高峰阶段1～2年，下降阶段1～2年。鼠害主要发生在上升和高峰两个阶段，由于下降速度较快，在下降阶段一般不会造成大的危害，低谷阶段更不会形成危害。因此，对于草地鼠害的防治，一定要防止害鼠数量向高峰阶段发展，在害鼠数量上升期即进行灭鼠，能极大程度降低鼠密度。如果害鼠种群数量在上升阶段没有得到很好的控制，后果往往不堪设想。通过长期地定点监测并建立预测模型可以掌握鼠害发生区害鼠种群数量变动规律，有助于顺利进行预测预报工作。

(二)综合治理

鼠害一旦发生，必须要在短期内将害鼠种群数量迅速降至无害化水平以减少损失。目前短时间降低害鼠数量的方法有很多，但不同的方法往往各有利弊，单独使用时常有不尽如人意之处。以化学灭鼠法为例，尽管有成本低、灭鼠效率高、操作容易等优点，但同时会严重威胁到其他非靶生物的生命安全，例如，草原上的牛、羊和鸟类等其他生物。此外，对环境也会造成一定的污染。物理灭鼠法虽然没有以上不足，但费时费力，效率不高，而且只能小范围使用。相对而言，生态治理是最符合客观规律的方法，但周期长，无法及时处理突发害情。因此，如果能结合实际，综合以上多种方法，取长补短，就能获得单个方法所无法达到的防治效果。一般而言，如若没有特别需求，均应综合多种防治方法和手段，对鼠害进行综合防治。

生态防治是鼠害防治的根本，主要通过改变鼠类栖息环境，造成不利于害鼠生存和繁殖的条件，达到保护草地资源、维系草地生态平衡、保证牧草及饲料作物高产优质、促进草地畜牧业发展的目的。如通过提高草地植被盖度和高度，使之不适于绝大多数害鼠栖息；草地实施轮牧制度，防止超载过牧，同时对草地的利用要制定长远的规划。针对退化草地，要加强草地的培育，促进植被的恢复。例如，对高原鼠兔、布氏田鼠等鼠类，退化的草地是它们的最适生境。因此，保护好草地，防止草地退化，制定合理的放牧制度，不超载过牧，才是草地鼠害降低的治本之策。可采取补播、围栏封育等措施来促进植被恢复，或使用化学方法来灭除杂草，改变害鼠栖息环境。人工草地要大面积连片耕作，减少田埂和地头荒角，勤除草、快收储，有条件的地方要秋灌，破坏鼠的越冬地。另外，保护鼠类天敌也很重要，自然界有许多鼠类天敌（蛇、飞禽等）都能捕食大量的害鼠。同时植树种草，保护和招引鼠类天敌。

综上所述，生态控制为主、药灭为辅是鼠害综合治理的核心。虽然综合防治见效较慢，但是效果稳定、可靠；近期内综合防治的费用可能比较高，但长期效益大。草原鼠害的防治工作应遵循"全面规划、突出重点、加强监测、综合治理、提高效益"的方针，以加强预测预报为重点，发展生态防治为长远战略。

（三）巩固成效

由于鼠类的繁殖受到密度因子的负反馈调节，在种群密度较低的情况下，群体的繁殖力会快速上升，出现雄鼠繁殖力增强、雌鼠妊娠率增高以及幼鼠性早熟等现象，对种群数量的上升形成了有利条件。因此，在灭鼠后，仍需采取一定的巩固措施，防止鼠密度的回升，以便长期有效控制害鼠种群数量。

第二节　主要鼠害的生物学特征及防治技术

草地害鼠是草地啮齿动物的一个组成部分，它和农田啮齿动物、森林啮齿动物一样同属啮齿动物的不同经济类群。草地鼠害是害鼠对草地生态环境（含人、畜和野生动植物等）的危害性影响，是一种重要的生物灾害，也是人们对草地害鼠作用性质的定位。我国啮齿动物的研究历史最早可以上溯到公元前 14 世纪到公元前 11 世纪的殷商文化时代，在安阳殷墟出土的有刻辞的甲骨文中，就有分别代表啮齿动物跳鼠、鼠兔和兔的象形文字，其后就陆续出现有关鼠害和先民们初具防鼠、灭鼠意识的文字记载。人类对鼠传染性疾病、害鼠破坏草地资源以及应对策略的研究经历了一个漫长的认识过程。作为啮齿动物的一个特定类群，草地害鼠及其防治与研究的历史随着现代草业科学的发展逐渐形成了比较清晰的轮廓。

据调查，甘南草原共有 52 种啮齿动物分布，隶属于 6 科 7 亚科 19 属。本章介绍高原鼠兔、高原鼢鼠、喜马拉雅旱獭、高原兔、花鼠、大林姬鼠、根田鼠和社鼠等 10 余种优势害鼠，介绍其生物学特征及其防治方法，为甘南州退化草地修复与治理和鼠害防治提供参考。

一、高原鼢鼠

（一）分类与分布

1. 分类地位　鼢鼠是一类终年独居的地下啮齿动物，别名哈哈、瞎老鼠等，隶属于啮齿目、鼹型鼠科。鼢鼠现存 2 个属：平颅鼢鼠属（*Myospalax*）和凸颅鼢鼠属（*Eospalax*）。平颅鼢鼠属包含 3 个种：草原鼢鼠（*M. aspalax*）、东北鼢鼠（*M. psilutus*）和阿尔泰鼢鼠（*M. myospalax*），分布于中国、蒙古、原苏联西伯利亚南部。凸颅鼢鼠属的分类目前有很大的争议，但大部分学者认为包含 6 个种：中华鼢鼠（*E. fontanieri*）、高原鼢鼠（*E. baileyi*）、罗氏鼢鼠（*E. rothschildi*）、斯氏鼢鼠（*E. smithii*）、甘肃鼢鼠（*E. cansus*）和秦岭鼢鼠（*E. rufecens*），仅分布于我国。

2. 分布　高原鼢鼠是我国青藏高原特有的高度适应地下生活的鼠种之一，主要分布于海拔 2 800～4 200 米的山地、农田、草甸草原等生境类型。化石记载表明，高原鼢鼠祖先分化扩散中心为包括黄土高原在内的广大华北地区，这一地区在第 3 纪末期及更新世早期为热带森林草原地带，至更新世中期随着喜马拉雅造山运动及黄土堆积形成，气候由热带、亚热带逐渐向寒冷干燥演替，地区性植被也逐渐向荒漠草原过渡。为了适应恶劣多变的气候环境，鼢鼠祖先可能由地面活动转向靠地下挖掘取食、扩散和占域，这是因为洞内环境要比地面稳定得多。地下环境避免了气候环境的剧烈变化，但也需要动物克服地下潮湿、低氧和大量微生物病菌侵染等胁迫。高原鼢鼠的身体结构也随环境和生活方式的变化而变化，如头骨由宽短向狭长演变、尾巴由裸露到密被短毛、脑颅显著隆起、身体变得较大等，最终成为向青藏高原高寒环境演化而形成的独立种。

（二）形态特征

1. 外形　高原鼢鼠体型粗壮，外形与中华鼢鼠基本相似，其大小也几乎相同，吻短，前爪较弱小，尾及后足被以浓密的短毛。体重 173～490 克，雄体体重最大可达 500 克以上。体长 160～235 毫米，后足长 26～44 毫米，尾长 34～64 毫米。颅全长 41～54 毫米，颧宽 24～38 毫米，后头宽 24～34 毫米，眶间宽 6.1～9.3 毫米，鼻骨长 15.7～22.8 毫米，62 条染色体。高原鼢鼠体形和头骨大小均表现出明显的性二型现象。

2. 毛色　高原鼢鼠躯体被毛柔软，具光泽。成体毛色从头部至尾部呈灰棕色，自臀部至头部呈暗赭棕色，腹面灰色较背部更暗（图 4 - 1）。幼体及半成体为蓝灰色或暗灰色。鼻垫上缘及唇周为污白色，额部无白色斑。尾巴基部到尾端由暗灰色条纹逐渐变细变弱，尾下面为暗色条纹，四周为白色、污白色或土黄白色。前肢基部毛色与体背雷同，后肢基部毛色呈污白色、暗棕黄色或浅灰色。

图 4 - 1　高原鼢鼠

3. 主要鉴别特征　头骨较粗大（图 4 - 2），鼻骨长而宽，一般呈葫芦形或长梯形，鼻骨末端常具有较浅的凹陷，前颌骨包围或几乎包围门齿孔。两顶嵴不平行，成体两顶嵴在颅骨中缝处靠拢或合并，其间形成三角形的凹槽，顶嵴内侧几乎与颅骨垂直。眶上嵴不向外扩张。牙齿基本与中华鼢鼠相似,上齿列较长,左右上齿列呈前狭后宽的"八"字形排列。上门齿向下垂直,不突出鼻骨前缘,下门齿伸向前上方。

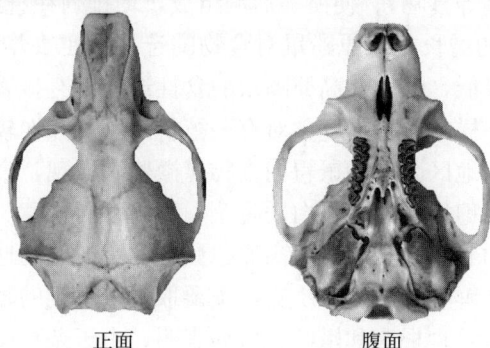

正面　　　　　　　　　　腹面

图 4-2　高原鼢鼠头骨正面和腹面

高原鼢鼠头骨特征与海拔存在一定关系。研究发现,除听泡宽与海拔为负相关外,头骨大小等其他特征与海拔均为正相关,齿隙长与海拔的 Pearson 相关系数为 0.908,且达到极显著正相关水平($P<0.01$)。

(三)生活习性

1. 栖息地　公路沿线两侧、山地坡麓、谷口、草原平滩以及过度放牧退化严重的地带和冬季牧场的定居点,常常为高原鼢鼠的最适生境。高原鼢鼠在不同生境条件下的栖息密度见表 4-1。

表 4-1　高原鼢鼠不同栖息地特征

生境	植被类型	土层厚度/厘米	栖息地类型	土丘数量/个
定居点	禾草-杂类草	50~80	最适宜	3 500~4 900
退化滩地	莎草+杂类草-禾草	50~70	最适宜	2 600~4 300
公路两侧	杂类草+禾草	40~80	最适宜	2 100~3 800
缓坡	禾草-杂类草+莎草	45~75	适宜	1 700~2 400
灌丛	灌丛-杂类草+禾草	60~100	适宜	1 200~2 700
湿地	莎草-杂类草+禾草	100 以上	可居	20~150
山地阳坡	针茅-莎草	5~25	不宜	0~10

2. 洞穴　高原鼢鼠是一种习惯于地下隧道生活的动物,其洞道弯曲多支,相当复杂。从洞道分布统计,1 只高原鼢鼠占地面积可达 3 450 米^2(87 米×40 米)。高原鼢鼠洞道主要由洞道和窝巢 2 部分组成,洞道分主洞道和支洞道。主洞道是高原鼢鼠来回活动的通道,一般长约 87 米,陈旧的洞道直径较大,新的较小。支洞道是高原鼢鼠觅食的通道,一般长约 20 厘米,支洞道尽头有采食眼,高原鼢鼠由此觅食并不断向外推出土丘。此外,高原鼢鼠雌雄的洞道也有所区别。雄鼠洞道较大、呈圆筒形、直而不弯曲、距地面浅,地面上堆出的土丘呈一条线排列。雌鼠洞道则较小、呈扁圆形、多弯曲、距地面较深,地面

上堆出的土丘呈片状排列。高原鼢鼠的窝巢一般位于干燥向阳处，主巢距地面50～200厘米，窝巢主要由窝（巢室较大，内垫有干燥柔软的草屑）、储粮洞（2～3个，内储存整理有序的多汁草根、地下茎等食物）、便所、后洞组成，均排列在直洞两侧。

3. 食物 随着年龄的增长，高原鼢鼠对食物的选择性也在增加，壮年鼠的食物选择性最高，幼年和老年鼠最低，性别对高原鼢鼠的食性选择没有显著影响。高原鼢鼠在不同的草地取食时表现出不一样的取食强度，对有些植物的取食频次较高，但对其他植物的取食频次较低。通过对甘南地区高原鼢鼠胃内食物显微鉴别发现，高原鼢鼠取食植物主要有鹅绒委陵菜、迷果芹、垂穗披碱草、雪白委陵菜、直立梗唐松草、西伯利亚蓼、美丽风毛菊及蒲公英等。当植物的利用性相同时，高原鼢鼠所取食的植物通常是栖息地中丰富度最高的物种。高原鼢鼠日食鲜草量约为261克，主要取食杂草类的轴根、根茎、块根及根蘖部分，对禾本科植物，偶见食根茎和嫩叶。研究表明，由于杂草类的水分含量、盐和无机矿物质含量都显著高于禾本科类植物，高原鼢鼠通常较为喜食。

4. 活动规律 尽管高原鼢鼠长期生活在黑暗、封闭的环境中，但其活动往往表现出明显的昼夜节律性。采食挖掘活动一般在距地表10～20厘米的地下，夏季往往更浅，甚至紧贴地表取食。巢外活动与土壤温度变化有密切关系，在巢外活动期间的土壤温度一般为0～15℃。不冬眠，一年四季均有活动，表现为觅偶繁殖、哺乳幼体、分居贮粮及巢内越冬等多种活动。除繁殖期外，大多时候营独居生活。

高原鼢鼠为单洞独居生活，通常每个洞窝中居住1只个体，仅在春季交配时才有短暂的雌雄同居现象，在幼鼠分巢后即独居生活。调查发现，碌曲高寒牧区高原鼢鼠一年内有2个季节性活动高峰。第1个高峰出现在春季4月15日至5月30日，此时个体活动频繁，土丘大量堆出。一方面是由于漫长的冬季使洞内所储食物消耗殆尽迫切需要觅食、修补洞道，另一方面是繁殖活动引起的。个体昼夜活动，每天早、中、晚各有1个活动高峰，平均每半小时可以活动1次，并大量堆土采食。第2个活动高潮在秋季8月25日至10月20日，此时是为了大量储运过冬食物和挖掘越冬窝巢，幼鼠分居，活动又趋频繁，地面上土丘大量堆出，严重破坏草地。

高原鼢鼠巢区存在明显的季节性变化。5月，雄鼠巢区面积大于雌鼠；10月，雌、雄鼠巢区面积接近；5—10月间，雄鼠巢区面积变小，雌鼠则增大；雄鼠每年的5、10月栖息场所较为稳定，10月下旬出现迁出和迁入活动。

5. 生长发育 张道川等（1994）通过室内养殖高原鼢鼠试验发现，出生时幼体全身裸露、呈肉红色，皮肤甚薄，吻端具短顶，尾与身体不相紧贴，眼未睁，无耳壳，耳孔未开裂，无牙齿；5日龄时，头部、背部出现色素沉积，体表皮肤开始变得粗糙，并有少许剥落的碎屑；7日龄时，头部、吻侧长出白色绒毛，耳壳完全退化，耳部出现圆突；10日龄时，体被灰白色细绒毛，表皮剥落减少；18日龄时，头背部被毛呈灰黑色，腹毛、腹侧毛呈白色，耳朵圆突中心有一凹陷；20日龄时，耳部中凹形成小孔；24日龄时出现一较明显的横线、色浅，26日龄时耳孔开裂。高原鼢鼠眼睛高度退化，初生个体眼部仅见两眼睑聚合在一起的皮膜；32日龄时两眼睑分开，出现可见的黑色眼球。

高原鼢鼠10日龄时，上下牙龈门齿仅现白点；12日龄下门齿萌出，13日龄上门齿萌生，此时仍食母乳，25日龄左右仔鼠开始取食饲料，平均取食日龄为30日龄。

6. 繁殖特征　高原鼢鼠每年繁殖 1 次，繁殖期为 4—7 月，各地因物候差异等原因，繁殖起始时间稍有不同。一般是土壤冰冻消融后，地面便出现新土丘，表明鼢鼠开始出巢活动。雄鼠大多睾丸增大，阴囊下垂且频繁开始地面活动。雄鼠从主巢位置向四周挖掘呈线形分枝状的大量洞道，伸向邻近雌鼠巢区，用于增加沟通雌鼠洞道的机会。繁殖期雄鼠往往远离主巢，经常出现在邻近雌鼠巢区，1 只雌鼠巢区内有时会先后出现 2 只雄鼠，说明其婚配方式可能为混交制。大约 1 周以后，雌鼠才相继出巢活动。雌鼠活动范围较小，主巢外活动的时间亦短，一般仅 2～3 小时，且多在黄昏前后。4 月中下旬是交配高峰期，此时雄鼠活动范围扩大、活动时间变长，有时达 10 小时以上。高原鼢鼠的交配活动是在雌、雄鼠洞道交汇处完成的，交配后雌鼠会封堵大部分洞道，不再与雄鼠来往。雌鼠交配后阴道内形成长约 1 厘米的柱状果冻样阴道栓，可作为完成交配并进入孕期的标志。妊娠期平均 40.4 天，平均产仔数 2.9 个。

7. 行为特性　张道川等（1994）通过室内养殖试验对高原鼢鼠幼体的行为发育进行了研究，发现初生高原鼢鼠活动能力弱，仅头尾能摆动，翻身，常发生轻微吱吱声。8 日龄活动力增强，能爬出母巢。17 日龄出现四肢抓痒活动。22 日龄仔鼠即可随母鼠外出活动。24 日龄能蹲立，30 日龄可自舔肛门并开始取食。32 日龄同窝仔鼠出现争食饲料现象。39 日龄已能单独外出活动，巢外排泄。43 日龄出外取食，活动频繁，45 日龄在窝中互相打斗戏耍，50 日龄前后断乳，开始独立生活。60 日龄前后出现母仔分居现象，相遇时有前肢对打或互相躲避现象。

8. 繁殖期和非繁殖期行为比较　魏万红等（1996）在室内饲养环境下对高原鼢鼠繁殖期和非繁殖期的行为进行了比较研究，发现两个时期的行为基本没有变化，但行为发生的频次和持续时间有显著的不同。繁殖期高原鼢鼠社会行为发生的频次和持续时间高于非繁殖期。活动时间也明显增加，表现为挖掘活动和接触时间加长。

9. 其他行为研究　王权业等（1994）采用无线电遥测法测定了高原鼢鼠的挖掘行为与土壤硬度的关系，发现在相同的土壤硬度条件下，雌雄鼢鼠挖掘行为和挖掘效率基本相同，但雄鼠挖掘所持续的时间高于雌鼠。随土壤硬度的增加，雌雄鼢鼠挖掘的时间及每次挖掘时持续的时间均明显增加，但每次的掘土量显著减少。关于高原鼢鼠其他行为方面的研究较少，主要是由于其常年地下生活的习性，很难通过常规方法进行观察，必须进行实验室饲养。随着无损伤捕捉设备的产生和无线电追踪技术等的发展，对高原鼢鼠个体行为和社会行为方面的研究有望开辟新的道路。

10. 种群数量动态　草地鼠害发生与害鼠种群数量动态变化密切相关。了解草地害鼠种群动态变化，进而进行种群密度调控而非简单灭杀是生态防治草地鼠害的关键。

（1）季节动态　每年的 4、5、6 月，野外环境中高原鼢鼠的数量基本保持相对稳定，仅 6 月略有增加。原因是有个别雌鼠已完成其繁殖，有少量幼体出生。6—10 月由于大量新生个体出现，数量出现急剧增长。连续 4 年对甘南地区的高原鼢鼠种群数量动态调查研究表明，高原鼢鼠种群具有明显的季节波动性（图 4-3）。

土丘密度与鼢鼠密度呈显著正相关。高原鼢鼠土丘密度和鼢鼠密度年内均呈增长趋势，秋季显著高于春季，但是两季节间的土丘系数并无显著差异。性比是反映种群密度及其发展状态和趋势的重要指标，啮齿动物通过性比的变化调节种群繁殖强度。

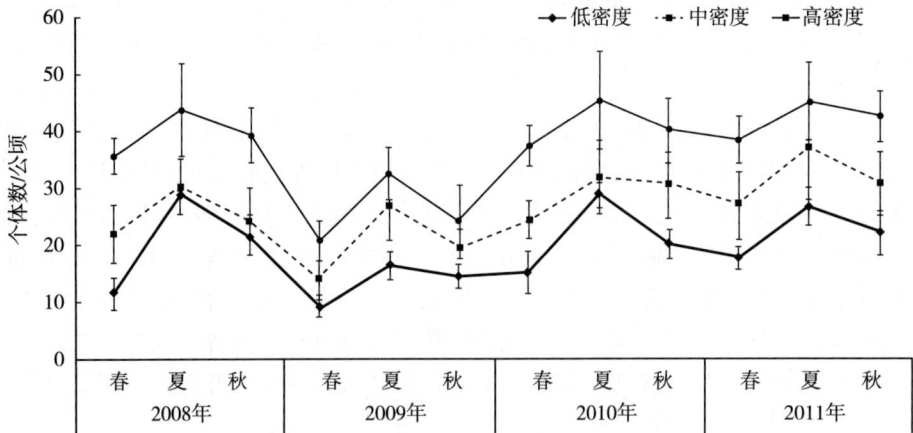

图 4 - 3　高原鼢鼠种群数量的季节变动

（2）年际间动态　卫万荣（2016）基于 2005—2016 年野外植被数据和高原鼢鼠种群密度的长期调查研究发现，高原鼢鼠种群密度存在明显的波动周期，一般包含"潜伏—上升—高峰—衰退" 4 个时期，潜伏期 3 年左右，上升期 1～2 年，高峰期 1 年，衰退期 1年，整个波动周期 6～7 年。只有通过野外长期监测并结合气象、人为等影响因素综合分析，才能揭示高原鼢鼠种群的年际间动态变化规律。

11. 迁移规律　高原鼢鼠的扩散模式为偏雄性扩散。标记重捕和无线电追踪研究发现，每年 10 月到次年 5 月高原鼢鼠栖息场所稳定，5 月后期繁殖期结束后出现频繁迁出、迁入活动，一直持续到 9 月。6—9 月标记鼠中雄鼠的重捕率明显低于雌鼠，说明其种群以雄鼠更换栖息地获得扩散，使得整个种群的遗传基因产生了流动，增加了基因流。这有利于增强新生个体对环境的适应能力，对促进种群进化亦有积极作用。

（四）危害

高原鼢鼠是高寒草甸生态系统重要的草食动物之一，青藏高原高寒草甸 12% 左右的草地上都有其鼠害发生。如青海省高原鼢鼠发生面积为 2 271 万公顷，危害面积为 1 561万公顷；甘南州草地高原鼢鼠危害面积达 54 万公顷，占草原总面积的 19.8%，严重发生地的种群密度可达 70 只/公顷以上。其通过采食、挖洞、堆土丘等行为对高寒草甸生态系统产生严重的影响。

高原鼢鼠对畜牧业、林业和种植业等均可造成不同程度的危害。高原鼢鼠的挖掘活动不仅可以改变土壤的物理环境，还会引起与之相关的土壤类型、发育速率、营养可利用性等非生命环境的变化。地下啃食活动会直接影响植物的形态、丰富度、种间竞争、植被类型和物种多样性等。其不仅啃食牧草根系，更严重的是将大量沃土推拱到地面。据报道，每只鼢鼠 1 年内推至地面的土量达 100 千克以上，推出后形成大小不等的土丘，覆盖植被，致使草地生产力下降，甚至导致大面积次生裸地的形成。被破坏的草场往往需数年才能逐渐恢复，严重的甚至直接导致沙化和荒漠化。对人工栽植的落叶松、云杉等针叶林，其可咬断侧根、主根而导致林木直接死亡，死亡率高达 30%。

1988 年发布的《川西北草地鼠虫害调查》表明，川西北草地高原鼢鼠的分布面积为

33 万多公顷,占可利用草场面积的 3%,而高原鼢鼠危害严重的若尔盖县就有 7 万多公顷,占该县可利用草场面积的 11.5%,其种群密度高达每公顷 29.8 只,对草地破坏率为 21%。1992 年其危害面积已增至 9 万多公顷,占可利用草场面积的 14.9%,而且还有上升的趋势。以高原鼢鼠为主的鼠虫害已成为影响草地畜牧业发展的三大自然灾害之一。

(五)防控

1. 药物防控 众多学者在药物防控鼢鼠方面做了大量的研究。如早在 20 世纪 80 年代,樊乃昌等就对溴敌隆灭杀鼢鼠的效力、毒饵适口性及家禽及天敌动物安全性等进行了试验评价。此后相继有鼢鼠灵、大隆和克鼠星 1 号等灭鼠剂灭杀高原鼢鼠的室内研究和野外推广应用。如谭宇尘等(2019)通过室内研究发现溴敌隆对祁连山东缘天祝地区高原鼢鼠的毒效高、适口性好,且无抗性发生,可有效防治该地区的高原鼢鼠。此外,在高原鼢鼠药物防控研究中,饵料的筛选也是一项关键的技术。通过高原鼢鼠不同饵料的喜食性试验,筛选出其喜食的饵料有曲尖委陵菜以及富含汁液的根茎性杂类草、芜菁和青禾等。利用这些饵料配制一定浓度的灭鼠剂并制成毒饵进行大田推广试验,灭鼠 2 万多亩,灭效达85%~90%。长期的灭鼠实践及相关研究为化学灭鼠药物的有效应用及鼢鼠鼠害防治奠定了必要的基础,但药物防治鼢鼠的适用性、安全合理性和可持续性等仍受到诸多质疑。由于其不易降解和造成环境污染等原因,大量化学药物出现禁用和限用的情况。药物防控方面,植物源新型农药因符合绿色、安全和环保等特点,受到越来越多的重视。随着农业农村部相关文件的颁布,寻找绿色新型植物源农药的替代品成为当前发展的关键任务。

近年来,由于害鼠不育控制的可持续效果及其在生态防控方面的作用逐渐受到重视,不育控制成为很有潜力的一种灭鼠方法。但高原鼢鼠不育控制的相关研究在我国尚处于起步阶段,还需进一步深入研究。

2. 物理防控 物理控制高原鼢鼠多为乡土防控措施,一般采用鼠夹(弓形夹)、自制弓箭等进行人工捕捉。捕捉得到的鼢鼠尸体可以被收购,因此该方法被牧区居民广泛使用。

人工捕捉法是牧民根据长期观察到高原鼢鼠在洞道中来回行走时拱土的习性,巧妙地放置射杀机关捕获,命中率较高。最有效的方法是"弓箭式"和"三脚架式",这两种方法主要由发力的"弓"或"架"、挑棍、箭等组成,发力靠橡皮拉力和湿树枝的弹力发生。该装置结构简单,易于操作,便于携带。技术熟练的人 1 天可安放 10~15 张弓,平均每天可捕获 14.6 只。人工捕捉法对具有独特生活习性的高原鼢鼠来说,无疑是一种比较切实可行的捕获方法。从 20 世纪 80 年代起,碌曲县天然草地上就大面积应用人工捕捉法进行灭鼠,取得了很好的效果,深受广大牧民欢迎。截至 1985 年底,累计人工捕鼠 702 636 只,捕鼠面积 937 250 亩次,平均灭效为 91.75%。

为了提高人工捕鼠的效率,应当做到:①凡是灭鼠地段,事先进行摸底调查,准确掌握鼢鼠的分布、密度、危害程度等,确定灭鼠地段;②层层实行合同制,灭鼠人员的责任要分明,注重灭效;③统一指挥,统一安排,连片治理,联段防治。

物理防控中还有好多乡土防控知识有待进一步挖掘,这些乡土知识在实践中的可操作性及其相关机制是未来研究的一个新方向;但物理防控也存在野外使用工效低而不利于大面积鼠害防治的缺点。因此,新型的物理防控技术也需要不断地创新。可采用超声技术进行驱鼠或利用物理原理灭鼠的杀鼠剂,如辽宁微科世双鼠靶(20.02%地芬诺酯·硫酸钡饵剂）以一种全新的物理灭鼠方式促使害鼠肠道梗阻致脏器衰竭死亡。这些新技术的突破对优化高原鼢鼠的物理防控技术具有重要意义。

3. 生物防治 生物防治高原鼢鼠主要是通过有限地引进、驯化或保护捕食性天敌，以抑制高原鼢鼠种群繁衍滋长的技术方法。如将狐狸、黄鼬等捕食高原鼢鼠的动物引进驯化后加以释放来控制、降低高原鼢鼠种群数量，或者通过营造适合天敌栖息的环境，如通过构建人工鹰巢达到招鹰灭鼠的目的。当前，生物防治因具有绿色环保、无污染及持续效果好等特点，越来越受到政府和广大牧民的推崇。近年来，采用生物肉毒毒素制备灭鼠剂成为生物灭鼠方法中的一种新思路，其是利用生物体代谢产物毒杀控制害鼠种群数量。肉毒素是由革兰氏阳性厌氧性肉毒杆菌产生的毒素，分为 A、B、C1、C2、D、E、F 和 G 8个血清型，其中效果较显著的是 C 型、D 型肉毒素，其具有对啮齿动物毒性强而对其他动物不敏感的特性。20 世纪 90 年代，C 型、D 型肉毒素在青海省已大面积被使用，累计推广面积达 1 000 多万公顷，对高原鼢鼠的防治产生了较好的防治效果，同时还应用于四川、甘肃、新疆、西藏、辽宁、内蒙古、河北、陕西、江苏、福建等省（区）的部分草场和农田，灭鼠效果较佳。

生物防治是鼠害防治的一种新思路，其具有许多化学灭鼠剂和物理防治所不及的优点，具有良好的推广前景。未来，利用寄生虫和病原微生物（细菌、病毒）等生物防控高原鼢鼠的相关技术还有待大力开发。

4. 生态防治 生态防治是通过改变害鼠栖息地的生态条件，创造不利于其生存和生活的环境，达到控制和降低害鼠种群数量的目的。当前以生态防治为基础的害鼠治理措施已成为啮齿动物防控的基本理念。正常情况下，栖息地是决定害鼠环境容纳量最重要的因素，不少学者对此展开了深入地研究。如魏代红等（2017）通过草种选择、隔离带宽度以及种植方式等多个技术环节的对比分析，探讨了豆科牧草对鼢鼠隔离作用的有效性和技术要点，发现禾草隔离技术是防控豆科人工草地鼢鼠危害的有效方法，豆科草地建植当年以一年生、短期多年生和长期多年生混播隔离带效果最佳，平均可减少危害量82.4%以上。卫万荣（2019）研究了补播垂穗披碱草抑制高原鼢鼠种群扩张的作用机制，发现实施围封并补播垂穗披碱草后，样地土壤硬度、土壤容重以及轴根生物量呈极显著下降，而土壤含水量和地上生物量极显著增加，鼢鼠种群密度呈下降趋势。

高原鼢鼠等啮齿动物引起的草原鼠害是青藏高原重大的生物灾害之一，是引起草地整体退化和生态功能丧失的主要原因之一。随着草地修复和能力提升等国家生态工程的逐步实施，草地恢复措施的相关研究成为鼠害生态控制的热点。此外，放牧作为草地利用和管理最主要的手段，也成为一种新型的生态防控方法，可以有效防止啮齿动物危害的发生，具有重要的应用前景。

二、高原鼠兔

（一）分类与分布

高原鼠兔（*Ochotona curzoniae*）隶属于兔形目鼠兔科鼠兔属，别名黑唇鼠兔、鸣声鼠、石兔等。高原鼠兔主要分布于亚洲中部到东北部一带，其中在青藏高原附近和亚洲中部的高原、山地最为丰富，少数分布在北美洲西部地区。国内主要分布于西藏、青海、甘肃南部、四川西北部以及新疆南部的青藏高原地区，如阿克塞县的哈尔腾、海子以及前山地区，与达乌尔鼠兔分布区域重叠。

（二）形态

1. 外形　高原鼠兔身材浑圆，体色灰褐色，耳朵短小而圆，没有尾巴，上下唇缘黑褐色，故又名黑唇鼠兔。体长140～192毫米，颅全长39～44毫米，后足长28～37毫米，耳长18～26毫米，体重130～195克。耳背铁锈色，耳缘白色。鼻端浅黑色，并延伸到唇周。足底多毛，前后足都有黑色长爪。头骨中等大小，显著隆起呈弓形，额骨明显隆凸，眶间区狭窄。具3对乳头。前后足的指（趾）垫常隐于毛内，爪较发达。

2. 毛色　夏季上体毛色呈暗沙黄褐色或棕黄色；下体毛色呈淡黄色或近乎白色；冬季略为浅淡，体毛暗沙黄色。夏季，被毛呈沙棕色或深沙褐色；颈背具有明显单色斑块，腹毛沙黄或浅灰白色；冬季，被毛色淡，沙黄或米黄色，比夏季柔软而长，腹面污白色，毛尖呈现淡黄色泽。

3. 主要鉴别特征　门齿孔与腭孔融合为一孔，犁骨悬露。额骨上无卵圆形小孔。整个颅形与达乌尔鼠兔相近，侧面观呈弧形，脑颅部前1/3较隆起而其后部平坦。但是眶间部较窄而且明显向上拱突，颧弓粗壮，人字脊发达，听泡大而鼓凸。上下颌每侧各具6颗白齿。高原鼠兔发音复杂，能发出多达6种不同的声音，成年鼠兔在求偶交配时发出长而急促的"咦"的声音，幼年鼠兔声音相对小而温柔。

（三）生活习性

1. 栖息地　高原鼠兔主要栖居于海拔3 100～5 100米的高寒草甸、草原地区，选择滩地、河岸、山麓缓坡等植被低矮的开阔环境作为其栖居的最佳场所，回避灌丛及植被郁闭度高的环境。

2. 洞穴　高原鼠兔为昼行型穴居动物（图4-4），多在草地上挖密集的洞群，活动范围一般距中心洞20米左右。洞口之间常有光秃的跑道相连，地下也有洞道相通。其巢区相对稳定，每个巢区的家族成员平均为2.7只（最多为4只），配对前巢区面积平均1 262.5米²，配对后巢区面积大幅扩大，平均2 308米²。各自的巢区比较稳定，有明显的领域行为。

繁殖期，高原鼠兔主要营家群式生活，家群成员相对稳定，而繁殖后期家群开始解体，在非繁殖季节营独居生活。高原鼠兔洞系通常包括洞口、洞道、窝巢、窝室、粪坑、跑道和藏室等。洞穴按有无鼠兔居住可将其分为有效洞和废弃洞，废弃洞外的土丘较为陈旧，有些土丘上生长有植物，洞口里多有蛛丝、陈粪、腐草等；有效洞的洞口外有新土丘、鼠兔脚印，洞口及其内壁光滑且湿润。根据洞穴复杂程度不同，还可将其分为简单洞系和复杂洞系2大类。简单洞系多为临时洞系，是鼠兔临时停留躲避天敌的场所，洞口一般只有1个，洞口处无土丘（个别有），洞道短且无窝巢。复杂洞系是鼠兔栖居和繁殖的主要场所，有多个洞口，一般以圆形和椭圆形为主，部分洞口前有土丘。洞道弯曲且分支较多，深度可达25厘米，内有窝巢、储藏室及粪厕。

3. 食物　高原鼠兔的食物组成以双子叶植物为主，其对植物器官的喜食程度不同，一般喜食植物鲜嫩多汁的绿色部分，从高到低依次为叶、花、根及芽，但对种子和含水量低或纤维含量高的植物则很少采食，甚至不食。高原鼠兔喜食垂穗披碱草、棘豆和早熟禾

图 4-4　高原鼠兔洞穴及其特征

等植物，而对蒿草属植物不太喜食，不喜食的种有高山唐松草和矮念珠芥等，不食的种有麟叶龙胆、莫氏苔草、矮嵩草和鸢尾等。胃内容物镜检分析发现高原鼠兔食性随季节的变化发生变动：除对垂穗披碱草和黄花棘豆一年四季均有采食以外，在冬季食物资源较为匮乏的情况下，高原鼠兔选食的植物种类相比其他季节增多，且不同植物比例变化明显；在冬季其主要选食弱小火绒草和铺散亚菊，甘肃棘豆、垂穗披碱草和长莲藁本。此外，也有研究发现高原鼠兔在冬季来临之前有堆集干草堆的行为。

4. 活动规律　高原鼠兔是非冬眠性的小型哺乳动物，由于存在捕食风险，其活动范围通常受到洞口间距与洞口密度等因素的制约。适度的洞口间距和高密度洞道可为高原鼠兔提供复杂多样的地下栖息环境来保证繁殖、躲避天敌等活动，同时还可为其地面觅食活动等提供更宽阔的有效空间。栖息环境的改变会极大地影响高原鼠兔生存机能。为获得最大的能量收益，其反捕食、觅食及能量分配策略会发生相应变化，通常会以增加取食时间及降低捕食风险为代价。高原鼠兔的繁殖与其捕食风险没有显著相关性，其主要通过行为策略改变来降低自身风险。在高捕食风险压力下，鼠兔为增加个体的适合度及降低自身被捕食的风险，通常会减少鸣叫的时间和频次并增加观察的频次和时间。当处于较低的捕食风险时，为增加种群的适合度和降低被捕食的风险，高原鼠兔会增加侦察和鸣叫的时间及频次。

5. 生长发育

（1）高原鼠兔的生长　高原鼠兔的体重增长曲线呈 S 形。从出生到 30 日龄，体重呈直线上升，为快速生长期；体重生长曲线在 30 日龄时出现转折，此后生长速度明显减缓，为缓慢生长期。初生高原鼠兔体重为 8.9～14.0 克，平均为 11.2 克。30 日龄时，体重平均达 108.3 克，约为成体体重的 2/3。在快速生长期内，鼠兔体重呈线性增长，尤其在 10

日龄时，幼鼠兔开始摄取混合食物（母乳和饲料），营养得到补充，体重增长速度较之前增加得更快。

缓慢生长期：30～105日龄，高原鼠兔体重增长速度逐渐放缓，此期内不同日龄其增长速度也有不同。65日龄以后其生长速度较30～65日龄明显下降。体重增长速度与最大体重和特定日龄体重之差成比例，也就是说，越接近最大体重，体重增长速度越慢。

（2）形态变化和发育　初生鼠兔，全身被有短而稀的软绒毛。吻端胡须明显。背部呈黑色，腹部肉红色。未睁眼，无耳孔，下门齿已萌出。

被毛：3日龄时毛覆盖全身，背部毛长3～5毫米。颈、胸及腹部灰白色；头、背及臀部黑灰色，唇为黑色。30日龄开始脱换胎毛，80日龄时完成换毛。换毛顺序依次为臀、背部、头部、颈和腹部。

耳壳：有78％的初生鼠兔耳壳紧贴颅部，22％的耳壳不与颅部相贴，呈分离状。1日龄后，耳壳全部与颅部分离。3日龄形成外耳孔，5日龄外耳孔长圆。

萌牙：出生时下门齿已萌出。3日龄时，上门齿萌出。9～10日龄时，上下颌臼齿均已萌出。

睁眼：初生鼠兔的眼球被未分化的眼膜所包被。2～3日龄时，眼膜出现一条凹痕，7～8日龄时开始睁眼。

取食和断乳：乳鼠兔在9～10日龄时，齿均已萌出。此时虽可摄取少量饲料，但仍以母乳为主要食源。到12～14日龄时，乳鼠兔开始自由采食。有研究对开始自由采食的乳鼠兔进行强迫断乳，用青饲料和浸泡过的颗粒饲料喂养，结果全部成活，这说明乳鼠兔自由采食期可以作为断乳期。但是，如果此时乳鼠兔仍与母鼠兔同居，则哺乳期会延长到17～25日龄。所以，乳鼠兔的断乳时间又受母、乳鼠兔同居时间的影响。

（3）高原鼠兔生长的阶段性　根据高原鼠兔的生长、行为和性成熟等情况，一般将其生长期分为4个阶段。

乳鼠兔阶段：出生至10日龄。此阶段，母乳为唯一食源，鼠兔形态变化较大，门齿生长、臼齿萌发、耳孔开裂、睁眼及被毛生长等过程均在此期完成。

幼鼠兔阶段：10～30日龄。鼠兔从摄食母乳过渡到自由采食并独立生活。此阶段和乳鼠兔阶段是鼠兔的快速生长期。到30日龄时，体重已达成体体重的2/3左右，体长为92～172毫米，耳和后足长均接近最大值。这一阶段的重要特征是性器官尚未发育。

亚成体阶段：30～65日龄。此阶段鼠兔生长速度较之前明显下降。胎毛全部完成脱换，性器官开始发育：30～32日龄，雄性睾丸从腹腔下降至阴囊，并开始逐渐增大；雌性卵巢开始发育，子宫开始变粗增重。但在60日龄前，雌雄鼠兔均无繁殖能力。因此，亚成体阶段可以视为性器官的发育初期。

成体阶段：65日龄后，体重生长速度减慢，生长率在0.5％以下，体长生长基本停止。性器官发育成熟，雄性能产生成熟可活动的精子，雌性的卵巢可见到成熟卵泡或排卵后的黄体。

6. 繁殖特征　高原鼠兔繁殖期从4月开始，5—6月达到孕期高峰，8月基本结束。孕期30天，每年可产1～3胎，每胎通常产3～4仔，有时多达6仔。繁殖期雌雄同栖一洞，繁殖结束以后雄鼠离巢独立生活。整个夏季，成年雌性一般会连续成功下2窝幼崽，使数量急剧攀升，密度大约能达到每公顷 300 只。

7. 社群结构与行为　高原鼠兔主要营家群式生活，家群成员相对稳定，家群个体数为 13.4~18.1 只。家群性比较稳定，雄性与雌性的性别比例基本为 1∶1，仅繁殖早期，成体性比显著高于繁殖中期和繁殖后期。存在一雄一雌和一雄多雌 2 种婚配制度。采食是高原鼠兔最常见的非社会行为，尽管性别、年龄不同，其采食行为表现却是一样的。另一主要非社会行为是移动，所有的动物都会表现出类似的行为，但在不同性别和年龄的个体中存在着显著差异。此外，雌性亚成体处于警戒状态的行为更多一些（几乎与成体相仿），也是一种常见的非社会行为。

8. 种群数量动态

（1）种群动态分析　高原鼠兔种群数量在每年的 5—10 月呈上升趋势，但在每年的 4—5 月，种群数量最低，这是因为 4、5 月为繁殖初期，孕鼠比例高，但新生个体少。5—6 月是高原鼠兔繁殖的高峰期，新出生个体数增加，种群数量快速增长。8—9 月繁殖期结束，种群密度达到最大。

（2）种群统计特征分析　高原鼠兔初生个体的死亡率最高，之后随着日龄的增加死亡率降低逐渐趋于稳定，各个时期雌体的存活数一般高于雄体。高原鼠兔生命期望一般有 2 个峰值，第一次是在 7 月龄时生命期望达最大值，第二次是在 19 月龄时各年龄段雌体的平均生命期望要大于雄体，尤以 13~18 月龄最为突出，这是因为在此期间雄体的死亡率远大于雌体。

高原鼠兔出生率存在 2 个峰值，一个是在 12~15 月龄，另一个是在 24~27 月龄。种群中无论雄体还是雌体都是 0~3 月龄个体占优势，其次是 3~6 月龄个体，而老年个体很少，年龄组成呈典型的金字塔形，属增长型种群，其种群出生率大于死亡率。

（四）危害

高原鼠兔在采食牧草地下根茎的挖掘活动中，推出的土壤覆盖了牧草并裸露在外，随地表径流流失，草结皮塌陷，形成寸草不生的次生裸地"黑土滩"。同时，其挖掘活动形成了许多地下空洞，造成土壤含水率和肥力降低。根据调查，目前青藏高原的草地鼠害非常严重，如青海草原鼠害发生面积和严重发生面积占草原总面积的比重分别为 25.4% 和 19.2%，甘肃为 30% 和 15%，西藏为 26% 和 22%。在三江源地区的高寒草甸草原上，高原鼠兔的洞口星罗棋布，随处可见。洞口周围 0.3 米范围内寸草不生，退化草场达 21.9%~46.5%，其中严重退化草场达到 18.9%~27.2%，近 10% 的退化草场已沦为"黑土滩"，鼠害已成为破坏青藏高原草地生态的主要生物灾害之一。高原鼠兔是草原生态系统的优势种害鼠，其危害水平是草地生态系统恶化程度的反映。当草地生态环境被鼠类活动破坏到重度和极度以后，草地原生植被生草层的破坏率可达 80%~90% 及以上，并滋生一、二年生杂类草，导致植被稀疏，植物群落层片结构简化，植被盖度不及 10%。鼠害加速了草原荒漠化的进程，严重威胁着草原生态环境安全，摧毁了草地生产力，加剧了草地生态系统的退化，是导致牧民生活贫困化的主要因素之一。

近年来，草原害鼠不仅密度大，而且发展势头凶猛。如甘肃省肃北蒙古族自治县在 20 世纪 60 年代初期草原害鼠平均夹日捕获率为 5%~8%，70 年代为 6%~11%，80 年代上升到 8%~20%，90 年代已达到了 10%~34%。目前草原鼠密度已普遍超过农业农村部《严重鼠害草地治理技术规程》中草原主要害鼠的防治指标。

（五）综合防治

1. 加大防治力度　高原鼠兔防治是一项具有高度科学性、技术性和广泛社会性、群众性的工作，同时也是一项长期性、经常性的工作。各级政府和有关业务部门应切实加强对害鼠工作的领导，安排强有力的专职干部负责组织、制定和实施鼠害防治计划，将有限的人力、物力和资金集中于重点的防治目标上，提高鼠害防治工作水平。

2. 多举措综合防治　任何一种针对高原鼠兔防治的单一措施都具有不足的方面，往往难以达到良好的效果，因此实际应用中常常采用多种防治技术的组合，实现理想的防控成效。例如，在高原鼠兔爆发期，先采用化学杀灭法迅速降低鼠兔种群密度，其后采用物理方法或生物方法控制鼠兔密度。如利用当地比较充足的水源条件，采用水淹法在春季或夏季进行草地大面积漫灌；或以 C 型肉毒梭菌毒素为毒饵，以青稞、胡萝卜为诱饵，在4—5 月进行生物灭鼠，从而达到控制害鼠数量的目的，这样才能从根本上治理草地鼠害，取得理想的效果。

3. 制定防控规划　各级政府应提前计划和统筹，调拨药品和灭鼠工具等物资，合理安排好人员，统一组织牧户、牧民有组织、有纪律地进行灭鼠活动。

4. 改良草地　充分利用草原上的小溪和河流，合理修建水闸，建设必要的灌水设施，疏通河道，利用草地天然的坡度，截水灌溉或建立科学合理的放牧制度，给草地休养生息的机会。通过促进植被恢复提高草地植被盖度，破坏高原鼠兔的栖息生境。同时，适当补播适应当地的禾本科植物，如早熟禾属的早熟禾、藏北早熟禾和冷地早熟禾等，羊茅属的弱须羊茅和羊茅等，对改良草地、恢复植被和消灭害鼠具有重要的意义。

三、喜马拉雅旱獭

（一）分类与分布

1. 分类　喜马拉雅旱獭（*Marmota himalayana*），隶属于啮齿目（Rodentia）松鼠科（Sciuridae）旱獭属（*Marmota*），别名哈拉、雪猪等。

2. 分布　喜马拉雅旱獭广泛分布在青藏高原及其毗邻地区，东至甘肃南部和四川西部，南至西藏和云南西北部，北至祁连山北部，是我国境内分布最为广泛的一种旱獭。

（二）形态特征

1. 外形　喜马拉雅旱獭体形粗短、肥胖，类似于圆条形（图 4-5）。头部又短又宽，耳壳短而小，颈部短粗，四肢粗短，前足 4 趾，后足 5 趾，指（趾）端具爪，爪发达适于掘土，尾巴短小而且末端略扁，尾长不超过后肢的 2 倍。雄性个体体长 47~67 厘米，体重约 6 千克；雌性体长 45~52 厘米，体重约 5 千克。雌性个体有乳头 5 对或6 对。

图 4-5　喜马拉雅旱獭

2. 毛色 自鼻端经两眉到两耳前方之间有一似三角形的黑色毛区，即"黑三角"，愈近鼻端黑三角愈窄，色调愈黑。眼眶黑色，面部两颊到耳外侧基部呈淡黄褐色或棕黄色，明显有别于"黑三角"。唇四周为黄白色、淡棕黄色或橘黄色。耳壳呈深棕黄色或深黄色。颈背部和体背部同色，呈沙黄色，毛基部黑褐色，中段草黄色或浅黄色，毛尖黑色。背部至臀部黑色毛多且明显，常形成不规则的黑色细斑纹。体侧黑色，肛门和外阴周围深棕色或深棕黄色。四肢和足背面呈淡棕黄色或沙黄色，腹面与体腹面同色，足掌和爪黑色。尾背面毛色同背部，毛端约 1/4 为黑色或黑褐色；尾腹面近基部 1/2 为棕黄色或褐黄色，端部 1/2 为黑褐色。幼体毛色多较成体灰黄或暗，偶有少数白化个体。毛色随年龄、分布区域不同而有所变化。

3. 骨骼 头骨粗壮结实，略似三角形，眶上突发达，向下方微弯，眶间区凹陷较浅而平坦，颧骨后部明显扩张，鳞骨前下缘的眶后突甚小、不显现，矢状脊较低。枕骨大孔前缘呈半椭圆形。腭弓狭长，其后缘超过颌骨后缘。下颌骨的喙状突后缘近乎垂直，向后弯曲不明显，喙状突与关节突之间的切迹深而较窄。牙齿计为 22 颗，上门齿大，唇面无纵沟。

4. 主要鉴别特征 喜马拉雅旱獭体形大而粗壮，体重 4～5 千克，体长 50 厘米左右，尾短而稍平，尾长 11～17 厘米，其长不超过后足长的 2 倍，背毛黑色杂有浅棕色，形成明显的黑色波纹。耳壳短小，颈部粗短。头顶有非常明显的三角形黑毛区，四肢粗短，背部棕黄色，具黑色斑纹，腹部淡棕黄色，尾短。

（三）生活习性

1. 栖息地 喜马拉雅旱獭栖息于海拔 2 500～5 200 米的高山草甸草原、高山草原的阳坡、山肋、斜坡、阶地、谷地及山麓平原等环境，森林、荒漠与半荒漠等景观类型中没有分布，是高山草原典型的代表动物。其分布主要受地形影响较大，其中以山麓平原和山地阳坡下缘的密度为最大，其次在阶地、山坡和河谷沟豁的平滩上也较为常见。喜马拉雅旱獭的分布区多自河谷地带（阶地、山麓平原）向两侧山地阳坡伸展而避开阴坡，因而其栖息地仿佛呈双面锯齿状。据调查，喜马拉雅旱獭的栖居地大致可分 5 种类型（表 4-2）。

表 4-2 5 种类型栖居地旱獭洞的分布

栖居地类型	调查面积/米²	獭洞数/个	獭洞数/公顷	居住洞数/公顷
Ⅰ. 草本植物为主，间有少数杜鹃灌丛和碎石	7 886	67	84.96	11
Ⅱ. 草丛与杜鹃灌丛混生，间有大小石块	6 300	45	71.42	8.7
Ⅲ. 单纯灌丛，间有石块	35 200	197	55.96	7.4
Ⅳ. 单纯草丛，间有石块	8 000	25	31.25	7.5
Ⅴ. 高山砾石冻荒漠地带	15 184	23	15.44	2.9

2. 洞穴 喜马拉雅旱獭的洞穴属于家族型，每个家族由成年雌体、雄体和 1～2 岁的仔鼠组成，同居于一个洞系中，幼体性成熟后则分居。每个洞系分为临时洞（避敌洞）和栖居洞，栖居洞又分为冬洞和夏洞 2 种类型，内垫有很厚的干草。洞内温度较稳定，常年温度保持在 0℃ 以上，但最高不超 10℃。通过对喜马拉雅旱獭洞穴数与各生态因子之间的

相关性分析发现（表4-3），旱獭洞穴数和坡度、海拔、距人为干扰距离以及距公路距离呈极显著或显著负相关。洞穴数随着坡度、海拔、距人为干扰距离及距公路距离的增大而明显减少，与其他生态因子之间的相关性不明显，各生态因子对其洞穴数的影响大小依次为：坡度＞距公路的距离＞距人为干扰距离＞海拔＞纬度＞盖度＞草高＞地上生物量＞经度。

表4-3　各生态因子间相关性分析

因素	坡度	洞穴数	盖度	草高	地上生物量	人为干扰距离	距公路距离	海拔	纬度
旱獭洞穴数	−0.458**								
盖度	0.085	−0.08							
草高	0.216	−0.038	0.063						
地上生物量	0.303*	0.039	0.328*	0.437**					
人为干扰距离	0.125	−0.381**	0.031	0.213	0.049				
距公路距离	0.191	−0.394**	0.037	0.166	0.073	0.828**			
海拔	0.498**	−0.340*	0.419**	0.350*	0.487**	0.320*	0.366*		
纬度	0.296*	−0.271	0.388**	0 375*	0.367*	0.213	0.144	0.590**	
经度	−0.375*	0.099	−0.191	−0.425	−0.466**	−0.216	−0.112	−0.581**	0.378

注：* 为 $P < 0.05$，** 为 $P < 0.01$。

3. 食物　喜马拉雅旱獭主要以草本植物为食，喜欢吃带有露水的嫩草茎叶、嫩枝或草根，尤其喜食莎草科、禾本科和豆科植物的地上绿色部分，偶尔也取食一些昆虫和小型啮齿动物。在农作区，常常偷食青稞、燕麦、油菜、洋芋等作物的禾苗、茎叶。早春青草尚未发芽时，也可挖食草根。热娜古丽·艾合麦提等（2015）对阿尔金山自然保护区喜马拉雅旱獭夏季的食性分析研究发现，喜马拉雅旱獭夏季共采食11科18属的20种植物，主要以禾草和杂类草为主。其中，禾本科（24.55%）、莎草科（17.82%）、豆科（16.31%）和菊科（10.57%）是其主要食物。

4. 活动规律　由于栖息环境中天敌种类较多，喜马拉雅旱獭的性情极为机警，视觉、听觉都很敏锐，当有狼、熊、狐、猞猁、雕、鹰及艾鼬等天敌进入领地时，其立即直立起身并发出尖锐的鸣叫。喜马拉雅旱獭属于昼行性动物，但以早晨和黄昏时段最为活跃。早上出洞的时间随季节而异，一般依太阳照射到洞口的时间确定。每次出洞之前总是先探出头四处张望，觉得安全后，先露出半个身子在洞口晒晒太阳，然后发出鸣叫声。邻近的同类听到后立即响应，一起鸣叫。随后即开始取食。除非是遇有敌害，大多数情况下一天内的其他时间几乎不再发声鸣叫。日落之前进入洞中休息，夜间不再外出活动。

　　喜马拉雅旱獭出洞时间与日出有关，6、7月日出较早，旱獭活动也较早。例如，天祝县喜马拉雅旱獭最早在6时左右开始出洞活动，大多数在7时左右活动。4月和10月日出迟，旱獭活动也随之推迟，常在早晨8时以后才出洞活动。据观察天祝县喜马拉雅旱獭活动旺季的日活动集中在日出后和日落前一段时间，一般上午8时至10时、下午4时至7时为其日活动高峰；上午11时至下午3时很少活动，甚至有时不活动，停留在洞内或者在阴坡的中部休息。在正常的天气条件下旱獭每天活动多达8～12小时。只要不是剧烈的天气变化，晴天或阴天对其活动影响不明显，基本上仍遵循上述活动规律。

5. 繁殖特征 喜马拉雅旱獭1年繁殖1次，每胎产1～9仔，以4～6只最为多见（图4-6）。繁殖期个体取食时间较短，警戒度不高，活动极其频繁，经常出现串洞、追逐等行为，活动范围很大，以进行性活动为主，其中尤以成年参与繁殖的雄性个体活动性最强。4月中旬即可发现妊娠的雌鼠，妊娠期约为35天。繁殖期间，人为惊动往往会导致母獭流产或出现食仔行为。

每年的3月底至5月中旬为其繁殖期，成功交配的母獭一般在4月下旬至5月中旬产仔，持续时间约1个月。幼仔出生后，雌鼠取食时间与范围逐渐增加，为保护幼鼠，守望和警戒活动增多，串洞和交往则明显减少。6月底即可见到幼仔出洞活动，十分活跃，取食频繁。幼体与母鼠共同生活至第2年的7月才开始分巢，独立生活。3岁时达到性成熟，但每年参与繁殖的雌性个体，仅仅只占性成熟雌性个体总数的50%～60%。

6. 社群结构与行为 喜马拉雅旱獭喜群居，营家族式生活。洞穴复杂，同一家族洞群之间有洞道相连，相邻家族亦有洞道相通。在正常情况下，多数家族之间互不串洞，有严格的家族范围"领地"。有亲缘关系的成员和睦相处，别的家族成员一旦闯入即被驱逐。旱獭为了保护自身和同一家族不被侵犯，具有高度的自卫反击意识，如遇有天敌（食肉目动物或猛禽等）袭击时会出现决死搏斗现象。家族洞穴被不同族的旱獭偶然占用时，两个族群也会出现拼死搏斗行为。

7. 种群数量动态

（1）季节动态 旱獭月活动曲线在4、5月为近似的单峰型；6月为典型的双峰型；7月为不明显的单峰型。旱獭昼间地面活动时间随日照时间而变化，夏季较秋季长（表4-4），日活动时间与日照时间呈正相关。

表4-4 喜马拉雅旱獭生长周期

月、旬		最早最晚活动时间/时	活动频繁时间/时	日出日落时间/时	最高地表温度/℃	最低地表温度/℃
4	下	8：05—17：05	10：00—15：00	7：24—17：00	17.0	−2
5	上	8：05—18：32	9：00—18：00	7：00—17：30	30.0	−1
	中	8：00—19：35	8：00—18：00	7：00—18：00	28.0	1
	下	7：45—20：30	8：00—20：00	7：00—20：00	41.0	1
6	上	7：00—20：36	7：00—20：00	6：30—20：00	41.0	0
	中	6：55—20：29	7：00—20：00	6：20—20：00	34.0	0
	下	5：47—20：39	6：00—20：00	5：40—20：00	50.0	0
7	上	5：40—20：28	6：00—20：00	5：45—20：00	38.0	1
	中	5：54—20：43	6：00—20：00	6：00—19：00	37.0	2
	下	5：40—20：07	6：00—20：00	5：40—20：00	27.5	5
8	上	5：52—20：01	6：00—20：00	6：00—18：40	28.0	3
	中	6：25—20：25	6：25—19：00	6：00—18：30	25.0	0
	下	7：20—20：38	7：20—19：00	7：30—18：00	32.5	0

（续）

月、旬		最早最晚活动时间/时	活动频繁时间/时	日出日落时间/时	最高地表温度/℃	最低地表温度/℃
9	上	8：00—20：25	8：00—19：00	7：40—18：00	28.0	3
	中	7：50—19：15	8：00—18：00	7：40—18：00	28.0	−2
	下	8：31—15：47	9：00—14：00	8：00—18：00	23.0	0
10	上	8：35—15：25	9：00—13：00	8：00—17：00	16.0	0

（2）年际动态　旱獭的活动随着季节的变化和自身生理状况的不同而发生变化。一般来说，旱獭一年的活动可分为5个主要的时期，而且每一个时期，活动的频率和活动的行为各有其特点。

出蛰期或恢复活动期：出蛰的最初阶段，旱獭活动能力弱，很少出洞活动或不活动，而且在洞外的时间很短，有时整天不出洞，有明显的间隔性。在洞外活动时主要是晒太阳，极少出现觅食现象，主要原因是此时食物很少，可食的植物才处于生长期。

性行为期：此阶段旱獭活动增加，每天都出洞活动而且活动次数逐渐增多，活动的间隔性消失。活动行为多以串洞、追逐、玩耍、鸣叫等为主。由于旱獭之间追逐、打闹活动较多，活动范围大大扩大，性活动十分旺盛，频繁出没于栖息地各洞道中。因此，它们的警惕性变低，觅食活动也较少，需消耗体内的积脂。

繁殖营养期：这一期旱獭活动发生较大的改变，串洞、追逐等交往活动逐渐减少，降至最低程度，守望、鸣叫行为逐渐增多，警惕性增强。由于大多数雌体正处于妊娠阶段或者刚刚产下幼仔，活动很少，但是觅食活动却明显增强，旱獭的食欲和食量不断增大，觅食活动范围也在扩大。

活动盛期：这一时期的旱獭觅食活动最频繁，此时外界食料十分丰富，是积累体脂的主要阶段。幼体活跃度最高，取食次数增多，成体为幼体守望并随时警惕可能存在的危险。

入蛰期或活动后期：此阶段成体的活动范围大大缩小，活动频率降低，取食时间缩短，次数减少。衔草入洞的活动频繁，开始修理洞穴，为进入冬眠做好准备。幼体的活动仍很频繁，取食时间和次数较多，从而不断增加体脂，为度过漫长的冬眠期做准备。

（四）危害

1. 传播疾病　喜马拉雅旱獭疫源地是目前鼠疫最严重的自然疫源地，其是鼠疫耶尔森菌的主要天然宿主之一，所携带的菌株是目前我们国家已发现鼠疫菌株中致病力最强、最容易导致死亡的菌株。人们多因捕杀、接触有病的旱獭以及剥食旱獭肉而引起发病。此外，喜马拉雅旱獭还是土拉佛氏菌病的主要保菌动物，对人畜的危害极大。

2. 破坏草原　喜马拉雅旱獭挖洞时会翻出大量的泥土堆到地面，在洞口形成大小不一的土丘；为了筑巢和防止天敌隐藏在洞口附近，其大量地咬断、拖走洞口周围的植物，这些活动都会对草原植被造成很大的破坏，引起水土流失、风蚀甚至荒漠化。

（五）防治技术

人工捕杀：使用最多的捕杀工具有大型弓形夹和多股细铁丝制成的圈套。弓形夹笨重，较贵，但捕获率高。一般在喜马拉雅旱獭密度高的未开发地区，用圈套较好，而在密度低的地区或在反复灭獭后，用弓形夹较好。喜马拉雅旱獭对洞口环境的改变甚为敏感，使用工具捕杀时须注意伪装。

枪杀：用小口径步枪和各种猎枪射击。

熏杀：可用氯化苦、溴甲烷、磷化铝、磷化钙、氰化钙及牛粪烟剂熏杀。由于其洞道长而复杂，容积大，熏蒸剂的用量也大，如氯化苦每洞需要投放 50～100 克、氰化钙每洞需要投放 50 克。熏杀法主要用于处理疫区。

四、甘肃鼢鼠

（一）分类与分布

1. 分类 甘肃鼢鼠（*Eospalax cansus*），俗名瞎老鼠、地老鼠及瞎瞎等。隶属啮齿目（Rodentia）鼹形鼠科（Spalacidae）鼢鼠亚科（Mysopalacinae）凸颅鼢鼠属（*Eospalax*）。

2. 分布 甘肃鼢鼠是我国特有种，主要分布于我国西北地区的黄土高原及其邻近区域，如甘肃、陕西、宁夏和青海东部等地。甘肃鼢鼠最早是根据甘肃省临潭县等地发现的标本而定名，关于其分类地位，历史上存在较大的争议。不少学者认为甘肃鼢鼠是中华鼢鼠的同物异名种或亚种。近年来也有大量学者通过多方位的研究肯定了甘肃鼢鼠的独立分类地位。如樊乃昌和施银柱（1982）对分布于甘肃、宁夏、青海、陕西、四川等地的凸颅鼢鼠诸多标本进行整理研究，查看对比了国内其他地区的大量标本，对甘肃鼢鼠等的分类地位进行了肯定；李华（1995）通过对分布于中国的 *Eospalax* 属进行系统研究，认为甘肃鼢鼠的种级分类特征稳定；李晓晨（1992）等比较了中华鼢鼠和甘肃鼢鼠的形态、生态和地理分布特征等，也确认了两个种的独立地位。此外，也有不少学者从染色体组型和带型分析、毛发的毛髓质指数分析、细胞色素氧化酶（Cyt *b*）、线粒体控制区（D - loop）以及 NADH -脱氢酶亚基 4 基因（ND4）等方面开展了研究，结果也支持了甘肃鼢鼠作为一个独立种的观点。目前学界对甘肃鼢鼠的独立种地位的认可趋于一致。

（二）形态

1. 外形 甘肃鼢鼠外形酷似中华鼢鼠，体形粗短肥壮，呈圆筒状。头部扁而宽，吻端平钝。无耳壳，耳孔隐于毛下。眼极细小，四肢较弱小，前肢较后肢粗壮，其第 2 与第 3 趾的爪接近等长，前趾和爪较其他鼢鼠细弱，呈镰刀状。尾细短，尾毛稀、皮肤裸露。成体体长 125～230 毫米，体重 130～469 克，尾长 31～61 毫米（图 4 - 6），雄鼠体型大于雌鼠。

2. 毛色 体背与体侧毛色均为暗褐色，毛基灰褐色，毛尖锈红色。腹毛灰色，杂有锈色调。头部灰色，额与眼间有少许白色的毛。鼻吻部与唇周纯白色。尾部毛色污黄色，基部较深，向后逐渐变浅，末端污白色。足背灰褐色，近趾端为污白色。

图 4 - 6 甘肃鼢鼠

3. 头骨　头骨较中华鼢鼠稍狭长，一般呈葫芦形或长梯形，鼻骨末端具较浅的凹缺，前颌骨包围或几乎包围门齿孔。嵴突不如中华鼢鼠发达。颧弓扩展。枕骨斜向下弯。顶嵴不发达，额嵴发达（图4-7）。

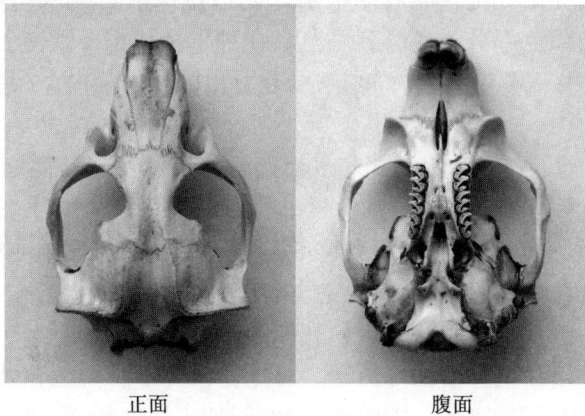

正面　　　　　　　　　　　腹面
图4-7　甘肃鼢鼠头骨（正面和腹面）

4. 主要鉴别特征　体型小，头顶部深灰色，通常额部不具白斑。体背与体侧面暗褐色，毛基灰褐色，毛尖锈红色。尾及足背面被有稀疏的苍白色短毛。两顶嵴在中线处不合并，在顶部平行，至额部内折相互靠近并向前与发达的额嵴相联系。门齿孔约一半在前颌骨中，臼齿M3后外叶上一般不具缺刻。

（三）生活习性

1. 栖息地　甘肃鼢鼠属温湿型动物，一般喜生活在潮湿、植物丰富、土质松软、深厚的地带。在多石砾、排水不良地带及密林中数量极少。主要栖息于高原与山地的森林、灌丛、草甸和农田区域，分布范围海拔在1 000~3 900米。

2. 洞穴　洞系结构与中华鼢鼠相近，由洞道、窝巢、仓库及便厕等组成。但觅食洞道较浅，距地面仅5~10厘米。地面土丘也较小，大多不明显。在农田分布区，甘肃鼢鼠的挖掘、取食等活动会在地表留下具有龟裂的隆起，或末端呈土花状的小隆起，俗称"食眼"。在草原分布区，甘肃鼢鼠的挖掘活动往往会形成较大的鼠丘，演替后以生活力较强的杂草为主，其在鼠丘表面活动、取食时也会留下大量的食眼，这是与其他鼢鼠的不同之处。每个洞系有仓库和食物存放点，约10多处。

甘肃鼢鼠的挖掘活动和造洞习性在春、夏、秋3个季节都有发生，但以春秋季最为频繁，尤以春季为盛。初春地表尚未完全解冻时即已开始，地表解冻后青草返青时节，挖掘活动变得更为频繁。一方面是寻找配偶，另一方面是大量寻找食物，弥补冬季食物资源的短缺。此后活动降低，到了秋季，一般是在牧区土壤冻融前，活动重新变得频繁，主要是为冬季贮存食物。

此外，甘肃鼢鼠还有一种封洞习性，如果洞道被挖开，就会推土封闭，将洞口堵死，另外挖出一条通道衔接起来。

3. 食物　甘肃鼢鼠为杂食性动物，食物以植物的根茎和茎叶为主，几乎各种农作物都吃。在农区，危害的种类有苜蓿、胡萝卜、小麦、马铃薯、豆类、高粱、玉米、甜菜及其他部分蔬菜等；在林区，喜欢啃食果树或针叶树的根部，对油松、桑树、沙棘、苹果和落叶松等有较高的偏好性，但对林木的喜食度不如杂草和农作物；在牧区，主要取食异叶青兰、多裂萎陵菜、阿尔泰狗娃花、二裂萎陵菜、珠芽蓼等植物的根系以及赖草、针茅的根部、花序和种子。觅食时咬断根系，或将整株植物拖入洞中，造成缺苗断垄。夏季主要采食植物的绿色部分，冬、春季节喜食种子和块根、块茎。洞内仓库中储存的越冬食物以粮食或块根、块茎为主，如有人曾在甘肃鼢鼠的洞内仓库中发现多达 1.6 千克的玉米穗。

甘肃鼢鼠觅食活动以白天为主，偶尔也会夜间外出觅食。日食量随季节变化而不同。杨宏亮等对甘肃鼢鼠不同季节的平均日食量进行研究发现，5 月为 98.8 克，6 月为 90.4 克，9 月为 135.3 克，说明其在繁殖期和越冬期对食物的需求较大。体重通常与食量成正相关。甘肃鼢鼠没有冬眠习性，冬季不完全靠仓库存储食物生活，仍需外出补充新鲜食物。

4. 活动规律 甘肃鼢鼠昼夜都可活动。对笼养条件下甘肃鼢鼠成体的活动节律研究发现，其夜间活动时间多于白天，白天大部分时间处于休息和睡眠状态，夏季休息和睡眠时间占总时间的 73%，秋季为 67%。夏季与秋季活动节律基本保持一致，每日有 2 个活动高峰，但秋季的白天活动时间略有增加。

5. 生长发育 甘肃鼢鼠的寿命为 3～5 年，依据体重、毛色和繁殖状况等特征，其生长发育过程大体划分为 5 个主要阶段：

睁眼阶段：出生至 15 日龄，以吸吮乳汁为生。

乳鼠阶段：30～35 日龄，体重 19.1～35.0 克。这一阶段体重增长率明显加快。

幼鼠阶段：36～60 日龄，仔鼠离巢独立觅食。

亚成年阶段：60～80 日龄，性腺发育迅速并趋成熟。绝大多数个体开始具备繁殖能力。

成年阶段：80 日龄以上，大部分雌鼠阴门开孔并妊娠产仔，雄鼠睾丸具成熟精子、附睾明显。

对甘肃鼢鼠幼仔的活动节律研究发现，幼仔的发育行为具有明显的阶段性，且逐阶段增多。第 1 阶段主要以觅乳、睡觉和嗅闻为主；第 2 阶段增加爬行；第 3 阶段增加挖掘行为；第 4 阶段增加嬉戏和行走等行为；第 5 阶段增加贮食、食草、探视、修饰等行为。每个阶段的行为具有一定的昼夜节律性。第 5 阶段的行为基本接近成年鼢鼠，该阶段具有 1 个活动高峰期和 2 个次高峰期，依次为 7：00、12：30 和 19：00，高峰期的主要行为有挖掘、行走、进食、贮食及嬉戏等行为活动。

6. 繁殖特征 甘肃鼢鼠繁殖期始于 3 月，4—5 月为繁殖盛期，7 月繁殖期结束。1 年产 1 胎，每胎 1～5 只，平均胎仔数 2.5 只，妊娠率为 40.08%，繁殖指数 1.209。年龄较大的个体具有繁殖优先权，繁殖寿命 3～4 年。野外调查中发现，甘肃鼢鼠的雌雄性比为 1.57，雌性显著多于雄性。种群性比存在明显的季节和年龄变化，但年际间变化不明显。

7. 社群结构与行为 甘肃鼢鼠喜独居生活，但在捕捉过程中偶然也发现同一洞道中生活有 3 只个体的情况，推测甘肃鼢鼠的社群结构可能存在较大的地理变异，可形成类似于群居动物的家群结构。在实验室养殖过程中发现，求偶初期，雌雄鼠各自营巢，到求偶后期，两性的巢距离很近，或两鼠直接同居一巢。

甘肃鼢鼠的鸣声频率属中低频能量区，与其他地下鼠鸣声特征相似。甘肃鼢鼠也具有类似于鼹形鼠的震动通信方式，甘肃鼢鼠用鼻吻部连续敲击洞壁产生有节奏的震动声，震动通信存在性别差异，雌鼠的敲击频次高于雄鼠，且持续时间长。

甘肃鼢鼠在求偶过程中，雄鼠主动接近雌鼠，雄鼠身体贴地头向前伸，缓慢而谨慎地向雌鼠靠拢，同时发出低声的鸣叫，身体边前探边嗅闻雌鼠身体气味、粪尿等。求偶初期雌鼠的攻击性很强，当雄鼠接近时，雌鼠表现出攻击状，并不停高声鸣叫，有时向前抓打雄鼠头部。雄鼠屈服雌鼠，缩回头部并后退躲避攻击，并再次接近雌鼠，发出轻柔的鸣叫。求偶成功后，雌鼠允许雄鼠靠近，表现出亲昵行为。雄鼠更频繁接近追逐雌鼠，嗅雌鼠阴部。雄鼠常发出温柔、颤抖的叫声。求偶后期雌鼠虽不攻击雄鼠，但仍保持防御姿势，并不停鸣叫，有时逃离躲避雄鼠。整个求偶期持续约 25 天，婚配制度为乱交制。

交配在清晨（5：00—7：00）的发生频次最高，占总交配次数的 60% 以上。在交配时间上，甘肃鼢鼠每天交配持续时间 10～30 分钟，交配期持续 8～10 天。

8. 种群数量动态

（1）季节动态　甘肃鼢鼠的种群数量存在着明显的季节性变化。每年的繁殖末期，也就是 7 月左右，种群数量达到全年的最高峰；从 8 月繁殖期结束后，种群因只有死亡而无出生，数量逐渐回落，处于下降趋势，直到下一个繁殖期开始之前，种群数量降至最低，尔后随着新生个体的增加，数量逐月上升。

（2）年间动态　甘肃鼢鼠常年生活在稳定的地下环境里，出生率较稳定，因而种群数量一般趋于稳定的状态。王廷正编制了宁夏西吉县甘肃鼢鼠的生命表，发现其种群的净增殖率 1.807 5，内禀增长能力 0.405 6，种群数量的翻倍时间大约为 20 个月，周限增长率 1.002 3。甘肃鼢鼠种群数量变动受气候条件的影响较大，其中气温和降水因子影响最为显著。

9. 迁移规律　甘肃鼢鼠呈季节性迁移，迁移和性别有关，迁移扩散模式为偏雄性，迁移距离方面也是雄性大于雌性。雄性在繁殖的当年完成迁移，并寻找配偶，而雌性的迁移在翌年进行，一般在 4—7 月，这时候活动比较明显，大多进行寻觅食物、交配和育幼等行为，而另一个活动高峰是在 9—11 月，这一阶段是贮存食物的关键时期，在此期间甘肃鼢鼠频繁地外出觅食并将食物大量搬运至仓库。

（四）危害

甘肃鼢鼠栖息地类型多种多样，广泛分布在农田、林地等生态系统，对农业、林业和牧业等产生重要的危害。

1. 对农业的危害　"春滚子，夏害苗，秋拉穗，冬积仓；丰收一半粮，遇灾空了仓，挖开瞎老洞，大斗小斗装。"这首民谣可以充分说明甘肃鼢鼠对农业的危害。甘肃鼢鼠啃食萝卜、马铃薯等块根和块茎类农作物，严重毁坏作物并造成大量减产；在小麦的整个生长期内，甘肃鼢鼠盗食幼苗、贮存大量的小麦种子，导致小麦断苗、减产等。据调查，在陕北安塞县，因甘肃鼢鼠危害，小麦、谷糜类、豆类和薯类每亩减产粮食 5～10 千克。在中药材种植地，甘肃鼢鼠降低了当归和黄芪等中药材的出苗率，造成地道中药材的大减产等危害。

2. 对草地的危害　甘肃鼢鼠通过挖洞、啃食牧草等活动对牧草生产力和草场造成巨大的破坏。在宁夏海原县南华山天然草场，甘肃鼢鼠密度为 12～20 只/公顷，平均为14.5 只/公顷，土丘数达 30～40 个/公顷，土丘覆盖率达 20%～30%。地下洞道纵横交错，地面土丘星罗棋布，原生植被遭到破坏，土壤水分和肥力下降，禾本科和莎草科等牧草减少，杂类草大量滋生，次生裸地扩大，草原严重退化。在陕北的人工草场，由于甘肃鼢鼠的危害，苜蓿的受害率高达 25%～50%，红豆草、沙打旺和柠条等人工牧草也深受其害而难以长期保存。

3. 对林业和果树的危害　甘肃鼢鼠对果树幼苗的危害很大，多发生在幼苗移栽后 1～3 年内，集中在春、秋两季，但以春季为主。危害多发生在 5 月上旬，被害油松针叶发黄、似火烤状。据多地调查，苹果树的年平均被害死亡率为 10%，桃、杏树苗的年平均被害死亡率为 20%，山楂树苗的年平均被害死亡率为 30%。甘肃鼢鼠对人造针叶幼林地的危害也很严重。据甘肃省林业局的资料，甘肃鼢鼠常将多年的油松幼苗的根系全部吃掉，只需用手轻轻一拔就可以把树苗整个拔出地面，危害甚为严重。

（五）防治技术

甘肃鼢鼠给农林牧业生产带来了巨大的危害，为了降低其危害，人们采用了多项防治技术对其进行治理。

1. 农业防治　可通过间种、套种等技术，种植甘肃鼢鼠不喜食或不食的植物种类进行防治。如有研究表明，林间套种荏子可使甘肃鼢鼠密度下降 87.01%、危害率下降95.23%。增加土壤沙质比例，提高土壤的坚硬度，破坏适于其栖息的有利场所进行防治，通常也被认为是较为有效的防治手段。如王明春发现翻耕抚育可使甘肃鼢鼠密度下降73.1%。另据研究，杂草是甘肃鼢鼠生命活动中主要的食物来源，甘肃鼢鼠明显回避无草环境，人工或化学除草可使甘肃鼢鼠密度下降 79.36%、树木被害率下降 81.32%。因此，在生产实践中，可采取加强农田基本设施、蓄积天然降水、作物轮作倒茬以及使用化学除草剂等综合措施来加以防治。

2. 生物防治　与其他鼢鼠防治措施类似。

3. 物理防治　传统的物理杀灭方法为地箭法，亦可用弓形夹捕打。常用的有 0 号和 1号弓形夹，方法是先通开食眼，留作通风口，继而顺着草洞找到常洞，在常洞上挖一洞口，再在洞道底挖一圆形浅坑。然后，将弓形夹支好，置于坑上，踏板对着鼠前进的方向；也可以将弓形夹与洞道垂直布放，确保两个方向跑来的鼠均能被夹住。在鼠夹上轻轻撒些细土，将夹链用木桩固定于洞外地面上，最后用草皮将洞口盖严。近水源的地区，还可以采用水淹法进行防治。

4. 化学防治　一般采用大隆，溴敌隆，C、D 型肉毒素，以及不育剂（甲基炔诺酮）等化学药物制备成诱饵进行防治。诱饵最好用大葱、马铃薯和胡萝卜等多汁的蔬菜，或采用部分有浓烈香味的中药材如当归、黄芪和甘草等作诱饵。如果考虑成本则选择前者的情况较多。毒饵法毒杀甘肃鼢鼠的关键是投饵方法，一般常用的有 2 种方法。①开洞投饵法：在甘肃鼢鼠的常洞上，用铁铲挖出一个上大下小的洞口（下洞口不宜过大），把落到洞内的土清除干净，再用长柄勺把毒饵投放到洞道深处，最后将洞口用草皮严密封住。这种方法在较紧实的草地、林地下使用效果较好。②插洞投饵法：用一根一端削尖的硬木棒，在甘肃鼢鼠的常洞上插出一洞口，插洞时注意不要用力过猛，插到洞道上时，有一种下陷的感觉，这时停止向下插入，轻轻转动木棒，然后小心地提出木棒，以防周围土层塌陷，用勺取一定数量的毒饵，投入洞内。最后，用湿土捏成团，把洞口堵死。这种方法在松软的草地、农区等使用效果最佳。

五、达乌尔黄鼠

（一）分类与分布

1. 分类　达乌尔黄鼠（*Spermophilus dauricus*），别名黄鼠、蒙古黄鼠、草原黄鼠、豆鼠子及大眼贼，属于啮齿目松鼠科黄鼠属的一种地栖啮齿动物（图 4-8）。

2. 分布　达乌尔黄鼠为群体散居性动物，广泛分布于中国北部以及西北部的草原和半荒漠等干旱地区，如东北、内蒙古、河北、山东、山西、陕西、青海、宁夏和甘肃等地，此外，蒙古国和俄罗斯境内也有一定分布。

图 4-8　达乌尔黄鼠

（二）形态

1. 外形　达乌尔黄鼠体型肥胖，体长 163～230 毫米，体重 154～264 克。头大眼大。耳郭小，耳长 5～10 毫米、成嵴状，乳突宽 20.3～22.2 毫米。前足掌部裸露，掌垫 2 枚、指垫 3 枚。后足长 30～39 毫米，后足部被毛，有趾垫 4 枚。除前足拇指的爪较小外，其余各指的爪正常。尾短，不及体长的 1/3（40～75 毫米），尾端毛蓬松。雌体有 5 对乳头。

2. 毛色　脊毛呈深黄色，夹杂黑褐色。背毛根部灰黑，尖端黑褐色。头部毛比背毛深，两颊和颈侧腹毛之间有明显的界线。颔部为白色，眶周具白圈，耳壳黄灰色，颈、腹部为浅白色，后肢外侧以及尾部毛色与背毛一致。尾短，有不发达的毛束，末端毛呈现出黑白色的环。四肢、足背面为沙黄色，爪黑褐色。毛色随地区、年龄、季节等不同而变，一般幼鼠色暗无光泽。夏毛色较深，冬毛色浅，夏毛长度短于冬毛。偶见白色黄鼠，为白化种。

3. 头骨　头骨粗短，扁平稍呈方形；颅骨呈椭圆形，颅长 41.6～50.5 毫米，不及长尾黄鼠的长度。吻端略尖，吻较短，鼻骨前端较宽大，眶上突的基部前端有缺口，眶后突粗短，眶间宽 8.2～10.4 毫米。颧骨粗短，颧宽 23～30.2 毫米。颧弧不甚扩展，宽仅为颅长的 58.9%。颅顶明显呈拱形，以额骨后部为最高。无人字嵴，颅腹面，门齿无凹穴。前颌骨的额面突小于鼻骨后端的宽，听泡长约 11 毫米，纵轴长于横轴。鼻骨长 14.1～17.0 毫米，约为颅长的 34%，其后端中央尖突，略为超出前颌骨后端，约达眼眶前缘水平线。眼眶大而长，和发达的眼球有密切的关系。

（三）生活习性

1. 栖息地　达乌尔黄鼠为地栖型松鼠科啮齿类，通常分布在低山丘陵或平原地带的以禾本科、菊科及豆科植物为主的典型草原生态系统。主要栖居于景观较开阔、环境较干旱的沙质土壤地带及靠山缓坡地带的干草原及其毗连的滩地上。

达乌尔黄鼠在各种栖息地内的密度，随季节变化和食物条件不同而有较大的变动。当农作物播种 1 个月左右，即立夏阶段，一部分鼠迁往耕地内，到秋季作物成熟时，又迁至原住地。由于繁殖和迁移的缘故，一个区域内的达乌尔黄鼠居住密度在不同季节内有很大的变化，早春荒滩地较多，到春末夏初有半数迁入农田或邻近路边。

在农业地区，达乌尔黄鼠尤喜栖居于农田田埂、地格、路基、坟地及年代不久的撂荒地中。在草原牧区的最适栖息地多为居民点周围。一方面居民点周围牲畜经常走动，粪便较多，粪便多可招来更多的鞘翅目昆虫，而达乌尔黄鼠在入蛰前喜食昆虫。另一方面，这些地方牧草较低矮，视野开阔，容易发现天敌。在耕地栖息时则喜欢在地格、坟地和路旁等地方挖掘洞穴，因为这些地方食物丰富，昆虫较多，但不喜欢在高草地区或植被覆盖度较大的低洼地区挖掘洞穴。在丘陵地区喜欢在较高的地区挖掘洞穴，这里除易于发现天敌外，还可以防止雨水流入洞内。

2. 洞穴　成体除在繁殖期偶有雌雄同居现象外，其余时间皆为独居。雄鼠巢穴一般为球形，巢高 18～19 厘米，巢深 6～8 厘米，内径 8～12 厘米，外径 17～21 厘米。雌鼠巢穴为盆状，巢高 11～13 厘米，巢深 6～8 厘米，内径 8～12 厘米，外径 17～20 厘米，2 种巢穴的结构无太大差别。雌鼠巢较细软密集，雄鼠巢粗糙。巢材一般由马唐、狗尾草、尖草及谷子叶等组成，内壁有黑豆、黄豆叶、甜苣及刺蓟等花序，巢材重 184～307 克。

每只达乌尔黄鼠都占有 1 组洞穴，洞分为临时洞和栖息洞。1 只达乌尔黄鼠至少有 1 个栖息洞和数个乃至十数个临时洞。临时洞为洞外活动或觅食时避难场所，临时洞的数量往往和土质、鼠密度及天敌的数量有密切关系。临时洞通常挖掘在居住洞或饲料场的周围，结构较简单，只有 1 条斜下洞道，有时有 1～2 个分支，洞长 1 米左右，无窝巢，有的有 1 个小空室。栖息洞根据用途不同可分为夏用洞和冬眠洞。依季节不同，夏用洞可改建为冬眠洞，冬眠洞亦可改建为夏用洞。夏用洞是黄鼠出蛰后营地面活动期间居住的洞穴。洞口直径 5.8 厘米左右，洞道斜下，有一至数个分支，洞长 3～5 米，洞深 1.5～2.0米，多数有 1 个窝巢，窝巢直径 20 厘米左右，窝巢内垫以干草。在幼鼠分居期由母鼠挖掘 2～3 个居住洞，将 2～3 只幼鼠分为 1 组，分别送到新挖的居住洞内居住。母鼠在远离幼鼠居住的地方另造新的居住洞。冬眠洞洞道和窝巢都较深，窝巢均在冻土层以下。窝巢下端有 1～3 个分支，1 个为厕所，另 1～2 个为盲道。洞长 3～5 米，洞深 1.8～2.5 米，窝巢有大量干草。在窝巢上端有一垂直于地面的出蛰洞道，终止于距地面 30～50 厘米处，形成盲端，翌春后由此挖出地面出蛰。冬眠前，将洞口用土堵死，造成一个封闭的环境，以防止冬眠期天敌的危害，也可以维持洞内温度的恒定。

3. 食物　达乌尔黄鼠以植物性食物为主，主要取食农作物和牧草等植物的绿色部分及种子，春季出蛰后以蒿类的根茎为食，秋季偶尔也会捕食昆虫、青蛙和小型鼠类等。草原达乌尔黄鼠一般喜食蒙古葱、猪毛菜、阿尔泰狗娃花、冷蒿及乳白花黄芪，不取食禾本科植物如针茅、冰草及羊草。农区达乌尔黄鼠主要取食农作物的幼苗、瓜果、蔬菜、杂草和作物种子。成年黄鼠平均日食鲜草 160.8 克（干重 41.57 克），幼年黄鼠平均日食草量 115.77 克（干重 29.53 克）。

4. 活动规律　达乌尔黄鼠营昼行性活动，偶尔也会夜间出洞觅食。活动规律受季节变化影响明显，不同的季节黄鼠每日地面活动的时间也不同。4—5月中旬，日活动高峰在12—15时；6—8月，每日有2个活动高峰，分别是9—11时和16—18时。此外，黄鼠日活动规律还与温度有关，气温上升到20～25℃，地面温度在30℃时最活跃；气温高于30℃、地温高于35℃或气温和地温低于10℃、风速大于5m/s的阴雨天活动明显减少。达乌尔黄鼠的活动范围一般在100米以内，幼体的活动距离要大于成体，雌雄成体活动距离平均为89米，幼体活动距离为98～99米。活动距离大小呈现季节性变化，春季的活动较夏季频繁，个体间接触广泛，尤其是交配时期，成体每天出洞活动次数可达65次之多，此时活动范围也增大，有时跑到距洞300～500米处。两性成体在4月的活动距离最大，5—7月较小；而未成年鼠的活动距离则是7月增大，8月变小，9月又有所扩大。

栖息环境基本上是稳定的，春季交尾期过后便定居下来，一般不再迁移。雌鼠的巢区一般要大于雄鼠的，如5—8月成年雄鼠的巢区面积为（3 807.2±640.3）米²，而成年雌鼠则为（4 192±948.7）米²。在密度高时，领域性不太明显。

5. 生长繁殖　达乌尔黄鼠每年繁殖1次，从3月末出蛰后，4月中旬雄性睾丸下降率高达100%，频频鸣叫，雌雄彼此追逐，寻找配偶。交配完成后，雌体进入妊娠期，妊娠率达92%以上，妊娠期约为28天。不同生境和不同年龄组的雌鼠，妊娠率没有差别。每胎产仔数5～6只，最多怀胎16～17只，最少2只。而根据子宫斑数的统计平均为7.19个，说明达乌尔黄鼠在怀胎过程中，胚胎有吸收现象，平均吸收率为10.6%。不同生境、不同年龄组之间的达乌尔黄鼠怀胎数没有显著差异。

通过B超观察发现，孕前母体子宫角上下一般粗，透明呈乳白色；受孕2～3天时，子宫角上即出现圆而透明的胚胎，直径约2毫米；第5～6天，胚胎长5～6毫米；第10天，胚胎10毫米左右；第20天，胚胎长20～25毫米；第28天，胚胎长32～35毫米，宽25毫米，重5～6克。可见早期胚胎发育较慢，后期则较快。

雌鼠从5月中旬先后开始分娩，6月中旬结束，分娩期持续约25天。初生幼鼠呈肉红色，无齿，无毛，眼未睁开。产后10天左右，仔鼠背部生毛，体长65～78毫米，体重12～16克，20天左右仔鼠开始长出牙齿，睁开眼睛，体长80～100毫米，体重24克左右。6月下旬为幼鼠哺乳盛期，可见母鼠带领幼鼠在地面活动。分娩后28天左右幼鼠开始独立取食。34～36天，幼鼠分散打洞，先后开始分居，至7月则大量分居独栖。黄鼠从交配到幼鼠分居历经2个多月时间，幼鼠分居后不久，母鼠另挖新洞，做入冬准备。

正常达乌尔黄鼠种群的雌雄性比接近1∶1，但不同年龄组之间的性比则有差别，1龄以内幼鼠常常雌少雄多，2龄鼠的雌雄占比接近，3龄鼠以上则是雄少雌多。幼鼠占种群数量的58.18%，1～6龄鼠占比分别为18.64%、12.06%、5.48%、3.44%、1.62%和0.58%。

6. 种群数量动态

（1）季节与年际动态　达乌尔黄鼠有冬眠习性，一年内只有6个月的活动时间，大部分时间在休眠中度过。多数在9月末至10月中下旬入蛰，翌年在2月中旬至4月上旬出蛰。入蛰的顺序是先雄后雌，最后是当年生幼鼠。入洞后即将通往窝的洞道堵塞，屈身蜷伏巢内，前肢紧抱头吻部，头部、臀部弯曲衔接成椭圆形，以侧卧姿势入眠。冬眠时达乌尔黄鼠代谢水平大大降低，各项生命活动基本接近停止，如呼吸次数从每分钟 $100 \sim 360$ 次降到 $10 \sim 16$ 次；心跳次数从每分钟 $100 \sim 350$ 次降到 $5 \sim 19$ 次，当体温在 2.5℃时每分钟心脏仅跳动 5 次。有的个体除冬眠外，尚有一个短期夏蛰。

达乌尔黄鼠出蛰时间的早晚受地理位置影响较大，一般高纬度地区出蛰晚，低纬度地区出蛰较早。如陕西关中平原和山西南部一带，2 月中旬就可见到出蛰的黄鼠活动；陕北黄土高原 3 月中旬出蛰；山西北部、内蒙古呼和浩特地区 3 月下旬出蛰；内蒙古锡林浩特、正镶白旗 4 月上旬才出蛰，最迟可延至 5 月上旬。达乌尔黄鼠出蛰顺序是先雄后雌，雌鼠一般在雄鼠出蛰后 $10 \sim 20$ 天出蛰。出蛰有 2 个高峰，第 1 个高峰在"清明"节后，为雄鼠；第 2 个高峰在"谷雨"节前，为雌鼠。亚成年鼠出蛰时间更晚一些。

气候对达乌尔黄鼠出蛰的时间也有较大的影响。春季气温逐日回升，日平均上升 $2 \sim 5$℃，地面温度 $4 \sim 6$℃，地中 1 米深处温度 2℃左右时，雄鼠开始出蛰；当气温上升到 10℃，地表温度升到 12℃以上，雌鼠也出蛰。刚出蛰的达乌尔黄鼠，遇到气温骤降，也会产生反蛰现象，反蛰期间不吃食物。当气温下降至 0℃以下，风速超过 5m/s 时，出蛰就会中断。当气温回升到 3℃以上时，又见出蛰，气温回升达 5℃时，出蛰数量较稳定。

（2）种群动态模型　根据吉林省 14 个市（区）1953—1994 年达乌尔黄鼠密度监测资料，利用折线求出黄鼠密度转变年份和动态模型（表 4-5）。研究发现，42 年间黄鼠密度的变化分为 2 个阶段，1953—1954 年为黄鼠密度从原始状态经灭鼠后迅速下降阶段，1955—1994 年为黄鼠平均密度稳定在 1 只/公顷以下阶段。最后，用移动平均数法和折线回归对黄鼠密度进行预测。

表 4-5　达乌尔黄鼠密度转变年份和动态模型

年份	密度（只/公顷）	年份	密度（只/公顷）	年份	密度（只/公顷）	年份	密度（只/公顷）
1953	19.02	1963	0.53	1975	0.14	1985	0.65
1954	4.80	1964	0.33	1976	0.19	1986	0.70
1955	0.51	1965	0.31	1977	0.76	1987	0.57
1956	0.06	1966	0.11	1978	0.91	1988	0.73
1957	0.68	1967	0.05	1979	0.76	1989	0.74
1958	0.65	1968	0.95	1980	0.55	1990	0.60
1969	1.11	1971	0.29	1981	0.49	1991	0.53
1960	1.13	1972	0.50	1982	0.81	1992	0.59
1961	0.85	1973	0.53	1983	0.75	1993	0.56
1962	0.79	1974	1.40	1984	0.66	1994	0.60

（四）危害

达乌尔黄鼠是一种危害比较严重的鼠类，常通过摄取鲜嫩汁多的茎秆、嫩根、鳞茎、花穗为食，咬断根苗，吮吸汁液，使幼苗大片枯死。在春季喜挖食播下的种子的胚和嫩根，夏季嗜食鲜、甜、嫩、含水较多的作物茎秆，秋季贪吃灌浆乳熟阶段的种子。从危害发生范围看，常以洞口为中心成片危害，一般麦田损失 10% 左右，严重地块可达 80%。达乌尔黄鼠是鼠疫耶尔森菌的主要天然宿主，能传播鼠疫、沙门氏菌病、巴氏杆菌病、布鲁氏菌病、土拉伦菌病、森林脑炎、钩端螺旋体病等，对农业生产和人民群众生命健康有严重危害。

（五）防治技术

1. 生态治理　强化部门协作，推动农业、林业和草原、交通、铁路、部队等多部门联动，集中人力、财力、物力，形成全社会参与防治达乌尔黄鼠的工作合力。同时，结合林业六大工程、小流域治理、农田基本建设和农村五荒地承包等政策，开展植树造林，因地制宜扩大水浇地生产作业，减少土地撂荒，有效控制地间荒界，压缩黄鼠的栖息地和生存空间。

2. 保护天敌　作为生态系统食物链的一部分，达乌尔黄鼠是许多食肉动物的食物来源。通过引入天敌或为达乌尔黄鼠的天敌营造良好生存环境，进而依靠生物之间的自然力量控制害鼠是一种生态效用较高的防治方式。首先，要加大保护宣传，严格进行野生动物保护执法，严厉打击乱捕滥猎狐、鼬、猛禽等天敌的违法行为，确保达乌尔黄鼠天敌种群数量保持在合理的生态需求区间。其次，尽可能地为天敌创造良好的栖息环境，植树种草，恢复植被，最终达到自然控制。

3. 化学防治　应根据达乌尔黄鼠的生物学特性，选择合适的时机采用不同的化学药物进行防治。每年的春季（4—5 月）是达乌尔黄鼠出蛰后的交配期，是其活动的最盛时期；同时，由于此时草尚未返青，食料比较缺乏，正是母鼠与仔鼠对不良条件抵抗力较弱的时候，是使用药剂杀灭黄鼠的最佳时机。常用的灭鼠方法有毒饵灭杀和药水灭杀 2 种。

（1）毒饵灭杀　用 5%～10% 磷化锌和小麦、玉米等粮食配制成毒饵进行防治。不同粮食配制的毒饵投放量有所不同，如小麦毒饵的投饵量一般为 10～15 粒，玉米毒饵 8～10 粒，豆类毒饵 5 粒左右。常用的毒饵投放方式有条带投放、飞防和洞口内投放等。条投时，可按行距 30～60 米投放，也可在达乌尔黄鼠洞外约 16 厘米处投放；飞防时，间隔 40 米，喷幅 40 米，于 5 月中旬喷撒为宜，毒饵量一般为 6.0 千克/米²；如果在夏季使用带油的毒饵，为避免毒饵风干或被蚂蚁拖去，可将毒饵投入洞中。用 0.3% 敌鼠钠盐油葵或小麦毒饵，或 0.01% 大隆油葵或小麦毒饵灭杀，防治效果分别可达 94.29% 和98.28%。用 0.1% 敌鼠钠盐玉米毒饵，防治效果可达 95%。采用毒饵消灭达乌尔黄鼠时，毒饵要求新鲜，并选择晴天投放，阴雨天会降低毒效。夏季时（6—7 月），由于植物生长茂盛，食物丰富，其会拒食人工投放的任何饵料，故不能使用毒饵杀灭。

（2）药水灭鼠　夏天采用液体药物（药水）灭杀效果较优，尤其是在高温干旱地区。由于达乌尔黄鼠是营昼行性动物，外出活动时间正是一天中气温最高的时间，因此液体药物比颗粒或粉末药物更具诱感力。在气温不低于 12℃ 时，可使用氯化苦进行熏蒸灭杀，也可用磷化铝 2 片或磷化钙 10～15 克，直接投入达乌尔黄鼠洞中，灭杀效果较好。投放磷化钙时，需加水 10 毫升，之后立即掩埋洞口，灭效更好。此外，还可用烟雾炮进行灭杀，每洞投放 1 只即可。但也有一定的弊端，如易蒸发、放置时间较短等问题。

4. 机械捕杀　与化学药物灭鼠法相比，机械捕鼠法具有无毒副作用、不污染环境及对其他生物无害等特点，一直以来都受到人们的青睐。常用的机械捕鼠方法有置夹法、笼捕法和弓形夹法等，置夹法操作简单，可进行大范围、大规模捕鼠。但由于达乌尔黄鼠警惕性很高，若鼠夹有油腻、铁锈、血腥或是新夹子等情况，很容易被其识别，故捕鼠率不高。笼捕法捕鼠率较高，还可捕到活鼠，可以为达乌尔黄鼠活体研究提供材料，但其操作较复杂，费工、费时，不宜大规模捕鼠。而弓形夹法操作简便，将弓形夹直接置于达乌尔黄鼠洞口，不需特别伪装，就可收到良好的捕杀效果。

六、大林姬鼠

（一）分类与分布

1. 分类　大林姬鼠（*Apodemus peninsulae*），俗名林姬鼠、山耗子及朝鲜林姬鼠等，隶属啮齿目（Rodentia）鼠科（Muridae）姬鼠属（*Apodemus*）。

2. 分布　广泛分布于中国的黑龙江、吉林、辽宁、山东、河北、山西、内蒙古、青海、新疆、宁夏、云南、四川及西藏等地，日本、朝鲜、蒙古国及俄罗斯阿尔泰边疆地区也有分布。

大林姬鼠是东北林区的优势鼠种，不论是原始林区或新、老采伐迹地，其种群数量一般都比较大。因为喜食种子，故常危害天然林和人工林的更新，如对红松首播的危害，其居于首位，所以对该鼠的生物学习性的基础研究十分必要。

（二）形态

1. 外形　大林姬鼠身体细长，体长 70～120 毫米，体重可达 50 克以上，与黑线姬鼠相仿，尾长与体长等长，尾鳞裸露，尾环清晰。耳较大，向前拉伸可达眼部。前后足各有 6 个足垫。雌鼠腹面有 4 对乳头（图 4-9）。

2. 毛色　随季节而变化，体背部夏毛颜色一般较暗，呈黑褐色，无黑色条纹，大多数毛的毛基为深灰色，毛尖黄棕色或略带黑色，其间夹杂有较多全黑色的毛。冬毛颜色较夏毛浅，体背部呈灰黄色，腹部及四肢内侧毛比背毛色淡。尾背面棕褐色，腹面白色。足背和下颌均为白色。

图 4-9　大林姬鼠

3. 头骨　较宽大，吻部稍圆钝（图 4-10）。颅全长 22～30 毫米，有眶上嵴，枕骨比较陡直，从顶面看只见上枕骨的一小部分，与黑线姬鼠相反。牙齿第 1 臼齿的长度等于第 2、3 臼齿的长度之和，第 1、2 臼齿的咀嚼面具 3 条纵列丘状齿突，或被横列的珐琅质板条，第 3 臼齿呈三叶状。

4. 主要鉴别特征　大林姬鼠体形细长，尾长几乎和体长相等，耳朵较大，体色黑褐色或棕黄色（视季节不同）。大林姬鼠和黑线姬鼠都是我国农林地区的优势鼠种，两者外观形态极其相似，但黑线姬鼠在体背面通常有一条明显的黑色纵纹；两者的分布和食物也有所不同，大林姬鼠主要分布在阔叶林和针阔混交林区，主要取食植物茎叶和果实，而黑线姬鼠一般分布在灌丛、农田草地及草甸区，以农作物种子为主要食物。

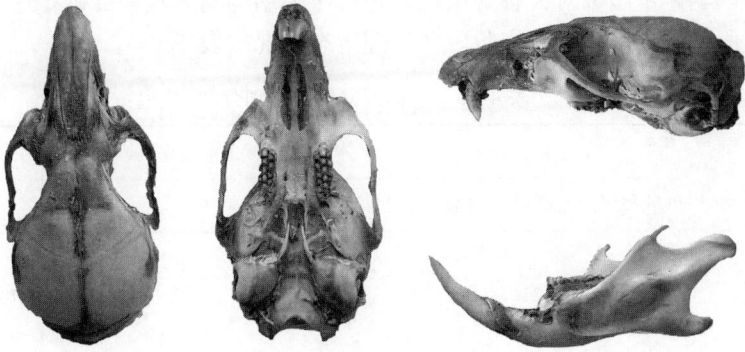

图4-10 左为大林姬鼠头骨背面，右为大林姬鼠头骨侧面

（三）生活习性

1. 栖息地 大林姬鼠是林区的常见鼠种，常栖息于林区、灌丛、林间空地及林缘地带的农田。与小林姬鼠相反，尤喜较干燥的森林。从垂直分布看，在海拔300~600米的森林中，大林姬鼠种类组成占比高达45.5%。若海拔高度大于或低于这个数值，其数量占比则明显降低。在栎林里多营巢于岩缝中，在混交林内常建巢于树根、倒木和枯枝落叶层中。

2. 巢穴 大林姬鼠的筑巢习性往往因环境而异，栎林里多营巢于岩缝中；在混交林等其他林内常建巢于树根、倒木和枯枝落叶层中，用枯草落叶做巢；当冬季地表被厚雪覆盖后，其可在雪层下活动，地表留有洞口，地面与雪层之间有纵横交错的洞道。雄性的巢区面积一般大于雌性，巢区内尚有一块活动频繁的核心区。

3. 食物 大林姬鼠一般喜食营养丰富的植物种子和果实，尤其喜食松子、榛子、剪秋萝和刺玫果等，偶尔也会食用昆虫，但很少取食植物的绿色部分。采食时有挖掘种子的能力，能将没有吃完的食物用枯枝落叶及土块等掩埋，留作下次觅食时享用。

大林姬鼠主要以植物种子为食，由于植食的特性，其消化道形态具有对应的特点。通过观察大林姬鼠的消化道，发现其小肠长度最长，盲肠与结肠之间没有明显的弯曲、螺旋结构，这些特点都与大林姬鼠的食性有关。

4. 活动规律 大林姬鼠主要以夜间活动为主，但偶尔也见白天活动。雄性的平均活动距离为76.3米，雌性平均为61.3米。

5. 巢外活动昼夜节律 动物的昼夜活动节律是其对环境的高度适应，除遗传因素外，还受食物、性别、繁殖状态、社群关系，以及季节、天气状况等诸多因素的影响。大林姬鼠昼夜均有巢外活动，但以夜间活动为主，夜间活动时间显著长于昼间。其一天出现2个活动高峰，分别是2:00—4:00和19:00—22:00。昼间大林姬鼠的取食、饮水活动几乎是其巢外活动的全部内容，而在夜间，取食、饮水时间只占巢外活动量的一部分。

6. 年龄划分 由于大林姬鼠的寿命短，其主要生长指标能够较好地反映鼠体年龄。对大林姬鼠较易测量的7项生长指标（体重、胴体重、体长、尾长、后足长、耳长、尿道口至尾基的长度）进行主成分分析，确定各指标对鼠体生长的代表性及对鉴定年龄的适合性。最终确定以胴体重指标对大林姬鼠进行种群年龄结构划分较为准确，这是因为胴体重能够反映出其所处的不同生长发育阶段和生理生态状况（表 4 - 6）。

表 4 - 6 大林姬鼠年龄组划分

年龄组	体重（BM）范围（克）	
	雌鼠	雄鼠
幼年组	$BM<11.0$	$BM<14.0$
亚成年组	$11.0 \leqslant BM<17.0$	$14.0 \leqslant BM<18.0$
成年 I 组	$17.0 \leqslant BM<22.0$	$18.0 \leqslant BM<24.0$
成年 II 组	$22.0 \leqslant BM<27.0$	$24.0 \leqslant BM<32.0$
老年组	$BM \geqslant 27.0$	$BM \geqslant 32.0$

7. 繁殖特征　每年的 4 月，大林姬鼠开始进入繁殖期，6 月为繁殖盛期。每年可繁殖 2～3 胎，每胎产仔 4～9 只。其种群数量的年变化波动非常明显，一般 4—6 月为种群数量上升期，7—9 月达到种群数量高峰期，10 月种群数量又开始下降。

8. 贮食行为　食物贮藏是动物为应对周期性食物资源短缺的一种适应性行为，对动物的生存和繁衍起着重要的作用。集中贮藏和分散贮食是啮齿动物所采取的主要贮食方式。同种和异种动物的盗食是贮藏食物失败的重要原因。自然条件下，异种间盗食往往是不对称的，即一种动物可以盗食另一种动物贮藏的食物，但是反过来却不易发生。贮食动物在进化中形成了一系列避免盗食和保护贮藏食物的策略。

大林姬鼠和社鼠具有相似的生境需求和食物组成，是常见植物的种子捕食者和传播者。大林姬鼠具有分散和集中的贮食行为，社鼠仅具有集中贮藏行为。研究表明，大林姬鼠和社鼠间存在不对称性的盗食行为，即社鼠能盗食大林姬鼠分散贮藏的食物，但大林姬鼠不能盗食社鼠集中贮藏的食物。在和社鼠长期共存的过程中，个体偏小、处于相对弱势的大林姬鼠如何应对社鼠的盗食压力？室内模拟研究发现，在社鼠盗食压力下，大林姬鼠会采取一系列反盗食行为策略：①减少贮食；②转变贮藏方式，分散贮藏与集中贮藏之比发生了显著变化，更倾向于集中贮藏；③大林姬鼠将部分分散贮藏的种子（占 30.88%）搬入巢穴贮藏；④选择盗食风险低的贮藏位点，避开盗食风险高的区域。这说明种间盗食对具有分散贮食习性的大林姬鼠贮食行为有一定影响，在盗食压力下进化出的反盗食行为策略对其生存和繁衍至关重要。

9. 种群数量的季节与年际动态　大林姬鼠有季节性迁移的习性，在每年春季 5 月开始由林内迁向迹地，秋季 9 月又由迹地迁返回林内。大林姬鼠在林地中的分布格局为聚集分布型，聚集的基本单位为个体群。在时间序列上，每年的 4—5 月，大林姬鼠的种群密度低而聚集度高；9 月密度增高且聚集度达到最高；10 月密度达到最高而聚集度最低。由于 4—5 月和 9 月是大林姬鼠种群聚集度的两个高峰，这两个时间段是对其进行防治的最佳时期，可达到良好的防治效果，降低对植被的危害，达到水土保持的目的。

（四）危害

大林姬鼠是林区的主要害鼠，多活动于山地针阔混交林以及针叶林林缘灌丛地带，以植物的种子和绿色部分为食，在食物缺乏时也会啃食林木幼苗或取食草根，造成大量林木枯死，植被减少，引起严重的经济和生态危害。此外，大林姬鼠还是脑炎病毒和汉坦病毒等多种疾病病原体的宿主，传播森林脑炎和流行性出血热等人畜共患病，对人类和牲畜的健康造成巨大的危害。

（五）防治技术

大林姬鼠对林业生产危害较大，采用的防治技术较多，一般采用以下几种：

1. 物理方法　利用物理学原理（力学平衡原理和杠杆作用）制成捕鼠器械。捕鼠器械大致可分为夹类、笼类、压板类、刺杀类、水淹类、扣捕类、超声波类、电子捕鼠器类和粘鼠类等。

2. 化学药物灭鼠法　利用药物灭鼠，方法简单，速效、省工、省时，但易产生抗药性，污染环境，杀害天敌，不安全。化学灭鼠药包括胃毒剂、熏杀剂、驱避剂和绝育剂等。其中，以胃毒剂的使用最为广泛，使用方式是制成各种毒饵，用法简单，效果好。目前，主要应用的抗凝血类杀鼠剂有溴敌隆、大隆（敌鼠隆）等，磷化锌可用于拌种。

3. 生物防治法　利用 C、D 型肉毒梭菌蛋白毒素开展生物毒素杀鼠剂，灭鼠效果平均在 85% 以上。

4. 不育剂防治　近年来，国际社会越来越提倡对有害动物的控制要秉承无公害、无污染、环保安全、可持续的理念，加之动物福利的要求，有害动物的不育控制技术得到了前所未有的发展。如大量的研究发现植物源复合不育剂 ND-1 对多种啮齿动物的繁殖有显著的抑制作用，能达到抗生育的效果，可以作为林业生产中防治大林姬鼠危害的不育剂。

七、花鼠

（一）分类与分布

1. 分类　花鼠（*Tamias sibiricus*），是啮齿目（Rodentia）松鼠科（Sciuridae）的花鼠属、东美花鼠属和花松鼠属 3 个属共计 20 多种动物的通称，因体背有数条明暗相间的平行纵纹而得名，别名桦鼠子、五道眉、花狸棒以及花栗鼠等。花鼠是一种农林害鼠，但其皮毛美观，具有一定的经济价值，同时玲珑可爱、易驯养，具有一定的观赏性，亦可食用和入药，已被列入国家林业局 2000 年 8 月 1 日发布的《国家保护的有益的或者有重要经济、科学研究价值的陆生野生动物名录》。

2. 分布　花鼠广泛分布于中国的黑龙江、吉林、辽宁、内蒙古、新疆、河北、山西、陕西、甘肃、青海、四川、河南地区。前苏联西伯利亚至乌苏里和萨哈林岛及朝鲜和日本北部等地区也有其分布。

（二）形态特征

1. 外形　花鼠个体较大，体长约 15 厘米，尾长约 10 厘米，成体体重 100 克以上（图 4-11）。

图 4-11　花鼠

花鼠面部有颊囊，可以储存食物。耳壳发达、无簇毛。尾毛蓬松，尾端毛较长。前足掌裸，具掌垫 2 枚，趾垫 3 枚；后足掌被毛，无掌垫，具指垫 4 枚。雌鼠乳头 4 对，其中胸部 2 对、鼠鼷部 2 对。

2. 毛色 花鼠头部至背部毛呈黄褐色，臀部毛橘黄或土黄色，因其背上有 5 条纵纹，俗称五道眉花鼠。其中正中 1 条为黑色，自头顶部后延伸至尾基部，其外 2 条为黑褐色，最外 2 条为白色，均起于肩部，终于臀部。尾毛上部为黑褐色，下部为橙黄色，耳壳为黑褐色，边上为白色。

花鼠每年换毛 2 次，第 1 次换毛发生于春夏交季时，换毛时间较长，从 4 月下旬，雌鼠还在妊娠期间就开始换毛，5 月下旬至 6 月是换毛的盛期。换毛时先从额部开始，逐渐延至背部及股外侧，臀部正中以及近尾根处换毛最晚。第 2 次换毛时间是夏末秋初，一般从 8 月上旬开始。

3. 头骨 花鼠头骨轮廓为椭圆形，头颅狭长，脑颅不突出。下颌骨粗壮，颧弓中颧骨向内侧倾斜未呈水平状。上颌骨的颧突呈横平。吻部较短。鼻骨前伸超过上门齿。眶间及后头部平坦，眶上突尖而细弱。腭孔细小，紧位于上门齿之后。听泡发达。

4. 牙齿 花鼠的牙齿计为 22 颗。上门齿短粗且呈凿状。第 1 上前臼齿细小，紧贴第 2 上前臼齿前内侧。臼齿 3 枚。下颌门齿细长。下前臼齿 1 枚，臼齿 3 枚，依次变大。

5. 主要鉴别特征 花鼠体型中等，体长 150 毫米左右，较岩松鼠小。尾长短于体长。尾毛长而蓬松，呈帚状，并伸向两侧。四肢略长，耳壳明显露出毛被外。前足掌裸露，掌垫 2 枚，指垫 3 枚。后足蹠部具趾垫 4 枚，无蹠垫。爪灰褐色，爪尖白色。面部具颊囊，吻较圆宽，耳壳明显。具有 4 对乳头。

（三）生活习性

1. 栖息环境 花鼠栖息生境较广，在平原、丘陵、山地的针叶林、阔叶林、针阔混交林以及灌木丛较密的地区都有分布。一般栖息于林区及林缘灌丛和多低山丘陵的农区，多在树木和灌丛的根际挖洞，或利用梯田埂和天然石缝间穴居 2~5 年，是我国小兴安岭地区阔叶红松林下重要的啮齿动物类群。

2. 洞穴 花鼠多数在地下掘洞栖息，也营巢于树洞甚至侵占人们用来招引益鸟的人工巢箱，属于半地栖、半树栖的物种。其洞可分为春夏洞与越冬洞两类，春夏洞穴无贮粮室（或越冬的贮粮室被堵塞），巢室较浅，最短的巢室距地面垂直距离约 10 厘米，也有 30~50 厘米的，洞道长短不一，长者可达 2~3 米。有 1~8 个洞口，洞口小于 50 毫米×50 毫米，花鼠幼仔在此处得到很好的养育。越冬洞通常有一贮粮室，洞道较深，距地面垂直距离约为 90 厘米或更深，黑龙江上游沿岸花鼠的越冬洞深可达 130 厘米，洞道很少发生分支。洞口常有不同的掩蔽物，附近有空心倒木、岩隙、松树洞或土洞作为临时的隐蔽场所。

3. 食性 花鼠食性较杂，对豆类、麦类、谷类以及瓜果等都有取食，产生不同程度的危害。春季侵入农田挖食播种的作物种子，秋季利用颊囊盗运大量粮食，越冬洞内 1 个仓库存粮可高达 2.5~5 千克。花鼠也可爬到树上偷吃核桃、杏、苹果及梨等水果。由于花鼠对食物贮存地记忆力不强，储存地比较分散，一定程度上起到了"播种"的作用。

4. 活动规律 花鼠以白天地面活动为主，晨昏之际最为活跃，树上活动少，但善爬树，行动敏捷好奇，陡坡、峭壁、树干都能攀登，不时发出刺耳叫声。早春、晚秋仅有少量活动。全年以 7 月中旬数量最多，活动最为频繁，与幼鼠出窝参与活动有关。

5. 冬眠　花鼠是一种恒温的哺乳动物，有冬眠的习性。当冬天即将来临之时，花鼠会大量进食而积贮脂肪，为冬眠做准备。一旦进入冬天，花鼠即停止进食，体温降至 1℃ 而进入冬眠，此时其脉搏每分钟跳动 1 次，维持着最低的代谢循环，以防止身体冻僵。翌年 4 月春回大地时便突然苏醒，在不到 2 小时内，体温从 1℃ 迅速回升到 37℃，并开始摄食和活动，直到 10 月底又重新进入冬眠。

6. 生长发育　常文英等（1997）通过花鼠的室内笼养试验，系统地观测了花鼠幼仔的出生及生长发育过程。结果表明，初生花鼠体重平均为雌鼠（3.83±0.07）克，雄鼠（3.86±0.09）克；雌雄仔鼠性比为 1∶1；仔鼠睁眼时间平均为（29.47±0.43）天；门齿萌发顺序先下后上，下门齿 17～18 天长出，上门齿 23～26 天长出；35～40 天后独立生活；出生至 40 日龄仔鼠的体重、体长及尾长均随日龄呈线性增长，仔鼠的存活率约为 64.71%。

7. 繁殖特征　花鼠从早春 3 月初开始繁殖，持续到 6 月上旬结束。每年繁殖 1～2 次，每胎生仔一般 3～7 只，大多数集中于 4～6 只，最多 10 只。出生后 3 个月才达性成熟，妊娠、哺乳期均为 1 个月左右。花鼠种群的总性比为 1.07，雌性略多于雄性，但是也随季节和年龄的不同而变化，刚出生的仔鼠雌雄性比为 1 左右，而幼年组则上升为 1.41，达到最高。成年组性比则又开始下降，达到最低，老年组又出现回升，说明雌性仔鼠的成活率较高，怀胎、产仔等行为会增加成年雌鼠的死亡率，但雌鼠比雄鼠寿命长。当年鼠越冬后（从出生开始计算月龄 10 个月左右）参与繁殖。

8. 种群数量动态

（1）季节动态　花鼠全年的种群数量高峰出现在 8、9 月，越冬后数量急剧下降。种群数量出现季节消长的原因主要是繁殖和死亡两个因素相互作用的结果。繁殖后新个体加入种群，可使种群数量达到原有的 2 倍多；种群夏、秋季死亡率为 6.94%，而冬、春季死亡率高达 49.80%。繁殖和死亡相互制约的结果使花鼠种群数量虽存在着明显的季节变化，但年度间却相对稳定。

（2）年际动态　为了了解花鼠种群数量与食物资源的关系，梁振玲等（2015）于 2011 年 10 月至 2014 年 10 月，在凉水国家级自然保护区，采用样方法与标志重捕法对花鼠种群动态进行了研究。发现 2011 年及 2014 年红松结实量呈爆发式增长，同期花鼠种群数量出现 2 个较高峰值；花鼠在 2012 年平均胎仔数达到最低值（1.04±0.13）只，同年越冬期生存率最低，仅为（0.11±0.04）%；花鼠在 2013 年繁殖期后雌雄性比达到最高值 1.17。结果表明，在整个研究期间，红松结实量年际间波动明显，花鼠种群数量的年际间波动基本与食物资源波动同步，即在食物匮乏的年份繁殖力减弱，在食物充足的年份繁殖力增加。

9. 经济价值　花鼠虽会对农林业生产造成较大的危害，但其观赏性和经济价值较高。花鼠体小巧玲，尾毛蓬松，灵活可爱，性温顺，易驯养，放养于网笼可作为一种观赏动物；花鼠肉细腻、富含蛋白质，可作为高蛋白低脂肪美味可口的佳肴；其皮毛轻而暖，毛绒细密，毛色光润美观，尤其冬毛柔密，皮用价值更高，适宜制作名贵女式毛朝外大衣和围巾、帽子、皮领、手套等，外观可与貂皮、狐皮相媲美，尾毛是制作高级画笔和精密仪器刷子的原料；花鼠的全身还可以入药，有理气、调经、消积、止痛的功能，可治肺结核、胸膜炎、月经不调以及痔疮等疾病。

（四）危害特点

花鼠喜食种子、坚果及浆果等食物，春季常刨食农田播下去的种子，秋季盗贮成熟的粮食颗粒，导致粮食作物减产，甚至绝产。花鼠也是传染病莱姆病和狂犬病的携带载体，接触花鼠会传播病原，给人们带来致命的危险。同时，由于花鼠携带的传染病不易被人及时发现，常带来严重的后果。

（五）防治方法

1. 阻拦法　在花鼠危害严重区域，先在四周划出一个2～3米远的场地，钉入木桩并用铁丝拉线，拴上犬，使其顺铁线来回奔跑，可迫使花鼠上树或逃跑，减轻危害。

2. 毒饵法　取带壳花生果，取出花生仁，在果仁上挖孔并注入少许磷化锌，封孔，然后将花生仁放入壳内，投到花鼠经常出没的地方；或在油炸茧蛹内放入磷化锌制成毒饵；用毒饵法灭鼠时一般采用急、慢性鼠药交替使用，效果较好。

八、根田鼠

（一）分类与分布

1. 分类　根田鼠（*Microtu soeconomus*），又名苔原田鼠，隶属啮齿目（Rodentia）仓鼠科（Circetidae）田鼠属（*Microtu*）。

2. 分布　根田鼠广泛分布于亚欧大陆的北部及阿拉斯加苔原和亚寒带针叶林带。在中国主要分布于甘肃（甘南及祁连山一带）、青海、新疆、陕西。《中国动物志》中记载其有4个亚种，包括阿尔泰亚种，分布在新疆阿尔泰山区及塔尔巴哈台山地；中亚亚种，分布在天山山区；柴达木亚种，分布在青海柴达木盆地；甘南亚种，分布在甘肃、青海、宁夏、陕西和四川等地。

（二）形态

1. 外形　根田鼠与普通田鼠相比，除了身体略显粗壮之外，外形没有太大差异。体长约103毫米，在田鼠中为中等大小，体背毛深灰褐色乃至黑褐色，沿背中部毛色深褐色；腹毛灰白或淡棕黄色，尾毛背面黑色，腹面灰白或淡黄色；四肢外侧及足背为灰褐色，四肢内侧色同腹部。体毛较长，且蓬松。头部宽大，耳小，耳长仅12毫米，稍露于夏毛之中，完全隐于冬毛之中。四肢短小，后肢几乎与前肢等长。脚背部有浓密的短毛，脚趾毛较长，毛长盖住趾部。蹠部后部有短毛，掌部裸露，有蹠垫6枚（图4-12）。

图4-12　根田鼠

2. 毛色　根田鼠各亚种毛色有异，中亚亚种背毛最深，为黑褐色，腹毛灰白色且有淡黄或淡棕的色泽；甘南亚种背毛赤褐色，腹毛带有一层淡沙褐色泽；柴达木亚种浅沙褐色，无论背毛或腹毛，毛基均是青灰色，腹毛淡青灰色。尾毛背腹大多为两色，有的亚种明显，如甘南亚种尾背面暗褐，底面淡黄，色差明显；中亚亚种尾背面黑褐色，底面浅灰褐色，色差也明显；柴达木亚种尾背面为极淡的黄褐色，底面为浅牙白色，二者色差不明显。前后脚背色依亚种不同而有异。甘南亚种脚背暗褐色；柴达木亚种脚背污白色；中亚亚种脚背浅茶褐色。

3. 头骨 较宽大，颅全长约 26 毫米，颅室相对较长，约占颅全长的 2/3（图 4-13）。颧骨相当宽大，颧宽约 14 毫米，为颅全长的 1/2，眶间较宽大。眶上嵴清晰可见，但左右两侧的眶上嵴在眶间虽靠拢，却并没有愈合，两条眶上嵴之间有的标本还可见到有 1 条清晰的纵沟，也有年老的个体眶上嵴愈合成眶间嵴。顶间骨比一般田鼠小，横宽不算大，前后纵长相对较长，前缘中央有 1 个明显的尖突。听泡也比普通田鼠小，其后端仅达枕骨大孔边缘，与枕髁尚有一定距离。颅室窄，两侧可见听泡突伸。门齿孔大，腭骨表面有 2 条浅沟，上面接门齿孔下缘，后面接近腭骨的后缘。腭骨后缘有典型的骨桥，骨桥两侧的侧窝十分明显。吻部低平。

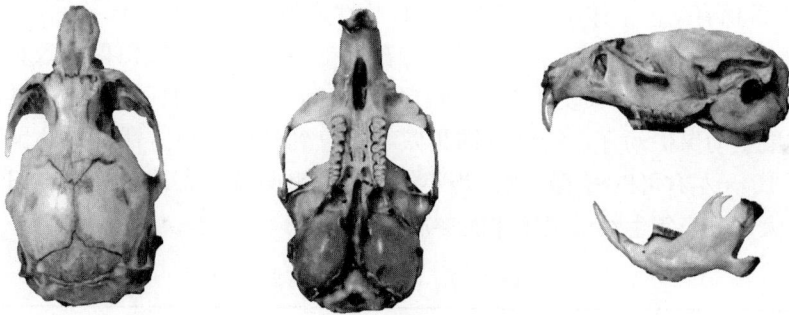

图 4-13 根田鼠头骨

4. 主要鉴别特征 根田鼠的典型特征是耳小，四肢短，后肢几乎与前肢等长，背部有浓密的棕黑色毛，脚背部有浓密的短毛，脚趾毛较长，毛长盖住趾部。蹠部后部有短毛，掌部裸露，有蹠垫 6 枚。颅室窄长（可占头颅的 2/3），门齿孔大，腭骨表面有 2 条浅沟，上面接门齿孔下缘，后面接近腭骨的后缘，腭骨后缘有典型的骨桥，骨桥两侧侧窝十分明显。

（三）生活习性

1. 栖息地 根田鼠喜好低温湿润的环境，常常分布在海拔 2 000 米以下的亚高山灌丛、林间隙地、草甸草原、山地草原、沼泽草原等比较潮湿、多水的生境中。绝大多数根田鼠生活在食物资源丰富且其他竞争类啮齿动物较少以及郁闭性高的环境中，耕地中一般极少见到。

2. 洞穴 根田鼠有筑洞穴居的习性，常常筑巢于草垛、草根以及树根的下方，洞道一般较为简单，为单一的洞口，个别的个体筑有外洞。根田鼠的巢区近似椭圆形，成年根田鼠中，雄鼠的巢区面积一般都大于雌鼠。

3. 食物 根田鼠为中亚高寒草甸地区典型的植食性小哺乳动物，以植物的绿色部分为食，稻米、杂草种、树皮、花生、玉米及大豆为其主要食物。在食物短缺的情况下，也常以禾本科植物和一些其他植物的根部为食，如冬季常常挖食植物的根部、块茎、幼芽及种子。

4. 生长发育　根据体重和雌雄性器官的发育程度，根田鼠大致可以分为以下 4 个年龄组：①幼年组：体重＜19.0 克；②亚成年组：19.0 克≤体重＜37.0 克；③成年组：37.0 克≤体重＜51.0 克；④老年组：体重≥51.0 克。

根据形态、行为和性发育以及生长指标等也可将根田鼠分为 4 个阶段，即乳鼠阶段（1～20 日龄）、幼鼠阶段（20～40 日龄）、亚成体阶段（40～60 日龄）及成体阶段（＞60 日龄）。其中幼鼠阶段个体经历了由摄取母体乳汁获得营养到独立摄食生活的转变，性器官开始发育但未成熟，证明此阶段是根田鼠发育过渡期及性器官发育的起始点。自 33 日龄以后，身体大小基本保持稳定，此时仅从身体大小指标无法区分亚成体和成体，需要进一步从性器官发育程度和性行为来划分。哺乳动物体成熟一般先于性成熟，与其繁殖扩散行为有关。根田鼠在 33 日龄左右已经达到体成熟，而性成熟则推迟至平均 51.4 日龄。

5. 繁殖特征　根田鼠繁殖周期较长，3～10 月为其繁殖期，8 月为繁殖盛期，甚至有文献报道 11 月仍有新生个体出生。50～70 日龄性成熟。每年繁殖 3～4 胎，每胎产仔 3～7 只。根田鼠的交配时间极短，持续时间只有 4～5 秒钟，和布氏田鼠大致相当。根田鼠的妊娠期一般为 18～24 天（表 4-7）。雌鼠产仔后，通常和幼仔在巢穴内共同生活，抚育幼仔。雄鼠主动保护幼仔，帮助修饰巢穴，一直到幼鼠能独立活动。幼鼠生长发育迅速，出生后 15 天左右可以离巢取食。当年幼鼠交配和妊娠一般在 60～185 日龄，也有超过 1 年的，大部分当年生幼鼠翌年才能参加繁殖。

表 4-7　根田鼠的妊娠期

项目	妊娠期/天							
	18	19	20	21	22	23	24	总计
动物数量/只	1	1	5	5	2	1	1	16
百分率/%	6.25	6.25	31.25	31.25	12.5	6.25	6.25	100

6. 社群结构与行为　根田鼠在选择配偶时，熟悉性对雌鼠的配偶选择有显著的影响，对雄鼠则无效应。在熟悉雄鼠和陌生雄鼠之间、配偶和陌生雄鼠之间、配偶和熟悉雄鼠之间，雌鼠对熟悉性水平高的雄鼠的访问、社会探究和友好行为等时间均显著大于熟悉性水平低的雄鼠，表现出选择前者的倾向。繁殖期和哺乳期的雌雄鼠巢区一般都有不同程度的重叠。根田鼠幼仔出生后，雌鼠会对幼仔表现出明显的相依、喂奶、修饰和衔回等母本行为，而雄鼠也会表现出伏窝、修饰、衔叼幼仔的父本行为，但母本行为显著大于父本行为，表明两性对后代投资的差异大小不同。根田鼠父本行为虽然少于母本行为，但比混交制种类草甸田鼠父本行为水平高，很可能说明在野外其后代的父权是单一而确定的。社会等级对青春期雌性根田鼠的配偶选择有显著影响。

7. 种群数量变化　根田鼠种群数量呈季节性波动，春季数量最低，秋季达到高峰。年间活动虽有微小的差异，但大体上是一致的。4 月中旬到 6 月中上旬，根田鼠的繁殖活动较为频繁，7、8 月达到高峰，随后活动频率逐渐下降，10 月后活动频率降低到全年最低。

（四）危害

1. 对林业和果树的危害　近年来，一些地方的人工林带和果树受到根田鼠的危害日趋严重。受害林木大多是 2～3 年生的白杨树、柳树苗及多年生的果树，其危害方式主要是环切树木基部树皮和打洞啃食树木根系，使树木枯竭而死，受害的树木死亡率高达 50%～100%。

2. 对农业的危害　根田鼠常栖息在湿润而物质丰富的农田之中，以农作物的根、茎等植物绿色部分为食，对农作物的产量和存活率有着严重的危害。尤其是在沟灌一段时间之后，田里的环境极其适合根田鼠的外出活动，大量粮食在这一段时间里集中受到伤害和毁坏。

3. 对草地的危害　根田鼠喜欢栖息在植物生长良好、草群生长茂密及群落结构复杂的环境中，在退耕还林的草地周边，根田鼠喜好在田埂附近筑穴，主要以草籽为食，有时也啃食地面以上的绿色茎叶等。

（五）治理方法

根田鼠在农业、林业方面有很大的危害性，常见的防治技术有以下几种。

1. 化学灭鼠法　根田鼠危害面积比较大时，主要采用化学灭鼠法，人工、器械捕捉意义不大。常用灭鼠的毒饵有 5%～10% 的磷化锌毒饵和 0.5% 的甘氟毒饵。配制磷化锌毒饵时，以谷物（麦类、玉米或豆类）为诱饵，先用水煮成半熟，捞出后稍稍晾干，然后加 3%～5% 的面糊，搅拌均匀，再加磷化锌，继续搅拌，最后加少量清油搅拌均匀即成。距鼠洞外 16 厘米处，投放麦类毒饵 10～15 粒，玉米毒饵 8～10 粒或豆类毒饵 5 粒，就可达到毒杀的目的；配制甘氟毒饵时，以马铃薯、萝卜或番茄做诱饵。先将诱饵切成指头大小的方块，再将 0.5% 甘氟用水稀释 4 倍。然后将诱饵摧毁入盛甘氟水溶液的金属容器中，搅拌、浸泡至甘氟水溶液诱饵吸干为止，每洞投 3～5 块，亦可用麦类做诱饵，每洞投放 10～15 粒即可。

如用飞机喷撒时，麦类毒饵的含药量应为 10%。毒饵配制后，要在阴凉处阴干 12～24 小时。间隔 40 米，喷幅 40 米，于 5 月中旬喷撒为宜，每亩用毒饵 0.4 千克。

在夏季使用带油的毒饵时，为了避免毒饵风干或被蚂蚁拖去，可将毒饵直接投入洞中，并不影响灭效。采用毒饵法消灭鼠时，毒饵要求新鲜，并选择晴天投放，雨天会降低毒效。夏季（6—7 月），由于植物生长茂盛，食物丰富，不适用毒饵法。此时正是幼鼠分居前母鼠与仔鼠对不良条件抵抗力较弱的时候，宜采用熏蒸法。

熏氯化苦法：温度不低于 12℃ 时，在鼠洞前使用熏氯化苦法较好。用小石子、羊粪粒或预先准备好的干草团若干，在晴天气温较高时，将羊粪粒或小石子盛于铁铲上，然后迅速倒上 3～5 毫升的氯化苦，马上投入鼠洞中，再用草塞住，加土封好洞口即可。

熏磷化铝或磷化钙法：用磷化铝 1 片或磷化钙 15 克，投入鼠洞中，灭效较好。若投放磷化钙时同时加水 10 毫升，立即掩埋洞口，灭效更好。

熏灭鼠炮法：投放灭鼠炮时，先将炮点燃，待冒出浓烟后再投入洞中，随后堵塞洞口。每洞投放 1 只灭鼠炮即可。

2. 物理防治法

（1）置夹法　用 0～1 号弓形夹，支放在洞口前的跑道上即可。

（2）灌水法　灌水消灭鼠的效果较好。对于沙土中的鼠洞，在水中掺些黏土，灭效更好。此外，还可采用箭扎、挖洞以及热沙灌洞等方法来灭鼠。

（3）活套法　将细钢活套安放在洞口内约 6 厘米深处，三面贴壁，上面腾空半厘米，当鼠出洞或入洞时均会被套住。

九、社鼠

（一）分类与分布

1. 分类　社鼠（*Niviventer confucianus*），隶属于哺乳纲（Mammalia）啮齿目（Rodentia）鼠科（Muridae）白腹鼠属（*Niviventer*），别名白尾巴鼠、硫黄腹鼠、刺毛灰鼠、山鼠及白肚鼠等。

2. 分布　社鼠为东洋界常见的小型啮齿动物，广泛分布于我国除宁夏、新疆、辽宁和黑龙江以外的绝大部分省份，以及泰国北部和越南北部。此外，在印度、尼泊尔、缅甸、印度支那、马来西亚，以及印尼的苏门答腊、爪哇和加里曼丹也有分布。社鼠主要栖息于山区及丘陵地带的各种林区及灌木丛中，常出入于草丛、针叶林、阔叶林和农田等多种生境中，尤其喜栖息于灌木和草本植物生长繁茂、多岩石的荒坡、坟地、岩隙间及沟谷等地带。对不同海拔高度的社鼠数量分布进行调查后发现，社鼠主要分布于海拔 150 米以上的丘陵山区，在海拔 150～4 000 米均有分布，是一个海拔跨度较大的物种。社鼠在海拔 150 米以下和 4 000 米以上很难被发现，并且在一般情况下随着海拔高度的增加，社鼠的数量也随之下降，可能与社鼠喜欢栖息于丘陵及山麓的习性有关。也有调查显示，在一定范围内社鼠的数量分布与海拔高度成正比，云南鸡足山啮齿动物的垂直分布就是这种情况。

（二）形态

1. 外形　社鼠为中型鼠类（图 4 - 14），尾长大于体长，为体长的 120%～125%，外形与针毛鼠极为相似，但耳壳较针毛鼠大而薄，向前拉直能遮住眼部，尾末端 1/4～1/3 处多数为白色。前后足和趾主要为白色。雌鼠乳头 4 对，其中胸部 2 对、鼠蹊部 2 对。

2. 毛色　社鼠背毛棕褐色或略带棕黄色，毛基灰色，毛尖棕黄色。背毛中有部分刺状针毛，针毛基部灰白色，毛尖褐色，夏毛中刺状针毛较多，背毛棕褐色调较深，冬毛中刺状针毛较少，

图 4 - 14　社鼠

故背毛略显棕黄色。在背毛中除针毛外还有少量褐色长毛，越靠近背中央及臀部，褐色长毛越多。背腹交界的两侧由于刺状针毛和褐色长毛较少，故两侧棕黄色调较深。腹毛乳白色或牙黄色，愈老年个体，牙黄色调愈深。背腹毛在体侧分界线极为明显。尾背面棕褐色，腹面白色。前足背面白色，后足背面棕褐色。幼体背毛深灰色，腹毛洁白。

3. 头骨　社鼠头骨略显细长，吻较长，眶上嵴发达，延伸至顶间骨处则不太明显（图 4 - 15）。门齿孔较宽，向后延伸达第一白齿前缘的连接线，听泡小而低平。社鼠上颌

第一臼齿最大，第三臼齿大小不足第一臼齿的一半。上颌第一臼齿第 1 横嵴外侧齿突退化，第 2 横嵴正常，第 3 横嵴只有中间齿突发达，内、外侧齿突均不明显。第二上臼齿第 1 横嵴仅有内齿突，第 2 横嵴正常，第 3 横嵴中齿突发达，内外齿突不明显。第三上臼齿最小，咀嚼面愈合成一个椭圆形的齿环。

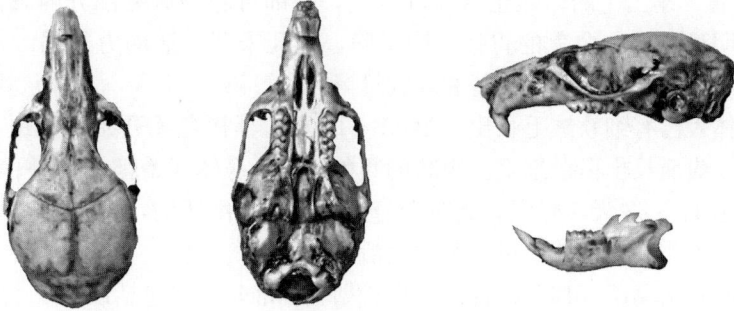

图 4 - 15　社鼠的头骨、齿列与形态

4. 主要鉴别特征　由于社鼠的个体体型和毛色变异较大，其刺毛的数量与季节相关且随着海拔而变化，与同域分布的白腹鼠属其他近缘种之间的形态鉴别比较困难。例如，与川西白腹鼠和针毛鼠等极易混淆。社鼠与其近缘种之间的形态学特征区别包括社鼠体背毛色较暗呈暗灰色、灰褐色或为棕褐色，而腹部毛色纯白或稍显黄白色，背部和腹部的毛色分界明显。尾背腹明显呈双色，尾长超过体长。体毛常掺杂有刺毛。脑颅扁平、眶上嵴发达、颞嵴延伸至顶间骨的外角，口盖长和听泡长分别接近或低于颅全长的 50% 和 15%。野外对社鼠形态学鉴定除了以上特征外，还有社鼠尾梢毛色完全白色，一般占尾长的 1/4～1/3，有些甚至占到 1/2。

（三）生活习性

1. 栖息地　社鼠主要栖息于山地丘陵树林、竹林、茅草丛、荆棘丛生的灌木丛或近田园、山洞石隙、岩石缝和溪流水沟的茅草中，海拔 150～4 000 米均有分布。

2. 洞穴　社鼠的洞穴构造简单，主要由洞口、主道、粮仓、厕所和巢室组成。洞口一般呈圆形，直径 3.5～5.5 厘米。主道弯曲向下延伸，与地面垂直深度 60～80 厘米，共有 4 个分支：第 1 分支距地表 10～20 厘米，为休息室；第 2 分支离地表 15～20 厘米，叉道较长，15～20 厘米处是第 1 贮粮仓库，仓库纵长 22 厘米、横宽 4 厘米，呈鸭蛋形；第 3 分支离地表 25～35 厘米，在第 1 仓库对侧，是第 2 仓库，较第 1 个略小；巢室距地表深度 65～85 厘米，纵长 10～20 厘米、横宽 35～40 厘米，呈鸭梨形，巢材有树叶、麦秸、干草等；在巢室上部岔道有厕所，横截面直径为 3.5～4 厘米。社鼠春夏多在树上构筑巢穴。巢距地面高度为 0.5～3 厘米，椭圆形，长 20～28 厘米，宽 11～22 厘米，穴深 3～8 厘米。巢穴主要建在树木主干分叉处，由树叶筑成。穴内常有水果、柏子及巢粪等。

3. 食物　社鼠的食性较广，主要以植物的种子、果实及根茎作为食物，其中大多数是木本植物的果实种子，如取食辽东栎种子和山杏种子等。社鼠也取食植物的嫩枝叶和草根等，喜盗食稻、麦、豆及甘薯等淀粉类农作物，有时在胃中还可以发现少量昆虫和蠕虫等动物性食物。此外，杜卫国等（2000）还发现，社鼠喜食脂肪食物，对脂肪的消化能力较强。

4. 活动规律 社鼠主要以夜间活动为主，白天偶尔外出，一般从当日的 18 时开始活动，到翌日 6 时停止。夜间活动明显呈现 2 个高峰，为 18—22 时和 4—6 时 2 个时间段，黎明前出洞活动频率最高。

5. 生长发育 刚出生的幼鼠全身通红无毛，腹部可隐约看见部分内脏器官。特别是在哺乳后，可明显看到乳白色的胃体。眼未睁，耳孔未开，活动力很弱。一般以背部着地，通过蜷曲和伸展身体来改变位置和寻找母鼠乳头。第 6～7 天，身体从背部开始变黑，并逐渐加深，体表已有细软绒毛长出。第 11～12 天，黑褐色毛开始从头颈部长出，并逐渐向全身扩展，腹面长出白色细毛。眼睛的颜色加深，身体开始爬动但不平稳，四肢尚无力支撑身体。第 18～22 天，睁眼，此时全身被毛，能自由活动，但一般不离窝。30 日龄后能自由取食，动作反应敏捷，可以独立生活。

依据鲍毅新和诸葛阳（1984）提出的体长划分标准，社鼠包括以下 4 个年龄组：幼年组，体长一般小于 110 毫米；亚成年组，体长 115～125 毫米；成年组，体长 126～150 毫米；老年组，体长大于 151 毫米。

6. 繁殖特征 社鼠的繁殖行为受到全年气候的影响，繁殖季节和繁殖高峰因地域不同而存在明显的差异。北方社鼠的繁殖期较短，主要集中在春、夏两季（高峰在 7 月）。长江流域及南部地区繁殖期较长，2—3 月便有少量社鼠进入繁殖状态，繁殖高峰在春季（5 月）和秋季（10 月）。随着纬度的降低和四季温差变化缩小，社鼠繁殖的季节性变化不明显，甚至无明显繁殖季节。例如，海南南湾的社鼠就无明显的繁殖季节，全年皆能繁殖。社鼠每胎幼仔数 1～10 只不等，也存在明显的南北差异，一般纬度越高，胎仔数越多。妊娠期一般 20 天左右，哺乳期 25～30 天，幼鼠初生重平均 2.8 克。30 天后发育完善，能独立生活。

7. 社群结构与行为 通过室内配对实验，对社鼠繁殖期的攻击行为进行研究发现，繁殖期内，雌雄个体均具有较高的攻击性。同性个体间雄性动物的攻击水平最高，显著高于同性个体间雌性动物的攻击水平和异性个体间雄性动物的攻击水平，但雌雄个体的攻击行为均随着熟悉程度的增加而减弱，表明社鼠在配偶选择中雌雄个体均具有主动性，攻击行为是自然种群内存在多种婚配制度的主要原因之一。

8. 种群数量动态 社鼠种群数量存在明显的季节性波动，与其繁殖有密切关系，种群数量高峰通常出现在当年的繁殖末期。繁殖结束以后，种群数量因只有个体死亡而无个体出生而出现下降，直到下一年繁殖开始之前，这时是种群数量最低的时期。北方因为只有 1 次繁殖高峰，种群数量消长表现为 1—2 月处于全年的低潮期，3 月逐渐升高，8 月达最高峰，9 月又再次下降，10 月略有上升，11—12 月持续下降，12 月始进入全年的低潮期。南方一般都有 2 次繁殖盛期，因此形成 2 次种群数量高峰。而在靠近赤道的海南，由于全年气候适宜，食物丰富，社鼠一年四季皆能繁殖，种群数量没有明显的季节波动。由此可见，不同地区社鼠种群全年的数量消长存在明显的差异。

（四）危害

社鼠广泛分布于山区丘陵地带，一方面危害农林业生产，对农作物和经济林木危害较大；另一方面还可作为多种人兽共患病病原体的动物宿主，如鼠疫菌、肾综合征出血热

（HFRS）和流行性出血热（EHF）病毒等，严重影响人类的健康。

（五）防治技术

社鼠的防治应以预防为主，采取综合治理措施并注意各种方法的协调配合，具体的防治措施主要有以下几方面：

1. 物理控制　在社鼠密度低、危害不严重的区域，可通过物理方法捕杀防治，包括人工捕捉和器具捕捉。

2. 涂保护剂　即在社鼠喜食的树木表面涂上一层让害鼠感到厌恶的物质（驱避物质，目前广泛使用的有 P-1 拒避剂），使社鼠不啃或少啃树木。

3. 生物控制　改造现有的单一林，营造混交林，保护和利用其天敌。

4. 化学毒饵法　社鼠密度高时，应使用毒饵防治，如抗凝血杀鼠剂。目前常用 0.5%～1%磷化锌、0.05%～0.1%溴敌隆及杀鼠灵等制备成毒饵进行诱杀。制备毒饵时，一般要考虑适口性。还可用化学不育剂，如将秋水仙素、硫脲等加入诱饵中，使社鼠食用后内分泌系统紊乱，生育能力受到破坏。

十、高原兔

（一）分类与分布

1. 分类　高原兔（*Lepus oiostolus*），隶属兔形目（Lagomorpha）兔科（Leporidae）兔亚科（Leporinae）兔属（*Lepus*），别名灰尾兔、绒毛兔等。

2. 分布　高原兔广泛分布于尼泊尔、印度和中国等地，中国境内主要分布于西藏、青海、四川及甘肃等地，整个分布区大约在东经 75.50—103.30、北纬 27.70—39.00 之间。国内的高原兔主要分化为 7 个亚种，包括分布于西藏和青海（长江源头和昆仑山）的高原兔指名亚种，分布于青海柴达木盆地的高原兔柴达木亚种，分布于青海玉树地区的高原兔玉树亚种，分布于四川西部、云南北部、青海东南端及西藏东部的高原兔川西亚种，分布于四川康定（玉龙山、贡嘎山、塔功、秀木沟）的高原兔康定亚种，分布于青海和四川（北起甘南山地、祁连山，南至若尔盖）的高原兔青海亚种，以及分布于西藏东南部雅鲁藏布江下游的高原兔曲松亚种。

（二）形态

1. 外形　高原兔体型较家兔大，体长 35～56 厘米，尾长 7～12 厘米，后足长 118～130 毫米，成体体重约 3 千克（图 4-16）。高原兔四肢强劲，腿肌发达而有力，前腿较短，具 5 趾；后腿较长，肌肉和筋腱发达，具 4 趾。脚下的毛多而蓬松。耳长约 115 毫米，向前折超过鼻端，大于后足长。毛长而柔软，底绒丰厚。尾较短。

2. 毛色

（1）冬毛　毛色一般似草兔，颈部浅黄，略带粉红色；耳端外侧黑色，体侧面有长的白毛；

图 4-16　高原兔

臀部灰色；尾上面中间有 1 条纵纹，呈灰色、褐色、褐灰色或灰褐色，其余白色或略带灰色；喉部为浅棕黄色；胸、腹部白色；足背面白色，略带粉红色和浅黄色。

（2）夏毛　背部毛色沙黄褐色，头颈和鼻部中央毛基灰色而尖端沙黄、黑色或夹杂少量全黑之毛。眼周毛色稍浅，颊部毛色沙黄，其间掺杂有全黑或具白尖的针毛。臀毛灰色。体侧毛色较背部浅淡，亦有稀疏白色针毛伸出毛被之外。尾巴背中央有一窄暗褐灰色毛区，尾毛基部灰色，尖端白色。腹毛纯白色。前肢淡棕黄色，后肢外侧棕色，内侧及足背白色。

初生幼崽比成体毛色略显沙黄，体背毛上段明显卷曲，致使密集的黑色毛尖呈现波浪状。幼体臀部与体背毛同色，首次换毛后出现铅灰或银灰色。

3. 头骨　高原兔头骨较大（图4-17），成体颅长90.5～96毫米，基长81～82.6毫米，颧宽42～46毫米，眶后宽10.8～13.8毫米，鼻骨长36.8～38.8毫米，腭桥前后最窄处6.2～7.0毫米，内鼻孔宽8.5～9.4毫米，听泡长11.7～12.5毫米，上颊齿列长14.7～16.5毫米。颧弓平直；额前部低平，后部隆起，两侧有向上斜伸的骨棱；眶后突极大，并且明显地向上翘起，使其外缘明显地高出眶间额骨部分，而与额骨成一定的角度；头骨侧面观，眼眶的高度也比其他兔高；顶骨两侧微凸，中缝无明显的矢状嵴，顶间骨骨缝不清晰，成体时骨缝完全消失；颧骨平直，不向外侧突出，听泡小而低，颧骨宽度仅为两听泡间隔的60%；枕骨上方有明显的较大面积的增厚部分；腭骨宽度短于翼骨间宽。门齿孔后部外侧1/3处显著外突。下颌关节间距较大，关节突略向后延伸。颅骨吻部较长，约为颅长的38.4%。眶上突（即眶后突）上翘，其顶端超出颅顶最高水平线。鼻骨前端不超过上门齿前缘垂直线。

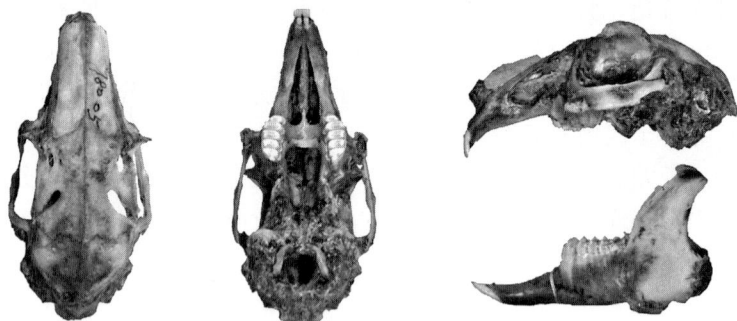

图4-17　高原兔头骨

4. 牙齿　高原兔牙齿计为28颗，上门齿2对。第1对门齿大而弯曲，其后方有1对圆柱状而较小的门齿，门齿齿龈很长，向后延伸，直至上颌与前颌骨间的骨缝附近。上颌第1前白齿前侧方的齿棱不很明显，下颌齿列长度明显地长于下颌齿隙之长度。

5. 主要鉴别特征　高原兔体型较其他兔大，仅稍逊于寒带雪兔（*L. timidus*）。体长40～58厘米；尾长6.5～12.5厘米；后足长10.2～14厘米；耳长10.5～15.5厘米，约为体长的1/4；颅全长8.4～10厘米；体重2～4.25千克。被毛柔软，底绒丰厚。最显著的特点为臀部毛短呈灰色，尾上黑纹皆不清楚，毛色较淡。头骨上的区别为颅全长较长较宽，眶上突大都高而上翘，下颌骨冠状突向后倾斜，吻部自上颌齿列向前逐渐变窄，听泡在比例上较小而又圆凸，等等。

（三）生活习性

1. 栖息地　高原兔栖息于海拔 2 100～5 200 米的高山草原、高山草甸草原、河谷以及河漫滩灌丛地带，亦可栖息于植被生长比较茂盛的荒漠、半荒漠绿洲中。隐蔽条件要求较高，故在茇茇草丛、黑刺灌丛、河漫滩及河谷两岸阶地、灌丛生境中数量较多。经常在卧栖的地点刨一浅坑，以便更好隐藏自己。

2. 洞穴　高原兔无固定巢穴，成年个体独居各处，常利用旱獭废弃洞穴藏身，从未见过成年雌雄个体同居一穴，仅幼兔例外。常常在接近天明时，选择合适的区域做一简单的、深盘状（典型的）的穴，为临时栖息之地。冬天多在低处的住宅附近、山沟、狭谷、田边地角的枯草丛、灌丛及作物地中做卧穴；刮大风时，多在背风、干燥的排水沟、石缝及乱草丛中做卧穴；下雪、打霜（落霜）时，多在密播的蚕豆地中做卧穴。夏秋交接，多在通风凉爽的山丘林下或灌丛中做穴栖居，无固定巢穴定居，但做巢的地方，往往在其活动区内，亦有返居旧巢的情况。猎捕高原兔时，应首先从这些地区开始找寻，根据巢的形状和大小，可以识别高原兔的大小和性别，雌兔的巢为卵圆形且深大（图 4-18），雄兔的巢为长圆形稍浅而直。巢的大小和形状随做巢的地形而变化，如荒坡草丛下的卧穴与作物地中的就有明显差异，但其基本形状一致，荒坡草丛下的巢穴为浅而大的圆盘状；在土壤疏松的作物地中，巢多为椭圆、长圆形，而且又深又大，高原兔深居其中，仅露头部和脊背部分，石缝中的卧穴多依石缝形状而定，较为特殊。

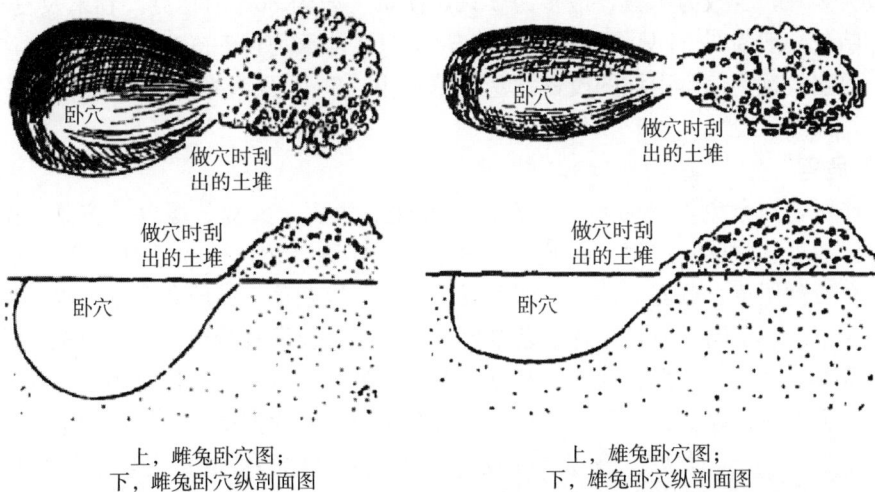

上，雌兔卧穴图；
下，雌兔卧穴纵剖面图

上，雄兔卧穴图；
下，雄兔卧穴纵剖面图

图 4-18　高原兔洞穴

3. 食物　高原兔取食范围广泛，作物的幼茎、芽、叶、花、果实、块根、块茎及部分杂草都可取食。就取食习惯看，或是在往来的通道上零星取食，或是在比较固定的活动区内大量取食，二者没有明显的差异。但是，高原兔的取食地点，随播种的作物种类及其生长情况呈现周期性的变动。如在丘陵地区，冬春两季多在小丘上部及顶部地区的小麦、大麦及豌豆等作物地中取食危害；夏秋两季则转移到山丘顶部和上部地区的大豆及绿豆等作物区。研究发现，高原兔在每一个山丘、每一块耕地上的取食地点较固定。因此，在取食地区造成成片的缺苗、矮苗等现象，故有经验的猎人通过观望山丘或耕地有无缺苗、矮苗，便知此区有无高原兔活动。

4. 活动规律　高原兔虽然生活于各种类型的环境，但一般有其较为固定的活动范围，只要不受惊动，则常在一地出没。受高原大风及低温环境影响，高原兔多会选择避风的位置栖身。高原兔昼夜活动，尤其是晨昏活动最为频繁。傍晚，高原兔会离开白天的休息地而开始活动。整个晚上是活动的高峰时段，直至日出又返回隐蔽地休息。觅食等活动多为群体活动，很少发现离群的个体，但在夏秋季时，亦在午后4、5时单个或两三成群出来活动取食。高原兔活动范围不大，一般约为 0.25 千米^2，但受外界惊扰及群体数量、雌雄比例的影响而有变动。如遇猎捕，高原兔在一夜之间其活动范围可扩展到 5 千米之外。如兔群中雄兔多，则活动范围也会扩大，如雄雌 1 对，又无猎捕惊吓时，常仅在 111.11～222.22 米^2 范围内活动。其活动范围明显地反映在"吃口"和粪尿是否集中方面。若"吃口"集中，数量多，粪粒少，堆与堆之间相距很近（粪尿情况也是如此），就可知该兔活动范围很小；相反则其活动范围必定较大。高原兔在其生存的山丘上部到山丘间低平地区均有活动，而以山丘上部地区特别是山丘顶部地区活动最多，且活动的主要路径及地区比较固定。

5. 繁殖特征　高原兔繁殖能力较强，每年产仔2～4胎（在青藏高原，高原兔每年仅繁殖1胎，7月妊娠，8月可见幼兔，每胎4～5只），4—8月繁殖，孕期约25天，每胎产仔2～3只，最多达7只。据历年解剖的雌兔子宫中胎兔的数目来看，初春时雌兔所怀胎兔一般为2只，少数为1只，最多为3只，体重一般为86～100克。春末及夏秋季时，雌兔所怀胎兔一般为3～5只，个别的多达6、7只，体重均在500克以下。雌兔产仔多在距住宅、道路较远的偏僻山坡的茂密灌丛、草丛中。6—8月为繁殖盛期，生存率在80%左右。

（四）危害

在农作区，高原兔食物的 80%～90% 为小麦、大麦、大豆、绿豆、豌豆、赤豆、花生、菜豆、兰麦、甘薯、白菜、甘蓝、胡萝卜等农作物，10%～20% 为马唐、红茎马唐、狗尾草、金发狗尾草、燕麦、苦菜、剪刀股、黄鹌菜等杂草。高原兔危害作物的种类及数量远大于杂草。在不同季节，作物、杂草处于不同的生长发育阶段，高原兔取食其不同部位。冬春两季以小麦、大麦、兰麦、豌豆、白菜及苦菜、剪刀股等作物和杂草为食，夏秋两季主要危害大豆、绿豆、赤豆、菜豆和甘薯等作物并间食狗尾、马唐等杂草，其中尤以对大麦、小麦、兰麦、大豆、豌豆、绿豆、赤豆和菜豆危害最甚；在禾本科植物分蘖前后，咬食地上幼苗，拔节后食用植物幼茎、幼叶，孕穗、抽穗和灌浆时期则咬断茎秆，取食花穗和果穗。蜡熟期后，一般不见危害。豆科植物幼苗时期，危害幼叶、幼芽，开花结荚时期则危害花序、豆荚，黄熟之后少见危害。对禾本科及豆科植物尚未成熟的花序、花穗、果穗、豆荚危害最为严重。

高原兔会破坏草原植被，对畜牧业发展有一定影响，同时是某些自然疫源性疾病病原体的携带者，可以自然感染鼠疫，对人类健康有一定危害。

（五）防治技术

用10多根马尾搓成细绳或22号铁丝制成圆形活套，直径约15厘米，置于洞口或经常出没的道路，活套距地面约 18 厘米，当兔子的头部进入活套后，便会极力挣扎，促使活套收紧而将兔子抓获。也可在洞口或其通道上放置踩夹，但应结合周边环境进行伪装。在危害严重而劳动力不足的情况下，亦可应用 10％磷化锌毒饵进行杀灭。此外，还可通过在受危害地块生小火堆、标记涂白（石灰）等方式进行骗吓，从而达到预防危害的目的。

第五章　甘南草原鼠荒地治理技术

第一节　鼠荒地的概念

一、鼠荒地概述

鼠荒地是草原退化的主要诱因之一。由于草地植被受到严重破坏，位于草皮下的黑褐色土壤腐殖层裸露，土壤的吸附性能严重下降，表层极度疏松，风吹尘涌，极易成为"沙尘暴"的发源地。鼠荒地致使天然草原优质牧草种类减少，毒杂草比例上升，产草量下降，加速了天然草原的退化进程，严重威胁着草原整体生态环境，成为畜牧业可持续发展和草原生态多样性保护的重要限制因子之一。鼠荒地主要有沙化型鼠荒地、沼泽退化型鼠荒地等类型，草地形成鼠荒地的重要标志是草地生产力的下降。一旦形成鼠荒地，原生植被破坏率达 80%～90%，并滋生一、二年生杂草。进而，植被变得稀疏，群落结构简化，植被盖度不及 10%，地上植物量仅为 37.5～152.5 千克/公顷。鼠荒地加速了草场荒漠化进程，对整个草地生态环境形成巨大威胁，对草场生产能力产生巨大影响，严重影响着农牧民的日常生产生活。

二、鼠荒地的发生

（一）草原过牧

1977 年，联合国沙漠化会议上，将每头家畜占有 5 公顷草场作为干旱地区的临界放牧面积。然而，我国牧区以及青藏高原地区，每头家畜所占有的草场面积远远小于 5 公顷，并且牲畜数量一直增加。在这种状况下，草地开始退化，一些禾本科牧草出现衰退，同时毒杂草数量逐渐增多，草层高度、盖度、密度及产量严重下降，致使草地演变成各种害鼠的栖息地。

（二）自然因素和害鼠活动

在牧区，草场地表组成物质多为质地松散、内聚力差、物理沙粒成分为主的沙质沉积物或发生在沙质、沙砾母质上的沙性土壤。质地疏松的地表组成物质，加上干燥期大风频繁的气候条件构成了草场沙漠化的潜在自然因素。与此同时，大量且频繁的鼠类活动干扰促使沙漠化潜在因素被激发与活化，产生了草场沙漠化和鼠荒地的雏形。气候干旱加剧了害鼠对草场的破坏，减弱了被破坏草场的自我恢复能力，鼠荒地发生又导致了草原生态环境的进一步恶化。

（三）人类活动

人类无序开采、工程建设等对草场的占用，在草场逐渐形成了镶嵌分布的裸地和秃斑，极易被各种害鼠入侵。裸露地表在遭受大量牲畜的踩踏后，表层结皮破碎、分裂，形成众多风蚀突破口，风蚀过程开启，直至破坏生草层形成次生裸地。

三、鼠荒地的生态环境变化

（一）地表形态变化

鼠荒地形成后，最明显的是基本地貌的变化。草场上会形成土丘、洞口、塌陷的洞道，以及裸地和秃斑，地表变得凹凸不平，构成特点鲜明的鼠荒地景观。通过对植被特征、土壤养分及害鼠数量的调查（表5-1），可以评价鼠荒地的危害程度。

表5-1 鼠荒地危害程度分级与分级指标

（引自孙飞达等，2018）

主因子群	分级指标	危害程度分级			
		轻度	中度	重度	极度
害鼠种群	总洞穴数量/个/公顷	<500	500~1 000	1 000~2 000	>2 000
	有效洞穴数量/个/公顷	<150	250~500	150~500	>500
	害鼠数量/只/公顷	<30	31~60	61~70	>70
植物群落	总盖度/%	>80	65~80	30~65	<30
	草层高度的降低率/%	<10	11~20	21~50	>50
	可食牧草个体数减少率/%	<10	11~20	21~40	>40
	不可食杂草个体数增加率/%	<10	11~20	21~40	>40
	总产草量减少率/%	<10	11~20	21~50	>50
	可食草产量减少率/%	<10	11~20	21~50	>50
土壤养分	0~20厘米土层有机质含量减少率/%	<10	11~20	21~40	>40
	0~20厘米土层土壤全氮含量相对百分数的减少率/%	<10	11~20	21~25	>25

（二）土壤养分、含水率和紧实度变化

土壤侵蚀下，有机物和营养元素流失严重。随着风蚀程度的加深，有机物和氮素等营养元素损失量也会越来越多。

鼠荒地的发展可分为原生植被（无鼠害）—轻度危害—中度危害—鼠荒地（重度危害）—鼠荒地（极度危害）5个阶段。随着鼠荒地的发展，土壤含水率越来越低，同时随着土壤结构被严重破坏，土壤紧实度越来越高。

（三）植被变化

在地下鼠（高原鼢鼠等）和地上鼠（高原鼠兔等）的长期影响下，按照鼠类的分布及危害由少至多，植被退化演替呈现密丛禾草阶段—疏丛禾草阶段—根茎、匍匐茎杂类草阶

段——一、二年生杂类草阶段—次生裸地阶段的演替模式。在鼠荒地形成过程中，植物群落结构也会发生变化。随着鼠害程度的加深，杂类草的数量会越来越多，禾本科等其他牧草数量所占比例越来越小。植物群落的优势层片也由密丛禾草变为杂类草，植被盖度与地上生物量随着鼠荒地的发展逐渐减少。

第二节　鼠荒地的修复

一、鼠荒地治理技术

在鼠荒地的形成过程中，害鼠是最直接、最活跃的主导因素。在诸多治理鼠荒地的方法中，应将控制鼠害放在第一位。

（一）害鼠治理

对害鼠密度超过合理生态临界值的区域，应尽可能综合运用多种技术和方法，使害鼠种群保持在经济危害允许水平以下。详细内容可参考本书第四章内容，一般可选择的主要技术和方法有以下几种。

1. 生物防治　运用对人畜安全的各种生物因子来控制害鼠种群数量，以减轻或消除鼠害，主要包括天敌控制和生物农药治理。生物防治面积应达到当年度防治总面积的70%以上。生物毒素防治草原鼠害绝大多数采用C型肉毒杀鼠素生物灭鼠，该毒素具有残效期短、分解快、不污染环境、无二次中毒等优点，且在大面积防治时无需牲畜转场禁牧，也不损伤鼠类天敌，对人畜安全。

2. 化学防治　将化学杀鼠剂拌入或通过药液浸泡将有效成分吸入诱饵制成毒饵，然后把毒饵投放在洞口附近或洞内灭鼠。化学防治只是应用于短期内急剧发生的啮齿动物，一般情况下应该谨慎应用，尤其对于作为重要水源涵养区和补给区的甘南州。

杀鼠剂的选择和管理必须严格依照《中华人民共和国农药管理条例》和农业农村部《草原治虫灭鼠实施规定》有关条款执行。杀鼠剂应高效、低毒、低残留，在使用中应保证人畜安全。使用者应配备所选杀毒剂的解毒药剂。严禁使用有二次中毒和可能造成严重环境污染的杀鼠剂。毒饵投放方法主要有：①按洞投放法。在划定的区域内依次将毒饵投放于鼠洞口旁10~20厘米处；②均匀撒投法。可用飞机、专用投饵机操作，也可人工抛撒；③条带投饵法。根据地面鼠的活动半径确定投饵条带的行距，可徒步或骑马进行条投。

3. 物理防治　利用器械灭鼠。根据不同鼠种的习性选择不同的方法。

（1）夹捕法　在洞口前放置放上诱饵的木板夹、铁板夹、弓形踩夹或鼠笼捕杀地面鼠；探找并切开洞道，用小铁铲挖一个略低于洞道底部且大小与踩夹相似的小坑，放置踩夹，并在踩板上撒上虚土，最后将暴露口用草皮或松土封盖，使其不透风，可用来捕杀地下鼠。

（2）弓箭法和地箭法　利用鼢鼠封堵暴露洞口的习性，安置弓箭或地箭进行捕杀。具体放置方法：探找并掘开洞道，在靠近洞口处将洞顶上部土层削薄，插入粗铁丝制成的利箭，设置触发机关，待鼢鼠封堵暴露洞口时，触动触发机关，利箭射中其身体而完成捕杀。

(二) 改变鼠类栖息环境

通过草原植被恢复，改变鼠类栖息环境来抑制害鼠的数量。具体方法：改变放牧制度，如禁牧、休牧等，播种、补播、施肥、灌溉和合理利用等技术。

1. 禁牧休牧　对草原鼠荒地进行禁牧、休牧、封育，促进植被恢复。

2. 恢复植被　在有条件的草原区可选择有利于植被恢复与重建的播种、补播、施肥、灌溉、合理利用、管理与维护等措施。按照不破坏或少破坏原生植被的原则，采取浅耙、浅翻、回填土等措施疏松表土，耙平土丘，填平鼠洞，清除地表石块、废料等杂物，进行地表处理，恢复地表植被。

二、鼠荒地治理模式相关研究

梁海红等（2018）于2017年在甘南鼠荒地型草场中选取了30个野外调查样区，研究了鼠荒地的治理模式。每个样区按原生植被、害鼠危害轻度退化草地、害鼠危害中度退化草地、害鼠危害重度退化草地4种类型各选3个样地，每个样地各取4个重复样方，共计完成了360个样地的野外调查。在探究治理模式时，将鼠荒地划分为3个类型：①滩地。坡度为0°～10°。②缓坡地。坡度为10°～25°。③陡坡地。坡度≥25°（表5-2）。在每个鼠荒地类型下，提出了相应的治理模式。

表5-2　黑土滩退化草地评价指标、类型及等级划分

退化类型	退化等级	秃斑地比例/%	可食牧草比例/%
滩地0°～10°	轻度	40～60	30～40
	中度	60～80	20～30
	重度	≥80	≤20
缓坡地10°～25°	轻度	40～60	30～40
	中度	60～80	20～30
	重度	≥80	≤20
陡坡地大于25°	轻度	40～60	30～40
	中度	60～80	20～30
	重度	≥80	≤20

模式一：封育自然恢复。适用于"缓坡地"类型中的轻度退化草地和"陡坡地"类型中的所有退化草地。这类鼠荒地退化草地坡度陡，治理难度大，可通过10年以上的长期封育使之逐渐恢复其植被。

模式二：控鼠。采用人工捕捉高原鼢鼠和生物毒素控制高原鼠兔2种方法，对3种类型鼠荒地均适用。生物毒素主要是C型肉毒梭菌毒素，洞施。

模式三：控鼠＋围栏封育自然恢复＋禁牧休牧。首先进行控鼠（采用人工捕捉高原鼢鼠和生物毒素控制高原鼠兔两种方法），然后进行围栏，再进行禁牧休牧（2年以上）。对3种类型鼠荒地均适用。

模式四：控鼠＋围栏封育＋人工草地＋禁牧休牧。本模式适用于"滩地"类型中的重度鼠荒地。这类退化草地土壤肥力很差，但地势相对平坦，适于机械作业。可通过机械作业种植适宜的老芒麦、甘南垂穗披碱草、垂穗鹅观草、草地早熟禾、中华羊茅、紫羊茅、高羊茅等草种，使其快速恢复生产和生态功能，并在人工草地改建后进行 2 年以上的禁牧休牧。

模式五：控鼠＋围栏封育＋补播（半人工草地）＋禁牧休牧。本模式适合于"滩地"类型中的中、轻度退化草场和"缓坡地"类型中的中、重度退化草地。这类退化草地可在不破坏或尽量少破坏原生植被的前提下，选择适宜的老芒麦、甘南垂穗披碱草、垂穗鹅观草、草地早熟禾、中华羊茅、紫羊茅、高羊茅等草种，通过机械耙耱或人工补播措施建设半人工草地。

在第三章中，已详细介绍了碌曲县典型重度退化草地的修复模式，基于群落恢复学理论，仿照农艺学中的方法，人为创制出空斑，结合水、热、光等生境资源优化配置原理，并汲取当地多年草地中的乡土草种，采用 70％垂穗披碱草＋30％黑麦草和 70％垂穗披碱草＋30％燕麦 2 种混播方式，附以整地和施肥 2 种措施建植人工草地，每种补播下均设定双垄施氮肥、双垄施微生物菌剂、双垄氮肥配施微生物菌剂、双垄不施肥、无垄施氮肥、无垄施微生物菌剂、无垄氮肥配施微生物菌剂和无垄不施肥 8 个处理，测定其土壤理化性质变化，分析物种多样性，补播种光合特性，解析土壤因子及微地形因子与植被群落分布的关系，以探寻最佳的人工建植模式。

三、生态调控治理

（一）招鹰灭鼠

大量草地鼠害防治实践证明，采用化学药剂灭鼠虽能获得速效、高效的结果，但只能短期内降低害鼠种群数量和密度、减轻其危害程度，不能从根本上实现对种群数量和密度的控制。另一方面，长期大量施用化学药剂，使害鼠产生抗药性，并伴随产生杀伤天敌、污染环境及人畜中毒等不良后果。尽管进行了一些试验筛选出不易产生二次中毒的新药物，但总体上愈来愈倾向于采取综合治理的措施。其中，利用鹰-鼠食物链关系招鹰灭鼠，加强自然控制，成为一个重要的研究方向。招鹰灭鼠主要机制：根据鼠类天敌和鼠具有的食物链关系，用天敌来控制某一区域鼠的数量和密度，达到控制鼠害、保护草原植被的目的。鼠类的天敌种类和数量较多，其中鸟类中的猛禽（隼形目）是鼠类天敌中的重要类群，在其食物中鼠类的遇见率高达 70％。1 只成年鹰 1 日内可捕食 20～30 只野鼠，捕捉范围可达 200～500 米。

在实施中，可结合 C 型肉毒梭菌毒素，先对害鼠危害严重区进行药灭，然后与害鼠危害程度≤3 级的鼠害发生区一并进行招鹰架建设，防治鼠害的发生。鹰架能给鼠类主要天敌鹰类提供捕食、栖息和繁殖场所，合理布局能有效地控制草原地面害鼠的种群密度，减轻害鼠对草地的危害。通过长期控制，可以达到天敌、鼠类和牧草三者之间的生态平衡，使草地生态系统趋于良性循环。青海省于 1990 年开始进行鹰架招鹰灭鼠的试验研究，2002 年在玛多县进行了 26.67 万公顷大面积示范推广。结果表明，设立鹰架后，鹰类数量明显增加，鹰架设立 1 年后筑巢率即可达到 72％，比 2 次药物防治成本 21 元/公顷低 37.14％，害鼠有效洞口减退率达 25.71％，控制效果相当明显。

（二）驯狐灭鼠

将人工饲养的狐狸进行野化训练，或是将黄鼠狼等鼢鼠天敌一并作为害鼠防治的突破口，可多管齐下根治鼠害。原产于西伯利亚的银黑狐仔在人工圈养的过程中，饲养人员不断减少人工饲料，逐渐增加鼢鼠、黄鼠等鲜活动物的比例，最终使这些狐狸学会靠捕食鼢鼠在野外生存。

投放狐狸可能会对当地的生物资源产生影响，出现当地藏狐杂交情况，也会有新的生物入侵等顾虑，科学监测和评价这些潜在的影响是投放前必须考虑的事项。但也可以针对性地规避这些风险，例如，在满足动物伦理的要求下对人工养殖的狐狸去势后再进行投放，也可以安置GPS项圈、投放样地安置红外相机等措施监测投放狐狸的活动轨迹以及对环境的影响等。除此之外，还可以选择当地藏狐进行人工繁育、野化后进行投放，避免生物入侵等顾虑。

在位于青藏高原的三江源地区，研究人员在野外布设"暗堡式野生动物人工洞穴"。人工洞穴坚固隐蔽、保温防雨，可助小型野生动物应对高原恶劣的气候环境，同时其用料、结构简单，不会对生态造成污染和破坏，具有较高推广价值。在鼠患较为严重的试验区，研究人员以300～350公顷的区域为1个单位设置人工土质洞穴，外壁含有保温材料，洞底直径80厘米左右，设置了渗水层，同时在内壁周边为野生动物后续打洞扩展留足了空间。有效吸引藏狐、赤狐等鼠类天敌入住繁衍，实现局地生态灭鼠的初步目标。通过红外相机成功监测到藏狐、赤狐等多种野生动物入住。对同一监测点位前后对比发现，在有野生动物栖息的区域，草场长势趋好。

（三）利用禾草隔离技术防控鼠害

研究表明，鼢鼠对豆科等轴根系植物具有强烈的采食偏向性，而对禾本科等须根系植物则表现为相对冷淡。这一研究可为保护高原区人工豆科草场免遭鼢鼠危害提供思路。据此，魏代红等（2017）采用在豆科草地外围种植禾本科草隔离带的方式，从草种选择、隔离带宽度、种植方式等技术环节对此种方法的有效性和技术要点进行探索。结果表明，禾草隔离技术是防控豆科人工草地鼢鼠危害的有效方法，平均可减少危害量82.4%以上；一年生禾草的隔离效果明显优于多年生禾草，短期多年生禾草明显优于长期多年生禾草；隔离带宽度应控制在3～5米；豆科草地建植当年以一年生、短期多年生和长期多年生混播隔离带效果最佳。

第六章　甘南草原草地病害治理技术

第一节　主要病害类型

草地病害降低了牧草的产量和品质，导致草地的衰败、退化、利用年限缩短，造成了严重的生态损失和经济损失。每年因为病害引起天然草地的损失约为5%，用于收种的草地损失更是高达52%，成为影响国家生态安全和可持续发展的重要因素。

张蓉和王生荣等（2009）采用常规的分离鉴定方法对甘南州玛曲、碌曲、迭部、卓尼、临潭和舟曲等地牧草各种叶斑病害进行了分离培养鉴定，对常见的锈病、黑粉病、白锈病、白粉病和霜霉病等症状及病原的形态做了具体的描述。寄主植物共涉及11个科，依次是菊科、毛茛科、蓼科、禾本科、蔷薇科、唇形科、紫草科、豆科、禾本科、伞形科和龙胆科。其中危害最为严重的是菊科，其次是禾本科。鉴定出能被黑粉菌所侵染的植物有5个科，依次为禾本科、菊科、莎草科、蓼科和毛茛科，其中危害最严重的是禾本科。

一、锈病

根据形态学特征，结合病害症状和寄主，主要有秦艽锈病、蒲公英锈病、珠芽蓼锈病、防风锈病、蕴苞麻花头锈病、刺儿菜锈病、早熟禾锈病、高原毛茛锈病、毛莲菜锈病、驴蹄草锈病和凤毛菊锈病。

1. 秦艽锈病

症状：主要发生于叶片部位，受害叶片背面初期产生散生或聚生凸起的土黄色小疱，即病原菌的夏孢子堆。夏孢子堆形状不规则，大多数生在秦艽叶中脉的两旁、叶尖和叶片基部。

病原：秦艽锈病（*Puccnicia gentianae*）。夏孢子堆生于叶片正面，界限明显，圆形或不规则形，直径1~5毫米，稍隆起，肉桂褐色，初期生于寄主表皮下面，生长后期裸露并变成粉状；在电镜下观测夏孢子呈球形、倒卵形、饼形，大小（19~31）微米×（20~23）微米，壁厚1.5~3.0微米，黄褐色，有稀疏倒刺。冬孢子堆黑褐色，电镜下观测冬孢子呈椭圆形或长方形，（29.7~40.3）微米×（22.5~27.8）微米，两端较圆，隔膜处有缢缩，深褐色，表面光滑，有无色易断短柄。

2. 蒲公英锈病

症状：6月下旬始病时，在叶片的正面产生锈黄色、圆形、近圆形的疱状斑点的病原夏孢子堆；7月下旬，以疱状斑点为发病中心向整植株扩散，同时，在蒲公英的叶片背面也出现疱状斑点，即释放夏孢子反复侵染。到8月中下旬达到病害发生的高峰期。总体表现为随着蒲公英的生长，气温的升高和雨量的增多，锈病愈发严重。首先是正面出现疹状夏孢子堆，其次是背面出现疹状夏孢子堆，逐渐夏孢子堆越来越多，最终即在蒲公英的生长后期产生冬孢子堆。冬孢子堆周围伴有2～5毫米的晕圈，紫色或紫褐色；冬孢子堆露出褐色粉末状的冬孢子，最终冬孢子堆布满整个叶片，叶片随之变成黑褐色、紫褐色或深褐色。

病原：柄锈菌属山柳菊柄锈菌（*P. hieracii*）。在蒲公英上有2种孢子堆，即夏孢子堆和冬孢子堆。夏孢子堆生在叶的两背面，大小为0.5～1.0毫米。初期生于表皮下面，后突破表皮，外露，粉状，呈锈黄褐色；夏孢子近球形、椭圆或卵圆形，淡黄色至栗褐色，有刺，单孢，大小为（22.2～28.1）微米×（23.4～30.2）微米。冬孢子堆生在叶的两面，散生，直径1.5～3.0毫米，粉状，紫褐色，圆形或不规则形；在电镜下观测，冬孢子为长椭圆形、纺锤梨形或葫芦形，大小为（25.6～38.4）微米×（14.9～19.9）微米，平均为16.9～34.0微米，深黄色或黄褐色，顶端圆形、平滑、双孢、隔膜处有明显缢缩，具无色易脱落短柄，断后长3～5微米。

3. 珠芽蓼锈病

症状：珠芽蓼锈病常发生于叶片、叶柄和茎等部位，主要危害叶片，在叶片两面均可发病。初生黄褐色斑，病斑扩展后叶背面稍隆起，即病菌夏孢子堆，表皮破裂后散出棕褐色粉末状夏孢子，致叶片早枯。生育后期，在夏孢子堆四周形成黑褐色多角形稍隆起的冬孢子堆。

病原：珠牙蓼柄锈菌（*P. vivipari*）。夏孢子堆生于叶片背面，散生，裸露，圆形、椭圆形或近圆形，0.5～1.0毫米，褐色，粉状；夏孢子球形、近球形或倒卵形，（18～25）微米×（17～24）微米，黄褐色，有刺。冬孢子生于叶的背面，散生或少聚生，裸露，近圆形，直径1～2毫米，深褐色，粉状；在电镜下观测冬孢子呈椭圆形、倒梨形，双孢，褐色或淡黄色，柄端较细，另一端较粗、光滑，常常互相抵压成不规则形，（22.3～40.5）微米×（12.6～22.7）微米，隔膜处稍缢缩；柄无色、易断。

4. 防风锈病

症状：危害寄主植物叶片，发病初期，叶片正面出现淡黄色粉状物。背面生有黄色稍隆起的小斑点，初生于表皮下，成熟后突破表皮散出橘红色粉末，随着病情的发展，后期又出现橘黄色粉堆，秋末叶背出现黑褐色粉状物，即冬孢子堆和冬孢子。受害叶早期脱落。

病原：柄锈菌属防风柄锈菌（*P. sileris*）。锈孢子堆生于叶的两面，但主要以正面较多，散生，黄褐色，点状，0.5～1.0毫米，初期生于寄主表皮下面，后裸露。锈孢子，三角锥形、肾形、长椭圆形或圆形，（24～34）微米×（17～25）微米，灰褐色，两端圆，壁厚1微米，表面生细疣。

5. 刺儿菜锈病

症状：刺儿菜锈病发生于植株叶片、叶柄以及茎等部位，主要危害叶片背面。发病初期叶片背面出现褐色、黑色或淡褐色冬孢子堆，圆形或近圆形，直径 1.0～1.5 毫米，聚生，发病后期感染叶片几乎全部覆盖，粉状。

病原：阿嘉菊柄锈菌（矢车菊变种）（*P. calcitrapae*）。夏孢子堆生于叶的两面，主要生于叶片下面，聚生，圆形或近圆形，直径 0.3～1.5 毫米，褐色，粉状；夏孢子球形、近球形或宽椭圆形，（23.2～32.1）微米×（19～26）微米，基部增厚，黄褐色或肉桂褐色，有细刺，基部光滑；冬孢子堆生于叶的两面，主要生于叶下，裸露，散生，常聚满整个叶片，圆形或近圆形或椭圆形，长 0.3～1.5 毫米，粉状，栗褐色；冬孢子椭圆形、宽椭圆形，（39.2～54.5）微米×（21.6～28.3）微米，两端圆或基部渐窄，表面有密刺，双孢，隔膜处不缢缩。顶端不增厚，肉桂褐色，有细疣，不明显，似光滑，柄无色，长 45微米。

6. 早熟禾锈病

症状：主要危害寄主植物叶片，其次是叶鞘和茎秆。苗期染病，幼苗叶片上产生多层轮状排列的鲜黄色夏孢子堆。成株叶片初发病时夏孢子堆为小长条状，鲜黄色，椭圆形，与叶脉平行且排列成行，呈虚线状，后期表皮破裂，出现锈被色粉状物。

病原：短柄草柄锈菌（*P. brachypodii*）。夏孢子堆生于叶的两面，上面较多，排列呈行或呈条，线形或长椭圆形，2～3.5 毫米，粉状，黄褐色；夏孢子椭球形或饼形，淡黄色，表面有疣，（17.3～30.0）微米×（15.8～26.4）微米；冬孢子堆生于叶的两面，椭圆形或线形，常被表皮覆盖，排列成条状，黑褐色；冬孢子棒状或矩圆形，大小（22.3～43.4）微米×（12.1～25.8）微米，双孢，隔膜处稍缢缩，黄褐色或淡褐色，下部色较淡，壁光滑，顶壁厚顶端圆锥形或圆形，柄与冬孢长度相近或更长。

7. 毛莲菜锈病

症状：主要危害寄主的幼嫩绿色部分，如幼叶、叶柄及新梢。叶片被害后叶片正面产生圆形小病斑，中央橙黄色有光泽，边缘淡黄色，周围具有黄色晕圈。随着病斑的扩大，病斑中央产生蜜黄色微凸的小粒点（病菌性孢子器），潮湿时小粒点上溢出淡黄色黏液（性孢子），黏液干燥后黄色小粒点变成黑色。之后病斑组织变肥厚，正面凹陷，背面隆起并长出几根至十几根灰白色或淡黄色的细管状物（锈孢子器），内有大量褐色锈孢子，成熟后从锈孢子器顶端开列散出。

病原：山柳菊柄锈菌（*P. hieracii*）。锈孢子生于叶的两面，散生，橙黄色，表面有瘤状细胞，圆形或近圆形；夏孢子堆生于叶的两面，散生，圆形或近圆形，直径 0.1～0.4 毫米，肉桂褐色，夏孢子近球形或椭圆形，（23.4～30.2）微米×（19.2～24.7）微米，黄褐色或肉桂褐色，有刺；冬孢子堆生于叶的两面，散生或少聚生，裸露，有破裂的表皮围绕，圆形或近圆形，直径 0.2～0.6 毫米，粉状，深褐色；冬孢子椭圆形，（26.8～39.2）微米×（19.1～27.6）微米，两端圆或基部渐窄。

二、黑粉病

黑粉菌属是黑粉菌科中的一个大属，包含大约 350 个种，无包被，无中轴。孢子堆生在寄主植物组织的各个部位，成熟后外露，黑色。孢子团粉状，黑色，稍半黏结至黏结。黑粉菌孢子黑色、褐色、红褐色，单个，小至中等大小。表面光滑，有瘤，有刺或网纹等。黑粉孢子萌发产生先菌丝，在其侧面或顶端产生担孢子。

1. 珠芽蓼黑粉病

症状：孢子堆生在每个小花和珠芽上，稍肿胀，初期由薄膜包裹，成熟后膜不规则破裂。孢子团黑褐色，粉状。

病原：珠芽蓼黑粉病（*Ustiligo bistortarum*），黑粉孢子近球形、卵圆形、椭圆形或不规则形，（15.68～18.40）微米×（14.78～17.34）微米，浅紫褐色或紫褐色，具密疣。

2. 赖草黑粉病

症状：孢子堆生在叶和叶鞘上，条纹状，初期由表皮覆盖，后期表皮破裂，受害叶开裂成条状。孢子团黑褐色，粉状。

病原：疣孢黑粉菌（*U. serpens*）。黑粉孢子近球形、椭圆形、卵圆形或稍不规则形，（12.4～15.9）微米×（10.2～12.7）微米，有刺或粗瘤，少部分网状，刺或瘤高，扫描电镜下可见刺或粗瘤间布满细疣。

3. 嵩草炭黑粉病

症状：孢子堆生在少数子房内，球形，坚硬，初期有灰白色薄膜包被，后期膜破裂。孢子团黑褐色，黏结至粉状。

病原：嵩草炭黑粉菌（*Anthracoidea elynae*）。黑粉孢子近圆形或椭圆形，（18.4～22.4）微米×（16.7～21.0）微米，褐色或暗褐色，边缘光滑，中间粗糙，表面常有胶质鞘。

4. 凤毛菊黑粉菌

症状：孢子堆着生在种子和花托内，整个籽粒充满黑粉孢子。受害植株生长矮小，提前枯死。

病原：特氏楔孢黑粉菌（*Thecaphora trailii*）。孢子堆粉状，黑褐色。孢子球淡黄褐色，由多个孢子组成，结合紧密，（17.6～54.1）微米×（16.9～43.5）微米。孢子间结合面光滑，非结合面具疣，孢子结合处隆起成脊。冬孢子黄褐色，卵圆形，楔形或不规则形，（13.5～24.5）微米×（6.5～16.0）微米。

5. 芨芨草条黑粉病

症状：孢子堆生在叶子上，被植物表皮组织覆盖，后期极易破裂，暴露出黑色状孢子团。叶子常常卷褶，孢子团黑色，粉状，易脱落。

病原：芨芨草条黑粉菌（*Urocystis achnatheri*）。孢子为球形至长球形，[19～55（60）]微米×（16.5～38.5）微米，由1～7（10）个孢子组成，多数被不育细胞包围，少数为不完全包围。孢子球形、近球形、卵圆形，红棕色，（12.5～20）微米×（7～15）微米。不育细胞球形、近球形、椭球形，（5～13）微米×（5～9）微米。

6. 披碱草条形黑粉病

症状：主要发生于披碱草叶片上。植株被侵染后生长缓慢，不形成花序或花序短小，叶片上产生长短不一的黄绿色条斑，条斑以后变成暗灰色或银灰色，表皮破裂后释放出黑色粉末状冬孢子，植株生长后期病叶丝裂、卷曲并死亡，呈浅绿色或褐色。孢子堆生在叶和叶鞘上。孢子团暗褐色，粉状。

病原：披碱草条形黑粉病（*U. dahuricus* Turcz）。黑粉孢子近球形、椭圆形、卵圆形或不规则形，（10.0～12.5）微米×（8.0～11.6）微米，褐色。

三、白锈病

白锈病发病初期，叶背面生成稍隆起的白色近圆形至不规则形疱斑，即孢子堆，其表面略有光泽，主要为害叶片，有时一张叶片上疱斑多达几十个。成熟的疱斑表皮破裂，散出白色粉末状物，即病菌孢子囊。常为害白菜、萝卜、芥菜以及根菜类等十字花科蔬菜。常见的白锈病有蕴苞麻花头白锈病和艾蒿白锈病等。

1. 蕴苞麻花头白锈病

症状：主要发生在蕴苞麻花头的叶片上，以背面较多。发病初期叶片背面产生数量众多的隆起的白色疱斑，近圆形至不规则形，即孢子堆。同时叶片正面出现边缘不明晰且不规则的绿色病斑。成熟的疱斑表皮破裂，散出白色粉末状物的孢子囊，孢囊梗短而粗，棒状，不分枝，成排生于寄主表皮下面，顶端串生孢子囊。

病原：大孢白锈菌（*Albugo macrospora*），属鞭毛菌亚门真菌。孢子囊圆球形或圆筒形，（15～19）微米×（13～18）微米，藏卵器壁有瘤状突起，孢囊梗大小为（16～70）微米×（15～24）微米；卵孢子多生于表皮下或茎内，浅黄色，直径28～55微米，表面光滑。

2. 艾蒿白锈病

症状：主要发生在艾蒿的叶片上，严重时亦会侵染嫩茎。叶片染病初期，叶正面形成若干个不规则的褪绿斑块，叶片背面生成众多圆形至不规则形的疱状孢子堆，大小不等，随病害发展病斑部位颜色加深至褐色，坏死，最后破裂穿孔。病害严重时疱斑密布，叶片凹凸不平，最后枯黄死亡。嫩茎染病，多扭曲畸形产生瘤状凸起疱斑，破裂后散出白粉，后期病部纵裂、易折断。

病原：蓟婆罗门参白锈菌（*A. tyagopogonis*），异名菊科白锈菌。孢子囊生在叶片、茎上。白色至淡黄色，圆形、近圆形，0.5～2.3微米，散生；孢囊梗棍棒状，单孢，无色，（23～90）微米×（15～19）微米；孢子囊椭圆形，顶端较平截，单孢，无色，壁膜等厚，（12～23）微米×（12～18）微米，直径14微米；藏卵器透明，无色，（60～89）微米×（66～74）微米；卵孢子近球形，成熟的深褐色，具网纹，（35～70）微米×（33～68）微米。

四、白粉病

白粉病是一种危害小麦叶片、茎和穗子的疾病，又称白背病、桑里白粉病。发病初期，叶片上开始产生黄色小点，而后扩大发展成圆形或椭圆形病斑，表面生有白色粉状霉层。下部叶片通常比上部叶片多，叶片背面比正面多。霉斑早期单独分散，后联合成一个大霉斑，甚至可以覆盖全叶，严重影响光合作用和新陈代谢，造成早衰，使产量受到损失。常见的白粉病主要有蒲公英白粉病、二裂委陵菜白粉病、早熟禾白粉病、毛莲菜白粉病和苜蓿白粉病等。

1. 蒲公英白粉病

症状：主要发生在蒲公英的叶片上。发病初期，叶片上开始产生黄色小点，而后扩大发展形成圆形或椭圆形病斑，表面覆盖有白色粉状霉层。霉斑早期是单个分散的，后期联合形成一个大霉斑，甚至可以覆盖全叶。

病原：棕丝单囊壳（*Sphaerotheca fusca*），属子囊菌亚门（Ascomycotina）核菌纲（Discomycetes）白粉菌目（Erysiphales）白粉菌科（Erysiphaceae）真菌。菌丝体产生于叶片两面，子囊果球形或近球形，生在叶上时为散生；生在叶柄、茎和花萼上时为稀聚生，褐色至暗褐色，直径 60～95 微米；附属丝 2～6 根，稍屈膝状弯曲，与菌丝体交织在一起，着生在子囊果下面，长为子囊果直径的 0.8～3 倍，具隔膜 0～6 个，隔膜处稍缢缩，深褐色，粗细不均匀，平滑；子囊 1 个，椭圆形或卵形，少数具短柄，（50～80）微米×（50～70）微米，内含 6～8 个子囊孢子，椭圆形或矩圆形，单黄色，大小（15～20）微米×（12.5～15）微米。

2. 二裂委陵菜白粉病

症状：发生于二裂委陵菜的叶片正面，发病严重时整个叶片呈现白色，上有暗褐色小点。菌丝体生于叶的两面，但主要生在叶片正面。

病原：羽衣草单囊壳（*S. aphanis*），属子囊菌亚门真菌。分生孢子圆筒形，无色，大小（18～36）微米×（12～21）微米；子囊果散生于叶片，球形或近球形，暗褐色，直径 58～114 微米；附属丝 3～18 根，丝状弯曲，屈膝状，长度为 240～400 微米，基部较大，表面光滑，褐色；子囊 1 个，椭圆形，无色，（60～99）微米×（45～84）微米；子囊孢子 8 个，椭圆形或近椭圆形，（15～24）微米×（9～15）微米。

3. 早熟禾白粉病

症状：早熟禾白粉病主要发生于早熟禾的叶片上，有时也发生在叶柄、茎秆和芒上。菌丝体在叶的两面生，形成灰白色或稍带褐色的不规则斑片，有时互相愈合，形成大片的白粉。

病原：禾本科布氏白粉菌（*B. graminis*），子囊菌亚门真菌。子囊果聚生或散生，暗褐色，扁球形，埋生于菌丝层中，直径 111.14～240.12 微米；附属丝发育不全，简单不分枝，很短，少数略长；子囊多个，卵圆形、椭圆形或不规则形，有短柄，大小（80～96.25）微米×（30～36.25）微米；子囊孢子 8 个，卵形，常发育不全，在当年寄主上往往看不清楚。病变部有灰白色粉状霉层，后变污褐色，其上生有黑色小点。

4. 毛莲菜白粉病

症状：主要发生于毛莲菜的叶片、叶柄及茎部。发病初期叶片正面出现白色粉状物菌丝，霉层较稀疏，扩大后呈不规则形，后期连片或覆满整个叶片。

病原：粉孢属（*Oidium* spp.）子囊菌亚门真菌。分生孢子串生，较少单生，椭圆形，大小（25.5～32.4）微米×（13.5～16.7）微米。分生孢子梗棍棒状，大小（64.5～81.4）微米×（6.4～9.2）微米。

5. 苜蓿白粉病

症状：主要发生于苜蓿叶片正反面，茎、叶柄及荚果上出现一层白色霉层，似丝状蛛网。发病初期出现小圆形病斑，后期病斑扩大，相互汇合，覆盖全部叶面，形成毡状霉层，后期产生粉孢子，病斑呈白粉状，末期霉层为淡褐色或灰色，同时有橙黄色至黑色小点出现。

病原：豌豆白粉菌（*Erysiphe pisi*）。菌落生于叶两面，分生孢子柱形或近柱形，（29.0～41.3）微米×（12.4～19.8）微米，呈链生。闭囊壳散生，近球形或扁球形，黑褐色，大小95.6～110.8微米。附属丝丝状，（87.3～98.6）微米×（4.8～6.9）微米。子囊长椭圆形，（80.9～91.8）微米×（29.4～41.3）微米。

五、霜霉病

霜霉病是由真菌中的霜霉菌引起的植物病害，危害植物地上部分幼嫩组织，如叶片、新梢、花穗以及果实等，感染后其背面出现白色霉层，严重时幼苗变黄枯死。常见的霜霉病有苜蓿霜霉病（*Peronospora estivalis*）、苦卖菜霜霉病（*Bremia lactucae*）和苍耳霜霉病（*Plasmopara angustiterminalis*）等。

1. 苜蓿霜霉病

症状：苜蓿霜霉病发生后，植株茎和叶片均受害，叶片上出现不规则形状的褪绿斑，淡绿色或黄绿色，病斑边缘不清晰。随病斑的扩大，整个叶片呈黄绿色，叶缘向下方卷曲。潮湿时叶背出现灰白色至淡紫色霉层。感病植株也可出现系统性症状，全株褪绿矮化，茎变短，扭曲畸形。严重时病株不能正常形成花序或发育不良，导致大量落花、落荚。

病原：苜蓿霜霉菌，属鞭毛菌亚门真菌。菌丝体无隔，在寄主的细胞间蔓延，产生或不产生吸器；孢囊梗由气孔向外伸出，单生或数根丛生，上部二叉状分枝4～7次，呈树状，无色透明，大小（162～427）微米×（8～10）微米；孢子囊近球形或椭圆形，无色至淡黄褐色，大小（14～20）微米×（12.3～21.2）微米。

2. 苦卖菜霜霉病

症状：苦卖菜霜霉病主要为害叶片，幼苗至成株期都可发生，生长中后期发生更为严重。发生时，植株的下部叶片先发病，叶面出现淡黄色近圆形病斑，逐渐扩大成不定形，或因受叶脉限制而呈多角形，病斑颜色转为黄褐色，潮湿时病斑背面长出稀疏的霜状霉层。随后病斑变褐枯干，相连成片，受害病叶很快枯死。

病原：苦巨菜生盘霜霉（*B. sonchicola*），属鞭毛菌真菌。病斑上所见的霜状霉层是病菌的孢子囊梗和孢子囊；孢囊梗数根，从气孔伸出，呈叉状对称分枝3～6次，顶端膨大呈盘状，孢囊梗大小为（236～793）微米×（9.2～14.1）微米；孢子囊卵形或椭圆形，有乳头状突起，大小为（11.2～27.3）微米×（8.1～22.9）微米。

3. 苍耳霜霉病

症状：苍耳霜霉病主要为害叶片。发生时，叶片上病斑呈多角形或不规则形状，受叶脉所限，界限明显；初为淡绿色，后变红褐色，直径1.5～3.5毫米；叶背面生有白色稠密的霉层。

病原：苍耳轴霜霉，属鞭毛菌亚门真菌。孢囊梗1～3枝，从气孔伸出，单生或丛生，无色，大小（311.3～481.1）微米×（6.5～9.8）微米；基部不膨大，主轴占全长1/2～3/4，上部单轴直角分枝3～6次，末枝圆锥形，长2.0～7.8微米，顶端平切；孢子囊近球形至椭圆形，无色，具乳突，大小（12.5～26.4）微米×（13～19.5）微米。

第二节　草地病害的防控技术

由于牧草病害种类繁多，牧草病理学理论体系尚处于起步阶段，大部分病害的发生和流行规律尚不明确，当前牧草病害防治技术多参考农作物病害防治技术。因此，应加强牧草病害的年度普查，在此基础上，对所发现的重要病害应及时采样，详查，分类鉴定，精确统计发病率、病情指数、发生规律及受害情况，有针对性地采取有效措施加以防治。牧草病害防治的最终目的在于保护牧草健康生长，增加生态效益与经济效益。牧草病害防治的原则是充分利用草地生态系统中的有利因素，预防为主，综合防治，保护环境，增加效益。当前，牧草病害防治的主要措施和方法有以下几种。

一、物理防控

适时刈割可防控病害。适当提早刈割不仅可以防病，而且可保障牧草的蛋白质含量。如在沙打旺黑斑病发病初期或临近发病的 6 月下旬，增加一次刈割，基本可以达到防治黑斑病发生的目的。

借助于风力、浮力（如泥水、盐水）或过筛的方法，剔除种子间的菌核、菌瘿及受害的种子。温汤浸种也可防治某些种传病害。此外，各种射线、超声波、高频电流等也在试用于病害防治。

二、化学防控

化学防除以高效、低毒和低残留的广谱性杀菌剂为主，按照"源头控制、底端治理"的原则，应在播种或草皮移植前用杀菌剂对土壤进行处理，杀死或抑制土壤中的病原，从而减少病害的发生概率。其次，种子带病常是补播修复草地或许多新建草地发病的初侵染来源。因此，防治草地病害需从种子开始，在播种前用杀菌剂处理种子是牧草病害防除的主要方式。在牧草病害防治上应用最广的是杀菌剂拌种，在病害发生严重的地区，用杀菌剂、杀虫剂混合处理种子，可获得病虫害综合防治的效果。对于已经发生的病害，应根据病害的种类和发生程度，选择适宜的杀菌剂及其剂量，通过茎叶喷雾和灌根等技术来控制病害的蔓延和持续。不同牧草适用的杀菌剂不同，如最适用于红豆草、苜蓿和沙打旺的杀菌剂分别为甲基托布津、杀毒矾和福美双。

三、生物防控

用生物有机体或基因技术产物调节病原群体，阻碍或控制侵染和最大限度地调动植物保卫系统抵抗病害。如利用土壤和植物根际的微生物与病原间的拮抗作用防治土传病害，利用良性或弱毒性的病原小种防治叶部病害等。此外，选育抗病牧草品种是防治病害最经济有效的措施之一，在防治传染快、潜育期短、面积大的气传和土传病害，如禾本科牧草和草坪草锈病、苜蓿黄萎病等方面应用尤为普遍。利用有益禾草内生真菌（*Epichloë*）进行育种，是草业育种的一个新方向（李春杰等，2021）。通常情况下，内生真菌与禾草形成互惠互利的共生体，可增强宿主抗逆性。以多年生黑麦草为例，带内生真菌的植株可有效抵抗麦根腐平脐蠕孢的危害（马敏芝，2015）；2020 年由兰州大学培育的我国第一个高内生真菌带菌率、抗锈病的多年生黑麦草新品系"兰黑 1 号"已被批准进入国家林业和草原局新品种区域试验。培育携带高内生真菌的新品种将是抗病研究的突破口之一。

四、生态防控

通过改进草地的放牧、利用、管理或耕作制度，改变草地生态条件，使之不利于病原而有利于牧草生长发育和提高抗病能力。常用措施包括早春焚烧牧草残茬、铲除野生寄主、清除枯草层、及早毁除生长矮小或提早抽穗的病株、焚茬、合理排灌、科学施肥、轮作、不同种（品种）的牧草混播、改变草地利用方式，以及合理控制放牧家畜种类和数量等。也可结合农艺措施进行防控，如收获或刈割后，将披碱草放置在阳光下暴晒或用紫外灯照射，可减弱麦角病等病害的毒性。此外，利用木霉菌等一些有益菌的竞争和拮抗作用来控制特定病原体的传播也是一种极具潜力的生态防控技术。

五、展望

对于草地病害的防治，首先要明确病害的种类。目前，青藏高原各生态区域最主要牧草病害种类尚不十分明确，很多病害仅有文献收录，而缺少具体的研究报道。例如，大多以"病害-病原"的形式记载，而缺少对应的病害症状、危害程度、病原特征及其致病力等（薛龙海等，2024）。多年来，病原真菌的鉴定绝大多数依赖于传统的形态学特征，缺少分子鉴定手段。近年来，结合形态学与多基因序列特征的现代多项分类技术逐渐应用在牧草病原的鉴定研究中，未来需要结合分子手段，准确鉴定牧草病原，较为细致地描述危害特征等。此外还要做好植物检疫工作。由国家以立法手段对植物及其产品进行管理和控制，防止危险性病害等传播，是保护草地农牧业生产的重大预防性措施。

探究主要病害的发生规律。甄别出每种病害的危害程度，筛选出重要病害作为重点研究和长期监测对象。尽管对锈病、黑粉病等开展了较为系统的研究工作，但对其病害在不同地方的发生动态、危害特点等与环境条件的关系仍不清楚。病害发生的条件、致灾因子等需要甄别，在今后的研究中，应当结合病害的田间病症特点、分布及危害程度等多方面特征进行系统化识别，对锈病等主要病害应定点长期观察，归纳总结不同地区病害的发生规律。

研发绿色防控技术体系。牧草病害的发生是综合作用的结果，对其病害的防控，需从区域性农林草—病虫—天敌食物网及其环境互作关系出发，探究景观格局、生物多样性、功能植物、生境变化和产业结构调整对农林草原病虫害的生态调控机制，深入研究生态调控新方法、新理论，构建生态调控为主的农林草原可持续发展新模式。应优先考虑采用物理、生物和生态防治技术，根据不同生育时期、不同地域的病害发生特点，挖掘关键技术，发掘、研究和利用抗病品种与自然天敌等资源，明确病原微生物的致病机制及作物免疫防卫机制，研制牧草病害绿色防控新技术，构建天然草原重要病害系统分布、发生与危害规律、监测预警及病害一体化等，建立全程绿色化防控技术模式。

第七章 甘南草原虫害治理技术

第一节 草地害虫类型及危害

一、草地虫害

草地虫害是指有害昆虫数量急剧增多而引起的一系列危害，是我国牧区主要生物灾害之一。20世纪80年代以来，由于全球变暖、超载过牧等因素的影响，在整个生物圈中处于压力最底层的草地出现不同程度的退化，虫害面积持续增加。据洪军等（2014）调查，1996年我国草地虫害面积为667万公顷，1998—2000年连续3年突破1 333万公顷，呈现持续偏重发生态势，严重影响着我国草原畜牧业发展，对农牧民的生存发展构成威胁（表7-1）。

表 7-1 全国各时期草原虫害危害情况

时期	年均危害面积（×10⁴公顷）	年均危害损失（×10⁴千克）
1981—1985 年	525.92	236 664
1986—1990 年	419.25	188 664
1991—1995 年	566.29	254 832
1996—2000 年	1 069.72	481 374
2001—2005 年	2 459.92	1 106 964
2006—2010 年	2 004.93	902 220

草地害虫取食行为使得优良牧草逐年减少，同时毒杂草逐渐增多，侵害草地，使草地退化。尤其是牧草刚刚萌发，幼虫就开始取食，爬到草尖，从茎和嫩叶顶端向下咬食，这种取食习惯严重破坏了牧草的生机，抑制了牧草的正常发育，导致牧草大面积减产，极大地影响了单位面积的载畜量。在危害严重的草地上，牧草一两年内不易恢复。甘南草原主要的虫害涉及草原蝗虫、草原毛虫、草地螟、蛴螬、蓟马，以及重大入侵性害虫草地贪夜蛾等，本章主要介绍这些优势害虫的治理技术。

二、主要的害虫类型及危害

昆虫占整个动物界已知种类的3/4，已定名的有100万种左右，它们中有相当大一部分属于有害种类。正确认识和识别害虫，是研究害虫、消灭害虫的基础。草原上栖息有多种有害昆虫，它们分布广、数量大、繁殖力强，其取食牧草、污染草场，常使草地遭受损毁，严重影响草原畜牧业的健康发展。因此，消灭虫害、保护草原一直是草原建设的重要措施之一。

危害草地的害虫主要有蝗虫、草原毛虫、草地螟、草地贪夜蛾、黏虫、象甲、蓟马及蚜虫等。其中，蝗虫多发生在新疆、内蒙古等干旱、半干旱区草原上，分布范围较广。草原毛虫大多发生在青海、西藏、甘南、川西北青藏高原牧区。

我国草原分布面积广，有害生物种类多，在虫害方面主要开展迁飞性蝗虫、非迁飞性蝗虫、草地螟、草原毛虫及夜蛾类的防治；草原虫害方面，迁飞性虫害能够借助于空中高速气流实现远距离的迁移，其迁飞距离往往可达数百乃至上千千米，导致其危害范围广，这使得迁飞性虫害相较于非迁飞性虫害而言危害更为严重，因此新防治标准中迁飞性害虫的致灾密度远小于非迁飞性，譬如，迁飞性蝗虫的虫口密度为每平方米0.5头则到致灾密度，而非迁飞性蝗虫的虫口密度为每平方米5~25头。经查阅有关研究材料，深入调研生产防治经验，组织生产单位及专家研究，在广泛征求意见的基础上，国家林业和草原局确定了主要草原害虫防治的指标（表7-2）。

表 7 - 2　主要草原害虫防治指标

类型	种类		虫口密度/头/米² 或枝
迁飞性害虫	蝗虫类（2~4 龄若虫）		0.5
	草地螟（幼虫）		15
非迁飞性害虫	蝗虫类（2~4 龄若虫）	小型	25
		中型	15
		大型	5
		混合型	10
	草原毛虫类（3~4 龄幼虫）		30
	夜蛾类（幼虫）		20

（一）草原蝗虫

1. 草原蝗虫的种类　世界上已知的蝗虫种类达 1 万种以上，包括迁飞性蝗虫类和非迁飞性蝗虫类。迁飞性蝗虫类指能远距离迁飞和成群的蝗虫，主要包括东亚飞蝗（*Locusta migratoria manilensis*）、亚洲飞蝗（*L. migratoria migratoria*）、西藏飞蝗（*L. migratoria tibetensis*）及沙漠蝗（*Schistocerca gregaria*）等。非迁飞性蝗虫类指除飞蝗属和沙漠蝗属以外的直翅目蝗总科以及蚱总科的害虫。其中，大型蝗虫为成虫体长大于 40 毫米的种类，主要包括笨蝗（*Haplotropis brunneriana*）、癞蝗；中型蝗虫为成虫体长 20~40 毫米的种类，主要包括星翅蝗（*Calliptamus* sp.）、网翅蝗（*Arcyptera* sp.）、小车蝗（*Oedaleus* sp.）、尖翅蝗（*Epacromius* sp.）、皱膝蝗（*Angaracris* sp.）、痂蝗（*Bryodema* sp.）、稻蝗（*Oxya* sp.）、宽翅曲背蝗（*Pararcyptera microptera meridionalis*）、意大利蝗（*Calliptamus italicus*）、西伯利亚蝗（*Gomphocerus sibiricus sibiricus*）等；小型蝗虫

为成虫体长小于 20 毫米的种类，主要包括棒角蝗（*Dasyhippus* sp.）、蚁蝗（*Myrmeleo-tettix* sp.）和雏蝗（*Chorthippus* sp.）等。

对农林草业可造成危害的蝗虫约 300 多种，其中分布在我国境内的蝗虫共有 900 多种，有害蝗虫约 60 多种。危害较严重的草原蝗虫有 7 科 30 种左右，其中在甘南高寒草甸蝗虫发生区致害较严重的主要有狭翅雏蝗（*Chorthippus dubius*）、白纹雏蝗（*C. salbone-mus*）、小翅雏蝗（*C. fallax*）、红翅皱膝蝗（*Angaracris rhodopa*）、鼓翅皱膝蝗（*A. barabensis*）以及邱氏异爪蝗（*Euchorthippus cheui*）等草地蝗虫。甘南州的蝗虫主要分布在夏河县，甘加草原和桑科草原有大量的蝗虫分布，其他县因年积温限制等未能完成生活史，危害不大。

2. 蝗虫孵化　蝗虫越冬卵一般在 5 月初开始孵化，但因地势、温度和光照等不同，孵化时间有所不同，历时约 1 个月，造成蝗蝻龄期不一的现象。初孵化的蝗蝻有避光的习性，多栖息在禾本科和莎草科等牧草的根部、杂草丛以及避风向阳的凹地表面裂缝中；活动力弱，四肢无力，色微黄，四肢紧贴地面，可以缓慢爬行；经过 2～3 小时的太阳光照射，全身变为绿色、灰褐色，四肢变得强硬，开始啃食刚萌发的牧草嫩芽。

3. 蝗蝻取食和活动情况　1～2 龄期的蝗蝻活动能力弱，集群就地觅食，以幼嫩的禾本科植物叶片为主，此阶段食量小，对牧草的危害有限；3 龄后蝗蝻食量开始猛增，进入暴食期，同时迁移扩散能力逐渐增强，扩散范围逐渐增大，侵入到广阔的天然草地和人工草地，对牧草的危害更加严重。

4. 成虫生活习性　成虫与蝗蝻的食性均为植食性，但成虫期营养需求强烈。因此，成虫期的食量远远高于整个蝻期，占一生总食量的 75% 以上，雌蝗虫的食量远远高于雄蝗虫。蝗虫以发达的咀嚼式口器咬食植物叶片和花蕾，使其形成大小不一的缺刻和孔洞，严重时将大面积植物的叶片和花蕾食光，造成农林牧业重大经济损失。越干旱的季节，蝗虫越贪食，取食的大量食物未经充分消化即排泄出体外，以便从中获得大量水分，供给生理代谢需要，从而加重了对牧草的危害程度。此外，由于蝗虫（除东亚飞蝗）大多善跳跃和迁飞，扩散能力强，扩大了受害面积。

5. 蝗灾形成的原因　引起蝗灾的蝗虫一般都具有繁殖速度快、多次繁殖和繁殖后代取食范围广、食量大、传播和迁移能力强等生理生态特征。如东亚迁徙蝗虫 1 年内会繁殖 2～4 代。蝗虫雌雄交配后，雌虫每代可产卵数次；东亚迁徙蝗虫和沙漠蝗虫都可以孤雌生殖，即雌性蝗虫可以不交配就产卵，后代均为雌性，性成熟后又可以交配产卵或继续孤雌生殖。

极端气候对蝗灾的发生也有重要的影响。近年来，厄尔尼诺、拉尼娜现象和太阳黑子频繁活动等均有可能引发全球区域性气候异常，导致水热平衡分配季节性失衡、旱涝灾害交替发生，致使蝗虫大规模繁殖；同时，人类管理不善造成草场退化、对气候监测不到位等多重因素也会加剧蝗虫灾害的暴发。如我国古代就有"旱极而蝗"的记载。造成这一现象的主要原因是，蝗虫是一种喜欢温暖干燥的昆虫，干旱的环境对它们繁殖、生长发育和存活极其有利。

6. 草原蝗虫的危害　草地蝗虫与食草性经济牲畜存在强烈的食物资源竞争关系，严重时，蝗虫所到之处几乎寸草不留，是草原上的主要害虫之一。近年来，我国平均每年发生草原蝗灾面积1.5亿亩，最高年份达到3亿亩，草原蝗虫数量维持高发态势，对我国畜牧业生产和草原生态环境造成严重破坏，对农牧民的生产和生活造成严重威胁。

7. 蝗虫防治技术 防治蝗虫要以预防为主，因地因时采取简便、经济、有效的方法。要尽量在蝗虫大发生之前或在蝗虫发生程度较低、没有造成损失时，及时采取行动，将蝗虫种群数量降低到一定阈值以下。否则，等蝗虫发生程度严重时才采取行动，不但需要更多的人力和财力，还会极大地破坏草地生态系统的平衡。

（1）化学防治 目前国内应用的主要化学防治药剂种类多样，其中高效低风险的主要有菊酯类农药（如溴氰菊酯、氯氰菊酯等）、有机磷类农药（如马拉硫磷、敌敌畏等）、大环内酯类、新烟碱类、昆虫生长调节剂（如卡死克）及混配农药（如快杀灵等）等。在新疆玛纳斯县蝗害区应用4.5%高效氯氰菊酯和2.5%高效氯氟氰菊酯超低量喷雾7天后，对蝗虫的防效达到90.4%。高效氯氰菊酯类药剂不仅用药量低，且与有机磷化学农药相比成本较低。目前，我国农药登记用于防治蝗虫的产品有35个，有效成分为12个，其中化学农药有敌敌畏、马拉硫磷和吡虫啉等7个产品，上述产品通过了我国农药登记风险评估程序，均为低风险防蝗药剂，正常使用对农产品和环境安全无不良影响。

植物源农药是新鲜绿色防控技术，植物次生代谢物具有直接或间接杀虫活性。楝科、芸香科、菊科、胡椒科、唇形科和番荔枝科等植物的次生代谢产物有前景成为防治蝗虫的化学农药替代物。近期有研究发现葱科、牻牛儿苗科和伞形科等植物的提取物也对蝗虫有明显的控制效果。目前，印楝素和苦参碱制剂已经登记为低风险防蝗药剂。据报道，0.3%印楝素乳油施用14天后对草原蝗虫的防效达90%以上。

（2）生物防治

①天敌释放：从长远看，要有效防治蝗灾，必须着眼于生态建设和可持续发展需求，积极发挥天敌动物对蝗虫种群数量的控制作用，维持草地生态系统的平衡和健康发展。草地生态系统中，对蝗虫有抑制作用的天敌有鸟类、两栖类、爬行类以及节肢动物等，多达68种。天敌对于减少蝗虫群集种群的增长速度方面有显著效果，其中蜂虻科、丽蝇科、皮金龟科、食虫虻科、步甲科、拟步甲科、麻蝇科和缘腹细蜂科等天敌昆虫在治蝗中具有较高的价值，此外像灰喜鹊、燕行鸟及蜥蜴等也都是蝗虫的重要捕食天敌。近年来，各地通过推广人工招引粉红椋鸟、牧鸡、牧鸭的蝗虫天敌控制技术，取得了积极的成效。如2012年，农业农村部组织开展了"百万牧鸡治蝗增收行动"，全年共投入牧鸡289万只，牧鸡治蝗面积达到9.4万公顷，减少牧草直接经济损失达到1.27亿元，实现增收8 065万元。

食虫鸟类是蝗虫重要的天敌。草原上牧放鸡鸭既能捕食蝗虫，避免因使用化学农药污染草原生态环境，又能提供绿色肉、蛋等畜产品，具有明显的经济、社会和生态效益。目前国内牧鸡、牧鸭在新疆草原、蒙古高原南部及周边地区、青藏高原等蝗区普遍应用。在利用鸟类防治蝗虫的工作中，主要包括通过建立草原鸟类保护区和构筑人工巢穴或改善栖息地等方式来吸引捕食蝗虫的鸟类，或者释放人工饲养的鸡鸭等手段。我国在新疆草原蝗区通过建立多个粉红椋鸟的人工巢穴和栖息地，吸引了大量的粉红椋鸟等进入蝗区定居，或使原住食蝗鸟类种群数量增加2~3倍，这些措施的实施对该地区的蝗群起到了长期控制作用。在蝗区周边开展植树造林、增加鸟类栖息地，可以有效减少蝗虫密度。如南京市根据适地适树原则，选择将泡桐和毛竹进行混种，有利于鸟类的繁殖和栖息，增加了鸟类食源，减弱了竹蝗危害，从而达到生物防治的目的。

②病原防控：病原防治由于具有生态环境友好、对靶标不易产生抗性、经济成本低和防效长等特点而越来越受到重视，是草地蝗虫治理未来发展的主要方向和趋势。目前已知蝗虫的病原主要有病毒、细菌、原生动物、真菌以及线虫等，而且部分种类已成功应用到蝗灾的治理中。

病毒防控：1966年美国科学家首次从草地黑血蝗体内分离得到了蝗虫痘病毒，该病毒侵入寄主体内后，在脂肪体细胞中复制，使寄主感染病毒最终引起死亡。可利用痘病毒在蝗虫种群内广泛传播达到降低草地蝗虫数量的目的，至今已报道了6种相关蝗虫痘病毒。

细菌防控：细菌作为蝗虫致病性较强的病原微生物，在不同环境条件下对蝗虫种群数量能起到不同程度的调节作用。杀蝗细菌包括芽孢杆菌科、假单胞菌科、肠杆菌科、乳杆菌科和微球菌科等细菌。国内外利用细菌防治蝗虫研究主要包括苏云金芽孢杆菌（简称Bt）、类产碱假单胞菌和球形芽孢杆菌等。

微孢子虫防控：国内外研究较早的草地害虫致病微生物是蝗虫微孢子虫，它是Canning于20世纪50年代从非洲飞蝗体内分离并命名的。蝗虫微孢子虫为单一性活体寄生虫，能感染100多种蝗虫及其他直翅目昆虫，感染后可显著影响其取食量、活动能力、产卵量及孵化率等，15～20天后即可死亡。20世纪80年代初，蝗虫微孢子虫成为美国登记注册的第一个原生动物生物防治农药，大规模商品化生产用于蝗虫的防治。1986年中国农业大学害虫生防实验室从美国引进了蝗虫微孢子虫浓缩液，并成功筛选出东亚飞蝗作为繁殖体进行大规模生产，研制出了适合我国高原典型草原、干旱及半干旱草原等不同草原蝗区蝗虫微孢子虫的应用技术体系，取得了良好的效果。

真菌防控：关于蝗虫的真菌病原研究较多，主要有绿僵菌、白僵菌、蝗噬虫霉等，病原真菌对害虫的致死机制是通过自身孢子萌发、生长、发育，以及吸取害虫体内的养分和水分，使生理代谢紊乱引起死亡，且具有传染作用并对害虫下一代具有持效作用。目前，绿僵菌、白僵菌已被开发为防蝗真菌制剂。

（3）生态调控　蝗虫防治对策应以生态学基本理论为原则，以生态系统结构与功能的协调及动态平衡为指导思想，进行控制和根除蝗害。20世纪50年代，我国提出了"预防为主，综合防治"的植保方针。20世纪50年代末期和60年代初期，在蝗灾防控工作中提出了"改治并举，根除蝗害"的策略。"改"是治本，"治"是治标，充分体现了生态调控在蝗灾防控过程中的重要作用。目前，关于生态调控方面的实践内容不断丰富，包括蝗虫孳生地或栖息地的改造、退化及沙化草场的补播补种、适时适地进行围栏封育和禁牧休牧、生物多样性的利用，以及招引或释放捕食性天敌等，同时通过人类干预对蝗虫种群数量起到控制作用，调节并减少蝗灾的发生。

（二）草原毛虫

1. 草原毛虫的种类和分布　草原毛虫（*Gynaephora alpherakii*），隶属鳞翅目（Lepidoptera）毒蛾科（Lymantriidae）草原毛虫属（*Gynaephora*）。草原毛虫发生在海拔3 000～5 000米的高山草原，是我国青藏高原牧区的主要害虫，别名红头黑头虫、草原毒蛾。中国草原毛虫属昆虫研究起始于国外学者于 19 世纪末对黄斑草原毛虫（*G. alpher-akii*）的描述。迄今为止，全世界文献记载的草原毛虫属昆虫共 15 种，主要分布于北半球的高山以及北极的冻土地带，尤以高原地区居多。亚洲分布 13 个种，欧洲分布 3 个种，北美 1 个种，北极 2 个种，其中亚洲草原毛虫种类集中分布在青藏高原（8 个种）和帕米尔高原（4 个种）。我国草原毛虫属的 8 个种全部分布于青藏高原，是青藏高原的特有昆虫。其中，青海草原毛虫（*G. qinghaiensis*）和门源草原毛虫（*G. menyuanensis*）的分布范围最广，前者在青海、西藏、甘肃和四川等地在海拔 3 000～5 000 米均有分布，后者分布于海拔 3 000 米左右的青藏高原东北部的青海省和甘肃省；其他草原毛虫均为局部分布，如曲麻莱草原毛虫（*G. qumalaiensis*）主要分布于海拔 4 500 米左右的青海曲麻莱和治多；久治草原毛虫（*G. jiuzhiensis*）主要分布于 4 000 米左右的青海久治；而若尔盖草原毛虫（*G. rouergensis*）和小草原毛虫（*G. minora*）仅分布于海拔 3 500 米左右的四川若尔盖草原（图 7-1）。

图 7-1　草原毛虫危害

2. 草原毛虫的生物学特性　草原毛虫属完全变态类昆虫，有卵、幼虫、蛹和成虫 4 个发育阶段。1 年发生 1 代；雄性幼虫有 6 个虫龄，雌性幼虫有 7 个虫龄；以休眠的 1 龄幼虫形态在雌茧内、草根下或土壤中越冬，翌年 4 月中旬牧草返青时，1 龄幼虫开始取食，大多数幼虫到 4 月下旬后就进入 2 龄期，1 个龄期需经 20 天左右，前 3 个龄期生长速度较快，一般 4 龄以后发育逐渐变得缓慢；7 月下旬开始结茧化蛹，8 月中旬是化蛹盛期，一直持续到 10 月上旬完成羽化、交配和产卵，10 月中旬 1 龄幼虫孵化，接着以滞育形态越冬。

3. 草原毛虫暴发成灾机制　草原毛虫从北极迁移到青藏高原后，取食植物种类发生巨大改变，且在青藏高原大面积成灾，成为青藏高原高寒草地每年重点防治对象，而国外草原毛虫却没有关于其危害和防治的报道，这表明草原毛虫在长期的适应进化中已对青藏高原不利的环境条件产生了良好适应。通过系统发育和分化时间分析发现，青藏高原草原毛虫是受中新世及更新世青藏高原隆升和气候影响，经由最近亲缘关系的罗斯草原毛虫和格陵兰草原毛虫迁移后，在长期地理隔离、生存环境及气候等诸多因素影响下，逐渐进化成栖息于青藏高原高海拔环境的不同种，且在生活习性和发育等多方面表现出和祖先不同的特性。在这一过程中，改变最显著的特征为草原毛虫的食性。罗斯草原毛虫和格陵兰草原毛虫主要取食北极柳（*Salix arctica*）等木本植物，而青藏高原草原毛虫主要取食莎草科（Cyperaceae）和禾本科（Poaceae）等草本植物。事实上，青藏高原可利用植物资源丰富，很可能是草原毛虫成灾的重要因素之一。在这些草原毛虫取食的植物中，不乏含有有毒性植物，例如，含生物碱的垂穗披碱草（*Elmus nutans*）等，通过 16Sr RNA 扩增子及宏基因组测序对草原毛虫肠道菌进行研究，发现从草原毛虫肠道内鉴定到的肠球菌属（*Enterococcus*）、假单胞菌属（*Pseudomonas*）和芽孢杆菌属（*Bacills*）等多种细菌具有解毒代谢功能，因此，肠道菌协助草原毛虫吸收利用多种植物，也可能是草原毛虫在青藏高原高寒草地暴发成灾的重要因素之一。在青藏高原草原毛虫外部形态及取食方面也进行了系统调查，发现外形上青藏高原草原毛虫幼虫头部为红色，可作为警戒色来防御天敌，其胸腹部遍布稠密的黑色体毛，可用来吸收热量进而适应青藏高原的低温，还可抵抗强紫外辐射；青藏高原草原毛虫雌成虫翅和眼高度退化，是典型的适应高海拔环境的表现。此外，草原毛虫在青藏高原仅 1 年发生 1 代，而北极地区的罗斯和格林兰草原毛虫 3～7 年发生 1 代，且青藏高原草原毛虫幼虫还具有雌茧内产卵、产卵量较北极草原毛虫增多、在草垛或牛粪下化蛹等特征，这均表现出青藏高原草原毛虫与 2 种北极草原毛虫明显不同的适应特征。青藏高原草原毛虫具有的这些生物生态学特征，是其能很好地适应青藏高原高海拔环境的基础，也是草原毛虫在高寒草地长期成灾的重要生物学基础。

4. 草原毛虫的危害　温度和降水是影响草原毛虫种群数量的 2 个最重要的因素，多雨天气和湿温的气候环境给草原毛虫提供了良好的生存和繁殖条件，导致草原毛虫大面积暴发，对畜牧业生产造成严重的威胁。草原毛虫食谱复杂，莎草科和禾本科植物的茎尖、叶缘和叶端由于质嫩、新鲜、易于消化等而是其最佳选择。草原毛虫采食造成家畜食物短缺，改变草地植物群落结构，加剧草地退化和草地生态环境恶化。草原毛虫还会导致家畜中毒，口腔及乳头轻则发炎、红肿，重则形成脓疮、溃疡，严重影响其采食、抓膘、配种工作，严重阻碍青藏高原畜牧业的健康发展。草原毛虫对人类也有一定的危害，牧民群众在拣虫、抓茧时，若防护工作不到位，会引起皮肤发痒、红肿等症状。如果不慎接触到眼睛，不及时处理可能引起失明。自 20 世纪 60 年代以来，国家每年都要投入大量的人力、物力和财力防治草原毛虫，但还未能从根本上有效地控制该害虫的危害。特别是近年来，由于全球气候变化，该虫在青藏高原高寒草地频繁暴发成灾，危害进一步加重。

5. 草原毛虫防治　鉴于草原毛虫具有周期性、聚集性和毒性的危害特点，草原毛虫的防治难度巨大。随着人类对草原毛虫生境的影响，草原毛虫对青藏高原高寒草地的适应性也在不断增强。目前，对草原毛虫的防治，特别是当草原毛虫大面积、高密度发生时，仍主要依赖于化学防治。

（1）化学防治　按照"时间一致、用药统一"的防治思路，在 3 龄期之前进行化学防治，同时要注意降低对其天敌的毒害。对草原毛虫具有良好防治效果的农药有杀灭灵、辛硫磷、敌百虫、敌敌畏、敌杀死，但这类有机磷农药对家畜毒性高，目前使用较少。阿维菌素、氯氰菊酯、有机菊酯及精油类等农药多为抗生素、植物杀虫剂，对家畜较为安全，目前使用较为普遍。随着生态草原、绿色肉奶工程的实施，未来对草原毛虫的可持续控制应坚持"绿色植保、生态植保"的理念。

（2）生物防治　草原毛虫的天敌类群有寄生蜂、寄生蝇、鼠类、鸟类、寄生性细菌和寄生性病毒等。草原毛虫的病原主要是细菌，其中研究较多的是苏云金芽孢杆菌和类产碱假单胞菌。另外，对草原毛虫病原微生物的专门报道主要是从罹死草原毛虫体内分离出的草原毛虫核型多角体病毒。该病毒对人、家畜较安全,无致病性和致突变性,对草原毛虫最佳致死浓度为 1.25×10^8 PIB/毫升,致死中时(LT50)为 5.8 天,最适致死温度为 20~25℃。以此为基础开发的草原毛虫病毒杀虫剂是一种安全、经济、有效的生物防治手段。

目前已发现寄生在草原毛虫体内的昆虫有 7 种,其中优势种是草原毛虫金小蜂和多刺孔寄蝇 2 种,前者主要寄生在草原毛虫的蛹内,寄生率达 33%,而后者对门源草原毛虫的寄生率为 23.5%;鸟类、西藏鼠和长尾仓鼠等鼠类以草原毛虫的幼虫和蛹为食,也是草原毛虫的一种重要天敌,对毛虫数量有一定的抑制作用。总体而言,目前对草原毛虫的生物防治研究仍停留在天敌种类的描述和寄生率调查上,尽管初步明确了草原毛虫的优势天敌种类及寄生行为特征,但在生产中采用天敌防治草原毛虫的案例还非常少。

(3)综合防治 在防治草原毛虫时,为了达到较好的防治效果,往往需要综合使用多种防治方法。如利用草原毛虫成虫对日光趋性较强的特点,在夏秋季节阳光强烈的正午前后,集中人力对成虫进行人工捕杀。在牧草返青前采用火烧虫卵的方法,能有效抑制翌年草原毛虫种群数量;同时要注意在草原毛虫蛹期捡拾毛虫蛹并集中焚烧和掩埋,可以有效降低成虫的数量。

(三)草地螟

1. 草地螟的种类和分布 草地螟(*Loxostege sticticalis*)是鳞翅目螟蛾科锥额野螟属昆虫,又名黄绿条螟、甜菜网螟、网锥额野螟、螺虫、罗网虫。成虫暗褐色,前翅灰褐色至暗褐色,翅中央稍近前方有一近方形淡黄色或浅褐色斑,翅外缘为黄白色,并有一连串的淡黄色小点连成条纹;后翅黄褐色或灰色,沿外缘有 2 条平行的黑色波状条纹;在挤压雌虫腹部时,腹末部有一圆形开口,其内伸出产卵器;雄虫在挤压腹末部时,腹端呈 2 片状向左右分开,其中有钩状的阳具和抱握器等。

草地螟在中国分布于吉林、内蒙古、黑龙江、宁夏、甘肃、青海、河北、山西、陕西、江苏等地。成虫白天潜伏,夜间活动。群集,趋光性强。取食花蜜。在中国北方,1 年发生 1~4 代,多数地区 2~3 代,以老熟幼虫在土层内吐丝作茧越冬,翌年春季相继化蛹和羽化。多在灰菜、猪毛草等叶片肥厚柔嫩的阔叶杂草或作物的叶背产卵,成虫在夜间交配产卵,卵量 200 粒左右。

2. 草地螟的生物学特性 草地螟,完全变态,幼虫分为 5 个龄期。初孵幼虫移动能力弱,寄居在植物叶片背面。低龄幼虫取食量小,对寄主植物叶片的危害程度轻。3 龄幼虫移动能力增强且取食量增大。4~5 龄幼虫,出现明显的暴食期,其取食量占幼虫时期总取食量的 95% 左右(图 7-2)。

草地螟发育到老熟幼虫后,钻进 5~10 厘米厚的土壤表层,进入预蛹期。在这个过程中,老熟幼虫会往体表周围吐丝,形成蛹茧。预期为 3~5 天,蛹期为 10~12 天,温度可以改变草地螟预蛹期及蛹期的时间。成虫羽化后,一般聚集在蜜源植物丰富的地区,补充营养及交配。成虫昼伏夜出,并对光源有强烈的趋性。成虫喜在寄主植物叶片背面产卵,卵粒的分布密度大小不等。一般成虫产卵有 2 个高峰期,最多产卵 300 粒左右。草地螟成虫大多会以大小不等、高度密集的群体形式活动。

成虫,淡褐色,体长 8~10 毫米,前翅灰褐色,外缘有淡黄色条纹,翅中央近前缘有一深黄色斑,顶角内侧前缘有不明显的三角形浅黄色小斑,后翅浅灰黄色,有 2 条与外缘平行的波状纹。卵，椭圆形，长0.8～1.2毫米，为3、5粒或7、8粒串状粘成复瓦状的卵块。幼虫，共5龄，老熟幼虫16～25毫米，1龄淡绿色，体背有许多暗褐色纹，3龄幼虫灰绿色，体侧有淡色纵带，周身有毛瘤。5龄多为灰黑色，两侧有鲜黄色线条。蛹，长14～20毫米，背部各节有14个赤褐色小点，排列于两侧，尾刺8根。

图7-2 草地螟幼虫生物学特性
a. 1龄幼虫 b. 2龄幼虫 c. 3龄幼虫 d. 4龄幼虫 e. 5龄幼虫 f. 5龄老熟幼虫
(引自闻鸣，2021)

3. 草地螟的危害 草地螟的幼虫是其造成危害的主要时期，1～2龄幼虫食量较小，一般仅食幼嫩叶片的叶肉表面部分，造成植物的损伤较小，进入3龄的幼虫食量增大，可取食叶片的大部分叶肉，4龄幼虫开始进入暴食期，4～5龄幼虫的取食量可占幼虫总取食量的70%。草地螟幼虫对不同科间寄主植物有一定的取食偏好，据统计，在草地螟可取食的45科256种寄主中，其幼虫最喜取食豆科、菊科和藜科植物。由于草地螟的寄主植物类型众多，其对不同类型的寄主植物取食方式也不同。第1种，对于大豆、灰菜等植物，低龄幼虫仅啃食部分叶肉或表皮，高龄幼虫取食量大，咀嚼能力强，可使植物仅剩叶脉部分。第2种，对于向日葵、蒿类植物等，其常见为害表现为取食植物的梗茎表皮。第3种，幼虫也可取食开花植物的花器，如玉米花丝、向日葵花瓣等。第4种，为害表现为蛀食果实，如取食玉米的细嫩籽粒、向日葵子盘等。

4. 草地螟防治 由于草地螟幼虫具杂食性、成虫求偶交配成功率高、迁飞性强等特点，防治十分困难，目前对其的防治主要是采用化学防治以及生物防治等方法。

草地螟防治策略是"以药剂防治幼虫为主，结合除草灭卵，挖防虫沟或打药带阻隔幼虫迁移危害"。应急防治区应以药剂普治3龄幼虫为主，组织好综防统治，及时检查防效，防止迁移危害。重点挑治区应以除草灭卵、挖沟或打隔离带为主，对幼虫聚集危害的地块进行重点防治。

（1）化学防治 1～3龄的低龄草地螟幼虫是药物防治效果最佳的时期，25%的甲维灭幼脲悬浮剂、5%的氯虫苯甲酰胺悬浮剂、2.2%的甲维氟铃脲悬浮剂混用可以表现出较好的防治效果，用药后1周可达到90%以上的防治效率。田间实验发现，2.5%高效氯氰氢菊酯水乳剂、2.5%敌杀死乳油和20%氯氢辛硫磷乳油等也可达到80%以上的杀虫效果。化学防治虽然是草地螟暴发时最有效的措施，但随之而来的害虫抗药性增强、化学毒性等问题使得化学防治具有一定的局限性，所以，在害虫治理方法中，化学防治在大暴发时是优先的治理策略，未预测到大规模害虫暴发时，一般不采取化学防治。

（2）生物防治　草地螟的生物防治一般是利用寄生性天敌对其进行防治。据统计，我国草地螟的寄生蜂大约有36种，这些寄生蜂的寄生类型不尽相同，不同寄生蜂寄生寄主的龄期和虫态也不同，如暗黑赤眼蜂（Trichogramma pintoi）属卵寄生蜂，主要寄生在2～3天的草地螟卵内。螟甲腹茧蜂（Chelonumunakatae Munakata）则是卵-幼虫寄生蜂，蜂寄生时将卵产在草地螟的卵中，但有些草地螟卵仍可孵出幼虫，待蜂幼虫孵化后继续寄生在寄主幼虫的体内并取食，直至寄生蜂成熟后从寄主体内钻出并结茧化蛹，羽化后的成虫从寄主体内飞出，造成寄主死亡。

草地螟主要的被寄生方式为幼虫寄生，寄生蜂从寄主幼虫期开始寄生，并在幼虫和预蛹期完成发育，绿眼赛茧蜂（Zele chlorophthalmus）、草地螟阿格姬蜂（Agrypon flexorius）、廒怒茧蜂（Orgilusischnus Marshall）等均是草地螟幼虫寄生蜂。除寄生蜂外，伞裙追寄蝇（Exorista civilis）也是草地螟的优势寄生性天敌，其最优寄生龄期为5龄2～3日龄的草地螟幼虫，寄生率可达74.44%。生物防治是害虫治理的最理想方式，利用寄生性天敌进行防治，其专一性高，且对环境、其他生物威胁较小，但生物防治的防治周期相对较长，所以不适用于害虫暴发期的治理。

（四）草地贪夜蛾

1. 草地贪夜蛾的种类和分布　草地贪夜蛾（Spodoptera frugiperda）隶属节肢动物门（Arthropoda）昆虫纲（Insecta）鳞翅目（Lepidoptera）夜蛾科（Noctuidae）灰翅夜蛾属（Spodoptera），又名秋黏虫（Fall Armyworm）、秋行军虫、草地夜蛾。在亲缘关系上，该虫与我国危害极大且难以防治的斜纹夜蛾（Spodoptera litura）关系最近，与斜纹夜蛾同科、同属。在为害特性方面，它们都具有夜蛾科害虫食量大、食性杂、寄主多、为害范围广的特点。

草地贪夜蛾寄生在植物上，是一种杂食性害虫，寄主植物特别广泛，取食最多的是玉米、棉花、高粱、水稻，还包括苜蓿、大麦、青稞、荞麦、燕麦、粟、花生、黑麦草、甜菜、苏丹草、大豆、烟草、番茄、马铃薯、洋葱、小麦等。在28℃条件下，雌蛾每次可产卵100～200粒，一生可产卵900～1 000粒。在热带地区长年繁殖，温带地区随纬度升高世代数递减。若1头雌蛾及其后代1年中所产的卵全部成活并长成成虫，其数量可达数百亿头。

2. 草地贪夜蛾的生物学特性　草地贪夜蛾属于完全变态昆虫，一生经历卵、幼虫、蛹和成虫4个时期。

卵：草地贪夜蛾的卵呈圆顶状半球形，直径约4毫米，高约3毫米，卵块聚产在叶片表面，每卵块含卵100～300粒。卵块表面有雌虫腹部灰色绒毛状的分泌物覆盖形成的带状保护层。刚产下的卵呈绿灰色，12小时后转为棕色，孵化前则接近黑色，环境适宜时卵4天后即可孵化。雌虫通常在叶片的下表面产卵，族群稠密时则会产卵于植物的任何部位。在夏季，卵阶段的持续时间仅为2～3天。

幼虫：幼虫期长度受温度影响，可为 14～30 天。幼虫的头部有一倒 Y 形的白色缝线。生长时，仍保持绿色或成为浅黄色，并具黑色背中线和气门线。如密集时（种群密度大，食物短缺时），末龄幼虫在迁移期几乎为黑色。老熟幼虫体长 35～40 毫米，在头部具黄色倒 Y 形斑，黑色背毛片着生原生刚毛（每节背中线两侧有 2 根刚毛）。腹部末节有呈正方形排列的 4 个黑斑。幼虫通常有 6 个龄期。对于龄期 1～6，头部囊的宽度分别约 0.35、0.45、0.75、1.30、2.0 和 2.6 毫米。在这些龄期，幼虫长度分别约 1.7、3.5、6.4、10.0、17.2 和 34.2 毫米。幼虫呈绿色，头部呈黑色，头部在第 2 龄期转为橙色。在第 2 龄，特别是第 3 龄期，身体的背面变成褐色，并且开始形成侧白线。在第 4～6 龄期，头部为红棕色，斑纹为白色，褐色的身体具有白色的背侧和侧面线。身体背部出现高位斑点，通常呈深色，并且有刺。成熟幼虫的面部也具有白色倒 Y 形，仔细检查可见幼虫的表皮粗糙或呈颗粒状。然而，这种幼虫的触摸感觉并不粗糙，除了秋季幼虫的典型褐色形态外，幼虫可能大部分是背部绿色。在绿色形式中，背部高点是苍白而不是黑暗。幼虫倾向于在一天中最亮的时候隐藏自己。幼虫期的持续时间在夏季期间约 14 天，在凉爽天气期间约 30 天。当幼虫在 25℃ 下饲养时，1～6 龄期的平均发育时间分别为 3.3、1.7、1.5、1.5、2.0 和 3.7 天。

蛹：幼虫于土壤深处化蛹，深度为 2～8 厘米。其中深度会受土壤质地、温度与湿度影响，蛹期为 7～37 天，亦受温度影响。通过将土壤颗粒与茧丝结合在一起，幼虫构造出松散的茧，形状为椭圆形或卵形，长度为 1.4～1.8 厘米，宽约 4.5 厘米，外层被长 2～3 厘米的茧所包覆。如果土壤太硬，幼虫可能会将叶片和其他物质粘在一起，形成土壤表面的茧。蛹的颜色为红棕色，有光泽，长度为 14～18 厘米，宽度约为 4.5 毫米。蛹期的持续时间在夏季为 8～9 天。

成虫：羽化后，成虫会从土壤中爬出，飞蛾粗壮，灰棕色，翅展宽度 32～40 毫米，其中前翅为棕灰色，后翅为白色。该种有一定程度的两性异形，雄虫前翅通常呈灰色和棕色阴影，前翅有较多花纹与 1 个明显的白点。雌虫的前翅没有明显的标记，从均匀的灰褐色到灰色和棕色的细微斑点；后翅是具有彩虹的银白色。草地贪夜蛾后翅翅脉棕色并透明，雄虫前翅浅色圆形，翅痣呈明显的灰色尾状突起；雄虫外生殖器官抱握瓣正方形。抱器末端抱器缘刻缺。雌虫交配囊无交配片。两性都有狭窄的黑色边缘。成虫夜间活动，在温暖潮湿的夜晚最活跃。在 3～4 天的预先产卵期后，雌性通常在生命的前 4～5 天内将大部分卵产下，但是一些产卵最多可持续 3 周。成虫的生命持续时间平均约为 10 天，范围为 7～21 天。

草地贪夜蛾完成 1 个世代的时间与所处的环境温度以及寄主有关。适宜发育温度为 11～30℃，在 28℃ 条件下，30 天左右即可完成 1 个世代（图 7-3）。

草地贪夜蛾的成虫繁殖能力强，一般情况下，每年可发生 5～6 代。成虫的繁殖倍数高，雌成虫可多次产卵交配，1 头雌蛾一生可产卵 500～1 500 粒，若食物营养、气温适宜，可产卵 2 300 余粒。该虫有迁飞性，成虫羽化后需要利用迁飞来促进生殖系统的发育。迁飞速度快，借助气流可以在几百米的高空迁飞，迁飞速度可达到 100 千米/小时。草地贪夜蛾的天敌昆虫包括寄生性天敌和捕食性天敌共 200 多种。寄生性天敌有寄生蜂和寄生蝇 2 类，如姬蜂科、茧蜂科、寄蝇科等。

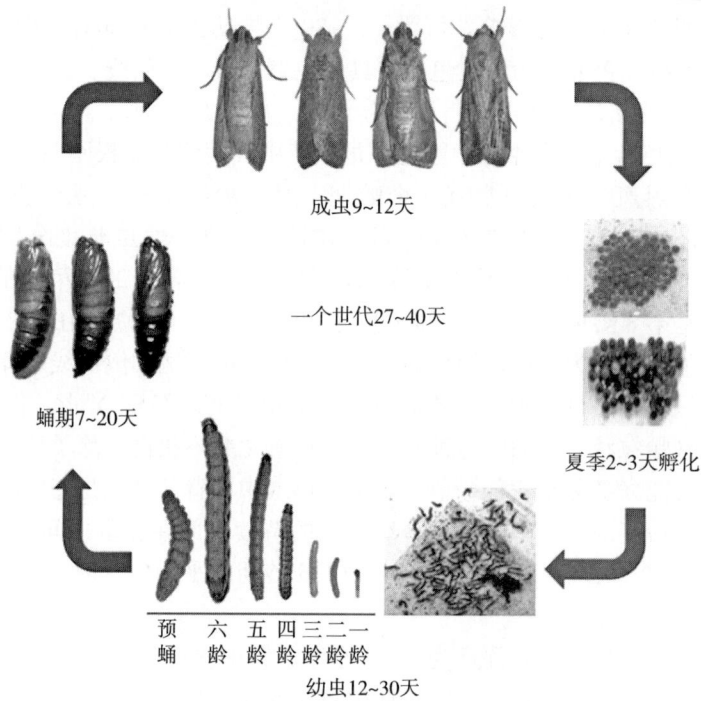

成虫9~12天

一个世代27~40天

夏季2~3天孵化

蛹期7~20天

预 六 五 四 三 二 一
蛹 龄 龄 龄 龄 龄 龄
幼虫12~30天

图 7-3 草地贪夜蛾的生长发育

(引自罗莲，2022)

3. 草地贪夜蛾的危害 草地贪夜蛾危害作物多，寄主范围极为广泛，幼虫可取食包括玉米、水稻、青稞、花生、菠菜、向日葵等 76 科 353 种植物，其中主要是禾本科（106种）、豆科（31 种）、菊科（31 种）类植物。草地贪夜蛾主要危害禾本科植物如玉米、水稻、甘蔗等，对玉米的危害最为严重，严重时可将整株玉米的叶片取食干净。

草地贪夜蛾的为害特性表现为低龄幼虫群聚性和高龄幼虫自相残杀、趋嫩性、隐蔽性等特性。初孵幼虫以聚集为害，刚刚孵化出来的幼虫先取食卵壳，然后取食卵块附近的植物叶片以及幼嫩组织，乃至尚未成熟的种子。可吐丝随风迁移扩散到周围植株的幼嫩部位或生长点。1～2 龄幼虫一般潜藏在叶片背面进行取食，取食后形成半透明的薄膜状"窗孔"，在植株外边不易发现为害状和幼虫。3 龄之后幼虫进入暴食期，取食后的叶片形成不规则的孔洞，严重发生时可将整株叶片取食干净。

4. 草地贪夜蛾防控 外来物种的侵害发展过程包括入侵、定殖和暴发 3 个阶段，2019 年草地贪夜蛾已经入侵并定殖中国，2020 年以后进入爆发为害阶段。目前我国对草地贪夜蛾的防控包括化学防控、理化诱控、生物防控、农业防控和培育抗性品种。

（1）化学防控 化学防控是针对暴发性和突发性害虫最有效的防控手段，目前我国对草地贪夜蛾的防控是以化学防控为主的综合防控。化学防控是农民防治草地贪夜蛾幼虫最常用的方法，也是目前最为有效的方法。2019 年，农业农村部公布了 25 种对草地贪夜蛾有效的化学农药。2020 年，经过农业农村部专家对用药效果的调查、综合评估，在国外已产生中、高抗性的大部分农药被移除，将防控草地贪夜蛾的应急药剂调整为 28 种。其中包括甲氨基阿维菌素苯甲酸盐（甲维盐）、氟苯虫酰胺、茚虫威等 8 种单剂；甘蓝夜蛾核型多角体病毒、苏云金杆菌、金龟子绿僵菌等6种生物制剂；根据草地贪夜蛾有交互抗性特点，还推出了2种或3种以上单剂整合的14种复配制剂，如氟苯虫酰胺·甲酸盐、甲维盐·茚虫威等。虽然化学防控能够减少作物受害并且能控制草地贪夜蛾的种群，但是草地贪夜蛾有趋避性的生物特性，大部分幼虫喜好包裹在内的幼嫩部位，喷洒农药也不能够完全防控，过多使用会造成成本提高、环境污染、食用安全性降低等一系列问题。况且，长期在化学农药的选择压力下，草地贪夜蛾也必然会产生一定抗性。从国外的发生情况来看，草地贪夜蛾已经对有机磷类、拟除虫菊酯类产生了抗性。因此，还需借助其余防控方式辅助进行综合防控。

（2）理化诱控　主要针对草地贪夜蛾成虫进行诱杀，通过捕杀成虫来切断草地贪夜蛾取食不同季节作物的食物链。草地贪夜蛾雌成虫一生可产卵500~1 500粒，诱杀1只雌成虫，就相当于保护了1亩地的农作物。诱杀成虫的方式有灯诱、性诱和食诱技术3种。灯诱是指利用草地贪夜蛾的趋光性，将灯光照射到植物冠层以上的空中，能够有效阻拦成虫的迁飞活动。目前中国应用昆虫雷达技术，建立昆虫迁飞监测网，可以精准地检测到昆虫的迁飞活动。性诱是指利用雌雄成虫之间信息交流的化学信息素配制性诱剂，诱杀雄成虫，阻碍雌雄之间的交配活动，减少产卵情况。食诱是指根据草地贪夜蛾与喜好植物之间的化学通信，例如利用玉米的独特气味制作食诱剂来引诱成虫，并借机杀死成虫，减少其数量。在我国东北地区已经利用生物食诱剂对大豆田鳞翅目害虫进行了有效诱集。

（3）生物防控　主要指利用天敌昆虫、微生物农药、植物源农药、昆虫致病线虫来防控草地贪夜蛾。天敌昆虫有捕食性天敌206种、寄生性天敌44种，其中捕食性天敌昆虫有益蝽（*Picromerus lewisi*）、黄带犀猎蝽（*Betta macrostoma*）和南方小花蝽（*Orius similis*）等，寄生性天敌有夜蛾黑卵蜂（*Telenomus remus*）、长距姬小蜂（*Eulo Phidae*）和红腹侧沟茧蜂（*Microplitis* sp.）等。若田间有少量的害虫，可以利用天敌昆虫进行有效防控，避免使用农药大面积喷洒。苏云金芽孢杆菌、印棘素、白僵菌等微生物农药，类黄酮、柠檬苦等植物提取剂和真菌、细菌、病毒等昆虫病原微生物均对草地贪夜蛾有明显的防治作用。

（4）农业防控　采取一些农业措施来创造一个不利于草地贪夜蛾发生和为害的农田生态环境。比如，在幼虫化蛹时进行适宜地翻土、施肥灌水来破坏蛹室、杀死虫蛹；调整作物的播种期，将作物易受为害的敏感生育期与害虫暴发期错开，以减少为害；将易受为害作物与能够吸引害虫天敌、趋避害虫的其他作物轮作或者间作，例如，在小麦等作物旁种植玉米来吸引害虫，减少对作物的产卵为害。利用植物的多样性，保持田间植物多样性，不仅可以有效减少害虫数量，同时也可以为害虫天敌提供栖息地。例如，非洲国家利用"推拉半生种植策略"有效防止了草地贪夜蛾对农作物的大面积为害。

（5）培育抗性品种　选育出抗性品种来防治草地贪夜蛾是可持续控制的长远目标，该策略不易受环境因素影响，无农药残留，对人畜危害小，对环境污染低且成本低，可满足我国农业生产高质量发展的需求。抗虫基因的来源总共分为三大类：第一类是从苏云金芽孢杆菌等细菌中分离得到的抗虫基因，主要是Bt毒蛋白基因；第二类是来源于植物内基因，如蛋白酶抑制剂基因、外源凝集素基因、淀粉酶抑制剂基因等；第三类是来源于动物体内的毒素基因，如蜘蛛毒素基因和蝎毒素基因等。

（五）蓟马

1. 蓟马的种类和分布 昆虫纲缨翅目（Thysanoptera）是蓟马统称。蓟马科（Thripidae）为缨翅目锯尾亚目（Terebrantia）中最大的一科。目前全世界已知悉的有 280 余属 2 100 余种，棍蓟马亚科（Dendrothripinae）、针蓟马亚科（Panchaetothripinae）、绢蓟马亚科（Sericothripinae）和蓟马亚科（Thripinae）是当前人们普遍认为可分类的 4 个亚科。主要有苜蓿蓟马（*Odontothrips phateratus* Haliday）、麦简管蓟马（*Haplothrips tritici*）、端大蓟马（*Megalurotheips distalis*）、有黑白纹蓟马（*Aeolothrips melaleucus*）、牛角花齿蓟马（*Odontothrips loti* Haliday）、稻管蓟马（*Haplothrips aculeatus*）、普通蓟马（*Thrips vulgatissimus* Haliday）、豆蓟马（*Taeniothrips distalis* Karny）、肖长角六点蓟马（*Scolothrips dilongicommis*）、花蓟马（*Franklinilla intonsa* Trybon）、八节黄蓟马（*Thrips flavidulus*）、黄蓟马（*Thrips flavus*）、禾蓟马（*Frankliniella tenuicornis*）、草木樨近绢蓟马（*Sussericothrips melilotus*）、烟蓟马（*Thrips tabaci* Lindeman）等。

在苜蓿上危害的蓟马主要是蓟马科的种类，对苜蓿危害较严重的蓟马有 10 多种，主要有牛角花齿蓟马、苜蓿蓟马、豆蓟马、普通蓟马、烟蓟马、花蓟马等，其中以牛角花齿蓟马为优势种。

苜蓿在我国的种植面积较广，所以苜蓿蓟马的分布也较广。牛角花齿蓟马主要分布在西北地区的苜蓿主产区。

2. 蓟马的生物学特性 蓟马具微小身体，其成虫主要在植物花、叶、茎组织中产卵且个体细小，体长 0.5～1.5 毫米，很少超过 7 毫米。成虫外表为灰色至黑色，若虫为灰黄色或者橘黄色，具较强跳跃力和隐蔽的危害性，从植物枝条上拍落至白纸板时可用肉眼观察。

寄主植物：苜蓿、红豆草、黄花草木樨、车轴草属植物，当虫口密度较大时，在田间冰草等杂草上也能查到虫源。

形态特征：成虫体长 1.3～1.6 毫米，体色为暗黑色或暗棕色，包括足和触角，但各跗节、触角第 3 节及第 1 对足的跗节为黄色，触角第 4 节有时淡棕色，前灰暗或有黄色、淡黑色的斑纹，基部 1/7～1/4 为无色透明或黄色。触角 8 节，前足粗，前内缘端部有1～2 个小齿或爪状突起。跗节 2 节，跗节第 2 节前面具有 2 个结节。雌虫体长略大于雄虫。4 龄若虫为淡黄色。卵长 0.2 毫米，宽 0.1 毫米，肾形，半透明，淡黄。

生活史：蓟马的发育属于过渐变态，发育历程分为卵—若虫—前蛹—蛹—成虫。蓟马 1 年发生 5 代，由于繁殖速度快、繁殖力强，世代重叠严重。冬季以蛹在 5～10 厘米土层中越冬，很少到达 15 厘米以下的土层中。翌年 4 月中旬平均气温达到 8℃ 以上时羽化，成虫开始活动并向返青植株迁移，4 月底迁移完成。6 月上旬为第 2 代卵孵化盛期，7 月上旬为第 2 代开始后世代重叠成虫盛发期。10 月中旬平均气温降至 7℃ 以下开始伪蛹进入土层中越冬。室内饲养观察，成虫寿命 6.3～12.2 天，卵期 7～8 天，若虫期 10.3～29.8天。室外试验结果显示，6 月上旬前、8 月下旬后，田间气温 14.1～20.1℃、空气相对湿度在 50%～70% 时，繁殖 1 代需 30～37 天；6 月中旬到 8 月中旬，田间气温 19.8～23.2℃，空气相对湿度在 60%～70% 时，繁殖 1 代只需 25 天左右，此时是蓟马发育繁殖的最适时期。

3. 蓟马的危害　蓟马喜欢取食植株幼嫩组织，通常为害苜蓿的心叶、花、芽等部位，其为害习性与口器的构造有关，口器为锉吸式口器，取食时先以上颚针锉破植物表皮，然后以下颚针靠唧筒的抽吸作用把流出的汁液吸入体内。心叶被锉吸为害后呈现斑点，被锉吸部位发白，停止生长并畸形，严重时会卷曲、干枯死亡；生长点被害后发黄、凋萎，顶芽停止生长，不能开花；花期进入花内取食为害，捣散花粉，破坏柱头，吸收花器官的营养，造成落花落荚。在田间，虫口密度较小时，由于苜蓿生长速度快，心叶被害后伤口能快速愈合，待叶片展开后中脉两侧有 2 条对称的皱缩白色痕迹；虫口密度较大时，叶片失水过多，叶缘干枯，状如"火烧"，致使生长停止。在室内，被害后的叶片常不皱缩，而形成白色的斑点。

4. 蓟马的防治　蓟马具有发育历期短、世代重叠严重、个体小、取食隐蔽、对杀虫剂极易产生抗药性等特点，且这种微小而取食隐蔽的昆虫可从春季苜蓿返青至越冬，持续在苜蓿植株上为害，因此单一的防治措施难以取得理想的控制效果。这也是目前苜蓿产量损失仍然严重的根本原因。

苜蓿蓟马的防治时期因苜蓿草田、种子田而有所不同。在苜蓿草田，第 1 茬草一般受害不严重，第 2 茬草受害严重，同时第 2 茬草生长期间盲蝽类、叶蝉类、蚜虫类等刺吸口器类害虫为害也比较严重，因此要做到兼治，第 3 茬草生长期间蓟马虫口密度达到防治阈值时，应进行化学喷雾防治；在苜蓿种子田，花期为害最严重，应在盛花期前进行防治，但应注意喷药时间，不能杀死蜜蜂等传粉昆虫和蜘蛛等天敌昆虫。

蓟马防治方法包括农业防治、药剂防治和生物防治。

（1）农业防治　防治蓟马的重要途径，包括选用抗虫品种、改进栽培措施等。培育植株叶色深绿、叶片宽厚、表面绒毛紧密、质硬而粗短的抗蓟马苜蓿品种，翻耕、春灌、除去杂草、破坏越冬场所，采用保护性诱杀法，并在苜蓿蓟马防治的关键时期——现蕾末期、初花期及早刈割可有效降低虫口密度。农业防治是有害生物综合治理的基础，可通过清除田间枯枝烂叶、深耕、冬灌等措施恶化蓟马越冬环境进而降低越冬虫数。此外，合理施肥提高作物抗病虫能力，也能达到防治蓟马的目的。

（2）药剂防治　具有高效性、广谱性、速效性、便捷性及易操作等优点，因此成为目前我国所采用的防治蓟马最主要的形式。在此方面有许多学者做了大量的研究工作，例如，二溴磷、乐果和敌敌畏对桑树蓟马具有较好的防治效果；用吡虫啉、啶虫脒和虫螨腈可显著控制温室内的蓟马；新烟碱类的噻虫嗪及氨基甲酸酯类的丁硫克百威、灭多威防治黄胸蓟马的效果最佳；用乙基多杀菌素、溴氯虫酰胺对禾蓟马喷雾后的防效最好；使用 22％氟虫腈进行喷施可长效防治蓟马；10.5％三氟甲吡醚 EC 对榕管蓟马有较好的毒杀作用，添加相应的助剂可进一步提高其在田间的防治效果；25％噻虫嗪水分散粒剂和 1.80％阿维菌素乳油可作为防治黄蓟马的首选药剂，二者适合交替使用。使用新型双酰胺类化合物 HNPC - A102 对田间进行喷雾后可快速有效防治蓟马，且持效长、对作物安全。

（3）生物防治　蓟马害虫的天敌种类多、范围广，包括小花蝽、捕食性蓟马、草蛉、寄生蜂、捕食螨、线虫和微生物等，其中捕食性天敌应用的最为广泛。保护蓟马的天敌——暗小花蝽、姬猎蝽、蜘蛛等也是蓟马生物防治的主要途径。

当狡小花蝽与西花蓟马的比例为1∶40时防治效果最好，几乎可使西花蓟马种群灭绝；当二者比例为1∶80时，西花蓟马死亡率增长87.9%。东亚小花蝽的成虫、若虫对西花蓟马的成虫及若虫均有很强的捕食能力，且捕食量随着西花蓟马数目的增加而增加；释放南方小花蝽（Orius similis）对西花蓟马的防治效果显著高于使用化学药剂防治的处理，且高效持久。茶黄蓟马的主要捕食性天敌是龟纹虫。园林蓟马的捕食性天敌有横纹蓟马、蜂形长角蓟马（Frankinothrips vespiformis）、蚊形长角蓟马（F. myrmicaeformis）、瘦角长减蓟马（F. tenuicormis）、条纹蓟马（A. vittatus）、六点食螨蓟马（Scolothrips sexmaculatus）、桑名纹蓟马（A. kwanaii）、卡比尔简管蓟马（Haplotrips cabirensis）和寄简管蓟马（H. imnguilinus）等。蓟马的捕食螨类天敌主要为黄瓜钝绥螨（Neoseiulus cucumers）、安德森钝绥螨（Amblvseius. andersoni）、胡瓜钝绥螨（N. cucumeris）、加州新小绥螨（Amblvseius california）、巴氏钝绥螨（N. barkeri）、斯氏钝绥螨（Amblyseius swirskii）等，其中，胡瓜钝绥螨在欧美地区已经开始进行商品化生产，广泛用于田间西花蓟马的防治。另外，病原性线虫中研究最多的防治蓟马较好的为芜菁夜蛾斯氏线虫；绿僵菌（M. anisopliae）控制蛹期蓟马的效果可达70%～90%，显著高于化学药剂防效；山蒟提取物可有效毒杀香蕉花蓟马的若虫。

（六）蛴螬

蛴螬是一种地下害虫，很多地方也叫土蚕或地蚕（有的地方地老虎也叫土蚕），白白胖胖的，像蚕。蛴螬的成虫是金龟甲，其与鳞翅目的成虫不一样，金龟甲的成虫也能造成危害，尤其在林业上是一种重要害虫。

1. 蛴螬的种类和分布　我国蛴螬具有分布广、为害作物种类多、取食时间长、隐蔽性强等基本特性，且种类繁多，发生规律复杂，分布也十分广泛。大多数种类的蛴螬成虫期在地上生活，幼虫期多隐蔽在土壤中栖息和为害。

2. 蛴螬的生物学特性　蛴螬体肥大，较一般虫类大，体型弯曲呈C形，多为白色，少数为黄白色。头部褐色，上颚显著，腹部肿胀。体壁较柔软多皱，体表疏生细毛。头大而圆，多为黄褐色，生有左右对称的刚毛。刚毛数量常为分种的依据，如华北大黑鳃金龟的幼虫为3对，黄褐丽金龟幼虫为5对。蛴螬具胸足3对，一般后足较长。腹部10节，第10节称为臀节，臀节上生有刺毛，其数目和排列方式也是分种的重要依据。

生活史：蛴螬1～2年1代，幼虫和成虫在土中越冬，成虫即金龟子，白天藏在土中，晚上8—9时进行取食等活动。蛴螬有假死和负趋光性，并对未腐熟的粪肥有趋性，喜欢生活在甘蔗、木薯、番薯等肥根类植物种植地。幼虫蛴螬始终在地下活动，与土壤温度、湿度关系密切。当10厘米土温达5℃时开始上升土表，13～18℃时活动最盛，23℃以上则往深土中移动，至秋季土温下降到其活动适宜范围时，再移向土壤上层。

成虫交配后10～15天产卵，产在松软湿润的土壤内，以水浇地最多，每头雌虫可产卵100粒左右。蛴螬年生代数因种、因地而异。这是一类生活史较长的昆虫，一般1年1代，或2～3年1代，长者5～6年1代。如大黑鳃金龟2年1代，暗黑鳃金龟、铜绿丽金龟1年1代，小云斑鳃金龟在青海4年1代，大栗鳃金龟在四川甘孜地区则需5～6年1代。蛴螬共3龄。1、2龄期较短，第3龄期最长。

3. 蛴螬的危害　蛴螬对果园苗圃、幼苗及其他作物的危害主要是春秋两季最重。蛴蛴螬咬食幼苗嫩茎，薯芋类块根被钻成孔眼，当植株枯黄而死时，它又转移到别的植株继续为害。此外，因蛴螬造成的伤口还可诱发病害。其中植食性蛴螬食性广泛，为害多种农作物、经济作物和花卉苗木，喜食刚播种的种子、根、块茎及幼苗，是世界性的地下害虫，危害很大。甘南州局部农作区域会随着种植业发展等产生潜在的危害。

4. 蛴螬的防治　首先要了解当地蛴螬发生的种类，根据其为害程度确定优势种及其他种，更需要掌握优势种的生活习性及发生规律，从而确定防治策略，在防治策略指导下，选择适用于本地虫种的单项防治技术，组配最佳的防治技术体系。多年实践证明，防治蛴螬要从生态系统的整体观点出发，采用农牧业防治与化学防治相结合，作物播种期防治与生长期防治相结合，防治成虫与防治幼虫相结合，合理综合运用生态、化学、生物、物理等方法，以及采用改造环境条件的手段，将蛴螬控制在为害允许水平以下，达到保护草原、增加产量的目的。

（1）物理防治　田间成虫盛发期（可根据不同种类的金龟子确定时期），利用某些金龟子对光的趋性，通过合理布置频振式杀虫灯或黑光灯进行诱杀，单盏灯控制面积可达4公顷左右。也可在傍晚时利用成虫的假死性进行人工捕杀，将成虫消灭在产卵前，以压低虫口数量。亦可利用成虫嗜食杨、柳、榆等树木叶片的特性，在田间设置树枝把，诱集成虫后集中将其杀死。

（2）化学防治　采用化学防治时，要关注当地林草部门发布的病虫情报，对达到防治指标的田块认真及时选用有效药剂进行防治。

种子处理：药剂种子处理方法简便，是保护种子和幼苗免遭蛴螬为害的有效方法，这种方法用药量最低，因而对环境的影响也最小。目前我国主要推选液剂拌种（湿拌），提倡微胶囊悬浮剂拌种。微胶囊悬浮剂拌种省时、省工，尤其适用于农村劳动力缺乏地区，加之其残效期较长，可以持续到作物生长的大部分时间，因此可以较好地控制蛴螬的危害。目前效果较好的微囊种衣剂有辛硫磷、毒死蜱、氟虫腈·毒死蜱、阿维菌素等。使用时将种子与18％辛硫磷微胶囊悬浮剂2 000倍液按1∶10拌种，也可在播种前将辛硫磷药剂均匀喷撒到地面，然后翻耕或将药剂与土壤混匀；或播种时将药剂与种子混播。20％毒死蜱微囊种衣剂田间推荐剂量为1 500～2 100毫升/公顷，拌毒土撒施，防效可达90％以上。每公顷用15％毒死蜱颗粒剂9.0～10.5千克或48％毒死蜱乳油3 000毫升，拌种前应做发芽试验，确定适当的用药量。

土壤处理：一般土壤处理方法有多种。①将药剂均匀撒施于土面（实际是地表处理），然后犁入土中，也可以成带状施下，然后将种子沿药带播下，即所谓条施；②施用颗粒剂；③将药剂与肥料混合施下，即肥料农药复合剂；④沟施或穴施等。为减少污染和天敌的杀伤，可局部施药，特别是施用颗粒剂，作为选择性土壤处理更有其优点。施用颗粒剂虽比普通种子处理花费大，但持效期长，除在播种期外，生长期亦可以使用；同时还可以减少药剂对种子的伤害（药害）。如果使用颗粒撒播机施用，还可以省时省力，节约劳动力。

（3）生物防治　在重视化学防治的同时，结合生物防治及物理防治也是蛴螬防治中不可或缺且越来越重要的技术环节。目前推广的生物药剂主要是利用苏云金芽孢杆菌（Bt）和绿僵菌对蛴螬幼虫进行防治，也可利用金龟子的性外激素辅以诱集植物的提取物达到防治成虫的效果。

也可用昆虫病原细菌、真菌进行防治。在进行田间应用时，播种期可应用 Bt 菌粉（每克 100 亿个芽孢）按药种比 1：10 的比例拌种对蛴螬具有较好的防治效果。也可以用白僵菌粉剂（每克 40 亿个芽孢）、绿僵菌粉剂（每克 20 亿个芽孢）拌种，按药种比 1：10 的比例拌种对苗期为害的蛴螬有较好的防治效果。

（4）生态防治 主要从以下几方面来进行：①清洁农田。铲除田边地头的杂草，集中处理；平整土地，深翻改土，消灭沟坎荒坡，植树种草，以消灭地下害虫滋生地，创造不利地下害虫发生的环境条件。同时注意清理秸秆残茬。②合理轮作倒茬。蛴螬易为害禾谷类的小麦、玉米，豆科的大豆及马铃薯等块根、块茎作物，而不易取食油菜等作物。因此，合理轮作可以明显减轻地下害虫为害。③深耕翻犁。通过这种方式，可以将生活在土壤表层的蛴螬翻到深层，将生活在深层的翻到地面，通过曝晒、鸟雀啄食等，一般可以消灭一部分蛴螬。耕翻土壤、拾虫杀死、冻垄晒垄等技术措施应结合使用。同时，结合秋播深翻，还可破坏蛴螬下潜的虫道，使其不能安全越冬，减少翌年的虫口基数。④合理施肥。一定要施用腐熟的猪粪厩肥等有机农家肥料，否则易招引金龟子、蝼蛄等产卵。⑤合理、适时灌水。春季和夏季作物生长期间适时灌溉，迫使生活在土表的蛴螬下潜或死亡，可以减轻为害。

第二节 草原害虫防控技术体系

一、草地虫害监测预警

监测预警技术就是预测草原虫害的发生及其动态。通过对区域内生态气候、牧草发育阶段、优势种群表现进行综合分析，较为准确地判断虫害发生趋势，提供相关的危害信息，让人们在第一时间作出科学的判断来遏制虫害。这项工作的重点在于持续对虫害的相关数据资料进行分析统计，掌握虫害具体的发生地、扩散方向、发生期、发生量、危害期、危害程度，确定各种合适的防治方案。不同区域内虫害的发生规律各不相同，同一区域内由于每年每个季度生态气候的不同也会具有一定的差异性。当发现记录数据出现十分明显的改变时，应当及时分析异常状况发生的原因，并组织专业人员进行进一步的研究。

草原虫害监测预警是虫害治理的首要环节，也是极其重要的一环。准确地监测数据是一切防治工作的基础，很大程度上决定着防控任务的成功。预警监测技术统计人员要在工作中翔实记录大量重复琐碎的常规监测数据，保证第一时间发布预警信息，尽可能将虫害隐患消除在萌芽状态。做好草原虫害预警监测离不开软件和硬件的支持。硬件是指各种合格仪器设备以及完善的预警技术。

草原害虫的监测预警技术研究主要是基于"3S"技术和雷达、高空诱虫灯等地面监测设备，通过气象数据和地理特征数据，研究害虫种群迁飞路线及规律、落点等，完善害虫灾变风险评估体系和监测预警系统，建立长期、中期及短期实时监测预警技术应用体系。20 世纪 80 年代以来，随着地学信息技术的日趋成熟，遥感（RS）、地理信息系统（GIS）及全球定位系统（GPS）等技术逐渐开始应用于害虫发生的预测预报及制定防灾决策工作。进入 21 世纪后，中国出现大批利用 3S 技术进行害虫监测预报的研究，尤其是以新疆、青海、内蒙古等草原为主要研究区域，主要集中在虫害危害程度的监测方面和局部地区个别害虫的危害分析。当前，应将科学研究与防治需求相结合，构建害虫监测预警信息平台，提供虫害常规监测预警和应急响应等多层级服务模式；引入数据智能挖掘和高性能计算技术，缩短虫害测报信息解译周期，实现虫害监测预警产品的业务化生产；将虫害遥感监测预警产品与航空植保器械药物喷洒作业模式有机链接，搭建从害虫监测预警科研成果到行业虫害科学防治的桥梁；切实指导虫害科学防控，推进绿色防控措施的推广和实施。2005年开始，全国畜牧总站研究开发了草原虫害信息管理系统，具有数据筛选、统计分析等功能，实现草原虫害信息实时传送。2006年又研发了草原虫害野外数据采集PDA终端，将野外调查内容固化进软件，规范数据录入格式，实现野外数据采集简单化、规范化。目前，草原虫害管理系统在全国13个省（区）和新疆生产建设兵团投入运行，虫害发生期每周定期逐级报送草原虫害发生与防控情况，实现信息采集、录入的标准化和信息储存、管理、统计、分析、传输的自动化，确保了数据的准确性，提高了信息上报的适时性，为草原虫害监测预警决策提供支撑信息，把大数据时代的信息优势转化为技术决策优势，提高了信息决策能力，促进了草原虫害防控。

二、草原害虫的可持续治理

（一）以生物防治为主题，制定中长期生态治理规划

草原虫害防控生态学是基础，因为害虫种群数量受气候、食物资源、种间竞争环境因子因素的调节和制约。应该更多地关注害虫与区域内自然环境的关联性，通过合理的措施改变区域内植被、土壤小气候形成条件，进而改变害虫的适生环境，达到防控效果。对虫害的生态治理制定中长期、详细的执行规划，对草地实施科学管护与利用。结合轮牧、休牧、禁牧措施，为草原牧草的生长创造充足的空间。尽量使用生物防治手段，减少对草原环境的影响。推广绿色防治技术，在逐步减少化学农药使用、禁止使用剧毒农药的基础上，大力推广牧鸡、鸭等天敌防治技术，提高生态系统自愈能力和绿色防控技术普及程度。

（二）加强虫害规律性研究与资源化利用

研究虫害发生规律及其成灾机制是开展综合治理和持续控制的前提。研究内容主要包括害虫分布和种群结构、暴发的时间、空间和数量变动规律及其与环境因子的关系；虫害发生动态与人类经济活动的关系，异常气候对虫害发生动态的影响；虫害地理分布、扩散规律及其区划等。这些研究是有效治理草原害虫必要的基础。

生物灾害防治的根本在于产生生态效益和经济效益。从生物资源开发利用的观点出发，蝗虫虽然是小型动物，但其体内蛋白质含量可以达到58%～65%，通常高于猪肉、羊肉、牛肉，同时其脂肪含量不高，平均氨基酸含量47%以上，含有丰富的维生素和微量元素，是人类可以利用的重要生物资源，将其好好利用可以带来可观的经济效益和社会效益。

（三）可持续控制区域性生物灾害，调整草地管理措施

作为草地主要利用方式，放牧管理可以通过家畜采食和践踏作用调节植物的物理结构和土壤表面特性，影响蝗虫微环境水热状况和可利用产卵位点。因此，在草地管理实践

中，可采取适当的放牧强度和时间来抑制草地蝗虫种群数量，降低虫害发生的频率和严重度。在我国北方地区牧场的四季管理中，一般将草场划分为冬春草场和夏秋草场，在冬春和夏秋牧场之间实行季节性轮流放牧，一般一年放牧时间都比较固定。蝗虫主要发生在6—10月，在其他时期则没有家畜放牧对虫害适生环境带来干扰，各类型的草原害虫得到了充足的食物来源。因此，在草地实际管理中，在虫害暴发频率较高的地区，可进行周期性轮牧，延长放牧时间，减少害虫可食资源。除了放牧也可以通过调节刈割时间、刈割次数和翻耕来控制和调节草地蝗虫的发生数量。在卵孵化期翻耕草地可使蝗虫卵翻埋到更深土层而难以孵化；在蝗虫发生期，适当调节牧草收割时间可以避开蝗虫与可利用食物源在时间上重叠。

（四）做好宣传工作

虫害治理非一日之功，需要广大农牧民群众的集体力量。政府相关部门草业工作者应广泛动员，提高群防意识。利用各种媒体（如广播、电视、报刊、传单）进行宣传的同时，可以在全国各地召开草原虫害专门防治会议。各地可派专业人员研究和总结草地害虫综合防治的成效和经验，推广相关技术，提高防治能力，促进草地生态保护建设。

三、建立健全草原监测体系

按照《中华人民共和国草原法》中"县级以上人民政府草原行政主管部门对草原的面积、等级、植被构成、生产能力、自然灾害、生物灾害等草原基本状况实行动态监测，及时为本级政府和有关部门提供动态监测和预警信息服务"的规定，省级草原行政主管部门要加快构建新时期草原监测体系，及时掌握草原资源数量、类型、质量、生态状况及其变化，为草原监督管理、生态保护修复、方针政策规划设计等提供决策依据。

（一）建立草原资源"一张图"

草原基础数据是开展一切草原工作的基础。2021年8月，国家发布《第三次全国国土调查主要数据公报》，全面查清了全国、省、市、县国土利用状况。在此国土调查数据基础上，利用天空地一体化技术，开展全省草原资源专项调查工作，摸清全省草原类型、权属、分布、面积、质量、利用、退化、有害生物种类、生态状况、健康程度等基本情况，落实到山头地块，建立全省草原资源管理基本档案，形成完整的"草原一张图"，彻底解决草原基础数据缺失问题，提升草原精细化管理水平。

（二）完善草原调查监测体系

草原调查监测是一项系统性工作，要充分认识其重要性。要建立健全草原监测调查组织管理体系，敢于打破常规，灵活求变，大胆创新，完善人才培养、引进、评价、使用、激励等制度，整合、壮大现有技术力量，形成省、市、县三级工作机制，充分参与，主动作为，落实草原监测主体责任。根据草原监测工作新形势、新要求，对草原调查监测指标进行适时调整，更好服务于草原现代化管理。加快推进草原调查监测技术标准、规范制定，对原有行业、省级地方标准进行梳理，按照突出重点、逐步递进的原则，推进草原监测标准的修订和制定，解决草原监测技术标准不统一、数据格式不规范、采集内容不科学等问题，构建符合新时期新要求的草原调查技术标准体系。

（三）构建完整草原监测调查网络

针对草原面积广袤、高海拔、交通不便的特点，根据草原资源分布状况，结合气候、地形、地貌等自然条件因素，建立优化一批有持续保障的国家级、省级草原野外固定监测平台，改变原来随机抽样的调查方法，同时在野外典型区域配备无人值守自动数据采集终端，实现草原监测数据自动采集传输，高效完成野外监测工作，形成依靠科技创新构建草原高质量发展的新局面。草原调查监测数据复杂庞大，目前信息化、智能化程度不高，草原信息管理化管理系统也尚未建立。监测数据不能实现在线浏览，缺乏与物联网、大数据、云平台、人工智能等高新技术的融合。急需通过数据的收集采集、分析整理，建设草原监测评价数据库；通过数据的逻辑关系，结合草原管理业务，构建高度人机交互的草原监测管理信息决策平台。要抓住林草生态网络感知系统建设的重要机遇期，积极推进草原管理信息平台建设。通过草原监测评价，掌握每块草原的分布、面积、数量、质量及其动态变化，实现草原空间信息的展现以及不同权限的信息共享和交互传输。通过草原资源调查监测，掌握草原基本信息、生长状况、生产力、灾害状况、生态状况、利用状况、保护修复和行政执法等专题属性，实现草原监测、生态修复、退化管理、虫害等业务的信息化管理，推进草原管理向精细化、数字化和科学化转变，提高草原管理的科技水平，实现对大容量数据的高效管理应用。

四、制定草原虫灾应急防治预案

全面、准确、迅速、有序地组织草原虫灾应急防治工作，防止草原虫灾暴发和扩散，最大限度地减轻草原虫灾造成的损失，减少对草原生态环境造成的破坏，对保护草原资源，促进社会稳定具有重要意义。依据《中华人民共和国草原法》《草原治虫灭鼠实施规定》《全国草原虫灾应急防治预案》《甘肃省草原条例》《甘肃省草原虫灾应急防治预案》以及《甘南州突发事件总体应急预案》等相关法律法规和规范性文件，结合甘南州实际，可制定相关预案。

明确属地管理机构、职能，夯实责任主体。分级分类精准施策，各级政府及其有关部门和单位认真履行职责，统筹应急资源，协调应急力量，强化科技支撑，积极做好处置工作。建立部门间统筹推进、职责明晰、协调联动的工作机制，做到各司其职、各负其责，依法履职、形成合力。

第八章 甘南草原毒杂草治理技术

第一节 退化草地毒杂草化

毒杂草通常根系发达，具有抗高寒、耐干旱、生命力极强等特点。毒杂草的占比不断加剧为草场退化的典型表现之一。目前在甘肃省退化、沙化严重的草原均发现不同程度的毒杂草分布，面积达175.67万公顷。甘肃省草场主要的有毒植物约78科187属312种（不包括栽培种和仅对家畜有机械性伤害的种），其中重要有毒植物有46种，分属17科26属，例如，分布较广的毒杂草主要有毛茛科露蕊乌头，豆科甘肃棘豆、黄花棘豆、小花棘豆，瑞香科狼毒，以及禾本科醉马草等。除上述重要有毒植物外，对甘肃省草场影响较大的有毒植物还有毛茛科、大戟科、杜鹃花科、麻黄科、马桑科、龙胆科、豆科黄芪属、百合科萱草属、藜芦属等科属，以及蕨类和裸子植物门的某些植物。

一、退化草地有毒植物种类

甘南州有毒植物约85种，隶属31科57属，具体信息详见下表（表8-1）。其中含4种以上有毒植物的科共有5个，按种数依次为毛茛科、菊科、豆科、蓼科、茄科。目前危害严重、分布广的种为菊科橐吾属的黄帚橐吾和箭叶橐吾、狼毒、山莨菪，以及毛茛属、唐松草属等的一些有毒植物。

表8-1 甘南州有毒植物

科名	学名	属数	种数	科名	学名	属数	种数
木贼科	Equisetaceae	1	1	麻黄科	Ephedraceae	1	1
桑科	Moraceae	2	2	五加科	Araliaceae	1	1
蓼科	Polygonaceae	3	7	藜科	Chenopodiaceae	1	2
石竹科	Caryophyllaceae	1	1	毛茛科	Ranunculaceae	8	18
小檗科	Berberidaceae	1	1	罂粟科	Papaveraceae	2	4
十字花科	Cruciferae	1	1	景天科	Crassulaceae	1	1
虎耳草科	Saxifragaceae	1	1	蔷薇科	Rosaceae	1	1

（续）

科名	学名	属数	种数	科名	学名	属数	种数
豆科	Leguminosae	4	7	大戟科	Euphorbiaceae	1	4
瑞香科	Thymelaeaceae	2	2	伞形科	Umbelliferae	1	1
杜鹃花科	Ericaceae	1	1	唇形科	Labiatae	1	1
夹竹桃科	Apocynaceae	1	1	旋花科	Convolvulaceae	2	2
茄科	Solanaceae	4	5	玄参科	Scrophulariaceae	1	1
败酱科	Valerianaceae	1	1	菊科	Compositae	7	9
水麦冬科	Juncaginaceae	1	2	禾本科	Gramineae	1	2
百合科	Liliaceae	2	2	兰科	Orchidaceae	1	1
川续断科	Dipsacaceae	1	1				

二、毒杂草的地理分布

青藏高原东北部海拔为 2 000～4 000 米的区域包含多种生境类型。大部分有毒植物集中分布在海拔 2 500～3 200 米的地区，种数从多到少依次是多年生草本、一年生草本、二年生草本、灌木。其中，多年生草本植物共 51 种，占甘南州天然草场有毒植物总数的60％。甘南各类草场分布的主要有毒植物如下：

（一）亚高山草甸草场

甘南亚高山草甸分布在海拔 2 000～3 500 米的地带，有毒植物包括黄花棘豆、甘肃棘豆、紫云英、披针叶黄华、乌头、铁棒槌、露蕊乌头、北乌头、甘青乌头、泽漆、大戟、狼毒、山莨菪、黄花蒿、烟管头草、醉马草等。

（二）林缘草甸草场

林缘草甸分布在海拔 1 000～2 700 米落叶阔叶林、针阔混交林的林缘地带，有毒植物包括牛扁、大火草、秦岭楼斗菜、黄花铁线莲、翠雀、播娘蒿、直立黄芪、苦参、苦马豆、假大多包叶、破子草、马先蒿、角蒿、泽兰、旋覆花、羽裂蟹甲草、小萱草、藜芦等。

（三）高寒草甸草场

高寒草甸分布于云杉林和高山灌丛以上地区，有毒植物包括北极果、水母雪莲花、多刺绿绒蒿、全缘绿绒蒿、马尿泡、高山唐松草、驴蹄草等。

（四）林缘灌丛草场

林缘灌丛分布于海拔 1 000～2 700 米的林缘，是林木砍伐后的次生或萌生灌丛，有毒植物包括辽东栎、槲栎、白栎、槲树、河塑荛花、贯叶连翘、苦皮藤、南蛇藤、小叶子、变异黄芪、天南星、白屈菜、瓣蕊唐松草等。

（五）高寒灌丛草场

高寒灌丛分布于甘南海拔 2 600～3 400 米的山坡上，有毒植物包括照山白、头花杜鹃、烈香杜鹃、羌活等。

第二节 退化草地毒杂草对畜牧业的危害

毒害草对草原畜牧业的危害主要表现在两个方面：一方面是对草原牲畜的危害；另一方面是对草原生态的危害。

一、对草原牲畜的危害

毒害草在食牧草资源充足的健康草场占比较小，牲畜中毒现象很少发生。然而在过度放牧引发草场严重退化的区域，毒杂草的占比可达到60%以上。

牲畜由于误食、饥不择食等原因，采食毒害草的机会大大增加，牲畜中毒现象多发、频发甚至暴发。毒害草对草原牲畜的危害主要表现在以下几点。

(一) 牲畜中毒甚至死亡

毒杂草体内含有有毒物质，例如，生物碱类、苷类化合物、黄酮类、内酯、毒蛋白、萜类化合物、酚类及其衍生物、有机酸、挥发油及光敏物质等，也有少数有毒植物体内蓄积了某些特殊的化学物质或无机元素，如环境中的砷、铅、镉、硒、硅、氟等。牲畜在可食牧草缺乏的情况下，以干草或青草形式被迫采食毒杂草后，可引起急性或慢性中毒，严重者可导致死亡。

(二) 影响牲畜繁殖力

母畜采食毒草后造成不孕、流产、弱胎、畸形、难产、死胎及胎儿发育不良等，而公畜采食毒草后会造成性功能降低、精子品质及活力下降。例如，1987年甘肃天祝某乡牲畜因误食甘肃棘豆中毒，发病率高达89.1%，死亡率21.9%，流产率29%。

(三) 妨碍畜种改良

本地畜种对毒害草有一定识别能力，一般不会主动采食，而外地引进的畜种往往对毒害草无识别能力，如果管理疏忽，发生主动采食时间较长则引起中毒甚至死亡，会严重影响当地的畜种改良。如西藏山南地区引进新疆细毛羊、高加索羊改良当地绵羊，结果引进种因采食茎直黄芪、毛瓣棘豆等毒害草而中毒死亡，妨碍了该地区的畜种改良。

(四) 降低畜产品质量

某些有毒植物含有特殊物质，牲畜采食后能引起乳、肉产品变色、变味或变质，降低肉品质量，如十字花科的独行菜，可使肉色变黄；豆科的沙冬青能使肉变味；豆科的沙打旺能使乳、肉变苦；菊科艾属植物、百合科葱属植物、蓼科酸模属植物等能引起乳产品变味或变质。此外，某些有害植物本身并不具有毒性，但其芒、刺被牲畜采食或接触后，可造成家畜机械伤害，降低毛、皮等畜产品的品质，如禾本科针茅、菊科鹤虱、菊科苍耳、菊科飞廉、豆科骆驼刺、豆科锦鸡儿、旋花科刺旋花等植物的芒刺可刺伤家畜皮肤，影响皮毛质量。

由于富集效应，牲畜采食有毒植物富集于体内，人类食用牲畜产品后亦会引起中毒，如山羊采食大戟科的某些植物后，虽山羊本身并不出现中毒现象，但人食用其所产的羊奶可引起中毒。

二、对草原生态的危害

草原毒害草的大量生长繁殖和蔓延，除对牲畜产生毒害外，还会占据生态位，限制优良牧草的生存空间，降低草原生产力，使草原失去利用价值，导致草畜矛盾日趋严重，危害草原生态。毒害草对草原生态的危害主要表现在以下方面。

（一）草原生产力降低

相较于其他种，草原毒害草通常根系发达、返青早、生长快、多种籽、多分枝、生命力强，具有更强的耐旱性、耐寒性、耐贫瘠、抗病虫害等特点。毒害草侵占草原后，能够在短期内形成优势种群，抑制其他牧草生长，降低草原质量与产草量，使草原承载能力下降，影响草原畜牧业的健康可持续发展。

瑞香科瑞香狼毒是我国东北、华北、西北及西南的草甸草原、典型草原、高寒草原以及荒漠草原退化草原上危害严重的毒害草之一。在正常情况下，瑞香狼毒在草原植物群落中以偶见种或伴生种存在，而在放牧过度的退化草原、山坡草原、沙质草原则以优势种或建群种存在，如在甘南合作市，适度放牧地带很少能见到瑞香狼毒生长，群落以早熟禾、垂穗披碱草等植物占优势；而在明显过牧地带，瑞香狼毒大量滋生，覆盖度达到 30%，其生物量占到草原植被群落总产量的 62%。

豆科黄花棘豆和有毒黄芪也是我国退化草原上危害严重的毒害草，在西北、西南广大牧区的退化草原上已形成优势种群，生物量较大。如茎直黄芪垂直分布于海拔 2 900～4 600 米的西藏草原，覆盖度达到了 40%～60%；变异黄芪大量分布在内蒙古、甘肃和宁夏的荒漠半荒漠草原；甘肃棘豆和黄花棘豆分布在祁连山草原，覆盖度最高达 90% 以上，其在甘肃天祝山地草甸和灌丛草甸草原的密度为 32.41 株/米^2，覆盖度为 32%，生物量占到草原植被群落总产量的 45%。

（二）草原利用率下降

草原毒害草的生长和蔓延，导致牲畜的毒害草中毒呈现多发、频发，甚至暴发态势，使牧民对此产生了恐惧感和不安全感，不敢在毒害草生长区放牧，造成现有草原得不到充分利用，而对优良草原过度利用，最终导致整个草原生态恶化，草原整体利用率显著降低。

（三）破坏草原动植物种群多样性

研究表明，毒害草可通过化感作用直接或间接地对草原生态系统中的其他植物、动物及微生物产生有害作用，使植物的种类组成和结构发生明显变化，影响物种多样性，将草原从过去稳定性较强的多层结构演化为稳定性较弱的单层结构。目前，在菊科、豆科、瑞香科、玄参科等 10 多种科属中发现具有化感潜势的植物，如瑞香狼毒、甘肃棘豆、冷蒿、黄帚橐吾、甘肃马先蒿、白喉乌头等，分离鉴定出的化感物质有萜类、酚类、皂苷类、生物碱、挥发油以及非蛋白氨基酸等十几类化合物。

这些化感物质主要来源于植物的次生代谢，通过自然挥发、雨雾淋溶、凋落物或植物残体分解以及植物根系分泌 4 种主要途径释放进入环境，对其他植物、动物及微生物产生有害作用。如黄帚橐吾的挥发物和水浸提液对早熟禾、大雀麦、中华羊茅、羊茅以及垂穗披碱草的种子萌发和幼苗生长都有显著的抑制作用；甘肃马先蒿地上部分水浸提液对中华羊茅、老芒麦、垂穗披碱草的种子萌发和幼苗生长具有显著的抑制作用；白喉乌头地上部分浸提液在高浓度下对无芒雀麦、草地早熟禾等牧草种子的萌发具有抑制作用；瑞香狼毒和黄花棘豆对其他种植物的化感抑制作用主要是通过根系分泌途径起作用。

第三节　国内外退化草地毒害草治理技术研究概况

人类活动与全球环境变化的综合作用导致甘南草地退化，表现之一为毒害草的占比不断增大。毒草的蔓延给当地经济带来极大危害，也引发了当地的生态和社会问题，严重影响了畜牧产业的可持续发展和国家生态安全。因此，为预防和控制毒害草灾害的发生，多年来各级草原管理部门及科研工作者对草地毒草的防控十分重视，投入了大量人力、物力和经费进行防控技术研究。

虽然牲畜采食毒害草后可引起中毒甚至死亡，但从草地生态角度出发，毒害草也是天然草地生态群落的重要组成部分，在草地生态系统中具有自身的生态地位，并与其他物种间具有生态作用关系。因此，现阶段对天然草地毒草进行防控时，应改变传统的"消灭"观念，从维持生态系统稳定性的角度出发，采取一些生态中性的防控技术，将毒害草群落控制在危害度≤15%，而不是盲目、彻底地防除或灭除，应坚持以生态防控为主、多种手段相结合，防控毒草扩散和蔓延。

一、物理防控

物理防控是利用人工或简单工具对毒草进行挖除和刈割，该方法简便、易行、有效、环保，是广大牧区常采用的防控技术。此方法适用于毒草生长相对集中且分布面积较小的地区，尤其是在畜舍、居民点、饮水点附近生长的毒草。在毒害草分布不集中且分布面积广泛的模式下，物理防控不仅费时费力，还对草地植被的破坏性较大，造成草地土壤的覆盖度下降。物理防控清除后应及时补播适合当地气候条件的优良牧草，以恢复草地植被。

（一）人工和机械防除

利用人工割除或拔除，是最原始也是最安全的防除途径。然而，该方法由于投入了大量的人力和物力而具有效率低的特点，仅适用于早期或小规模的毒害草侵扰。利用机械刈割毒害草容易受到地形和空间的限制，并且在铲除毒害草的同时也挖除了优良牧草，造成地表植被的破坏和覆盖度的降低，容易引发草地沙化与退化。此外，由于毒害草的根系发达，很难将其彻底清除，残余根在翌年亦可繁殖生长，常存在防治成功率低的问题。

（二）火烧法

有计划的火烧也是控制毒害草的一种传统方法，如对雀麦属、蓟属和矢车菊属等的控制均可利用火烧法。确定焚烧时间是火烧法的关键，通常在牧草结种并衰老后、毒害草结种前实施。火烧法毁灭性消除毒草地上部分和凋落物层，为土壤注入大量速效养分，同时简便易行、省工省时、短期效果明显，但该方法选择性差且不能根除，故只能作为一种补充性措施应用。

二、化学防控

化学防控是利用除草剂对天然草地毒草进行灭除的一种方法，施用化学防控法通常在毒草盛花期进行，此方法适用于毒草分布面积大且生长密度较高的草地。现用的化学除草剂具有专一性的很少，如 2，4 - D 丁酯能够较好地灭除棘豆属植物（表 8 - 2），使它隆是灭除瑞香狼毒较为理想的药物。虽然化学防控具有高效、速效和使用方便的特点，能在毒草防控方面获得立竿见影的效果，但其缺乏特异性，在杀灭毒草时也作用在可食牧草，并且除草剂残留会对草地生态环境造成污染等。因此，在目前国家提倡草地生态文明建设的大背景下，化学防控应慎重使用，必须使用时应选择绿色、环保、无污染的除草剂。

表 8 - 2 常见除草剂的作用机制、特点及毒性

除草剂名称	作用机制	特点	剂型	对人、动物毒性
草甘膦（Glyphosate）	主要抑制植物体内烯醇丙酮基莽草素磷酸合成酶，从而抑制莽草素向苯丙氨酸、酪氨酸及色氨酸的转化，使蛋白质的合成受到干扰，导致植物死亡	用药成本低、传导性强、药效好、杀草谱广、环境兼容性优	水剂可溶性粉剂	对鱼类、鼠类毒性低。小鼠 LD_{50} 4 380 毫克/千克（雄），4 300 毫克/千克（雌），大鼠（雌）LD_{50} 4 050 毫克/千克。对小鼠无致畸作用
2，4 - D 丁酯（2，4 - D butylate）	该除草剂被叶片吸收后转运至植物的分生组织，导致茎干卷曲、叶片萎蔫，最终造成植物的死亡	成本低，应用范围广；单一使用时，杂草已产生抗药性	油乳剂	毒性低。能降低小鼠精子活性，对人类具有免疫毒性
使它隆（Starane）	该除草剂被植物叶片和根迅速吸收，在植株体内快速传导，导致植株畸形、扭曲	半衰期短、对作物较安全、增产效果好，对阔叶杂草具有高效防除能力	油乳剂	毒性低。大鼠经口 LD_{50} 2 405 毫克/千克。对大鼠眼结膜有轻微刺激，对皮肤无刺激性
甲磺隆（Metsulfuro - nmethyl）	该除草剂被杂草根、茎、叶吸收并迅速向顶部和基部传导，施药后数小时内迅速抑制杂草根和幼芽顶端生长，植株变黄，组织坏死，3～14 天全株枯死	用量少，活性高，杀草谱广，选择性强，残效期长	可湿性粉剂	毒性低。大鼠的急性经皮 LD_{50} >2 000 毫升/千克，大鼠吸入（4 小时）LC_{50} >5.3 毫克/升
百草枯（Paraquat）	该除草剂的有效成分对叶绿体层膜破坏力极强，通过影响植物叶绿体的电子传递，阻断能量转换来中止叶绿素合成，无传导作用，只能使着药部位受害	有速效、广谱、在土壤中迅速钝化等优点；其斩草不除根的特性，使其在减缓水土流失、保肥保墒的保护性耕作作业方面具有重要作用	水剂	小鼠的经口 LD_{50} 110～150 毫克/千克，大鼠经口 LD_{50} 57～150 毫克/千克

（续）

除草剂名称	作用机制	特点	剂型	对人、动物毒性
2甲4氯 （Chipton）	植物通过根、茎、叶吸收除草剂后，加强呼吸作用，使接受状态的 DNA 活化，合成更多的蛋白和酶类，酶刺激了细胞、细胞壁急速增加，造成杂草局部或整体扭曲、隆肿、爆裂、变色、肿瘤、畸形直至死亡	性质稳定，除草效果良好，对农作物比2,4-滴类化合物安全，应用较广泛	水剂 可湿性粉剂 可溶性粉剂	大鼠经口 LD_{50} 590 毫克/千克
迈士通 （Aminopyralid）	主要成分为氯氨吡啶酸，属合成激素型除草剂。通过植物茎、叶和根被迅速吸收，在敏感植物体内，诱导植物产生偏上性反应，从而导致植物生长停滞并迅速坏死	适用期宽，杂草出苗后至生长旺盛期均可用药。产生抗性概率低。代谢除产生 CO_2 外未发现其他影响土壤和水质的产物	水剂	低毒，无致畸、致突变、致癌作用。大鼠急性经口 LD_{50}＞5 000 毫克/千克；急性经皮 LD_{50}＞5 000 毫克/千克

三、替代防控

替代防控是根据种间的竞争关系以及植物群落内的正向演替规律，种植演替中后期出现的植物，通过以草治草的方法造成毒草的水肥资源短缺，引发种间对光资源的不对称性竞争，抑制毒草的生长繁殖并最终被人工补播种替代。有研究证实，人工补播豆科牧草沙打旺后，瑞香狼毒的种群繁衍受到抑制，优良牧草逐渐恢复生长。此外，紫花苜蓿对醉马芨芨草具有持续、强烈的竞争抑制作用，经长期竞争演替，可能替代醉马芨芨草。替代防控虽然科学、经济、生态环保，但见效慢，对气候有一定的要求，且替代植物须满足适生、生长快且有较高牧草价值等特点。目前该防控方法还处在试验研究阶段，不宜大规模推广。

四、生物防控

生物防控是利用自然界寄主范围较为专一的植食性动物或植物病原微生物之间的拮抗或相克作用，通过植物天敌（昆虫、寄生植物、病原微生物）将毒草种群控制在生态允许范围内的一种方法。草籽象甲和棘豆叶螨均能破坏棘豆属草种，影响其萌发，且专一性强，不会对其他植物种子造成破坏；Thompson 等（1995）研究发现，放养专嗜性采食的昆虫（*Cleonidius trivittatus*）可有效控制有毒黄芪及棘豆。利用植食性昆虫可在一定程度上抑制毒草的蔓延，且有特异性强的特点，但需防止生物入侵的发生。此外，可通过接种特异性病原菌以引起毒草特异性病害，达到抑制毒草蔓延的目的。例如，利用黄花棘豆锈病能对黄花棘豆的治理取得较好的生物防控效果，瑞香狼毒栅锈菌对瑞香狼毒种群数量有明显控制作用。生物防控经济有效、持久稳定、绿色环保、无污染，但目前还处在试验研究阶段。从长远来看，生物防控可能是防控天然草地毒草的主要途径。

五、生态防控

生态防控是根据生态毒理学原理调节植物毒素在生态系统中平衡所采用的一种生态工程方法。常用的措施有改善草地群落结构法、加快植被演替法、改变耕作制度法、畜种限制法、日粮控制法等，具有经济、有效、生态等多种效益。然而，生态防控往往周期长、见效慢、成本高，需要有政府补贴、生态补贴等优惠措施，才能确保相应技术得到推广应用。

六、综合利用

（一）药物开发

甘肃天然草地许多毒草在民间普遍用于防治疾病，如甘肃棘豆可全草入药，有利尿逐水、止血解毒、治疗各种内出血的功能；小花棘豆有消炎、麻醉、止痛及镇静等功效，对神经衰弱、牙痛、各种炎症（风湿性关节炎、膀胱炎和尿道炎）、皮肤瘙痒和水肿等病症有奇效；瑞香狼毒具有抗菌、抗病毒和抗恶性肿瘤等功效；醉马芨芨草具有解毒消肿等功效，外用可治腮腺炎、无名肿毒和关节疼痛等。苦豆子所含的生物碱具有降血脂、免疫调节、抗炎、抗病毒、抗肝纤维化、抗癫痫、抗肿瘤等药理作用；橐吾属植物所含的内酯倍半萜对人早幼粒白血病细胞有明显的抑制作用；瑞香狼毒所含的黄酮类化合物有抗癫痫、抗肿瘤、抗氧化等活性，总黄酮提取物对体外培养的肿瘤细胞有抑制作用；有毒棘豆和有毒黄芪所含的生物碱苦马豆素具有显著的抑制肿瘤作用。因此，对于天然草地毒草资源进行医用开发和研究，不仅可以"变毒为药"，还可以促进当地畜牧业经济发展方式转变，为农牧民增收做出重要贡献。

（二）植物源性农药或兽药开发

化学农药的长期施用会引发抗药性、药物残留及环境污染等问题，而植物源性农药和兽药存在高效、低毒、易分解、无残留的特点。因此，植物源性农药和兽药的开发是生态环境保护领域的必然趋势。研究表明，苦豆子提取物对枸杞蚜虫、乳草螨以及黄瓜和番茄的病原菌有强力抑制作用。瑞香狼毒根含有广谱性的杀菌活性物质——新狼毒素 B 和狼毒色原酮，两者浓度在 2 200 毫克/升时对苹果干腐病菌、小麦赤霉病菌、番茄早疫病菌、南瓜枯萎病菌、玉米大斑病菌、烟草赤星病菌和辣椒疫霉病菌均有一定的抑菌作用。因此，对具有杀虫抗菌活性的毒草可以尝试开发为一些植物源性农药，既可以有效化解毒草繁衍给畜牧业带来的危害，又能为农作物病虫害防治寻找一种高效稳定、无残留和绿色环保的农药，最终实现草地畜牧业经济的可持续发展。

（三）饲料资源开发

有些毒草含有丰富的营养成分，且生长密度大，若能在营养价值高的时期集中收割并进行科学有效的脱毒处理，可作为冬春季的蛋白补饲牧草或抗灾害备用牧草。例如，苦豆子在鲜绿时有特殊气味、适口性差，各类牲畜避食，但秋季经霜打或冬季干枯后，异味减少，各类牲畜均采食，尤其羊和骆驼喜食。因此，可将苦豆子鲜草刈割后制成干草，在冬季饲喂牲畜；瑞香狼毒各营养成分含量与紫花苜蓿相当，如能实现植株脱毒，可成为一种潜在的牧草资源。因此，对于营养价值高的毒草，可通过脱毒、调制、加工等技术工艺研发，将其作为饲草资源利用，前景广阔。

第四节　退化草地主要毒害草治理技术

一、有毒棘豆综合治理技术

（一）棘豆属主要有毒植物的特征

棘豆属（Oxytropis）植物为豆科多年生草本，全球约有 350 余种，分布于北温带，我国约 150 种，分布于西北、华北、东北和西南等地。目前对草地畜牧业造成危害的棘豆属植物有 10 种，分别为小花棘豆、甘肃棘豆、黄花棘豆、冰川棘豆、毛瓣棘豆、镰形棘豆、急弯棘豆、宽苞棘豆、包头棘豆、硬毛棘豆。棘豆属有毒植物对畜牧业的危害主要表现为造成大批家畜中毒死亡，影响家畜繁殖，妨碍畜种改良和促使草场退化，破坏草地生态平衡，以及降低草场利用率等。

1. 小花棘豆　豆科棘豆属多年生草本有毒植物，植株高 20~30 厘米。主根粗，根系发达，分侧根，根深 1 米以上。茎直立或平铺匍匐，多分枝，呈放射状生长，表面被白色平伏硬毛及柔毛，枝条 20~40 条，最多可达 90 条以上，枝条长 1~1.5 米。单数羽状复叶，长 5~15 厘米，托叶卵形或披针状卵形，苞片披针形；小叶 9~13 枚，矩圆形，长 7~18 毫米，宽 2~6 毫米，先端渐尖，有突尖，基部圆，上面无毛，下面有疏柔毛。多花组成总状花序，腋生，花稀疏，具 10~20 小花，总花梗长 5~15 厘米；花萼筒状，具白色短毛，花冠呈蓝紫色；旗瓣倒卵形，顶端近截形，浅凹或细尖，龙骨瓣长约 5 毫米，先端有喙。果为荚果，长圆形，在腹线上具深槽，俯垂，膨胀，顶端渐尖，具一弯喙，被硬毛及柔毛，子房 1 室，种子多颗。4—5 月萌发，7 月初开花，7 月下旬结荚，8—9 月种子成熟。

小花棘豆分布于我国内蒙古、甘肃、青海、宁夏、新疆、陕西、山西等省份荒漠沙化草地，尤其在内蒙古阿拉善盟、鄂尔多斯，甘肃河西走廊，新疆阿克苏及阿勒泰沙漠化草地形成优势群落，生长于海拔 440~3 400 米降雨量少、光照强的干旱荒漠草原、沙漠地区、滩地草场、河谷阶地、冲积川地及盐土草滩，尤喜沙丘边缘的倾斜地带。

2. 甘肃棘豆　豆科棘豆属多年生草本有毒植物，高 10~20 厘米，茎细弱，铺散或直立，基部的分枝斜伸而扩展，绿色或淡灰色，疏被黑色短毛和白色糙伏毛。羽状复叶长 5~10 厘米；托叶草质，卵状披针形，长约 5 毫米，先端渐尖，与叶柄分离，彼此合生至中部，疏被黑色和白色糙伏毛；叶柄与叶轴上面有沟，于小叶之间被淡褐色腺点。疏被白色间黑色糙伏毛；小叶 17~23 枚，卵状长圆形、披针形，长 7~13 毫米，宽 3~6 毫米，先端急尖，基部圆形，两面疏被贴伏白色短柔毛，幼时毛较密。多花组成头形总状花序；总花梗长 7~12 毫米，直立，具沟纹，疏被白色间黑色短柔毛，花序下部密被卷曲黑色柔毛；苞片膜质，线形，长约 6 毫米，疏被黑色和白色柔毛；花长约 12 毫米；花萼筒状，长 8~9 毫米，宽约 3 毫米，密被贴伏黑色间有白色长柔毛，萼齿线形，较萼筒短或与之等长；花冠黄色，旗瓣长约 12 毫米，瓣片宽卵形，长 8 毫米，宽 8 毫米，先端微缺或圆，基部下延成短瓣柄，翼瓣长约 11 毫米，瓣片长圆形，长 7 毫米，宽约 3 毫米，先端圆形，瓣片柄 5 毫米，龙骨瓣长约 10 毫米，喙短三角形，长不足 1 毫米；子房疏被黑色短柔毛，具短柄，胚珠 9～12；荚果纸质，长圆形或长圆状卵形，膨胀，长 8～12 毫米，宽约 4 毫米，密被贴伏黑色短柔毛，隔膜宽约 0.3 毫米，1 室；果梗长约 1 毫米。种子 11～12 颗，淡褐色，扁圆肾形，长约 1 毫米。花期 6—9 月，果期 8—10 月。

甘肃棘豆分布于我国宁夏、甘肃、青海（东部、柴达木盆地和南部）、四川西部和西北部、云南西北部及西藏西部和南部，生长于海拔 2 200～5 300 米的路旁、高山草甸、高山林下、高山草原、山坡草地、河边草原、沼泽地、高山灌丛下、山坡林间砾石地及冰碛丘陵上。

3. 黄花棘豆　豆科棘豆属多年生草本有毒植物，高 20～50 厘米。根粗，圆柱状，淡褐色，深达 50 厘米，侧根少。茎粗壮，直立，基部分枝多而开展，有棱及沟状纹，密被卷曲白色短柔毛和黄色长柔毛，绿色。羽状复叶长 10～19 厘米。托叶草质，卵形，与叶柄离生，于基部彼此合生，分离部分三角形，长约 15 毫米，先端渐尖，密被开展黄色和白色长柔毛；叶柄与叶轴上面有沟，于小叶之间有淡褐色腺点，密被黄色长柔毛；小叶 17～29 枚，草质，卵状披针形，长 10～25 毫米，宽 3～9 毫米，先端急尖，基部圆形，幼时两面密被贴伏绢状毛，以后变绿，两面疏被贴伏黄色和白色短柔毛。多花组成密总状花序，以后延伸；总花梗长 10～25 厘米，直立，较坚实，具沟纹，密被卷曲黄色和白色长柔毛，花序下部混生黑色短柔毛；苞片线状披针形，上部长 6 毫米，下部长 12 毫米，密被开展白色长柔毛和黄色短柔毛；花长 11～17 毫米；花梗长约 1 毫米；花萼膜质，几透明，筒状，长 11～14 毫米，宽 3～5 毫米，密被开展黄色和白色长柔毛并杂生黑色短柔毛，萼齿线状披针形，长约 6 毫米；花冠黄色，旗瓣长 11～17 毫米，瓣片宽倒卵形，外展，中部宽 10 毫米，先端微凹或截形，瓣柄与瓣片近等长，翼瓣长约 13 毫米，瓣片长圆形，先端圆形，瓣柄长 7 毫米，龙骨瓣长 11 毫米，喙长约 1 毫米或稍长；子房密被贴伏黄色和白色柔毛，具短柄，胚珠 12～13。荚果革质，长圆形，膨胀，长 12～15 毫米，宽 4～5 毫米，先端具弯曲的喙，密被黑色短柔毛，1 室；果梗长约 2 毫米。花期 6—8 月，果期 7—9 月。

黄花棘豆分布于我国宁夏南部、甘肃南部和西部、青海东部和南部、四川西部及西藏东南部，适宜于各种环境，一般生长于海拔 1 900～5 100 米的田埂、荒山、平原草地、林下、林间空地、山坡草地、阴坡草甸、高山草甸、沼泽地、河漫滩、干河谷阶地、山坡砾石草地及高山圆柏林下。

4. 冰川棘豆　豆科棘豆属多年生草本有毒植物，高 3～17 厘米。茎极缩短，丛生。羽状复叶长 2～12 厘米；托叶膜质，卵形，与叶柄离生，彼此合生，密被绢状长柔毛；叶轴具极小腺点；小叶 9～19 枚，长圆形或长圆状披针形，长 3～10 毫米，宽 1.5～3 毫米，两面密被开展绢状长柔毛；6～10 花组成球形或长圆形总状花序；总花梗密被白色和黑色卷曲长柔毛；苞片线形，比萼筒稍短，被白色和黑色疏柔毛；花长 8～9 毫米；花萼长 4～6 毫米，密被黑色或白色杂生黑色长柔毛，萼齿披针形，短于萼筒；花冠紫红色、蓝紫色、偶有白色，旗瓣长 5～9 毫米、宽 5 毫米，瓣片圆形，先端微凹或几全缘，翼瓣长约 7 毫米，瓣片倒卵状长圆形或长圆形，先端微凹，龙骨瓣长 6 毫米，喙近三角形、钻形或微弯成钩状，极短；子房含胚珠 8 颗，密被毛，具极短柄。荚果草质，卵状球形或长圆状球形，膨胀，长 5～7 毫米，宽 4～6 毫米，喙直，腹缝微凹，密被开展白色长柔毛和黑色短柔毛，无隔膜，1室，具短梗。花果期6—9月。

冰川棘豆主要分布于我国西藏阿里地区，生长于海拔4 500～5 300米的山坡草地、砾石山坡、河滩砾石地、砂质地等。

5. 毛瓣棘豆 豆科棘豆属多年生草本有毒植物，高10～40厘米，根茎木质化，长达20厘米，直径5毫米。茎短，长2厘米，2～4株丛，被灰色绒毛。羽状复叶长7～15厘米；托叶草质，披针形，先端渐尖，与叶柄分离，彼此于上部合生，密被白色绢状长柔毛；叶柄与叶轴密被白色绢状长柔毛；小叶13～31枚。狭长圆形或长圆状披针形，长8～30毫米，宽3～4毫米，先端尖，基部渐窄，两面密被白色绢状长柔毛。多花组成密穗形总状花序，总花梗长于叶，密被开展白色长柔毛；苞片线形，长约3毫米，先端尖，密被白色绢状长柔毛；花萼短钟形，长8～10毫米，密被白色绢状长毛和黑色短柔毛，萼齿线形，长约5毫米；花冠紫红、蓝紫或稀白色；旗瓣长10～12毫米，瓣片宽卵形，长宽均为9毫米左右，背面密被绢状短柔毛，翼瓣长约10毫米，瓣片斜倒卵状长圆形，先端微凹，无毛，龙骨瓣长8毫米，喙长0.5～1毫米，背面疏被绢状柔毛；子房密被绢状长柔毛，胚珠8。荚果椭圆状卵形，扁，微膨胀，长6～7毫米，宽4～5毫米，几无梗，密被白色绢状长柔毛。种子1颗，圆形。花期5—7月，果期7—8月。

毛瓣棘豆主要分布于我国西藏南部，生长于海拔2 900～4 450米的河滩砂地、沙页岩山地、沙丘上、山坡草地、冲积扇沙砾地，在雅鲁藏布江及其支流两岸卵石滩上，分布很广，自成单优种群落。

6. 镰形棘豆 豆科棘豆属多年生草本有毒植物，高1～35厘米，具黏性和特异气味。根径6毫米，直根深，暗红色。茎短，木质而多分枝，丛生。羽状复叶长5～12厘米；托叶膜质，长卵形，于2/3处与叶柄贴生，彼此合生，上部分离，分离部分披针形，先端尖，密被长柔毛和腺点；叶柄与叶轴上面有细沟，密被白色长柔毛；小叶25～45枚，对生或互生，线状披针形、线形，长5～15毫米，宽1～3毫米，先端钝尖，基部圆形，上面疏被白色长柔毛，下面密被淡褐色腺点。6～10花组成头形总状花序；花葶与叶近等长，或较叶短，直立，疏被白色长柔毛，稀有腺点；苞片草质，长圆状披针形，长8～12毫米，宽约4毫米，先端渐尖，基部圆形，密被褐色腺点和白色、黑色长柔毛，边缘具纤毛；花长20～25毫米；花萼筒状，长11～16毫米，宽约3毫米，密被白色长柔毛和黑色柔毛，密生腺点，萼齿披针形、长圆状披针形，长3～4.5毫米；花冠蓝紫色或紫红色，旗瓣长18～25毫米，瓣片倒卵形，长15毫米左右，宽8～11毫米，先端圆，瓣柄长10毫米左右，翼瓣长15～22毫米，瓣片斜倒卵状长圆形，先端斜微凹2裂，背部圆形，龙骨瓣长16～18毫米，喙长2～2.5毫米；子房披针形，被贴伏白色短柔毛，具短柄，含胚珠38～46。荚果革质，宽线形，微蓝紫色，稍膨胀，略成镰刀状弯曲，长25～40毫米，宽6～8毫米，喙长4～6毫米，被腺点和短柔毛，隔膜宽2毫米，不完全2室，果梗短。种子多个，肾形，长2.5毫米左右，棕色。花期5—8月，果期7—9月。

镰形棘豆分布于我国甘肃（河西走廊及夏河、卓尼、玛曲）、青海、新疆（且末、于田）、四川（若尔盖、红原）和西藏（嘉黎、班戈、双湖、仲巴、日土）等地，一般生长于海拔2 700～4 300米的山坡、沙丘、河谷、山间宽谷、河漫滩草甸、高山草甸和阴坡云杉林下；在西藏多生长于海拔4 500～5 200米的高山灌丛草地、山坡草地、山坡沙砾地、冰川阶地、河岸阶地上，有时成群落分布。

7. 急弯棘豆 豆科棘豆属多年生草本有毒植物，高 2～12 厘米，或更高。茎直立，灰绿色，被开展长柔毛。羽状复叶长 5～20 厘米；托叶草质，披针形，离生，基部与叶柄贴生，先端尖，被长柔毛；叶柄长，疏被柔毛；小叶 25～51 枚，下部者向下弯曲，卵状长圆形、卵形或长圆状披针形，长 5～20 毫米，宽 2～5 毫米，先端急尖，基部近圆形，两面被贴伏柔毛。多花组成穗形总状花序，花排列较密；总花梗长 7～25 厘米，与叶等长或较叶长，被开展长柔毛；苞片膜质，线形，与花萼近等长；花小，下垂；花萼钟状，长 6～7 毫米，被白色间生黑色长柔毛，萼齿披针形，较萼筒短或与之近等长；花冠淡蓝紫色，旗瓣卵圆形，长 8～9 毫米，宽约 5 毫米，先端微凹，翼瓣与旗瓣近等长，龙骨瓣较翼瓣短，喙长约 1 毫米。荚果膜质，下垂，长圆状椭圆形，略凹陷，长 10～20 毫米，宽 4～5 毫米，先端具喙，被贴伏黑色和白色短柔毛，1 室；果梗长 2～4 毫米。花果期 6—7 月。

急弯棘豆分布于内蒙古、山西、甘肃、新疆（阿勒泰地区）、青海及四川等地，生长于 800～3 300 米的山地河谷至草原灌丛的砾石生境中。

8. 宽苞棘豆 豆科棘豆属多年生草本有毒植物，高 10～25 厘米，根棕褐色，根径 5～10 毫米，深长，侧根少。茎短，丛生，分枝多。羽状复叶长 10～15 厘米；托叶膜质，卵形或宽披针形，于 1/3 处与叶柄基部贴生，于基部彼此合生，分离部分三角形，长约 11 毫米，先端渐尖，被开展长柔毛；叶柄与叶轴上面有沟，密被贴伏绢毛，并混生开展的柔毛；小叶 15～23 枚，对生或有时互生，椭圆形、长卵形、披针形，长 6～17 毫米，宽 3～5 毫米，先端渐尖，基部圆形，两面密被贴伏绢毛。5～9 花组成头形或长总状花序；总花梗较叶长或与之等长，直立，具沟纹，密被短柔毛，花序下部混生密的黑色短柔毛；苞片纸质卵形至卵状披针形，长 8～11 毫米，宽 4～5 毫米，先端渐尖，基部圆形，密被贴伏绢毛，并混生贴伏短黑毛；花长约 22 毫米，花萼筒状，长约 11 毫米，宽约 3 毫米，密被黑色和白色短柔毛，萼齿锥状三角形，长约 2 毫米；花冠紫色、蓝色、蓝紫色或淡蓝色，旗瓣长约 21 毫米，瓣片长椭圆形，长 12 毫米，宽约 5 毫米，先端圆，瓣柄长约 9 毫米，翼瓣长 17 毫米，瓣片两侧不等的倒三角形，长约 8 毫米，宽约 4 毫米，先端斜截形而微凹，耳短，瓣柄细，长约 9 毫米，龙骨瓣长 16 毫米，喙长约 1.5 毫米；子房椭圆形，密被贴伏绢毛荚果卵状长圆形，膨胀，长约 15 毫米，宽约 6 毫米，先端尖，背面不具深沟，密被黑色和白色短柔毛，具狭隔膜，不完全 2 室。花果期 7—8 月。

宽苞棘豆分布于我国宁夏（贺兰山）、甘肃（甘南和河西）、青海（海北、海南和海西）和四川（西北部）等地，生长于海拔 1 700～4 200 米的山前洪积滩地、冲积扇前缘、河漫滩、干旱山坡、阴坡、山坡柏树林下、亚高山灌丛草甸和杂草草甸。

（二）毒性与危害

棘豆属植物全草有毒，有毒成分包括吲哚里西啶、生物碱、苦马豆素等。牲畜在可食牧草缺乏时，被迫采食棘豆属有毒植物，1～2 个月后可引起以神经机能障碍为特征的慢性中毒，以马属动物最敏感，其次是山羊、绵羊、骆驼、牛和鹿，牦牛有一定的耐受性。棘豆属有毒植物所含的毒性物质苦马豆素是 α-甘露糖苷酶特异性抑制剂，能使细胞内蛋白的 N-糖基化合成、加工、转运及富含甘露糖的寡聚糖代谢过程发生障碍，导致细胞广泛空泡变性和细胞功能紊乱，使家畜中枢神经系统和实质器官受到损害，同时，苦马豆素损害家畜生殖细胞，影响家畜繁殖、妨碍畜种改良。

（三）综合治理技术

棘豆属有毒植物是天然草原生态群落的重要组成部分，虽然是一种毒草，但具有很高的营养价值和药理活性，是一种潜在的可利用资源。应因地制宜采取物理防控、化学防控、生态防控、日粮防控、药物防控、青贮脱毒、药物开发等综合利用技术，防控有毒棘豆的扩散和蔓延。

1. 物理防控　对于面积不大、棘豆密度较小的草地，可在种子成熟之前进行挖除，同时播种竞争力强的优良牧草，这样既能达到灭除棘豆的效果，又能增加牧草的产量，此方法虽费工费时，但能彻底清除棘豆。需要注意的是，在草地植被脆弱或严重沙化的草场，人工挖除可进一步导致草场沙化，故该方法已不适用。

2. 化学防控　棘豆种子在草原土壤中贮存量为 $400\sim4\,300$ 粒/米^2，当气候条件适宜时又会重新繁殖蔓延。因此，为了保证棘豆生长密度低于危害牲畜的程度，需要定期重复喷药，但这一举措大大增加了牧民的经济负担，同时过度使用除草剂也对生态环境造成污染。因此，近十几年来我国在除草剂筛选、使用和推广方面收效不大，加上我国草地资源贫乏，为防止草场进一步沙化、退化并保护草场植被，已不再广泛使用除草剂。

3. 生态防控　首选将草场划分为高密度区（棘豆分布强度在 100 株/米^2 以上）、低密度区（棘豆分布强度 $10\sim100$ 株/米^2）和基本无棘豆生长区（棘豆分布强度在 10 株/米^2 以下）。严格控制羊群在各区的放牧时间并进行轮流放牧，即在高密度区放牧 10 天或在低密度区放牧 15 天，再进入基本无棘豆生长区放牧 20 天，如此循环，直至羊群由棘豆生长较多的夏秋草场进入基本无棘豆生长的冬春草场。建立轮牧的关键是要有足够的无棘豆生长区，羊群可以在此区内排除体内的毒物，恢复受损组织。因此，在草原畜牧业生产中，要求根据实际情况，人工建立一定的无棘豆生长区，一般可利用化学或其他方法灭除或减少这些区域草场上生长的棘豆，也可使用网围栏工程将这些区域围起来。

4. 日粮防控　在饲草中加入 40% 未经处理的棘豆，采取每喂 15 天后停喂 15 天的间歇饲喂法，饲喂 $4\sim5$ 个月是基本安全的。

5. 药物防控　即采用免疫学方法和解毒药物进行棘豆中毒防治。免疫学方法，是从对家畜有毒的棘豆中提取出毒性成分，直接作为抗原或制备成抗原对家畜进行免疫；解毒药物预防，是在牲畜采食棘豆前投服 $2\sim3$ 丸疯草灵解毒缓释丸，然后在有棘豆生长的草场放牧，可有效预防牲畜棘豆中毒。

6. 脱毒利用　将盛花期的棘豆收割后铡成 $2\sim3$ 厘米长度，在无毒塑料袋或青贮窖中青贮 $2\sim3$ 个月，能够有效降低棘豆中的主要有毒成分，使家畜较好地利用其营养成分。

（四）其他用途

棘豆全草入药，具有麻醉、镇静、止痛等功效，主治关节痛、牙痛、神经衰弱和皮肤瘙痒。现代药理研究发现，棘豆主要有毒成分——苦马豆素，是细胞高尔基体中 α-甘露糖苷酶Ⅱ的抑制剂，具有抗肿瘤、抗病毒、增强免疫作用和抗辐射作用，能抑制肿瘤细胞的生长和转移，促进骨髓细胞增殖，预防高剂量化疗所造成的骨髓抑制及随后发生的中性粒细胞减少症。由于苦马豆素对肿瘤细胞生长和转移的抑制以及对免疫激活的双重作用，是一种很有前途的肿瘤治疗药物。此外，棘豆根系发达，耐旱、耐寒、耐贫瘠、生命力强，可作为沙漠化地区防风固沙植物。

二、有毒黄芪综合治理技术

（一）黄芪属主要有毒植物

黄芪属（*Astragalus*）植物为豆科草本或小灌木、半灌木类，全世界约有 2 000 多种，主要分布于北半球、南美洲及非洲。我国约有 280 余种，主要分布于西北、华北、东北和西南等地。本属植物有些种是珍贵的中药材，有些种是优良的家畜牧草和绿肥植物，有些种是防风固沙和水土保持的优良草种，但也有许多黄芪属植物是有毒的，牲畜采食后可引起中毒甚至死亡。目前，对草地畜牧业造成严重危害的黄芪属植物主要是毒性较高的茎直黄芪和变异黄芪，西藏黄芪、丛生黄芪和大翼黄芪的毒性微弱。

1. 茎直黄芪 豆科黄芪属多年生草本有毒植物，根粗壮，木质。茎高 15～30 厘米，基部分枝，有条棱，疏被白色和黑色的短柔毛。叶长 4～10 厘米；托叶卵状披针形，长 5～8 毫米，疏被短柔毛，与叶柄分离，彼此连合至中部；叶柄与叶轴疏被白色与黑色短柔毛；小叶 17～31 枚，狭矩圆形，狭椭圆形、披针形，长 5～14 毫米，宽 3～6 毫米，顶端锐尖或钝，基部圆楔形，上面无毛，下面疏被白色平伏长秉毛。总状花序腋生，有多数密生的花，总花梗长于叶，有条棱，疏被白色和黑色平伏长柔毛；花萼长 6～7 毫米，密被黑色长柔毛，萼齿比萼筒短或与萼筒近等长；花冠紫红色或蓝紫色；旗瓣长 9～10 毫米，瓣片宽卵形或近圆形；翼瓣长 8～9 毫米；龙骨瓣长 7～8 毫米；子房密被白色和黑色长柔毛，有短柄。荚果矩圆形，下垂，微呈镰形，长 9～10 毫米，宽约 3 毫米，密被白色和黑色短柔毛，有短柄，1 室。

茎直黄芪分布于我国西藏东部及南部、云南西北部（德钦）地区，生长于海拔 2 900～4 600 米间的山坡草地、河边湿地、石砾地及村旁、路旁、田边。

2. 变异黄芪 豆科黄芪属多年生草本有毒植物，高 10～30 厘米，全体被灰白色伏贴毛。根粗壮直伸，黄褐色，木质化。茎丛生，直立或稍斜升，有分枝。羽状复叶有 11～19 枚小叶；叶柄短；托叶小，离生，三角形或卵状三角形；小叶狭长圆形、倒卵状长圆形或线状长圆形，长 3～10 毫米，宽 1～3 毫米，先端钝圆或微凹，基部宽楔形或近圆形，上面绿色，疏被白色伏贴毛，下面灰绿色，毛较密。总状花序生 7～9 花；总花梗较叶柄稍粗；苞片披针形，较花梗短或等长，疏被黑色毛；花萼管状钟形，长 5～6 毫米，被黑白色混生的伏贴毛，萼齿线状钻形，长 1～2 毫米；花冠淡紫红色或淡蓝紫色，旗瓣倒卵状椭圆形，长约 10 毫米，先端微缺，基部渐狭成不明显的瓣柄，翼瓣与旗瓣等长，瓣片先端微缺，瓣柄较瓣片短，龙骨瓣较翼瓣短，瓣片与瓣柄等长；子房有毛。荚果线状长圆形，稍弯，两侧扁平，长 10～20 毫米，被白色伏贴毛，假 2 室。花期 5—6 月，果期 6—8 月。

变异黄芪分布于我国内蒙古、宁夏、甘肃、青海、新疆等地，生长于荒漠半荒漠地区的干涸河床砂质冲积土，或固定、半固定沙丘间。

3. 西藏黄芪 豆科黄芪属多年生草本有毒植物，茎高 10～30 厘米，基部多分枝，疏被白色和黑色开展的长柔毛和平伏的短柔毛。叶长 3～11 厘米；托叶披针形，长 4～10 毫米，疏被白色长柔毛，与叶柄分离，彼此连合至中部；叶柄与叶轴疏被长柔毛；小叶 17～25 枚，矩圆形或矩圆披针形，长 5～18 毫米，宽 2.5～8 毫米，顶端圆或钝或微凹，基部圆楔形，两面近无毛或仅下面疏被短柔毛。总状花序腋生，具多数密生的花，总花梗稍短于叶，疏被白色和黑色的短柔毛；花萼长 7～10 毫米，密被黑色短柔毛，萼齿锥状，长及萼筒的 1/3，花冠紫红色；旗瓣 15～20 毫米，瓣片倒卵状矩圆形，下部渐狭为爪；翼瓣长 13～18 毫米，顶端微凹，龙骨瓣长 10～15 毫米，瓣片微弯；子房密被长柔毛，具柄；荚果直立，圆柱形，长约 15 毫米，宽约 5 毫米，密被白色和黑色平伏长柔毛，具柄，2 室。

西藏黄芪主要分布于西藏西部，生长于海拔 3 000～4 000 米的山坡草地。

4. 丛生黄芪 豆科黄芪属多年生草本有毒植物，矮小密丛生草本。根粗壮，木质，茎高仅 3～5 厘米，如有较长的分枝则通常平卧，密被白色短柔毛；叶长 1～2 厘米；托叶卵形，长 1～3 毫米，上面疏被毛，下面密被短柔毛，与叶柄分离，彼此连合至中部；叶柄、叶轴均密被短柔毛；小叶 11～15 枚，矩圆形，长 1～2 毫米，宽 0.5～1 毫米，两面密被白色短柔毛，顶端锐尖，基部圆形；花 10 余朵排成近头状的腋生总状花序；总花梗长于叶，密被白色和黑色的短柔毛；花萼长约 3 毫米，密被黑色短柔毛，萼齿锥形，长及萼筒的 1/2；花冠蓝紫色；旗瓣长约 8 毫米，瓣片近圆形，下部渐狭为爪；翼瓣长约 7 毫米；龙骨瓣稍短于翼瓣；子房密被短柔毛，有短柄。荚果半矩圆形，微呈镰形弯，长 4～5 毫米，宽约 1.5～2 毫米，密被黑色和白色短柔毛，有短柄，1 室。

丛生黄芪主要分布于西藏西部，生长于海拔 4 000～5 300 米的高山草地、河边砂地或砾石坡。本种与茎直黄芪相似度较高，与茎直黄芪相比，株丛低矮紧密，小叶、花较少，极有可能是茎直黄芪在高海拔的代替种。

5. 大翼黄芪 豆科黄芪属多年生草本有毒植物，茎多分枝，高 30～90 厘米，被白色短伏贴柔毛，花序轴上并混生黑色柔毛；羽状复叶有 9～15 枚小叶，长 4～7 厘米，具短柄；托叶膜质，离生或仅基部合生，线状披针形或披针形，长 2～3 毫米，先端尖，下面被白色短伏贴柔毛；小叶长圆形或长圆状披针形，长 8～15 毫米，宽 2～4 毫米，先端钝，基部楔形，上面无毛，下面被白色短伏贴柔毛；总状花序生多数花，稀疏；总花梗较叶长 2～3 倍；苞片膜质，披针形，长 2～3 毫米，花梗与苞片近等长，连同花序轴被黑色短伏贴柔毛或混生白色毛；花萼钟状，长 2～3 毫米，被白色或混生黑色短伏贴柔毛，萼齿披针形，长不及 1 毫米；花冠白色或淡紫色，旗瓣长 8～10 毫米，瓣片倒卵形，先端微凹，基部渐狭，翼瓣与旗瓣近等长，瓣片长圆形，先端钝圆，较瓣柄长近 4 倍，龙骨瓣长 5～6 毫米；子房无柄，无毛。荚果半卵形或长圆状卵形，长 7～9 毫米，宽约 3 毫米，先端尖，无毛，近假 2 室，种子 5～6 颗，肾形，长 2～2.5 毫米，褐色。花果期 7—8 月。

大翼黄芪分布于新疆西北部，生长于海拔 1 400～3 500 米的高山石质山坡上。

（二）毒性与危害

黄芪属植物的有毒成分主要包括生物碱类毒性成分，如苦豆子碱等，苷类物质，黄酮类、萜类等次生代谢产物。牲畜在采食黄芪属有毒植物后，其细胞呼吸及能量代谢会受到干扰。生物碱类等毒性成分可作用于神经系统，干扰神经递质的合成、释放、摄取或与受体的结合等过程。部分毒性成分还会影响心血管系统。牛、羊等反刍动物采食后可能迅速出现流涎、呼吸困难等症状。部分黄芪属植物还会导致母畜发情周期紊乱，出现不发情、假发情等情况，降低受孕率，也会影响家畜生长发育。

（三）综合治理技术

有毒黄芪是天然草原生态群落的重要组成部分，虽然是一种毒草，但具有很高的营养价值和药理活性，是一种潜在的可利用资源，可因地制宜采取物理控制、化学控制、生态控制、日粮控制、药物控制、青贮脱毒、药物开发等综合利用技术控制有毒黄芪的扩散和蔓延。

1. 物理防控　在有毒黄芪蔓延十分严重、生长密度特别大的地区，采用人工或机械翻耕的方法挖除。人工挖除有毒黄芪的方法只能在生态较好的地区小范围应用，挖除的同时必须补播优良牧草。

2. 化学防控　国内目前在有毒黄芪化学防除上成功使用的除草剂主要有使它隆和 2，4 - D 丁酯，具有一定的防除效果。使用除草剂虽然防除效果较好，但化学除草剂在草地上使用也会引发许多负面效应。化学除草剂缺乏专一性，在杀灭有毒黄芪的同时也使其他可食牧草受到一定程度的影响，且不能将有毒黄芪彻底灭除。因此，采用化学防控时需重复用药，经济成本高，还会造成环境污染和草地植被破坏，在荒漠化草原使用更是极易造成草地沙化。

3. 生态防控　牲畜采食有毒黄芪中毒属于慢性蓄积中毒，只有采食量达到一定程度时才会发病。另外，有毒黄芪中主要有毒成分苦马豆素在牲畜体内半衰期小（约 20 小时），清除快，受损细胞修复快。因此，牲畜在有毒黄芪中毒之后，立即停喂有毒黄芪或将牲畜从有毒黄芪生长草地转移走并加强饲养管理即可恢复。为探讨经济有效的防控方法，我国科技工作者根据有毒黄芪中毒原理和苦马豆素在牲畜体内半衰期，采用生态控制方法，即在有有毒黄芪的草地上放牧 15 天，然后转入无有毒黄芪的草地上放牧 10～15 天或更长时间。该措施需在牲畜中毒前即转移到无有毒黄芪的草地上放牧，促进牲畜恢复。王保海等（2009 年）针对西藏自治区放牧管理提出了生态康复法，即每个生产队根据村里牲畜数量及中毒发生率，选择有毒黄芪分布较少的草场作为公共草场，建设网围栏。在网围栏内禁牧，然后人工挖除网围栏内有毒黄芪并施肥或补播优质牧草，使网围栏内牧草自由生长。一旦该生产队牧户牲畜出现有毒黄芪中毒症状，应立即转入该网围栏内，让牲畜自由采食，促进自然恢复。但这种方法也存在着一定的局限性，一方面自然恢复必须把握好时机，越早越好，在山羊出现早期中毒症状时隔离恢复效果最好，一旦发展到中毒中、后期，病畜中枢神经系统受损严重，自然恢复率很低。另一方面，生态康复区面积有限，只能满足少量的牲畜，一旦大批牲畜发生有毒黄芪中毒，生态康复区不能满足中毒牲畜的自然恢复。

4. 药物防控　赵宝玉等（1999）研制的预防解毒剂"棘防 E 号"在西藏、青海、内蒙古进行了大面积推广示范，对未中毒羊用药后，在有毒黄芪或有毒棘豆生长的草场放牧，4 个月内不发生中毒，表明该预防制剂有较好的预防效果；西藏自治区农牧科学院研制的家畜有毒黄芪或有毒棘豆中毒治疗水剂，在西藏阿里地区进行了试验示范，连续投服 3～5 天可治愈中毒山羊，得到了当地牧民的认可。

5. 综合治理　在有毒黄芪生长的草原，可根据草场具体情况采用综合防控技术。对优质牧草少、有毒黄芪分布密度大、牲畜中毒率比较高（≥5%）的草地，采用治疗（预防）药物进行综合治理；在优质牧草多、牲畜中毒率相对较低的草地，可实施生态控制工程结合治疗药物进行综合治理。同时，还可根据不同的情况采取物理或化学控制等技术措施。

6. 脱毒利用　国内外许多学者对有毒黄芪脱毒利用进行了大量的研究，探索出了一系列去毒利用的方法。有毒黄芪营养丰富、生物量大，且有毒黄芪大面积分布的草地多为荒漠草地，生态环境较差，可食牧草较少。在有毒黄芪生长旺盛期将其刈割，添加其他牧草青贮，在发生雪灾时配合治疗（预防）药物给牲畜饲喂，可实现将有毒黄芪作为抗灾饲草料加以利用，将牧民经济损失降到最低。

（四）其他用途

有毒黄芪根系发达、耐旱、耐寒、耐贫瘠、生命力强，可作为沙漠化地区的防风固沙植物。

三、瑞香狼毒综合治理技术

（一）狼毒属主要有毒植物

1. 瑞香狼毒　瑞香科狼毒属多年生草本有毒植物，高20～50厘米；根茎木质，粗壮，圆柱形，不分枝或分枝，表面棕色，内面淡黄色；茎直立，丛生，不分枝，纤细，绿色，有时带紫色，无毛，草质，基部木质化，有时具棕色鳞片。叶散生，稀对生或近轮生，薄纸质，披针形或长圆状披针形，稀长圆形，长12～28毫米，宽3～10毫米，先端渐尖或急尖，稀钝形，基部圆形至钝形或楔形，上面绿色，下面淡绿色至灰绿色，边缘全缘，不反卷或微反卷，中脉在上面扁平，下面隆起，侧脉4～6对，第2对直伸直达叶片的2/3，两面均明显；叶柄短，长约1.1毫米，基部具关节，上面扁平或微具浅沟。花白色、黄色至淡紫色，芳香，多花的头状花序，顶生，圆球形；具绿色叶状总苞片；无花梗；花萼筒细瘦，长9～11毫米，具明显纵脉，基部略膨大，无毛，裂片5，卵状长圆形，长2～4毫米，宽约2毫米，顶端圆形，稀截形，常具紫红色的网状脉纹；雄蕊10，2轮，下轮着生于花萼筒的中部以上，上轮着生于花萼筒的喉部，花药微伸出，花丝极短，花药黄色，线状椭圆形，长约1.5毫米；花盘一侧发达，线形，长约1.8毫米，宽约0.2毫米，顶端微2裂；子房椭圆形，几无柄，长约2毫米，直径1.2毫米，上部被淡黄色丝状柔毛，花柱短，柱头头状，顶端微被黄色柔毛。果实圆锥形，长5毫米，直径约2毫米，上部或顶部有灰白色柔毛，为宿存的花萼筒所包围；种皮膜质，淡紫色。花期4—6月，果期7—9月。

瑞香狼毒广泛分布于东北、华北、西北、西南等地，生长于海拔2 600～4 200米干燥而向阳的高山草坡、草坪或河滩台地。

（二）毒性与危害

瑞香狼毒全株有毒，根部毒性最大，花粉剧毒。有毒成分有异狼毒素、狼毒素、新狼毒素、甲基狼毒素等黄酮类化合物，异狼毒素为主要毒性成分。由于瑞香狼毒成株茎叶中含有萜类成分，味劣，家畜一般不采食其鲜草，然而早春放牧时，家畜由于贪青或处于饥饿状态，常因误食刚刚返青的狼毒幼苗而中毒，多为急性中毒，主要症状为呕吐、腹痛、腹泻、四肢无力、卧地不起、全身痉挛、头向后弯、心悸亢进、粪便带血，严重时虚脱或惊厥死亡，母畜可导致流产。此外，瑞香狼毒根、茎、叶中分泌的白色乳汁样物质，人和动物接触后能引起过敏性皮炎，根粉、花粉对人眼、鼻、喉均有较强烈而持久的辛辣性刺激。

（三）综合治理技术

1. 加强草地管理　在早春返青和开花时期，禁止在瑞香狼毒分布草场放牧，也可通过建立合理的草地放牧利用体系，控制和规定合理的草地载畜量，采取分区轮牧、转场放牧等措施，减轻草地践踏程度，防止草地退化，抑制瑞香狼毒的生长蔓延。

2. 物理防控　在瑞香狼毒零星分布的天然草地，可适当采取人工或机械的方法进行清除，清除后应及时补播优良牧草，恢复草地植被。

3. 化学防控　在瑞香狼毒大面积优势分布区，为减少瑞香狼毒对草地畜牧业的危害，可采取除草剂进行化学防控。目前，认为较为理想的除草剂主要有 2，4 - D 丁酯、草甘膦、"灭狼毒"、迈士通等。灭除后应及时补播优良牧草，以恢复草地植被。

4. 中毒救治　家畜中毒时首先给予催吐药、洗胃、泻药等措施排除体内毒物；用吗啡或阿托品、黄连素等治疗腹痛，呼吸、循环衰竭时可给予呼吸兴奋药和强心药。

（四）其他用途

瑞香狼毒为传统中药，其性味苦平，有杀菌、杀虫、散结、逐水止痛等多方面的药理作用，用于治疗疥疮、顽癣，具有逐水祛痰、破积杀虫之功效，还用于治疗肺、淋巴等的结核病；现代药理研究表明，瑞香狼毒具有抗肿瘤、抗病毒、抗菌、抗惊厥、抗癫痫等活性，目前已有狼毒软膏、复方狼毒胶囊、狼毒菌一净等多种制剂进入临床应用；瑞香狼毒的根可用来制成植物性杀虫剂，用于驱虫、杀蝇、灭蛆，防治农作物、饲料牧草上的害虫；瑞香狼毒全株可用于造纸，是生产各种纸张的上好原料；此外，瑞香狼毒花期十分艳丽，具有一定的观赏价值，可作为景观植物发展草地旅游业。

四、醉马芨芨草综合治理技术

（一）醉马芨芨草

为禾本科芨芨草属多年生草本有毒植物，须根柔韧，秆直立，丛生，平滑，高 60～100 厘米，茎秆径 2.5～3.5 毫米，通常具 3～4 节，节下贴生微毛，基部具鳞芽。叶鞘稍粗糙，上部者短于节间，叶鞘口具微毛；叶舌厚膜质，长约 1 毫米，顶端平截或具裂齿；叶片质地较硬，直立，边缘常卷折，上面及边缘粗糙，秆生叶长 8～15 厘米；基生叶长达30 厘米，宽 2～10 毫米；圆锥花序紧缩呈穗状，长 10～25 厘米，宽 1～2.5 厘米；小穗长 5～6 毫米，灰绿色或基部带紫色，成熟后变为褐铜色；颖膜质，微粗糙，先端尖常破裂，2 颖近等长，具 3 脉；外稃长约 4 毫米，背部密被柔毛，顶端具 2 微齿，具 3 脉，脉于顶端汇合且延伸成芒，芒长 10～13 毫米，一回膝曲，芒柱稍扭转且被短微毛，基盘钝，具短毛，长约 0.5 毫米；内稃具 2 脉，脉间被柔毛；花药长约 2 毫米，顶端具毫毛。颖果圆柱形，长约 3 毫米。花果期 7—9 月。

醉马芨芨草广泛分布于新疆、内蒙古、甘肃、宁夏、青海、西藏、四川等地，河北、山东、浙江等地也有少量分布，生长于海拔 900～3 800 米、降水量少的半干旱草地，在山地草甸草地较为干旱的地带也有分布，特别是在弃耕地、道路两旁、田埂及退化严重的草地分布更广泛。

（二）毒性与危害

醉马芨芨草全草有毒。有毒成分主要是生物碱类，麦角新碱、麦角酰胺以及醉马草毒素等。牲畜在可食牧草缺乏时，采食醉马芨芨草达到体重 1％时即出现明显的中毒症状，其中马属动物最敏感，其次是羊、牛。醉马芨芨草所含的毒性物质生物碱主要干扰家畜神经系统，造成家畜口吐白沫、精神迟钝、食欲减退、步态不稳，如醉如痴，进而导致家畜死亡。

（三）综合治理技术

1. 物理防控　可采用机械挖除、抽穗前反复刈割（留茬 3～5 厘米）、枯黄季节焚烧等方法。

2. 化学防控　返青期喷施 2 250 克/公顷草甘膦＋秋季搂拔，抽穗后期喷施 1∶200 草甘膦溶液，或 30％草甘膦配制成浓度为 0.3％水剂点喷，防除效果较好。

3. 生物防控　在秋季或春季采用清茬、返青期划破草皮并机械补播（混播适合当地生长的优良豆禾牧草品种，豆禾比例 1∶1）等方式进行生物防控。

4. 生态控制　采用围栏封育（3～5 年）禁止家畜的采食，并通过增加原有草地优势种竞争作用达到防除的目的。

5. 综合治理　醉马芨芨草粗蛋白质含量高（15.07％），可以作为潜在的牧草资源进行开发利用，一般可利用青贮过程中乳酸菌产酸中和其生物碱，然后给家畜饲喂；也可将醉马草调制成干草后作为饲草利用，但食入量不宜太高。具体实施时，可采用多种方法综合治理。

（四）其他用途

醉马芨芨草可作为药物开发利用，其提取物对大肠埃希菌、枯草杆菌、金黄色葡萄球菌、酵母菌、青霉及黑曲霉具有抑菌活性。此外，醉马芨芨草由于具有较强的抗逆性，可以作为生态用草进行开发利用。

五、乌头属有毒植物综合治理技术

（一）乌头属主要有毒植物

乌头属（Aconitum）为毛茛科多年生、二年生或一年生草本开花植物，有 350 多个种，分布于北温带的亚洲、欧洲和北美洲，中国约有 200 多种。造成危害的有白喉乌头、阿尔泰乌头、西伯利亚乌头、准噶尔乌头、细叶乌头、多根乌头、拟黄花乌头、山地乌头、北乌头、高乌头、山西乌头、牛扁、林地乌头、空茎乌头、华北乌头、伊犁乌头、展花乌头、薄叶乌头、吉林乌头等。其中，对草地畜牧业造成严重危害的有白喉乌头、阿尔泰乌头、拟黄花乌头、北乌头、准噶尔乌头、高乌头。

1. 白喉乌头　毛茛科乌头属多年生草本有毒植物，株高约 1 米，中部以下疏被反曲的短柔毛或几无毛，上部有开展的腺毛。基生叶约 1 枚，与茎下部叶具长柄；叶片形状长约达 14 厘米，宽达 18 厘米，表面无毛或几无毛，背面疏被短曲毛（毛长 0.5～0.8 毫米）；叶柄长 20～30 厘米。总状花序长 20～45 厘米，有多数密集的花；轴和花梗密被开展的淡黄色短腺毛；基部苞片三裂，其他苞片线形，比花梗长或近等长，长达 3 厘米；花梗长 1～3 厘米，中部以上的茎向上直展；小苞片生花梗中部或下部，狭线形或丝形，长 3～8 毫米；萼片淡蓝紫色，下部带白色，外面被短柔毛，上萼片圆筒形，高 1.5～2.4 厘米，中部粗 4～5 毫米，外缘在中部缢缩，然后向外下方斜展，下缘长 0.9～1.5 厘米；花瓣无毛，距比唇长，稍拳卷；雄蕊无毛，花丝全缘；心皮 3 枚，无毛。蓇葖长 1～1.2 厘米；种子倒卵形，有不明显 3 纵棱，生横狭翅。7—8 月开花，8 月下旬结实。

白喉乌头分布于我国新疆、甘肃、内蒙古和山西等省份山地草甸草地，哈萨克斯坦中亚地区也有分布，尤其在我国新疆伊犁、阿尔泰地区作为山地草甸的优势种或建群种，形成了占据优势群落的毒草之一，一般生长于海拔 1 400～2 550 米降水量充分的山地草甸草地的河谷、盆地及中山带的山地草坡。

2. 阿尔泰乌头　毛茛科乌头属多年生草本有毒植物，块根狭倒圆锥形、长 3～4 厘米、粗达 1 厘米，茎高 70～100 厘米、粗 5～7 毫米，下部无毛，上部疏被短柔毛，不分枝，茎下部叶具长柄，在开花时枯萎，中部以上叶具短柄；叶片五角形，长达 5 厘米，宽达 6.5 厘米，基部心形，三全裂达或近基部，中央全裂片菱形，羽状深裂近中脉，二回裂片线形，侧全裂片不等二深裂近基部，表面只沿脉有短伏毛，背面无毛，有短缘毛；叶柄长达 15 厘米。花序长 8～15 厘米；轴和花梗被开展的短柔毛；下部苞片叶状，其他苞片线形；花梗长 0.7～2 厘米；小苞片生花梗下部或上部，狭线形，长 2.5～3 毫米；萼片蓝紫色，外面疏被短柔毛；上萼片船形，自基部至短喙长约 1.4 厘米，中部宽约 6 毫米；侧萼片圆倒卵形，长约 1.2 厘米；下萼片长约 6 毫米；花瓣无毛，瓣片长约 8 毫米，唇长约 4.5 毫米，不明显微凹，距长约 1 毫米；雄蕊无毛，花丝全缘；心皮 3 枚，背面疏被短毛。蓇葖长 1～1.3 厘米；种子狭四面体形，长约 3.5 毫米，只一面有横狭翅。8—9 月初开花。

阿尔泰乌头分布于我国新疆布尔津阿尔泰山，在前苏联西伯利亚地区中部和蒙古也有分布，一般生长于海拔 1 770～2 000 米一带的山地草甸草地、山地草坡。

3. 拟黄花乌头　毛茛科乌头属多年生至一年生草本有毒植物，株高 20～100 厘米，块根倒卵球形或圆柱形，长 1～7 厘米，粗 5～10 毫米，下部几无毛或疏被反曲的短柔毛，上部疏被伸展的短柔毛，等距离生叶，分枝或不分枝；茎下部叶有长柄，在开花时枯萎，茎中部叶具短柄；叶片五角形，长 2～7 厘米，宽 2.4～7 厘米，三全裂，中央全裂片宽菱形，羽状深裂，末回裂片线形，宽 1～3 毫米，侧全裂片斜扇形，不等二深裂近基部；表面疏被弯曲的短柔毛，背面几无毛；叶柄长 0.5～2.5 厘米，疏被短柔毛或几无毛。顶生总状花序长 2～11 厘米，有 2～12 朵花；轴和花梗密被淡黄色短柔毛；下部苞片叶状，其他苞片线形；下部花梗长 0.6～1.2 厘米，上部的长 1.5～4 毫米；小苞片与花近邻接，线形，长 3～4 毫米，宽 0.5 毫米；萼片淡黄色，外面被伸展的短柔毛，上萼片盔形，高 1.2～1.7 厘米，从侧面观半圆形，下缘稍凹，自基部至喙长 1.2～1.4 厘米，外缘在下部稍缢缩，喙长 2～5.5 毫米，侧萼片长 1～1.6 厘米；花瓣无毛，爪顶部膝状弯曲，瓣片长约 7 毫米，宽约 1.4 毫米，唇长约 4 毫米，微凹，距近球形，长约 1.2 毫米；雄蕊无毛，花丝全缘；心皮 4～5，子房密被淡黄色长柔毛。蓇葖长约 1.3 厘米；种子三棱形，长约

3.5毫米，黑褐色，只沿棱生狭翅。8—9月开花。

拟黄花乌头分布于我国新疆天山、阿尔泰山，在前苏联西伯利亚地区也有分布，一般生长于海拔1 400~1 950米一带的山地草甸草地或灌丛中。

4. 北乌头 毛茛科乌头属多年生草本有毒植物，株高70~150厘米。块根圆锥形或胡萝卜形，长2.5~5厘米，粗7~10厘米；无毛，等距离生叶，通常分枝；茎下部叶有长柄，在开花时枯萎，茎中部叶有稍长柄或短柄；叶片纸质或近革质，五角形，长9~16厘米，宽10~20厘米，基部心形，三全裂，中央全裂片菱形，渐尖，近羽状分裂，小裂片披针形，侧全裂片斜扇形，不等二深裂，表面疏被短曲毛，背面无毛；叶柄长约为叶片的1/3~2/3，无毛。顶生总状花序具9~22朵花，通常与其下的腋生花序形成圆锥花序；轴和花梗无毛，下部苞片三裂，其他苞片长圆形或线形；下部花梗长1.8~3.5厘米；小苞片生花梗中部或下部，线形或钻状线形，长3.5~5毫米，宽1毫米；萼片紫蓝色，外面有疏曲柔毛或几无毛，上萼片盔形或高盔形，高1.5~2.5厘米，有短或长喙，下缘长约1.8厘米，侧萼片长1.4~1.6厘米，下萼片长圆形；花瓣无毛，瓣片宽3~4毫米，唇长3~5毫米，距长1~4毫米，向后弯曲或近拳卷；雄蕊无毛，花丝全缘或有2小齿；心皮4或5枚，无毛。蓇葖直，长1.2~2厘米；种子长约2.5毫米，扁椭圆球形，沿棱具狭翅，只在一面生横膜翅。7—9月开花。

北乌头分布于我国山东、山西、河北、内蒙古、辽宁、吉林和黑龙江地区，在朝鲜、前苏联、西伯利亚地区也有分布，一般生长于海拔1 000~2 400米一带的山地草甸草地或疏林灌丛中。

5. 准噶尔乌头 毛茛科乌头属多年生草本有毒植物，株高50~100厘米，块根倒圆锥形，长2~3厘米，粗0.7~1.2厘米，2~4枚形成水平的链。茎高70~110厘米，无毛，等距离生叶，不分枝或分枝；茎下部叶有长柄，在开花时枯萎，中部叶有稍长柄；叶片五角形，长约8厘米，宽约12厘米，三全裂，中央全裂片宽卵形，基部突变狭成短柄，近羽状深裂，深裂片2~3对，末回裂片线形或披针状线形，宽3~5毫米，边缘干时稍反卷，两面无毛或几无毛；叶柄比叶片稍短，无鞘。顶生总状花序长14~18厘米，有7~15朵花；轴和花梗均无毛，下部苞片叶状，中部以上的线形；花梗长1.5~3.2厘米，向上直伸；小苞片生花梗中部之上，钻形，长2~3毫米；萼片紫蓝色，上萼片无毛，盔形，高约1.8厘米，自基部至喙长约1.6厘米，侧萼片长约1.4厘米，只疏被缘毛，下萼片狭椭圆形；花瓣无毛，瓣片大，唇长约6毫米，距长1.5~2毫米，向后弯曲；雄蕊无毛，花丝全缘；心皮3枚，无毛。蓇葖长1.2~1.5厘米；种子倒圆锥形，有3纵棱，沿棱有狭翅，只一面有波状横翅。8—9月开花。

准噶尔乌头主要分布于我国新疆北部，一般生长于海拔1 200~1 700米一带的山地草甸草地阳坡。

6. 高乌头 多年生草本植物，根长达20厘米，圆柱形，粗达2厘米；茎高60~150厘米，中部以下几无毛，上部近花序处被反曲的短柔毛，生4~6枚叶，不分枝或分枝；基生叶1枚，与茎下部叶具长柄；叶片肾形或圆肾形，长12~14.5厘米，宽20~28厘米，基部宽心形，三深裂约至本身长度的6/7处，中深裂片较小，楔状狭菱形，渐尖，三裂边缘有不整齐的三角形锐齿，侧深裂片斜扇形，不等三裂稍超过中部，两面疏被短柔毛或变无毛；叶柄长 30～50 厘米，具浅纵沟，几无毛。总状花序长 20～50 厘米，具密集的花；轴及花梗密被紧贴的短柔毛；苞片比花梗长，下部苞片叶状，其他的苞片不分裂，线形，长 0.7～1.8 厘米，下部花梗长 2～5 厘米，中部以上的长 0.5～1.4 厘米；小苞片通常生花梗中部，狭线形，长 3～9 毫米；萼片蓝紫色或淡紫色，外面密被短曲柔毛，上萼片圆筒形，高 1.6～2 厘米，粗 4～7 毫米，外缘在中部之下稍缢缩，下缘长 1.1～1.5 厘米；花瓣无毛，长达 2 厘米，唇舌形，长约 3.5 毫米，距长约 6.5 毫米，向后拳卷；雄蕊无毛，花丝大多具 1～2 枚小齿；心皮 3 枚，无毛。蓇葖长 1.1～1.7 厘米；种子倒卵形，具 3 条棱，长约 3 毫米，褐色，密生横狭翅。6—9 月开花。

高乌头分布于我国四川、贵州、湖北西部、青海东部、甘肃南部、陕西、山西及河北等地，一般生长于海拔 1 100～3 700 米的山坡草地或林中。

（二）毒性与危害

全株有毒，主要集中在根部，有毒成分包括二萜类生物碱，毒性最大的为乌头碱。牲畜误食乌头属植物时，可引起以中枢神经麻痹为特征的中毒症状，主要见于马、牛、羊。乌头属植物因含有乌头碱，侵害家畜的神经系统和循环系统，其次是消化系统，使家畜中枢神经系统和实质器官受到损害，主要表现为口唇、舌及四肢麻木，流涎、呕吐、肢冷脉弱，进而出现呼吸困难，四肢抽搐及昏迷，血压下降，心律失常或严重心律紊乱，乃至猝死。中毒发生后，快者 1～2 小时，慢者 8～11 小时即可死亡。

（三）综合治理技术

1. 物理防控　主要为人工挖除。

2. 化学防控　使用 24% 氯氨吡啶酸 EC（aminopyralid）防控白喉乌头和准噶尔乌头，效果显著，对牧草的安全性较高，生产上可以使用。为减少药物的污染和危害，可采用人工点喷法，即在乌头营养生长旺盛期施药，稀释倍数 400～600 倍。建议大龄白喉乌头用高浓度，小龄白喉乌头用低浓度；喷液量 15 升/亩，可根据白喉乌头盖度、叶片大小酌情调整喷液量。在乌头营养生长旺盛期（5～7 叶龄）大面积机械施 24% 氯氨吡啶酸 EC，推荐制剂用药量为 25～33.3 毫升/亩，喷液量 15 升/亩。

3. 生物防控　围栏封育，视恢复状况解封。

4. 综合治理　挖除加围栏封育法：对遭受毒害草危害的草场连续围栏封育 2 年，并于每年的 5 月中下旬至 6 月中旬集中挖除毒害草，1 个月后检查遗漏的毒害草并挖除；封育期间严禁放牧。化学消除加围栏封育法：对遭受毒害草危害的草场进行持续围栏封育 2 年，于每年 6 月中旬配制 Aminopyralid（20 毫升/亩）等药剂喷洒草场，药物为内吸性药剂，药效期 45 天左右。喷药后严禁牲畜进场，防止中毒事件发生。刈割加围栏封育法：对遭受毒害草危害的草场连续围栏封育 1 年，于 5 月中旬至 7 月初多次刈割毒害草，将地上部分带离草场；防治后至毒害草地上部分再生至 15 厘米左右时，做再次刈割，有条件的当年处理 3 次；围栏期间做好管护，禁止牲畜进场。

（四）其他用途

乌头属植物块根入药，有镇痉、镇痛、祛风湿和解热等作用，块根也可作土农药，防治病虫害，消灭蚊蝇幼虫等。此外，处于花期的乌头属植物非常美观，可供观赏。

六、橐吾综合治理技术

(一) 橐吾属主要有毒植物

橐吾属 (*Ligularia*) 为菊科千里光族的多年生草本。本属有110多种，形成危害的主要有复序橐吾、全缘橐吾、狭苞橐吾、蹄叶橐吾、黄帚橐吾、合苞橐吾、大叶橐吾、准噶尔橐吾、天山橐吾、阿勒泰橐吾、舟叶橐吾、箭叶橐吾、藏橐吾等。对草地畜牧业造成严重危害的有黄帚橐吾、天山橐吾、箭叶橐吾、阿勒泰橐吾、大叶橐吾、藏橐吾。

1. 黄帚橐吾 菊科橐吾属多年生草本有毒植物，根肉质，多数簇生。茎直立，高15～80厘米，光滑，基部直径2～9毫米，被厚密的褐色枯叶柄纤维包围；丛生叶和茎基部叶具柄，柄长达21.5厘米，全部或上半部具翅，翅全缘或有齿，宽窄不等，光滑，基部具鞘，紫红色，叶片卵形、椭圆形或长圆状披针形，长3～15厘米，宽1.3～11厘米，先端钝或急尖，全缘至有齿，边缘有时略反卷，基部楔形，有时近平截，突然狭缩，下延成翅柄，两面光滑，叶脉羽状或有时近平行；茎生叶小，无柄，卵形、卵状披针形至线形，长于节间，稀上部者较短，先端急尖至渐尖，常筒状抱茎。总状花序长4.5～22厘米，密集或上部密集，下部疏离；苞片线状披针形至线形，长达6厘米，向上渐短；花序梗长3～10毫米，被白色蛛丝状柔毛；头状花序辐射状，常多数，稀单生；小苞片丝状；总苞陀螺形或杯状，长7～10毫米，一般宽6～9毫米，稀有单生头状花序较宽，总苞片10～14片，2层，长圆形或狭披针形，宽1.5～5毫米，先端钝至渐尖而呈尾状，背部光滑或幼时有毛，具宽或窄的膜质边缘。舌状花5～14朵，黄色，舌片线形，长8～22毫米，宽1.5～2.5毫米，先端急尖，管部长约4毫米；管状花多数，长7～8毫米，管部长约3毫米，檐部楔形，窄狭，冠毛白色与花冠等长。瘦果长圆形，长约5毫米，光滑。花果期7—9月。

黄帚橐吾主要分布于西藏东北部、云南西北部、四川、青海、甘肃等地，尼泊尔至不丹地区也有分布，一般生长于海拔2 600～4 700米的河滩、沼泽草甸、阴坡湿地及灌丛中。

2. 天山橐吾 菊科橐吾属多年生草本有毒植物。根细，肉质。茎直立，高7～60厘米，被白毛丛卷毛，基部直径2～6毫米，被密的褐色棉毛。丛生叶与茎下部叶具柄，柄长2～15厘米，被白色丛卷毛，基部鞘状，叶片卵状心形、圆心形、三角状心形或长圆状心形，长1.4～10.5厘米，宽1.6～8厘米，先端钝或急尖，有小尖头，边缘具波状齿或尖锯齿，基部心形，上面光滑，绿色，下面被白色丛卷毛，灰白色，叶脉羽状；茎中上部叶狭卵形至狭披针形，无柄或有短柄，无鞘；最上部叶线状披针形，叶腋常有不发育的头状花序。头状花序1～8，辐射状，常排列成伞房状花序，稀单生；苞片及小苞片线状披针形，长达2.2厘米；花序梗长0.8～4.5厘米；总苞半球形或杯状，长9～13毫米，宽11～20毫米，总苞片10～13片，披针形、长圆形或宽椭圆形，宽2～7毫米，先端急尖或渐尖，黑褐色，背部光滑，内层具白色膜质边缘。舌状花9～12朵，黄色，舌片长圆形或宽椭圆形，长11～22毫米，宽4～7毫米，先端急尖或平截，管部长3～4毫米；管状花多数，高于总苞，长8～9毫米，管部长约3毫米，冠毛白色，与花冠等长。瘦果黄白色或紫褐色，圆柱形，长 4～7 毫米，光滑，具肋。花果期 5—8 月。

天山橐吾分布于我国新疆、俄罗斯等地山地草甸草地，尤其在新疆伊犁、乌鲁木齐、玛纳斯、沙湾、和静等市（县），一般生长于海拔 2 400～2 700 米降水量充分的高山草甸阴坡灌丛、山坡草地、林下等地。

3. 箭叶橐吾 菊科橐吾属多年生草本有毒植物。茎直立，高 25～70 厘米，光滑或上部及花序被白色蛛丝状毛，后脱毛，基部直径达 1 厘米，被枯叶柄纤维包围。丛生叶与茎下部叶具柄，柄长 4～18 厘米，具狭翅，翅全缘或有齿，被白色蛛丝状毛，基部鞘状，叶片箭形、戟形或长圆状箭形，长 2～20 厘米，基部宽 1.5～20 厘米，先端钝或急尖，边缘具小齿，基部弯缺宽，长为叶片的 1/3～1/4，两侧裂片开展或否，外缘常有大齿，上面光滑，下面有白色蛛丝状毛或脱毛，叶脉羽状；茎中部叶具短柄，鞘状抱茎，叶片箭形或卵形，较小；最上部叶披针形至狭披针形，苞叶状。总状花序长 6.5～40 厘米；苞片狭披针形或卵状披针形，长 6～15 毫米，宽至 7 毫米，稀较长而宽，长达 6.5 厘米，先端尾状渐尖；花序梗长 5～70 毫米；头状花序多数，辐射状；小苞片线形；总苞钟形或狭钟形，长 7～10 毫米，宽 4～8 毫米，总苞片 7～10 片，2 层，长圆形或披针形，先端急尖或渐尖，背部光滑，内层边缘膜质。舌状花 5～9，黄色，舌片长圆形，长 7～12 毫米，宽约 3 毫米，先端钝，管部长约 5 毫米；管状花多数，长 7～8 毫米，檐部伸出总苞之外，管部长 3～4 毫米，冠毛白色，与花冠等长。瘦果长圆形，长 2.5～5 毫米，光滑。花果期 7—9 月。

箭叶橐吾分布于我国西藏、四川、青海、甘肃、宁夏、陕西、山西、内蒙古等地，一般生长于海拔 1 270～4 000 米的水边、草坡、林缘、林下及灌丛。

4. 阿勒泰橐吾 菊科橐吾属多年生草本有毒植物。根肉质，细而多。茎直立，高 10～68 厘米，光滑，基部直径 4～6 毫米。丛生叶具柄，柄长 13～20 厘米，上部具狭翅，基部有窄鞘，叶片长圆形、长圆状卵形或椭圆形，长 8～15 厘米，宽 3～7 厘米，先端钝或圆形，全缘，基部楔形，渐狭成柄，两面光滑，叶脉羽状；茎生叶与丛生叶同形，无柄，半抱茎，向上渐小，下部者长达 13.5 厘米，宽至 4 厘米。总状花序长 6～7 厘米，光滑；苞片和小苞片线状钻形，长不逾 4 毫米；花序梗长达 10 毫米；头状花序 10～11 朵，辐射状；总苞钟形或近杯形，长 6～8 米，宽 5～7 毫米，总苞片 6～9 朵，2 层，长圆形或狭披针形，宽 1.5～3 毫米，先端急尖或渐尖，背部光滑，内层具膜质边缘。舌状花 4～5 朵，黄色，舌片倒卵形或长圆形，长 6～7 毫米，宽 3～4 毫米，先端圆形，具齿，管部长约 4 毫米；管状花多数，伸出总苞之外，长约 7 毫米，管部长约 3 毫米，檐部狭楔形，渐狭，冠毛白色，与花冠等长。瘦果圆柱形，长约 5 毫米，黄褐色，光滑。花果期 6—8 月。

阿勒泰橐吾主要分布于我国新疆阿勒泰地区、塔城地区，乌恰、塔什库尔干塔吉克等县市；蒙古国、西伯利亚也均有分布，一般生长于海拔 1 400～3 000 米的高山草原，林间草地。

5. 大叶橐吾 菊科橐吾属多年生草本有害植物。茎直立，高 56～110 厘米，最上部及花序被有节短柔毛，下部光滑，基部直径 0.8～1.5 厘米。丛生叶具柄，柄长 5～20 厘米，具狭翅，光滑，基部具鞘，常紫红色，叶片长圆形或卵状长圆形，长 6～16 厘米，宽 4.5～9 厘米，先端钝，边缘具波状小齿，叶脉羽状；茎生叶无柄，叶片卵状长圆形至披针形，长达 12 厘米，宽达 5 厘米，筒状抱茎或半抱茎。圆锥状总状花序长 7～24 厘米，下部有分枝；苞片和小苞片线状钻形，长 3～8 毫米；花序梗长 1～3 毫米；头状花序多数，辐射状；总苞狭筒形或狭陀螺形，长 3.5～5 毫米，宽 2～3 毫米或在口部达 6 毫米，总苞片 4～5 片，2 层，倒卵形或长圆形，宽 1.5～3 毫米，先端钝或圆形，背部被白色柔毛，内层边缘膜质。舌状花 1～3 朵，黄色，舌片长圆形，长 6～8 毫米，宽 2～3 毫米，先端圆形，管部长约 4 毫米；管状花 2～7 朵，伸出总苞，长 5～7 毫米，管部长 2～2.5 毫米，冠毛白色，与花冠等长。瘦果（未熟）光滑。花期 7—8 月。

大叶橐吾主要分布于新疆布尔津、乌鲁木齐、吉木乃、石河子、和布克赛尔、精河、温泉、霍城、库车等县市，中亚也有分布，一般生长于海拔 700～2 900 米的河谷水边、芦苇沼泽、阴坡草地及林缘等地。

6. 藏橐吾朵 菊科橐吾属多年生草本有毒植物。多年生草本；根肉质，多数；茎直立，高 40～100 厘米，被白色棉毛，基部直径 3～8 毫米；丛生叶及茎下部叶具柄，柄长达 20 厘米，无翅或茎下部叶具狭翅，基部略膨大，叶片卵状长圆形，长 10～19 厘米，宽达 14.5 厘米，先端钝或圆形，边缘具细齿，叶脉羽状，侧脉及支脉网状，明显突起呈白色；茎中上部叶无柄，无鞘，叶片卵形或卵状披针形，长达 19 厘米，宽 6～10 厘米，先端钝或急尖，边缘有锯齿，不抱茎；舌状花 3～7 朵，黄色，舌片线状长圆形，长 10～16 毫米，宽 2～3 毫米，先端圆形，管部长 2～3 毫米；管状花多数，长 5.5～6.5 毫米，管部长 1～1.5 毫米，冠毛白色，与花冠等长；瘦果狭倒披针形，长 4～6 毫米，具肋，光滑；花果期 7—10 月。

藏橐吾主要分布于我国西藏东南部至东北部地区，一般生长于海拔 3 700～4 500 米的湖边、林下、灌丛及山坡。

（二）毒性与危害

全株有毒，主要集中在根部，含倍半萜、三萜、甾体、挥发油和吡咯里西啶生物碱，吡咯里西啶生物碱具有肝毒性。牲畜误食橐吾属植物时，尤其是绵羊，反刍停止，精神沉郁，喜卧，喜饮水，脉搏呼吸加快，腹水增多，胃肠黏膜有出血斑、肝肿大、色黄、肺充血、表面有出血点，2～3 天死亡。

（三）综合治理技术

1. 物理防控 刈割、人工挖除。刈割次数为 2～3 次，时间间隔为 20～40 天，刈割时间在 5 月底至 6 月初；挖除在 5 月下旬至 6 月中旬。

2. 化学防控 用 Aminopyralid（24%氯氨吡啶酸 EC）进行化学消除。大面积机械喷施防控橐吾应当在营养生长旺盛期（4～6 叶龄），喷施 24%氯氨吡啶酸 EC，每亩推荐制剂用药量 25～33.3 毫升/亩，喷液量 15 升/亩。

3. 生物防控 围栏封育期为 2～3 年。

4. 综合治理

挖除加围栏封育法：对遭受毒害草危害的草场连续围栏封育 2 年，并于每年的 5 月下旬至 6 月中旬之间集中挖除毒害草，1 个月后检查遗漏的毒害草并挖除；封育期间严禁放牧。

化学消除加围栏封育：对遭受毒害草危害的草场进行持续围栏封育 2 年，每年于 6 月中旬配制 24%氯氨吡啶酸 EC 25 毫升/亩药剂喷洒草场，喷药后严禁牲畜进场，防止中毒事件发生。

刈割加围栏封育法：对遭受毒害草危害的草场连续围栏封育 1 年，并于 5 月中旬至 7 月初进行多次刈割毒害草，地上部分带离草场；防治后至毒害草地上部分再生至 15 厘米左右做再次刈割，有条件的当年处理 3 次；围栏期间做好管护，禁止牲畜进场。

(四) 其他用途

橐吾属植物根茎可入药，在中国的西北和东北地区可作为藏药、维药、朝鲜族民间草药，具有止咳化痰，活血化瘀、清热解毒等功效，被一些地区称为"山紫菀"，此外，橐吾属植物非常漂亮，也可作为观赏植物。

第九章　退化草地的放牧管理技术

第一节　放牧对草地群落结构及生态系统功能的影响

放牧作为最主要的生物干扰因子之一，影响着草地生态系统植被和土壤的生态进程。放牧强度和水源点有密切的关系，一般离水源点越远，放牧强度越低。许多关于放牧强度对草地影响的研究普遍采用空间上不同退化程度的草地来代替时间上的退化序列。

一、放牧对草地植物群落多样性的影响

许多研究表明，放牧对草地植物多样性的影响与放牧强度、家畜采食习性、放牧分布型、草地生产力以及放牧史有关。

（一）放牧强度

轻度放牧通常可提高群落的物种多样性，而过度放牧会引发土壤和植被退化，降低物种多样性，增加毒害草的占比。也有研究表明，中度放牧通过刺激植物的补偿性生长，可提高物种的多样性。在内蒙古，中度放牧减弱了建群牧草的竞争排除效应，其他牧草得到发育所需要的光照等资源，提高了羊草草原和大针茅草原的物种多样性。在放牧强度分别为0、1.5、3、4.5和10只/公顷的绵羊草地，紫羊茅群落的物种丰富度在3只/公顷的绵羊时最高。在东非的研究发现，中度放牧地的物种丰富度要高于重牧和不放牧的样地，而芬兰的适度放牧地群落物种丰富度增强，在重度或不放牧时下降。也有关于重度放牧提高物种多样性的报道，例如，德克萨斯草原群落的物种丰富度在重度放牧下最大。另外，澳大利亚昆士兰东南部的草地物种丰富度也在中度和重度放牧下最大。可见，由于不同草地的生境异质性、承载力及放牧强度界定的较大差异性，关于放牧强度对物种多样性的研究需在界定标准较统一的条件下展开。此外，放牧的历史对草地群落稳定性也有影响，通常放牧历史较久的草地物种具有高的适应能力，物种丰富度及均匀度的变化较放牧史短的草地更小。

（二）家畜采食习性

家畜的采食习性在一定程度上也会影响植物群落的多样性。当家畜采食不同或相同竞争能力的植物物种时，可能对植物群落多样性产生补偿或累加效应。如果家畜喜食竞争能

力强的优势种，则会打破竞争抑制效应而增加植物群落多样性；假如家畜喜食竞争能力弱的劣势种，则加速了优势种的拓殖，使优势种的重要值提高而降低生物多样性。其次，家畜在采食时，由于其粪便中携带植物种子，容易形成营养斑块，改变了土壤的空间异质性，进而影响群落多样性。

（三）草地生产力

在生产力净积累量和储量存在差异的生境，放牧对物种多样性的影响不同。例如，在物种多样性较丰富的高寒草甸，放牧区的物种多样性有所提高；在生产力净积累量不高的荒漠草原，适度放牧可以提高群落多样性，但重度放牧会降低群落多样性；在生境极度恶劣的区域，放牧造成物种多样性的普遍下降。

（四）放牧影响高寒草甸草地群落多样性及生产力的案例

在甘肃省祁连山草原生态系统试验站（甘肃省天祝藏族自治县抓喜秀龙镇附近草地）设置划区轮牧（rotational grazing，RG）、轻度放牧（light grazing，LG）、生长季休牧（growing season non-grazing，GSG）和禁牧（prohibition grazing，PG）4 种处理，用物种 Shannon-winner 指数、均匀度指数、丰富度指数以及重要值等来衡量不同放牧模式下植被群落多样性变化。结果表现为：RG 样地物种重要值显著小于 GSG 和 LG 样地物种重要值（$P<0.05$）；RG 和 LG 样地物种 Shannon-winner 指数显著高于 PG 和 GSG 样地（$P<0.05$）；PG、LG 和 GSG 样地物种均匀度指数显著高于 RG 样地（$P<0.05$）；总盖度和物种丰富度指数在不同放牧模式间差异均不显著（$P>0.05$）。

在不同放牧模式下，物种地上、地下生物量也不同。总体来看，地上生物量分布在 $250\sim500$ 克/米^2，地下生物量分布在 $1\,000\sim3\,500$ 克/米^2，且主要分布在地下 $0\sim10$ 厘米土层，并随着土层深度的增加而逐渐减少。PG 和 GSG 样地地上生物量和地下生物量相对较高，LG 样地地上生物量和地下生物量均最低。

高寒草甸对放牧、鼢鼠干扰等因素十分敏感，微小波动都会使草地生态系统产生强烈的响应，进而导致群落特征、植物多样性和生产力发生很大的改变。Turnbull 生态位理论认为，物种的共存是生态位的一种互补效应，但这种共存不能促使草地生态系统的稳定发展。"中度干扰假说"则认为，中等强度的干扰会抑制生长旺盛的植物对资源的利用，而有利于生长能力较弱的物种对资源的利用，使群落物种多样性增加。有研究指出，在青藏高原高寒草甸区对草地实施季节性放牧管理，能够增加群落物种数和物种多样性。李文等（2014）对高寒草甸不同放牧管理模式下群落物种多样性的研究发现，全生长季休牧下物种多样性较高。而在上文所述的祁连山草原站研究中，轻度放牧下物种的丰富度指数、均匀度指数和 Shannow-winner 指数均较高。可能的原因是轻度放牧的干扰程度对当地生态位分化最有利，打破了原有物种自然更新的平衡，使草地原有优势种的竞争力降低，抑制了优势种的生长，为某些伴生种的生存提供了良好的环境，因此轻度放牧下物种多样性更大。

二、放牧对土壤理化性质的影响

在上节提到的研究中，对不同放牧模式下土壤因子特征的分析发现，$0\sim30$ 厘米土层在 LG 样地的土壤含水量最高，RG 样地最低，且 LG 样地 $20\sim30$ 厘米土层土壤含水量显著高于 RG、GSG 和 PG 样地土壤含水量（$P<0.05$）。同一放牧模式下，土壤含水量随着土层加深而减少。PG、RG 和 GSG 样地 0～10 厘米土层土壤含水量显著高于 10～20、20～30 厘米土层含水量（$P<0.05$）；0～30 厘米土层在 PG 样地土壤容重最大，LG 样地土壤容重最小。不同放牧模式下，土壤容重随着土层加深而逐渐升高，各土层间土壤容重变化不大。不同放牧模式下土壤均呈弱碱性，pH 为 7.0～7.8。

对不同放牧模式下土壤养分的比较发现，0～10 厘米土层全氮在 GSG 样地最高，PG 样地最低，10～20 厘米土层全氮在 GSG 和 RG 样地显著高于 LG 和 PG 样地（$P<0.05$），20～30 厘米土层全氮在 RG 样地最高，PG 样地最低；全磷含量在不同放牧模式下变化不大；PG 样地 0～10 厘米土层全钾含量显著高于 RG 样地（$P<0.05$），LG 和 GSG 样地 20～30 厘米土层全钾含量显著高于 RG 和 PG 样地（$P<0.05$），10～20 厘米土层各放牧模式间差异均不显著（$P>0.05$）；GSG 样地 0～10 厘米土层土壤有机碳含量显著高于 PG、LG 和 RG 样地（$P<0.05$），GSG、RG 和 LG 样地在 10～20、20～30 厘米土层的土壤有机碳含量显著高于 PG 样地（$P<0.05$）；0～10、10～20 厘米土层碳氮比含量均在 RG 样地最高、LG 样地最低，20～30 厘米土层碳氮比含量在 PG 样地最高，GSG 样地最低。

家畜放牧对草地的影响通过对土壤指标的作用表现出来，不同的放牧模式下各土壤因子的变化不同。以上结果表明，土壤含水量在轻度放牧下较其余 3 种放牧模式高，可能是由于轻度放牧下植被的覆盖度和丰富度都较高，土壤中的植物根系较多，植物根系能够很好地吸收和维持土壤水分。较低的放牧强度也使土壤较为疏松、土壤的透气性增加，使得土壤容重降低、含水量增加。还有研究发现，高寒草甸土壤含水量的变化与放牧强度呈一致的负相关，即土壤水分随放牧强度降低而增加，可能是牛羊低强度践踏使草地植被覆盖度变高、裸露面积变小，不利于土壤水分的蒸发。此外，物种多样性在低强度放牧下增加，草毡层变厚，也有利于雨水和雪水的积累。也有在内蒙古草原的研究发现，土壤含水量随放牧强度增加，这与以上其他结果的差异可能是由于研究样地的立地条件不同所致，内蒙古典型草原与高寒草甸在降水、气温和海拔等方面都均有明显差异。

土壤容重是衡量土壤的渗透性强弱和孔隙度大小的重要指标，受土壤质地、土壤矿化作用和土壤紧实度等因素的影响。贾树海等（1999）发现土壤容重在草地退化过程中变化较大，可作为评价原生草地到退化草地的一种衡量指标。也有研究指出，重度放牧区容重较大，可能是由牛羊高强度的践踏使土壤孔隙度和土壤通透性降低所致。在上文所述的天祝祁连山草原站的研究中，中度和轻度放牧下土壤容重都较小，可能由轻度放牧下土壤中植被凋落物分解较快，土壤中腐殖质含量较高，土壤紧实度较小所致。

生长季休牧下土壤全氮和有机碳在 0～10、10～20 厘米土层均高于禁牧区，此结果符合"中度干扰假说"，即中等程度的干扰有利于土壤养分的积累。生长季休牧对土壤结构的修复也有一定的积极作用，而长期禁牧对土壤呼吸和分解会产生一定的副作用，不利于土壤养分的积累，这与李文等（2014）对天祝高寒草甸土壤理化特性的研究结果相似。原因可能是适度的牛羊践踏使植被碎屑化，并使植被凋落物与土壤充分接触，当植物死亡后，将加速大量根系和土壤中小型动物残体分解。天祝祁连山草原站的试验禁牧时间较长，禁牧区积累的凋落物较多，但长时间的禁牧使凋落物不能有效分解和转化，而牛羊的适当踩踏反而会加速凋落物的消耗，提高土壤中有机碳和全氮的含量。

三、放牧对草地生态系统服务功能的影响

生态系统功能主要包括生态功能与服务功能。生态系统的服务功能是指人类从生态系统中获得的全部利益，包括支持服务、供给服务、调节服务、文化服务等。生态系统的生态功能是其固有特性，包括物质循环、能量流动和信息传递 3 大基本功能。健康的生态系统具备了相应的生态与服务功能，即生态系统同时具备维持多重生态系统服务和生态系统功能的多功能性。

由于生态系统的生态功能具有相互关联性及复杂性，在探究某项干扰对生态系统功能的影响时，需从多功能的角度出发，考虑不同功能之间的权衡与协同关系（Zavaleta 等，2010）。对某项功能的过分强调可能导致其他功能被低估，而对某项功能的过度使用亦会造成其他功能的服务性下降，这种此消彼长的对立冲突关系表明，生态系统的多功能性之间存在着权衡关系（Rodríguez 等，2006；傅伯杰等，2009）。

草地不仅具备生态功能，如调节气候、维系生物基因库、保持水土、固定 CO_2、净化空气、增加碳储量、维持生物多样性等，还能为人类提供如奶制品、肉制品、药材等经济产品。在草地生态系统中，放牧引发的各服务功能间权衡与协同关系变化是当前草地生态学及草地管理中亟待解决的重要科学问题（王德利和王玲，2019）。为了探明放牧对生态系统服务和功能指标的影响，Davidson 等（2017）基于 meta 分析法对北美和欧洲盐碱滩草地的 21 项生态系统服务功能指标展开了研究，发现放牧使土壤容重和物种丰富度增加，降低了地上生物量、冠层高度和凋落物量。Pan 等（2014）分析了青藏高原高寒草地肉产品供给服务和牧草供给服务及草地碳调节服务间的关系，发现随着载畜量不断增加，羊肉的供给服务提高了 2 倍，但与之相伴的是草地净初级生产力供给服务和生态系统碳固定、保水能力调节服务的骤降。Wang 等（2019）针对同等放牧压力但畜种（牛单牧、羊单牧、牛羊混牧）不同的放牧条件下的植物生物量（地上、地下）、植物元素含量、昆虫多样性、土壤养分循环、植物-微生物共生等 12 项指标进行了标准化计算，得出了混合放牧能显著提高生物（植物、动物、微生物、土壤线虫等）多样性指数和生态系统多功能性指数，且混合放牧下生物多样性与生态系统多功能性的联系也比单一畜种下更加紧密的结论。汤永康等（2019）以内蒙古锡林郭勒典型草原为例，通过设置不放牧、轻度放牧、中度放牧及重度放牧的放牧梯度，从多项生态系统服务功能权衡的角度比较了最适放牧管理强度，发现放牧能不同程度地削弱多项生态系统服务功能间的权衡关系（冲突对立关系），中度放牧条件下的多项生态系统服务功能协同性最佳。

第二节　放牧对牧草品质及家畜生产力的影响

一、放牧对牧草品质的影响

牦牛作为青藏高原高寒地区的特有畜种，为藏区牧民提供经济收入的同时亦提供了生活资源。由其衍生出的乳制品、肉制品及毛制品是藏区牧民主要的经济收入，而乳制品和牦牛粪也是藏区牧民的生活材料。然而，牦牛作为高寒草甸最主要的初级消费者，通过啃食、排泄及践踏干扰等方式改变了种间关系，引发植物个体器官间分配模式的变化，

改变了物质循环模式，进而影响了草地植物群落的营养物质循环和其他生态系统服务功能。

草地的利用强度变化不仅改变了植被群落结构，亦改变了牧草的品质。牧草的粗蛋白质和粗纤维含量是评价牧草营养价值的重要指标，粗蛋白质含量越高，其营养价值就越高。研究表明，牦牛不同活动强度对牧草品质有一定的影响，但各放牧强度之间差异不显著（$P>0.05$）。在中度放牧强度下，牧草粗蛋白含量、中性洗涤纤维含量均略高于其他放牧强度；牧草粗灰分含量随放牧强度的增大而依次递增，但牧草的酸性洗涤纤维含量却呈下降趋势；在重度放牧强度下，牧草的粗脂肪含量达到最高（表9-1）。

表9-1 牦牛活动强度对牧草品质的影响

利用强度	粗蛋白/%	粗脂肪/%	中性洗涤纤维/%	酸性洗涤纤维/%	灰分/%
对照	10.80±1.50a	2.84±0.36a	35.16±8.35a	29.47±8.74a	7.52±1.52a
轻牧	12.10±1.42a	2.69±0.63a	32.27±8.32a	29.90±1.97a	8.85±0.86a
中牧	12.90±0.75a	2.98±0.24a	36.00±2.07a	27.68±4.64a	10.12±2.44a
重牧	12.07±0.67a	3.50±0.61a	30.30±1.19a	26.64±2.08a	10.85±2.80b

注：同列不同小写字母表示不同放牧强度间差异显著（$P<0.05$）。

二、放牧对家畜生产力的影响

受寒冷气候的影响，青藏高原植物生长期短、牧草产量低，特有畜种牦牛和藏系绵羊的生产力积累也随之受到影响。在牦牛产区，靠天养饲和极度粗放的经营模式使牦牛始终处于"夏饱、秋肥、冬瘦、春乏"的恶性循环之中。此外，不合理的放牧强度和放牧体系及鼠虫害危害等使甘南地区草场退化问题突出，伴随而来的是牦牛个体变小、体重下降、畜产品减少、出栏率和商品率低、能量转化效率下降等一系列问题（董全民和李青云，2003）。

（一）自然放牧下家畜的采食量及牧草消耗动态

赵新全等（2011）研究表明，1～6岁牦牛在春、夏、秋、冬四季的采食量随年龄的增大而增加；其中1～3岁牦牛采食量的增幅是最大的。不同季节间，2～4岁牦牛的春季和冬季采食量要大于夏季和秋季（表9-2）。对于牧草消耗量而言，1岁牦牛的牧草消耗量是其体重的8.23倍，而7岁牦牛的牧草消耗量则是其体重的64.19倍（表9-3）。

表9-2 天然草场放牧牦牛的干物质采食量季节变化（千克/天）

（引自《三江源区退化草地生态系统恢复与可持续管理》）

季节	1岁	2岁	3岁	4岁	5岁	6岁	7岁
春	2.86	5.52	7.72	8.55	9.16	9.18	9.16
夏	3.29	4.74	6.14	7.58	8.01	8.36	8.41
秋	2.41	3.64	4.32	7.17	7.63	7.74	7.54
冬	3.71	5.31	6.78	7.69	8.13	8.45	8.23

表9-3 天然草场放牧牦牛的牧草消耗量

（引自《三江源区退化草地生态系统恢复与可持续管理》）

指标	1岁	2岁	3岁	4岁	5岁	6岁	7岁
FC/千克	1 197.68	1 792.36	2 305.38	2 790.20	2 958.04	3 050.14	3 000.75
AFC/千克	1 197.68	2 990.04	5 295.42	8 085.62	11 043.7	14 093.8	17 094.6
BW/千克	91	128	168	211	235	246	251
AFC/BW	13.161	23.360	31.520	38.320	46.994	57.292	68.106
AFC/LWG	15.065	25.666	33.836	40.529	49.412	60.101	71.376

注：FC 为牧草消耗量，AFC 为累计牧草消耗量，BW 为家畜体重，LWG 为家畜体重增加，下同。

高山细毛羊的采食量也随着年龄（1~4岁）的增加而增大，在5岁的时候稍有波动（表9-4）。其季节波动与牦牛类似，2~5岁的高山细毛羊对干物质的采食量在春季和冬季要高于夏季与秋季。1岁高山细毛羊的牧草消耗量是其体重的11.007倍，而5岁高山细毛羊的牧草消耗量是其体重的60.627倍（表9-5）。

表9-4 天然草场放牧高山细毛羊的干物质采量季节变化（千克/天）

（引自《三江源区退化草地生态系统恢复与可持续管理》）

季节	1岁	2岁	3岁	4岁	5岁
春	0.82	1.65	1.88	2.26	2.31
夏	0.94	1.44	1.72	2.18	2.14
秋	0.78	1.32	1.66	1.82	1.87
冬	1.12	1.54	1.86	2.21	2.22

表9-5 天然草场放牧高山细毛羊的牧草消耗量

（引自《三江源区退化草地生态系统恢复与可持续管理》）

指标	1岁	2岁	3岁	4岁	5岁
FC/千克	358.82	543.05	653.38	778.44	782.56
AFC/千克	358.82	901.87	1 555.25	2 333.69	3 116.25
BW/千克	32.60	41.50	45.10	48.30	51.40
AFC/BW	11.007	21.732	34.484	48.316	60.627
AFC/LWG	12.335	23.740	37.395	52.103	65.071

（二）自然放牧下家畜体重及体成分的变化

牦牛和高山细毛羊4月出生后，其体重从1月龄到8月龄持续增加。牦牛体重在第13月龄时较低，之后在第18月龄时达到第2次高峰。高山细毛羊的体重在第19月龄时达到第2次高峰，在第25月龄时体重又呈最低，然后又开始增加。牦牛和高山细毛羊在第2年体重开始下降的时间比第1年早1~2个月，原因可能是家畜出生第1年有3~4个月的哺乳期，因此推迟了第1个冷季体重下降的时间。

分析藏系绵羊对牧草蛋白质的利用率发现，在返青期为38.08%，草盛期为36.14%

（表9-6）。日食蛋白质含量从返青期、草盛期、枯黄期到枯草期分别为232、148、52和46克。蛋白质量沉降在4个时期分别为88、53、—13和—27克。

表9-6 繁殖藏系绵羊蛋白质利用率

指标	物候期			
	返青期	草盛期	枯黄期	枯草期
日食蛋白质/克	232	148	52	46
粪蛋白质损失/克	57	49	38	37
蛋白质消化率/%	75.45	66.84	24.66	19.14
尿蛋白质损失/克	86	45	28	39
表观生物学效价/%	50.46	54.34	—	—
蛋白质量沉积/克	88	53	—13	—27
总效率/%	38.08	36.14	—	—

第三节 放牧对草地啮齿动物的影响

啮齿动物是草地生态系统固有的成员，对系统物质循环、能量流动和信息传递有着积极的作用。随着相关学科的发展，啮齿动物的生态作用被逐渐认识。近年来草地退化日趋严重，而放牧过程又导致啮齿动物的危害增加，使得草地利用和管理问题更加突出。放牧条件下啮齿动物种群密度增高，加剧了草地退化的进程，导致水土流失、生物多样性减少，严重威胁着生态安全。

在草地退化问题上，啮齿动物的危害（鼠害）和家畜的过度放牧被认为是两个最主要的因素，更多人一度将草地退化的罪责归因于鼠害。二者往往是共同发生的，草地退化为鼠害的发生提供了必要的条件，同时鼠害又加速了草地退化过程。另一方面，放牧是草地管理的最主要方式，其对啮齿动物的影响是强烈的。因此，提高对放牧条件下啮齿动物与环境关系及其影响的认识，是优化草地管理策略、实现啮齿动物综合防控的关键。

一、啮齿动物在草地生态系统中的作用

啮齿动物在草地生态系统中处于食物链（网）的关键环节，它们从植物、草食性无脊椎动物和肉食性无脊椎动物中获得物质和能量，又为食肉动物提供了物质与能量。同时，它们的排泄物和遗体归还大地，为微生物等提供了物质和能量，具有重要的能量流动和物质循环等作用（图9-1）。在长期的演化过程中，啮齿动物既是草地生态系统各种生物群落中的消费者，也是物质、能量的传递者。啮齿动物会啮食优良牧草，其挖掘活动和挖洞推土会损失牧草、影响土壤肥力、降低植被盖度、促使土壤水分蒸发，还会改变植被成分、引起群落演替等。然而，在通常情况下，由于它们体型小、摄食量多、物质消耗大、能量转化快，在一定程度上加速了物质循环和能量转化的进程。它们的挖掘活动又能翻松土壤，并以粪便和食物残渣等形式增加土壤腐殖质的含量，有利于植物的生长。草地生态

系统中的啮齿动物也被认为是"生态系统工程师（ecosystem engineers）"或关键物种，其营造的巢穴与活动场所也为鸟类及其他小型动物提供了隐蔽和栖息条件，对草地生态系统健康和功能的维持不可或缺。近年来，在过度放牧、乱垦滥挖等人类活动和气候变化等自然干扰下，草地生态系统中各组分组成减少、生态链缺失、结构简单、功能衰退，导致制约啮齿动物种群的因素减少，使局部地区的种群数量变高、密度增大，影响生态系统的平衡，对环境及人类的经济及生活等也产生了不利的影响。20世纪90年代以来，草原鼠害呈现逐渐加重的趋势，每年鼠害造成的牧草损失超过60亿元，高原鼠兔、高原鼢鼠、布氏田鼠、大沙鼠、长爪沙鼠和黄兔尾鼠等的危害几乎呈年年大发生趋势，对畜牧业生产和草原生态环境造成严重破坏，对农牧民的生产和生活构成严重威胁。要有效管理草地生态系统并减少啮齿动物对生态系统的负面效应，仅靠任何单一管理措施很难对啮齿动物进行防控，需要进一步理解草地生态系统各环节的相互作用机制，协同综合防控。

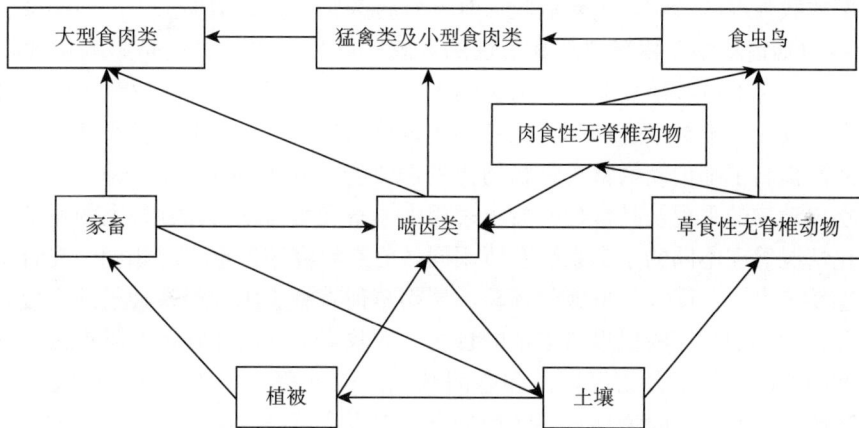

图 9-1　啮齿动物在草地生态系统中作用的概念模型

二、放牧对啮齿动物的影响

放牧可改变啮齿动物的种间竞争格局、调控种群更新并影响群落结构和功能。全面认识放牧对啮齿动物的影响是进行啮齿动物放牧管理的关键。家畜通过践踏草地、排泄和采食作用对啮齿动物产生影响，改变草地生态系统中土壤的理化性质、植被的组成和群落组分，影响了啮齿动物的资源、空间利用，也改变了啮齿动物与草地生态系统中其他物种的种间关系，以及啮齿动物与环境之间的关系，导致啮齿动物数量增多及环境的恶化，继而产生危害（图9-2）。

（一）放牧对啮齿动物个体水平的影响

1. 放牧对啮齿动物活动节律、行为的影响　放牧家畜的直接践踏会对啮齿动物的活动节律和行为产生影响，对草地生态系统地上和地下的啮齿动物均有作用。家畜直接践踏会伤其身体，放牧家畜也会惊扰啮齿动物的活动及其规律，在行为上可能会出现一定的规避，表现出警戒行为加强、玩耍减少等特征。放牧对啮齿动物活动节律和行为的影响很普遍，在不同生态系统开展这类研究能获得更有意义的发现，而针对行为生态学机制的研究

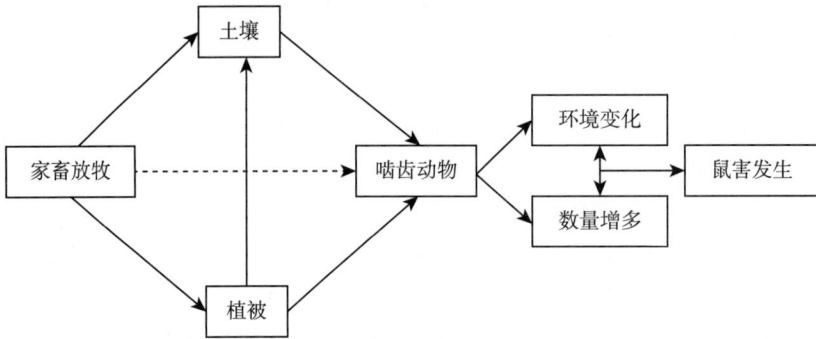

图 9-2　家畜放牧影响啮齿动物及其危害发生的概念模型

和阐释也能为草地生态系统的优化管理提供指导意义。例如，林姬鼠和黑田鼠采食种子的行为受到鹿放牧强度的影响，去除放牧后其采食行为则将显著增加。

2. 放牧对啮齿动物食物资源及其食性的影响　啮齿动物的食性是影响草地植被状况的主要因素，家畜的放牧采食调节了植物的生物量，会使草地植物生物量、植物种类、群落结构等发生变化。家畜采食抑制了优势种类牧草的生长，给其他物种和杂草等生长提供了机会，从而提高了啮齿动物喜食食物的比例，改变了啮齿动物食物资源的分布及格局，进而影响啮齿动物的采食及其食性。放牧过程中家畜和啮齿动物在食性上的竞争、重叠以及植被变化情况等在不同的生态系统有所不同，已有研究结论也不尽相同。在青藏高原高寒草地生态系统中，过度放牧形成的稀疏、裸露草甸有利于肥大根系种子的入侵，从而为营地下取食、活动的高原鼢鼠提供丰富的食物。放牧影响下高原鼢鼠的喜食食物增多，为其种群密度的增高提供了食物等资源和空间基础。Rosi 等（2009）发现放牧强度增加使得地面食物改变和捕食风险增加，导致挖掘类栉鼠采食策略发生改变。家畜放牧与啮齿动物的采食竞争是以往研究关注的焦点，但啮齿动物的危害发生除食性外，还有更多相关的变化有待于进一步的综合研究。

3. 放牧对啮齿动物洞穴构筑及微生境利用的影响　放牧引起的土壤质地、植被高度和物种组成等的变化，会影响啮齿动物的洞穴构筑及微生境利用等特征。啮齿动物洞穴的选址、构筑等都有一定的选择性，其在洞穴构筑等方面要权衡投入、收益和风险等。放牧家畜的直接践踏、排泄物侵蚀等直接影响了土壤的紧实度、pH、物质营养元素等物理和化学性质。家畜的长期践踏还会使土壤表层形成难以透气、透水的紧实层，使其洞穴构筑、栖息地微生境等发生改变。家畜的放牧践踏也会导致洞道和住所塌陷或破坏，影响洞穴构筑后的收益与风险。对于地下生活的啮齿动物，放牧可能会影响洞道的地下选择深度，进而避免放牧对其洞道的破坏；对于地上生活的啮齿动物，放牧也会影响洞道的选址和构筑特征。Philips（1936）很早以前就探讨了放牧对啮齿动物分布等的影响，涉及啮齿动物在放牧影响下的微生境利用等，但此后相关进展较为缓慢。Torre 等于 2007 年发现，放牧作用下啮齿动物食物资源的可获得性和土壤因素改变导致的洞道构筑变化是影响啮齿动物群落的主要因素。放牧对啮齿动物有极大的影响，后续研究有望在科学规范野外相关指标后，深入分析放牧对啮齿动物分布及其微生境选择的影响，并结合草地培育措施变化从多因素多途径进行啮齿动物的生态防控。

4. 放牧对啮齿动物体重、形态等特征的影响　在长期放牧干扰影响下，啮齿动物的体重、形态等特征也会发生变化。Bueno 等（2011）发现牛的放牧强度与鹿鼠的体重成反比，而白尾鹿放牧并没有使鹿鼠的体重有所下降。一般情况下，密度的增高均会伴随着其体重的下降，但啮齿动物体重是一个重要的指标，对其物种的生存繁衍具有重要意义，其变化也有深层次的原因。此外，不同的实验研究结果可能还受到观测时间、影响方式等的差异产生不同结论。未来有必要深入分析不同条件下啮齿动物体重变化应对放牧干扰的可能机制，加深放牧对啮齿动物影响的认识。

5. 放牧对啮齿动物生活史特征的影响　放牧对啮齿动物在上述各个方面产生影响，这一长期过程均会使啮齿动物在生活史对策上发生变化，这也应是啮齿动物对放牧的适应组合。放牧下植被高度发生变化，使得啮齿动物的取食和生存风险发生变化。Kuiper 和 Parker（2013）发现，草的高度是决定放牧对啮齿动物影响的关键因素。诸多研究均支持植被高度变化增加了啮齿动物的生存风险，使部分啮齿动物在放牧的影响下种群数量减少这一结论。长期放牧影响也会导致啮齿动物生活史特征的变化。例如，牛的放牧降低了普通田鼠的存活率和种群中幼年个体的比例；绵羊放牧降低了布氏田鼠春季出生个体的比例，增加了夏季出生个体的比例，还增加了雄性个体的比例。放牧强度和越冬个体比例呈负相关关系，推测年龄结构和性别比例的转变是适应放牧所引起食物资源变化的一个重要策略。但是，啮齿动物生活史特征的变化是长时间的改变和适应，也是响应放牧的综合表现，后续研究中也需要长期、规范的监测数据来全面阐明放牧对啮齿动物生活史特征的影响。

（二）放牧对啮齿动物种群水平的影响

1. 放牧对啮齿动物种群数量的影响及其调节　家畜放牧改变了植被高度、盖度以及生境特征与食物资源等，为啮齿动物种群数量变化提供了物质和空间基础。啮齿动物种群数量的快速增多是鼠害发生的基础。对不同的地理区域和草地生态系统类型，放牧对啮齿动物种群数量的影响不尽相同。一般情况下，对于生活在地面上的啮齿动物，放牧降低了植物的高度和植被覆盖度而增加了其暴露在天敌中的时间和被捕食的风险，种群密度会随放牧强度的增加而减少。对于喜栖开阔环境的高原鼠兔及营地下生活的高原鼢鼠等而言，重度放牧所造成的环境却更适应其生存，并形成适应该生境的优势种群。然而，放牧对啮齿动物种群数量的影响也可能存有延迟效应，但以往由于实验周期的限制等原因，对其种群动态变化的观测可能会受到干扰，后续研究需要注意这一问题。此外，啮齿动物种群密度变化还有其他反馈及调节机制，如放牧导致植物粗蛋白和次生化合物含量变化，进而影响啮齿动物种群的发展。例如，放牧介导下植物中胰蛋白酶抑制剂的变化是旅鼠种群调节的原因之一。放牧导致的次生化合物如单宁和蛋白酶抑制剂在实验室条件下对啮齿动物产生了极大的负面影响，如 Villar 等（2014）发现增加绵羊的放牧密度会影响田鼠种群的调节过程。因此，认识放牧对啮齿动物种群数量的影响及其调节是开展啮齿动物放牧管理的关键，更多的研究将为啮齿动物放牧管理提供科学的指导。

2. 放牧影响啮齿动物种群结构、遗传结构并导致种群质变　放牧对啮齿动物种群密度的影响与调节已有较多的证据，密度依赖性相关的因子会引起啮齿动物迁移、扩散的变化。迁移扩散过程中，竞争资源的不同会导致婚配制度等的变化，这些均会造成种群遗传结构的变化和进化。在动物迁移扩散的"资源竞争和避免近交"假说中，雌雄性个体竞争不同的资源，使不同的性别扩散具有不同的收益和风险。雌性主要竞争的资源是食物和空间，而雄性主要竞争的资源是配偶。放牧影响下啮齿动物雌性分布的变化，会导致雄性啮齿动物的迁移扩散变化，并由此引起婚配、种群遗传等变化。除此之外，放牧会对啮齿动物的环境容纳量产生影响，如刘伟等（2014）发现放牧对高原鼠兔种群的环境容纳量产生影响，进而促进或制约高原鼠兔的扩散（表9-7）。

表9-7 放牧对啮齿动物种群数量的影响

试验区域和植被类型	放牧家畜	实验期限（年）	啮齿动物	种群消长
我国青海海北，高寒草甸	藏羊	1	根田鼠	降低
美国内华达州地区，荒漠草原	牛	3	更格卢鼠	增多
南非卡鲁地区，灌丛草地	牛、羊	1	南非沙鼠	增多
美国堪萨斯州东北部，高草草原	野牛、家牛	2	鹿鼠	增多
挪威中部，高寒草甸	绵羊	3~4	黑田鼠	不显著
挪威南部布斯克吕县，高寒草甸	绵羊	3	黑田鼠	降低
挪威南部布斯克吕县，高寒草甸	绵羊	3	欧洲棕背鼠	不显著
我国青海省果洛藏族自治州，高寒草甸改良草地	牦牛	2	高原鼠兔	增多
苏格兰，丘陵草甸	牛、羊	3	黑田鼠	增多
美国加利福尼亚州洪堡特阿克塔镇，海岸草地	牛	4	加州田鼠 大耳禾鼠 鼩鼱 小家鼠	减少
英国峰区国家公园，沼泽草甸	绵羊	2	黑田鼠	降低
丹麦西部，沼泽草甸	牛	3	普通鼩鼱	降低
墨西哥奇瓦瓦地区，荒漠草原	牛	2	草原犬鼠	增多
美国亚利桑那州东南部，荒漠草原	牛	11	更格卢鼠	降低
美国加利福尼亚州，塞拉内华达山脉，森林草甸	牛、羊	1	囊鼠	增多
我国内蒙古锡林浩特市毛登牧场，典型草原	蒙古羊	1	布氏田鼠	增多
加拿大落基山脉地区，高寒草甸	牛	1	鹿鼠	增多
我国内蒙古锡林浩特市毛登牧场，典型草原	羊	4	布氏田鼠	增多

3. 放牧对啮齿动物群落水平的影响 家畜放牧引起啮齿动物种群水平的变化是对其群落水平产生影响的基础。对不同生态系统中不同的啮齿动物群落，放牧对其影响不同。同时，啮齿动物群落中的种内、种间的关系及其与环境的相互作用等，也会引起其群落组成、结构、功能的变化和群落的演替。刘伟等（1990）发现啮齿动物群落多样性及物种组成与放牧强度呈显著的正相关关系，而均匀度与放牧强度的相关性则不显著。Jones等（2003）发现放牧改变了啮齿动物群落的组成，在放牧的影响下，禁牧地4个鼠科物种占优势，放牧地则没有优势种。和禁牧地相比，放牧地的异鼠科物种占有较高的比例。

家畜放牧还引起了啮齿动物群落的演替，如在内蒙古典型草原放牧导致达乌尔鼠兔、布氏田鼠、长爪沙鼠的演替系列或连锁危害过程。在青海、四川西北部、甘肃南部等地的高寒草甸草原出现高原鼠兔、高原鼢鼠的演替系列或连锁危害过程。放牧对生态系统的影响是深刻的，但物种间对放牧的响应方式不同，进而造成物种间相对优势度和群落结构的改变。加之，啮齿动物处于草地生态系统的中间营养级，其群落结构的改变还将对食物网其他营养级的物种造成影响。

4. 不同家畜放牧对啮齿动物的影响　不同放牧家畜对啮齿动物的影响不同。放牧家畜种牛、牦牛和绵羊等，其践踏程度、排泄物的量以及采食量和采食行为不同，均会对草地生态系统产生不同的作用，进而对啮齿动物产生不同的影响。Hagenah 等（2009）发现，不同体格放牧动物对田鼠科啮齿动物的影响不同，在缺少大型放牧动物斑马、水牛和白犀牛的情况下，植被高度增加促进了啮齿动物的丰度和物种多样性，也改变了鼠种组成，而植被高度降低增加了啮齿动物捕食风险。这方面还需要更多的研究来全面认识不同放牧动物与放牧方式对啮齿动物的影响。

三、未来的研究方向

（一）放牧影响啮齿动物的作用途径及方式

不同草地生态系统中，土壤类型、植被、水热条件、种间关系、天敌分布和人类活动等情况不同，放牧影响啮齿动物的作用过程也不同。针对不同草地生态系统开展放牧影响啮齿类的途径与方式的研究，是未来需深入的方向。不过，开展这方面研究亟须建立科学规范的监测方法，并联合分析系统中各因子的作用大小、方式和影响程度。该领域还有若干重要问题尚待回答，例如，除植被高度变化导致啮齿动物风险增加和生活史策略的改变以及采食调节对其食物资源和丰度的影响外，放牧对啮齿动物食物营养成分的影响如何？放牧是否导致了植物粗蛋白和次生化合物含量的变化，其暗藏的营养生态学机制和对啮齿动物的影响是什么？解决这些问题均需要结合长期监测技术和现代的检测方法，明确不同草地生态系统中放牧对啮齿动物影响的作用途径与方式。

（二）放牧条件下的草-畜-鼠耦合机制

有蹄类动物的密度增加会显著降低和改变啮齿动物物种丰富度、多样性以及身体状况。在不同的系统中，这种作用会因草地生态系统中各微生境因素的差异而不同。研究表明，放牧家畜通过加强土壤微生物营养富集和根际作用，提高矿物质有效利用率，最终促进植物营养的能量流动和光合作用。放牧家畜对啮齿动物的影响会通过植物的组成、生长和土壤理化性质以及直接践踏等多方面产生作用。同时，啮齿动物扰动也会对植物群落、植物盖度及土壤环境产生影响，造成植物死亡率增高、吸收土壤营养成分的能力下降，最终导致植株的空间结构、草-畜-鼠相互作用及其耦合因素发生变化。Smit 等（2001）发现植被结构的差异是影响放牧对啮齿动物作用的关键因素。此外，放牧导致的植物资源变化也需要时间，可能产生时滞效应。在草地生态系统中，这些因素间存在耦合、互相影响和自调节作用，后期研究中需要量化各指标及其影响权重，还要结合各学科研究进展来诠释放牧影响啮齿动物的作用机制。

（三）放牧制度对啮齿动物的影响

放牧制度的不同不仅会影响放牧家畜的摄食、体重等，也会对啮齿动物产生作用。在不同放牧制度下，家畜践踏、排泄物及摄食方式的差异均会对啮齿动物产生不同影响。而不同的放牧制度如连续放牧与划区轮牧，是否会影响啮齿动物的迁移扩散？家畜的牧食是否会驱动啮齿动物的迁移，放牧时间对啮齿动物的影响又如何？这些问题都是未来应该关注的研究方向。此外，放牧对啮齿动物不同的生活史时期，如发情期、交配期、孕育期和哺乳期等的影响都不尽相同。传统放牧时间是否对啮齿动物有影响，两者是否协调？解决以上问题需要有针对性地进行系统研究来全面认识放牧制度对啮齿动物的影响。

（四）整合现代学科发展的相关研究

针对放牧管理的研究应结合现代草地生态学的学科发展来进行。如在放牧影响啮齿动物种群水平的研究中，应结合现代遗传学理论和方法，开展放牧对啮齿动物产生遗传效应而引起种群质变的研究。目前，这方面更多的研究缺乏相关例证，尤其是针对不同的草地放牧生态系统开展研究将会获得更多有意义的结果。此外，放牧对不同啮齿动物群落的影响不同，而啮齿动物群落中种内、种间的关系及其与环境的相互作用等，均会引起其群落组成、结构、功能的变化和群落的演替。目前针对放牧影响啮齿动物群落的营养结构、种间作用及群落演替等的研究不多，未来亟须采用如生态网络分析（ecological network analysis）、整合数据分析（meta-analysis）等综合研究方法，分析不同啮齿动物物种对放牧干扰的响应及其差异，并结合学科的最新发展来更新研究方法、优化研究内容以获得全面认识。

人类活动对草地生态系统的影响日渐深刻，而作为草地管理的主要方式，放牧对草地的影响在其他因素的作用下也愈发复杂。目前关于放牧对草地影响机制的认识还很有限，相关研究一度陷于困局。啮齿动物是放牧生态系统中的固有成员，通过放牧对啮齿动物进行管理是一个有效的途径，但以往的研究更多集中在现象的描述上，对机制问题探究不深。加之家畜放牧对地上啮齿动物和地下啮齿动物的影响也不同，彼此间的相互作用规律和生态学过程等更是未知。未来很有必要强化这方面的研究，全面阐明放牧对啮齿动物影响的机制，达到较好的草地鼠害放牧管理效果。此外，轻度、中度和重度放牧是半定量指标，放牧对生物多样性的影响也依赖于用来测定群落植物生物多样性的时间和空间尺度。同时，植物群落多样性的测度指标很多，对草食性动物的敏感性差异也较大。另外，对野外研究条件和相关因素的控制也存有较大困难，如一般的捕获率等指标又受到捕获方法和经验水平等的影响，干扰实验结果的客观性和准确性。在后续研究和试验设计中，应该考虑时间与空间尺度在草地植物多样性以及草地鼠害防控中的作用。总之，要依据当地的草地生产力、放牧史以及家畜采食习性，并结合一定放牧管理方式如放牧强度、放牧周期、不同家畜的放牧组合等，改变草地植被群落，进而降低草地鼠害的发生。

第四节　放牧对草地虫害的影响

过度放牧是导致草场退化的关键因素，带来的负面影响除了上述的土壤理化特性变化、优良牧草丧失、毒性杂类草占比增加、植被物种多样性下降以及地表裸露度增大外，亦会引起草地虫害的暴发。例如，裸露的地表为蝗虫产卵提供了适宜生境，增加了裸露地表的阳光获取量，有利于蝗虫的孵化和幼虫的成长。此外，为了缓解放牧对自然草场的破坏，所构建的人工草场中的草种通常是蝗虫的喜食植物，受牧草种植单一的影响，若管理不当，将使蝗虫大暴发，引发一系列的连锁反应。

一、放牧对草地昆虫多样性的影响

放牧对草地昆虫多样性的影响受放牧方式、放牧强度、草地类型3方面因素的调控。主要包括如下内容：

（一）放牧方式

相较单一物种放牧，2种或2种以上大型食草动物混合放牧可维持高的昆虫多样性。连续放牧样地较轮牧样地具有高的蝗虫物种丰富度（Branson和Sword，2010）。放牧季节也是影响昆虫多样性的因素之一。例如，春季放牧较秋季放牧可显著降低蝗虫的数量。

（二）放牧强度

针对大型食草动物影响昆虫多样性的结论并不一致。有研究表明，放牧强度增加将使昆虫多样性逐渐增加（董玮等，2013），而有些研究的结果则相反。造成这种结果差异的关键原因是所研究的昆虫类群不同。例如，蝗虫、蛾类、蝴蝶多样性在放牧样地会减少，而甲虫和蝇类的多样性则会增加（朱慧等，2017）。通常放牧导致大型食草动物与食草昆虫间存在高营养质量植物物种采食的竞争关系，大型食草动物采食后降低了食草昆虫对可食植物的选择性。食草昆虫由于食物资源的紧缺会引发生存率和繁殖能力的下降，使其数量和多样性下降。而甲虫和蝇类为腐生性昆虫，以大型食草动物的粪便和血液为食。随放牧强度的增加，甲虫和蝇类的食物增加，势必会激发其数量和多样性的增加。

（三）草地类型

研究表明，典型草原放牧将减少蝗虫物种丰富度，而在荒漠草原放牧则使蝗虫物种丰富度增加。在美国高草草原和中国的草甸草原，放牧增加了蝗虫的物种多样性和数量，而在美国半干旱草地则对蝗虫多样性没有影响。导致以上不一致结果的原因首先是植物群落结构的差异性，其次是蝗虫对差异性气候因子的适应性不同（朱慧等，2017）。

二、放牧影响昆虫多样性的途径

放牧方式、强度、季节等多个因素共同影响草地昆虫的多度与丰度。深入理解大型食草动物对草地昆虫多样性的影响并探究其作用途径及内在机制，是平衡放牧制度与草地昆虫多样性的关系以及预防草原虫害暴发的风向标。对此，朱慧等构建出了大型食草动物与草地昆虫多样性间的关系模式图（图9-3），这也涉及不同食草动物间相互作用等多营养级间的关系。

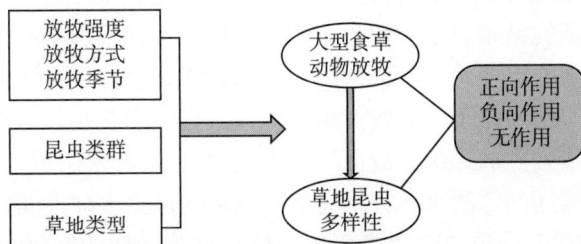

图9-3　大型食草动物对草地昆虫多样性的影响及其作用机制

（一）放牧对昆虫多样性的直接作用途径

目前的研究表明，大型食草动物对草地昆虫多样性的直接作用途径主要有采食、践踏和排泄3种。通常，部分昆虫生活在植物的叶片上或者会将虫卵产在植物的叶片上。在大型食草动物的采食过程中，昆虫（及其虫卵）如果无法逃离，那么其将作为食物被大型食草动物无意识地采食，从而对生活在茎叶上昆虫的多度和丰富度带来负向效应。对于个体数量本来就少的种群，大型食草动物的采食可能使其发生灭绝的风险，故而最终降低昆虫的多样性。然而以上结论仅是通过模拟采食实验验证了这种负向效应，还有待实验性研究加以验证（Humbert等，2009）。

大型食草动物在采食过程中对植物的践踏也是影响昆虫多样性的一个重要因素。践踏过程直接致使部分昆虫死亡；对植物组织的损伤使植物容易掉落，从而破坏了昆虫的产卵生境；提高了草地土壤紧实度，降低了土壤含水量，对于在土壤中产卵的昆虫而言，增加了其产卵的难度。因此，动物践踏影响昆虫的生存和产卵行为，从而使昆虫多样性发生变化（Cumming和Cumming，2003）。当然，昆虫为了应对大型食草动物的采食和践踏对其种群数量的影响，也会采取迁离措施来寻找新的产卵和栖息的生境。

大型食草动物在放牧过程中产生的粪便是直接作用于昆虫多样性的第3个因素。对于腐食性昆虫，例如，草原甲虫，大量的食草动物粪便对其具有正向影响。然而，在过度放牧状况下，这种正向效应会变为负向效应。但是，放牧产生的粪便与甲虫多样性间的关系并未在实验层面得到验证，主要原因是大型食草动物粪便分布具有异质性，难以辨析甲虫多样性的变化是否受粪便的影响。其次，用于甲虫调查的"陷阱法"不能准确统计甲虫数量的变化，使实验的可操作性受到限制。因此，关于甲虫多样性的调查方法还有待改进。

（二）放牧对昆虫多样性的间接作用途径

1. 改变植物群落组成　适度放牧通过粪便增加土壤养分，减弱物种间对光资源的不对称性竞争，增加冠层底部的透光率和通气性，从而改变植物群落组成，增加植物多样性。昆虫作为初级消费者或者分解者势必与植物存在密切的关联，有研究表明，植物多样性与植食性昆虫以及寄生性昆虫多样性间存在正相关关系（Ebeling等，2011）。例如，在温带草地生态系统中，大型食草动物的采食使禾本科物种的占比增加，从而使与禾本科相关的植食昆虫的多度与丰度增加。放牧除引发昆虫喜食植物种的盖度增加外，亦会改变植物的营养含量特性，引发部分物种营养含量的变化，从而导致昆虫数量增加或减少（Moran，2014）。例如，放牧降低了蝗虫喜食植物的营养含量，从而使蝗虫数量减少。可见，放牧通过作用于植物群落组成及营养含量间接影响昆虫多样性。

尽管如此，也有研究结果显示大型食草动物对植物多样性影响并不大，但昆虫多样性却发生显著变化。该研究表明，植物群落组成或植物多样性并不是影响昆虫多样性的关键因素。造成该结果的可能原因是，放牧对植物群落的影响通常是长期作用的结果，短期放牧不会对群落结构造成强烈的影响。故而，关于放牧-植物群落组成-昆虫多样性内在联系的研究，需要通过长时间的监测来探究植物群落组成与昆虫多样性间的关系。

2. 植物群落结构改变导致的微生境变化　植物群落结构的变化会改变群落中植株个体的高矮、需水量不同物种的占比变化，从而导致地表覆盖度、冠层地表透光率、土壤含水量和冠层空气湿度等微生境因子的改变。放牧使冠层变矮，冠层底部的透光率增加，地表温度升高，而这些微生境的改变会影响到昆虫的产卵及幼虫的成长。高的土壤温度有利于喜好高温并在其中产卵和发育的昆虫。例如，蝗虫、蝴蝶幼虫的发育均喜好高温环境（颜忠诚等，1998）。相反，喜欢低温环境的昆虫，高的植物冠层高度和密闭群落可以为其提供一个适宜的温度区。另外，高的冠层高度可以为昆虫提供更多的食物以及降低被天敌捕食的风险。故而，相较于低矮的冠丛，高的冠层群落中通常会居住更多的昆虫。

对昆虫多样性驱动因素的研究，除了关注植物多样性与群落组成，还应加强对植被空间异质性影响的认识。例如，在小尺度范围下，放牧使植被异质性降低，而在大尺度范围则会增加异质性。然而，放牧对草地昆虫多样性的影响是否存在尺度依赖还未有相关确切研究。因此，未来要加强对不同空间尺度上放牧对植被异质性的作用、异质性变化与昆虫多样性关系等内容的研究，有助于理解大型草食动物对草地昆虫多样性的影响。

第五节　放牧对草地病害的影响

草地病害的发生需要存在病原菌、寄主植物、适宜病菌存活的环境这三个条件。生物在进化过程中经自然选择呈现出一种平衡、共存的状态，然而人类生产活动的干扰打破了这种平衡，使病原菌-植物-微环境间的相互关系发生改变，最终导致草地病害的发生与发展。而在植物、病原菌和环境组成的病害三角关系中，对草地利用方式、强度和频度的不同势必会影响植物病害的发生与组成，该机制可用草地利用方式对草地病害影响的生态效应图进行概括（图9-4）。例如，放牧、围封、刈割等草地利用方式通过改变家畜活动影响土壤理化特性，引发地上植被种间关系的改变而导致群落结构的变化。在这三者的综合作用下，病原菌-植物-微环境间的相互关系发生改变，最终影响草地病害的发生与发展过程。

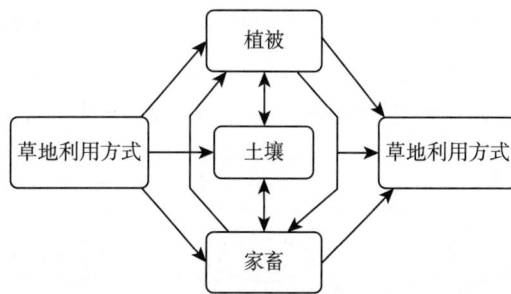

图9-4　草地利用方式对草地病害的影响
（引自刘勇等，2016）

一、植物群落多样性对病害的影响

（一）物种丰富度对病害的影响

研究表明，当物种丰富度从1提高到24时，病原菌侵染所导致的病斑面积会从11.7%降低到4.3%。可见，植物病害暴发中的一个基本规律是草地植物病害发病率以及严重度随着物种丰富度的增加而降低，特别是对于专一性病原菌而言，该作用更为显著。造成这一现象的原因首先是，在高物种丰富度情况下，物种间具有不同的遗传背景，抵抗被同一病原菌感染的能力存在差异，从而构建了切断病原菌传播的途径。其次，物种丰富度的增加缓解了种内竞争，降低了病害的发生。例如，在栽培草地，红豆草、无芒雀麦及和田苜蓿的混播，可显著降低苜蓿的黑茎病、褐斑病，以及红豆草的茎斑病与叶斑病的发病率和病情指数。当然，如果群落中增加的植物是病原菌的转主寄主，那么将会促进病原菌的繁殖并导致病害的发生。若这些植物不是转主寄主，则会阻止病原菌的传播与扩散，降低病害的发生。

（二）植物密度对病害的影响

针对农业和林业生态系统，大量研究表明植株密度与植物病害的发生存在正相关关系，特别是真菌侵染所引发的病害。在草地生态系统中，通常物种组成较丰富，种间、种内关系相对复杂，该类研究并不多，但在理论上植株密度与植物病害间亦应当存在这种关系。可能的原因主要有3点：①寄主密度增大使种内竞争加剧，种内对于养分、水和光照资源的竞争强度增大，植株需要分配多的能量用于对资源的竞争，相应用于抵抗病原菌的能量减少，导致病害暴发。②寄主密度的增大使个体间的距离缩短，有利于病原菌在寄主间的传播，提高了个体被感染的概率。③高的植株密度导致冠层内透光率、气体流动性、温度、空气相对湿度、土壤含水量等微生境因子发生改变，这些微生境的变化尤其会影响通过空气传播的病原菌的扩散。例如，研究发现胡枝子锈病的发病率与其密度呈显著正相关。

二、放牧对草地植物病害的影响

放牧过程通过采食、践踏和排泄，改变病原菌、寄主植物、适宜病菌存活环境3个条件间的关系，对草原病害的发生产生影响（图9-5）。由于种的特异性以及放牧方式的差异，这种影响包括正向效应与负向效应。正向效应是指通过草食动物对病株的采食，清除或减少病原菌，从而控制植物病害的发生（Gray等，2004）；负向效应是草食动物的采食使植物产生伤口，增加被真菌感染的概率，导致病害暴发（Blackwell等，2009）。

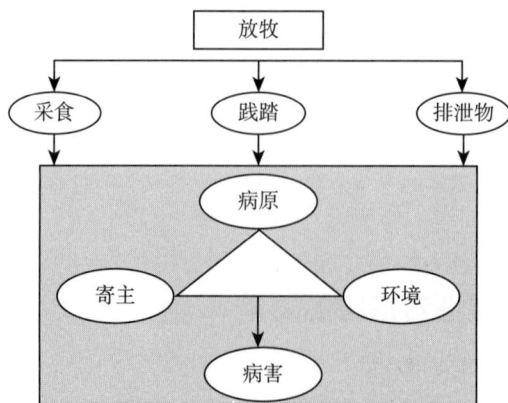

图9-5　放牧对草地植物病害的影响机制

(一) 放牧减轻草地植物病害的发生

放牧减轻草地植物病害的原因，首先可能是食草动物的采食减少或消除了病原菌；其次，高强度的放牧缩短了寄主植物的生长期，从而降低了被病原菌感染的机会和概率，能够减轻草地植物病害的发生概率。例如，当放牧率提高至每公顷 8.7 只羊单位时，长芒草叶斑病、胡枝子锈病、乳浆大戟锈病和蒲公英白粉病等 4 种病害的发病率及病情指数均显著降低（刘日出，2011）。

除放牧强度外，不同放牧家畜类型对草地病害发生的影响也不相同，其原因是食草动物之间存在营养生态位的分化，不同家畜喜食的植物不同，从而改变群落的优势种与亚优势种的配比，引发草地植物病原菌的累积变化。例如，羊轮牧使黑麦草-白三叶草人工草地中三叶草褐斑病、锈病的病情指数分别下降了 72% 和 57%，而牛轮牧则使三叶草叶斑病的严重度下降了 97%。此外，牛的放牧周期较羊的长，容易为植物病原菌积累创造条件。

植物在被食草动物采食的过程中，也会采取相应的防御措施，增高次生代谢物质的产生，如含氮化合物、酚类、萜类化合物等。其中含氮化合物中的生物碱在食草动物体内影响其生理过程，阻止 DNA、RNA 和蛋白质等的合成，阻碍膜运输和酶功能，或者封闭神经组织的受体。草食性动物通过采食进而刺激寄主植物对病原菌产生抗性，阻碍病原真菌的侵染，最终降低草地植物病害的发生。如绿翅齿胫叶甲采食钝叶酸模时，由病原菌柱隔孢属、黑星菌属和单胞锈菌属侵染导致病斑面积分别降低了 22.4%、39.4% 和 44.7%。

(二) 放牧增加草地植物病害的发生

由于物种的特异性，放牧并不适合防治所有草地植物病害，有时甚至会加重草地植物病害的发生。家畜的采食使植物产生伤口，增加了其被病原真菌感染的概率。研究发现当植株有伤口出现时，病原真菌更易于侵染成功，发病率为 40%～100%。在盐碱沼泽草地，病原真菌也易侵染经家畜采食的植物，侵染率可达 23%～36%，但未被采食的草地植物基本无病原真菌侵染（García‑Guzmán 等，2001）。此外，家畜的采食行为使含有病原孢子的粪便沉积在伤口处，可能导致病害发生。另外，放牧改变草地土壤中大量营养元素的含量，也会影响植物病害发生过程。例如，有研究指出放牧家畜排泄使氮沉积，导致植物多样性降低，从而加重植物病害。

三、刈割对草地病害的影响

刈割对草地病害的影响与放牧的影响相似，既可能有效地控制病害的发生，也可能加重病害发生。就刈割减少病害发生而言，主要原因是刈割减少了病原菌，阻止了真菌的持续侵入与定植，从而减少了病害的发生。例如，刈割可以降低草食动物多样性、移除寄主植物和病原体，草地病害也随之减少（Fischer 等，2012）。还有研究表明，提前刈割可有效延缓病害的发展，如 6 月中旬提前刈割，再生苜蓿的锈病病叶率为 10%，病情指数为 3.5，而未刈割区的病叶率为 33%，病情指数为 12.3，故提前刈割可使苜蓿锈病的防控效果达到 70%（侯天爵等，1996）。也有研究表明，苜蓿刈割过早会导致第 2 茬的发病较重，而第 2 茬苜蓿及时刈割则可明显减缓第 3 茬的发病程度（史娟等，2006）。另外，无论在绛三叶草冠/茎腐病较高还是较低发病条件下，刈割均可降低病害的发生，尤其是上年11月刈割，可显著降低绛三叶草冠腐病和茎腐病在翌年的发生。可见，适宜的刈割时期能增强草地植物抗病害的能力，刈割过早或过晚都可能加重某些病害。

刈割增加病害发生的主要原因是，在刈割过程中，附着在刈割工具上的病原真菌孢子侵入了刈割伤口，加快了传播使病害爆发。如有研究发现，未刈割小区山黧豆白粉病发病率低于刈割小区。但是，无论何时刈割，均会移去大量的营养物质，造成草坪肥力降低，容易发生低肥力相关病害。

四、焚烧对草地病害的影响

焚烧可清除冠层底部的枯枝残株，打破草皮的板结状态，增加土壤中空气、水分和热量的通透性，改良土壤的物理状态（刘若，1998）；同时，可以促进残体有机物的营养元素释放，加快物质循环速度，提高牧草的产量和品质。此外，在焚烧过程中土壤微生物数量降低，土传病害发生减少（陈亮等，2012）。研究发现，火烧小区 N_2O 排放量增加，植物对碳的利用增加，病害减少，牧草产量和品质随之提高。同时，焚烧牧草残茬可减少病原菌对新生季植株的感染，促进当地牧草的生长。例如，南志标在甘肃山丹军马场工作期间，每年早春牧草返青前均对残茬焚烧，不仅减轻了病虫危害，也加速了牧草春季生长，提高了牧草产量（南志标，2001）。加拿大也曾通过焚烧成功控制了黑茎病以及蚜虫的危害。此外，焚烧亦是消灭菟丝子危害的有效措施。

第六节　草地合理的放牧管理技术

草地适当的放牧可维持草地生态系统的稳定性，禁止放牧会加快草地生态系统的正向演替。因此，适当的放牧是必需的。放牧可以通过家畜的采食、践踏、排泄等活动影响牧草生长、群落结构和物种多样性，维持草地生态系统的生态功能和服务功能。过度放牧会促进草地生态系统的逆向演替，致使草地植被覆盖度降低，物种结构以毒杂草为主，伴随着风蚀和水蚀造成土壤营养物质的流失，丧失草地生态系统的生态与服务功能。因此，要合理利用放牧地，正确认识和把握放牧草地演替的规律，让草地向有利于畜牧业生产的方向发展，保证草地畜牧业的稳定、优质、高产、低损耗。

一、草地放牧管理的目的、原理和意义

合理的放牧可以控制家畜对植物的采食频度和强度，利用放牧管理措施可以促进牧草生长，增加草地生态系统的物质、能量转化率，从而提高畜产品的最终产量。因此，为了获得最大和持续化的牧草产量，适宜的放牧强度和放牧方式是提高生产效率和经济效益的关键手段。

（一）放牧制度

放牧制度是指放牧管理的组织体系。它根据草地生态系统中的能量与物质流动规律，在进行草地围栏、供水系统、清除灌木和播种优良牧草等建设的基础上，进行草地的放牧与休闲在时间和空间上的科学组合，结合对放牧强度和放牧频率的调整，促使牧草的生长

与家畜营养的需要在数量上和质量上达到平衡。

制定放牧制度，需考虑气候、土壤、植被、家畜、野生动物和其他草地资源条件。Kothmann 等（1984）将放牧制度划分为延迟轮牧、休闲轮牧、高强度低频度轮牧和短周期轮牧。其中，为恢复植被而设计的高强度低频度轮牧在 20 世纪 60 年代被广泛使用，也称为高强度利用放牧或无选择放牧。虽然该放牧方式能改善植被，但对家畜的营养效果较差。后来 Booysen 在高强度低频度轮牧的基础上提出了短周期放牧制度，虽然采用高放牧密度，但放牧压力因放牧期缩短而降低。较短的放牧期和中度的采食，使休闲期缩短，家畜可以获得成熟度较低的新鲜牧草，表现出日粮质量的显著提高。后来，短周期放牧被优化为短周期轮牧。这种放牧制度的特点包括多次放牧、高载畜密度和放牧期缩短，使得放牧和休闲期长度随着季节变化和草地状况而调整。短周期轮牧能使草地植被组成向适口性强、营养价值高、种类丰富的优良牧草方向发展。通过家畜的"践踏活动"改善土壤结构，促进优良牧草种子入土萌发，加快水分和养分循环，还可控制关键植物种的采食强度、频度和时间。

（二）草地载畜量

草地载畜量的概念由人口承载力衍生而来。20 世纪初 Hadwen 和 Palmer 将"承载力"一词引入草原管理学，并由此衍生出载畜量的科学含义：在草地资源不受破坏的条件下，特定时期内一定面积的草地能够承载的家畜数量。后来关于草地载畜量的概念逐渐被植被生态学家 Sampon（1923）所完善：在草地牧草被（家畜）正常采食而不影响下一生长季草地产草量的条件下，一定面积的草地能够承载的一种或多种家畜的数量。1945 年 Dasmann 将这一概念精确化，提出草地载畜量是在草地牧草和放牧家畜的生长不受影响、土壤资源不受破坏的条件下，年际波动（主要指产草量）的草原能够负荷的同种家畜的最大数量。1964 年美国草原学会规定了载畜量的标准，即每年最长放牧时间内，一定土地面积上存活的最大家畜数量（并不意味着持续生产）。在草原管理学中，它与载牧量的含义基本相同。其后，美国草原学会于 1989 年又将这一标准进行了修订，提出载畜（牧）量是以饲草（料）资源为基础（包括粗料和精料），在一定土地面积上承载的家畜总数。我国的载畜量概念产生于 20 世纪 80 年代。我国草原学家任继周在借鉴和参阅国外文献的基础上于 1985 年得出了载畜量的综合概念，即单位时间内单位草地面积可以正常养活的家畜数量。由此提出了载畜量的准确表示方法，分为时间单位法、面积单位法和家畜单位法（董世魁，1998）。

载畜量与草原管理学中的放牧率、放牧密度、放牧密度指数、放牧压力和放牧强度等概念有相关性，容易相互混淆。放牧率或载畜率，也叫放牧密度，指单位时间内单位草地面积上的放牧家畜头数（单位与载畜量相同）；从含义上讲，它是草地的实际载畜量。载畜量可以理解为放牧率的额定标准（上限），是最适放牧压力下的放牧率、不破坏植被和相关资源条件下的最大放牧率，以及不破坏植被土壤和相关资源且不影响家畜生产条件下的最大放牧率。从放牧率与载畜量的关系可以看出，载畜量是放牧率的额定标准。当放牧率高于载畜量时，放牧压力和植物再生能力之间的平衡关系被破坏，即放牧系统的草畜"供求平衡"关系被打破，草地基况变差，这就是所谓的草地超载过牧。放牧密度指数是草地载畜量的一种比较单位，指一定时间内一次可以负担一定数量家畜的份额。放牧压力也叫放牧强度，是指单位面积可食牧草放牧家畜的数量。

（三）放牧强度

放牧草地表现出来的放牧轻重程度叫放牧强度。生产中通常把放牧强度分为五级（表9-8）。放牧强度与放牧家畜的头数及放牧时间有密切关系。通常，放牧利用率的表示方法为：放牧利用率＝（应该采食的牧草重量/牧草总产量）×100％。国外对草地放牧利用强度一般规定为自由放牧草地的牧草利用率为50％左右，我国大多数草地的适宜利用率在50％～60％，若高于该值则出现重牧，低于则出现轻牧。

表9-8 放牧地按放牧强度的分级

分级	利用状况	表现特征
第一级	不放牧或长久放牧过轻	有大量的枯草倒状，腐烂，土壤变黑呈酸性，在较潮湿处有灌丛生长，高大杂草如蒿属植物等大量生长
第二级	放牧适当	群落分组正常，无畜蹄践踏的沟纹，植物生长旺盛
第三级	放牧稍重	在干旱草原，杂类草及几种高大的优良禾本科草的生长受到抑制，羊茅类增多，出现畜蹄践踏的沟纹，在山坡地尤为明显，植被成分与第二级无明显差异，但产量降低，有水土冲刷现象
第四级	放牧过重	优良牧草明显减少，杂草和毒草增加，畜蹄践踏的沟纹大量出现，中等雨量就可造成水土冲刷，有些地方表土已全部消失，优良牧草已少见，毒草大量存在
第五级	放牧过度严重	山坡上畜蹄践踏的沟纹密如网，平地也很密集，表面熟土冲刷尽失或土质裸露，草地已到了毁灭性破坏的阶段

二、草地放牧模式

历史上的草地放牧方式就本质而言，可分为自由放牧和计划放牧（划区轮牧）（孙吉雄，2000）。

（一）自由放牧

自由放牧对放牧草地不做规划，畜群无特定管理，牧工可随意驱赶畜群，通常在较大的草地范围内任意放牧。自由放牧的方式有连续放牧、羁绊放牧、就地宿营放牧等形式。

1. 连续放牧 是指在整个放牧季甚至全年在同一放牧地上连续不断地放牧。连续放牧属于传统粗放的草地经营方式。连续放牧会造成草地的退化，生产力降低，优良牧草占比降低。这种放牧方式只可在草地载畜量很低的条件下采用。

2. 羁绊放牧 是对一些种畜或病畜采用二脚绊或三脚绊将牲畜羁绊，有时也将2～3只牲畜以缰绳相牵连，使它们不便走远，但仍可以在放牧地上缓慢行动，自由觅食。

3. 就地宿营放牧 即牲畜放牧到哪就宿营到哪，且放牧地区无严格次序。就本质而言，它是连续放牧的一种改进。因经常更换宿营地，畜粪尿散布均匀，对草地有利，并可减轻螨病和腐蹄病的感染，有利于畜体健康；又因走路少，家畜热能消耗低，可提高畜产品产量。

（二）计划放牧

计划放牧将家畜采食和草地休闲交替，减轻了家畜选择性采食的影响。计划放牧较自由放牧的优势一方面可以影响家畜的采食方式，另一方面可以使植被群落组成在有规律的采食间隔中得以优化。

1. 一般的划区轮牧　划区轮牧将草地划为若干小区，按照逐区采食、轮回利用的方式利用草地。划区轮牧为有计划的放牧，具有提高家畜生产、防止草地退化、改善草地状况和保障经济发展与保护生态环境的特点，通常被认为是一种实现草地持续利用的有效方法。划区轮牧最大的优点是在不造成草地退化的情况下，提高了草地的载畜量。划区轮牧充分考虑到牧草的生物学特性，降低了家畜在选择性采食过程中对草地的践踏干扰强度，使草地在利用中得到有效恢复。

2. 混合畜群的划区轮牧　混合放牧是指同时放牧两种或两种以上家畜。由于不同家畜采食习性的差异，混合放牧减少了畜群对同一种牧草的竞争，提高了多种牧草被采食的机会，达到牧草被均匀采食、提高牧草利用率的效果。例如，牛羊的混合放牧过程中，牛喜欢采食高大禾本科牧草，而矮小的禾本科牧草、阔叶杂类草和灌木则是绵羊和山羊所喜食的。同时，绵羊和山羊对阔叶杂草和灌木采食也促进了禾本科牧草的生长。作为草地管理的一种主要手段，利用山羊来控制杂草和灌木生长已被国外草地畜牧业发达国家所采用。混合放牧是目前草地管理利用中最经济有效的方式，在同一面积的草地放牧，混合放牧可比单一家畜放牧提高 $10\% \sim 25\%$ 的载畜量，并免除了由于杂草、灌木的侵入而使用化学药物防治引起的污染以及人工、机械清除的费用。

3. 小区围栏放牧　是将轮牧分区再次划分为若干等面积小区，每个小区的储草量供畜群几天食用。小区放牧过后立即追施氮肥，然后依次反复。施肥量取决于再次利用间隔的时间，一般按 2.5 千克/公顷计。小区围栏放牧通过"放牧"与"培育"交替展开，在每次放牧后尽快施入氮肥，以促进牧草生长。当放牧后的草生长高度为 $15 \sim 20$ 厘米时，再次进行放牧。

4. 季节放牧模式　每年依据季节的更替轮流更换放牧草地的利用方式称作季节放牧。这种放牧模式常被用在草地广阔又全年放牧的牧区，可以比较均匀地利用草场，保证牲畜在全年各个时期均有足够的牧场和饲料供应，以便充分利用所有放牧地。而且，在全年放牧情况下，按放牧地的季节适宜性划分季节牧地可以满足不同条件下牲畜对各种放牧地的需要。

划分季节牧地需要依据草地的自然条件如地形地势、植被状况、水源分布等，目的是使划分的各个放牧地段能适宜于家畜在各个季节利用。各季放牧地应具备的条件如表 9-9 所示。

表 9-9　各季放牧地应具备的条件

牧场类别	应具备的条件
冬季放牧地	应安置在低凹避风向阳的地段，牧地要求植物枝叶保存良好，覆盖度较大，植株高大不易被雪埋没，距居民点、割草地、饲料地及基本草地较近，居民点附近应有水源，以便人畜饮水，必须具备一定的棚圈设备

（续）

牧场类别	应具备的条件
春季放牧地	基本要求与冬季牧地相似，但要求牧地开阔、向阳、风小、植物萌发较早
夏季放牧地	牧地应选择在地势较高、凉爽通风、牧草较低矮又无蚊蝇的高坡、台地、岗地和梁地等，同时要求水源充沛，植物生长旺盛、种类较多而质地柔嫩的草地
秋季放牧地	牧地宜安排在地势较低、平坦开阔的川地和滩地上，牧草应多汁而枯黄较晚，水源条件中等，牧场可离居民点稍远
四季放牧地	在草地面积较大、植被覆盖率高、牧草产量高、冬季有积雪、水源丰富的草原地区，可划分为四季使用，其中冬牧地通常利用缺水草原
三季放牧地	在草地地形较为一致或草地面积宽裕、草地资源组合比较单一的地区采用，如新疆以冬、春季为一季，组成冬春、夏、秋季放牧地，甘肃、宁夏西北区还采用冬、春、夏或冬夏、春、秋三季放牧地两种形式
两季放牧地	在西北山地和内蒙古中、西部广泛采用，最常见的两季放牧地是冬春、夏秋两季，冬春场可选择在草高避风、靠近居民点的谷地、湖盆、沙地草地上，而夏秋场则安排在起伏的高山、丘陵、岗地、台地和平原草地上
不分季节的全年放牧地	主要用于草地狭小，无法进行四级放牧地划分的半农半牧区，亦可在有限的草地面积内根据放牧地特点做到有计划使用，如春放阳坡、夏放阴坡、秋放茬地、冬放洼地等

三、草地放牧管理技术

实现放牧草地可持续利用的原则是适度、适时放牧，即根据草地面积、牧草生长情况、牧草利用率及牲畜采食量决定放牧的时间和数量。这样既能保护草地，又可以促进畜群的稳步发展。

（一）适宜的载畜量和放牧利用率

实现合理的草地放牧利用率受草场类型和环境条件的影响。对于牧草耐牧性强的草场，利用率可稍高，耐牧性低则应降低利用率。在没有风蚀水蚀的地区，草地利用率可高些，但在水土冲刷严重或存在水土冲刷危险的地段，草地利用率应低些。对于草地植被品质不良、适口性较差的牧场，利用率宜低，反之则可高些。

在早春或晚秋以及干旱、病虫灾害发生时期，一般规定草地利用率为 $40\%\sim50\%$，正常情况下自由放牧利用率为 $50\%\sim60\%$，划区轮牧的利用率为 85%，四季放牧为 $65\%\sim70\%$。为保持水土，在不同坡度的牧场应有不同利用率。通常，坡度越大利用率越小，二者的关系见表 9-10。

（二）适宜放牧时间的确定

过早放牧会给草地带来危害，过晚放牧则使牧草粗老，适口性和营养价值均会降低。为了合理利用和培育放牧地，防止草场退化，必须掌握好放牧时间，避免因放牧时期不当使草地遭到破坏。在确定适宜放牧期时，应考虑土壤因素和牧草生长状况。就土壤因素而言，土壤水分不可过多。一般在潮湿草地上，人畜过后不留足印（土壤含水量为50%～60%）即可开始放牧。适宜放牧的时期还应根据牧草的生育状况而定。例如，对于以禾本科为建群种的草地或人工构建的禾本科草地，应在禾本科牧草开始抽茎时放牧；对于以豆科和杂类草为建群种的草地，腋芽（或侧枝）发生时即可放牧；以莎草科为优势种的放牧草地，应在分蘖停止或叶片生长到成熟大小时开始放牧。放牧结束时间通常以牧草生长结束前的30天较为适宜。

表 9-10　坡度与草地放牧利用率

100 米内升高的高度/米	牧草适宜剩余量/%
60	50
30～60	40
10～30	30

（三）适宜的牧草留茬高度

适宜的放牧草地留茬高度是对草地资源合理利用的关键。留茬过低为过度放牧的表征。例如，当留茬高度为4～5厘米时，在高产时牧草采食率可达到94%左右，在低产时牧草采食率可达到60%左右。不同的草地类型，牧草的留茬高度存在差异，常见的草地适宜放牧留茬高度见表9-11。

表 9-11　各类草地适宜放牧留茬高度

草地类型	适宜放牧留茬高度/厘米
森林草原	4～5
湿润草原	4～5
干旱草原	4～5
荒漠草原	2～3
半荒漠草原	2～3
高山草原	2～3
播种的多年生草地	5～6
翻耕前 2～3 年前的人工草地	1～2

（四）四季放牧技术

1. 春季放牧　春季放牧地应选择在枯草多的地方。待草地复苏后，选择在牧草生长较快的低处和阳坡草地放牧。待大部分牧草萌生后，实行计划放牧。

2. 夏季放牧　夏季高温多雨，家畜可能出现中暑现象。首先，应选择早晚放牧，中午在阴凉通风处让牲畜休息。其次，放牧地点应靠近水源，保证充足的水源供给，避免家畜因长途跋涉饮水而消耗过多的体力。

3. 秋季放牧　秋季放牧可通过早出晚归延长牲畜采食草料的时间。选择放牧地点时，尽量选在禾本科物种占优势的区域。可通过牲畜采食牧草种子增加家畜在秋季的上膘率。

4. 冬季放牧 冬季时节牧草枯黄，营养含量下降，此时，放牧地点选择海拔低且仍有大量青草和不落叶灌木的地方为宜。对于幼崽和孕期雌性牲畜，以舍饲方式最佳。其他家畜也应晚出早归，避免在雨雪天气外出放牧。

第十章 甘南高寒草地生态系统可持续管理与展望

第一节 天然草地生态系统的可持续管理

高原地区的生态环境对全国乃至全球生态环境有着重大影响。鉴于甘南草原在全国生态环境中的重要地位，在黄河流域生态保护和高质量发展、山水林田湖草沙冰系统治理和生态文明战略等国家重大战略深入实施过程中，应以脆弱生态环境保护建设和退化高寒生态系统的整治为根本和切入点，在生态优先的前提下谋求经济与社会的发展，以实现甘南高寒生态系统人与自然的和谐相处及可持续发展。

一、生态系统可持续管理的概念

生态系统可持续管理是以生态系统结构、功能和过程的可持续性，以及社会和经济的可持续性为目标采取的综合资源管理手段，以实现生态系统健康、提升生态系统的生产力和恢复力、增加生态系统的生物多样性、保证生态系统的完整性等为目的。于贵瑞（2001）认为生态系统管理是以保护生态系统可持续性为总体目标。由于分目标之间存在内容的重叠或者相冲突的地方，需要首先确定目标的优先性以及目标间的关联性。然而，在生态系统管理的政策和项目中，可持续的原理仍旧体现得太少，同时也没有行之有效的方法来确保生态系统可持续性总体目标的实现。因此，弄清生态系统可持续管理的原理和方法对于实现生态系统的社会、经济和生态目标具有重要的理论和实践意义。

二、生态系统可持续管理的原理和方法

生态系统可持续管理是一个动态变化、不断完善的过程。生态管理目标之间通常存在关联和冲突，且目标不应只是适应当时条件的一时目标，而是可持续的长远目标。因此，在执行时首先需要构建管理目标体系，在确定总体目标及其分目标时，需要明确目标不是针对某方面的单个目标，而是一个有层级结构的针对整个生态系统的目标体系。这种层级结构不仅体现在空间尺度上，也体现在时间尺度上，即由长期、中期和短期目标，以及核心空间尺度和邻近空间尺度的目标共同构成一个综合的目标体系。然后，确定相应的管理尺度，依据管理对象的具体情况制定管理规划，同时结合社会目标做出管理决策或选择执

行管理决策。再通过对执行情况的监测和评价，修改管理目标，从而不断循环修正制定目标。尽管国内、国外都有若干关于生态可持续性的评价指标体系，但由于研究对象和侧重点的差异，相关可持续性评价的指标体系差异很大。因此，需要根据所研究生态系统的特性，制定切实可行的管理目标及评价体系。

三、天然草地生态系统可持续管理的方法

（一）强化草地畜牧业自然生态-人文社会耦合系统的构建

随着全球变暖的加剧，青藏高原目前正在发生着持续的环境变化。温度上升使青藏高原冰川加速退缩，极大地影响区域气候过程和大气环流运动，以及区域水循环和水资源条件。同时，青藏高原所处区域气候严酷，环境因子常常处于临界阈值状态，环境因子的微小波动将导致高原生态系统的格局、过程与功能改变，例如，林线波动、草场退化、气候-土壤-植被间关系改变和生物多样性的下降等。主要的生态危害包括 4 个方面：首先，草场的过度放牧使草原生态环境恶化；其次，草原牧区滥挖乱采现象严重，在牧区将半灌木、灌木、乔木和草皮作为薪柴的大肆砍伐，对牧区的植被造成了严重破坏；再者是草原牧区虫鼠的危害；最后是毒草的泛滥，长期过牧使毒草危害越发严重，加剧草原退化。

草地畜牧业具有自身脆弱敏感性的内因，而人为过度干扰与全球气候变化等外因则带来更大的挑战和威胁，严重影响了草地畜牧业的可持续发展。近年来，部分学者提出了用自然生态-人文社会耦合系统的理论和方法来促进草地畜牧业的可持续发展。通过整合自然科学、社会科学、管理科学等多学科，科研部门、管理部门、技术推广部门等多部门，以及多相关利益群体（政府部门、科技社团、农牧民群众）的力量，共同开展多方位、多尺度、多领域的综合性研究和管理实践，构建草地畜牧业生产和牧业文明可持续发展的自然-人文耦合系统模式。

从保护与可持续发展的双重角度出发，针对高原草原地区的特殊性和生态-生产-生活承载力关系，尊重自然规律和科学发展观，应提出区域草地生态畜牧业产业发展的总体定位、发展格局和发展目标，并提出与资源优化配置及生态环境建设相适应的生态型产业体系和产业结构调整与优化布局方案。对建设方案的实施过程进行动态滚动监测评估，对实施效果进行滚动预警，对天然草地区域实施草地资源的合理利用，适度建植人工草地来提高草畜平衡点；在农牧交错区则以建设稳产高产的人工草地为主，实现饲草料加工产品的商品化，使广大牧民逐渐接受冷季以舍饲圈养为主的生产方式，形成饲草料基地建设、草产品加工、牲畜的舍饲育肥、畜产品加工及销售的完整生产体系和产业链，把甘南牧区建设成为生态、生产、生活共同繁荣的区域。

与此同时，还应加强以牧民为主体的公众参与及传统知识、民间组织、乡规名约的作用。通过鼓励当地牧民群众利用传统的牧业知识，建立有序的社区管理机构和有力的民间制度体系，保障草地资源的永续利用和草地畜牧业的可持续发展，保障牧民生计的同时实现草牧业文明的延续。

（二）重建放牧系统单元

1. 放牧系统单元 由任继周等（2011）首次提出，定义为放牧过程中形成的草地、家畜、人居三位一体的共生体和稳定格局。放牧系统单元可以通过草地、家畜和人居 3 个

要素，体现生产、生计及生态 3 大功能（图 10 - 1）。其中，放牧系统单元的功能包括支持（如土壤保持）、供给（如草畜产品）、调节（如气候调节）、文化（如文化传承）等多种服务功能。

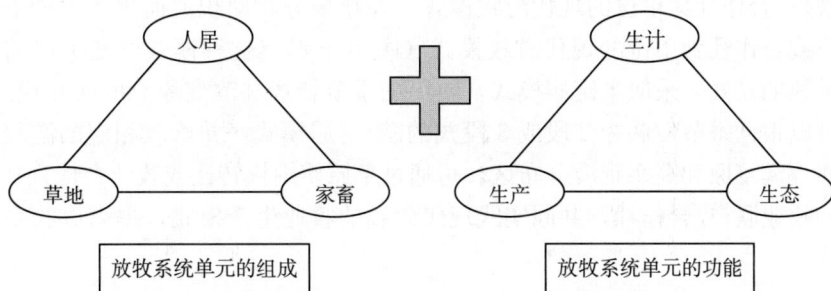

图 10 - 1　放牧系统单元的组成与功能
（引自董世魁等，2020）

改革开放后，初步形成了"以草定畜、草畜平衡、增草增畜、畜草同步发展"的机制。然而"草地、家畜双承包责任制"忽视了人居因子，人口和家畜数量激增使得草地过牧现象严重，放牧系统单元的草地、畜群、人居关系逐渐失衡，出现草地退化、牧业衰退、牧民返贫等一系列环境与社会问题。

牧民意识到承包到户的弊端后也采取了一定的应对措施，如"单户承包、联户经营"。目前，草地联户经营在甘南玛曲非常普遍，并有很多成功案例。但是，这一草地优化利用模式在很多情况下得不到当地政府的承认，相应的政策设计仍然按照单户经营模式执行，致使政策失灵或落实不力。据调查，2005 年在玛曲全县有联户经营意愿的牧户占 70%，联户率在 60% 以上。联户经营不仅具有生态效益高（牧业生产更符合牧草的时空差异规律）、牧业生产和草畜平衡监督成本低（内部频繁的合作和互助，内部协议的执行几乎是零成本，无需外部力量的介入）的优点，还兼具社会资源相对丰富（如人际关系、亲戚关系和文化娱乐设施等）的特点。但是联户经营内部也存在若干问题。

（1）联户规模小　联户经营存在容易解散的风险，整合牧业生产资源的能力弱。

（2）联户体内部约束机制不健全　联户之初，联户体内部没有强有力的约束协议，当矛盾激发时没有规章参考，易使联户解体。

（3）牧业资源占有不均　如有些牧户草多畜少，有些则恰恰相反。畜少草多牧户不愿意联户，而畜多草少牧户则非常愿意联户，但往往不愿意给予畜少草多的牧户补偿。因此，畜少草多的牧户一般会采取草地出租策略，而不是收取补偿费。

（4）围栏阻隔　草地上纵横交错的铁丝围栏很难使牧户之间达成草地兑换协议，从而给围栏相隔牧户的联户造成困难。

2. 放牧系统单元的重建　虽然"单户承包、联户经营"在指引草地畜牧业可持续发展过程中起到了一定的作用，但也存在其局限性。构建完善、稳定、健康的放牧系统单元是实现草地的生产、生计和生态的根基。因此，放牧系统单元的恢复重建是促进草原牧区草地畜牧业可持续发展的根本途径。

董世魁团队根据自然环境、社会经济条件的不同，采取因时因地分类设计出 3 种模式：联户/合作社为单位的现代游牧模式、家庭或小型牧场为单位的定居放牧模式、合作社/大型牧场为单位的划区轮牧模式。

（1）联户/合作社为单位的现代游牧模式　在草场分布面积大而生产力低下区域，适宜采用联户或合作社为单位的现代游牧模式（图 10-2）。这种模式改变了以前"居无定所"完全游牧的模式，采取半定居模式，牧民随季节转场并改变原有的居住模式。未来，现代游牧可以根据季节发展为 2 段或 3 段式的游-定居模式，并修改相应的游牧路线。在西部的高寒荒漠草原和高寒荒漠分布区，可通过草原使用权转让或牧业合作社建设，形成一定规模的牧业联户/合作社，共同实践现代游牧的牧业生产模式，提高放牧系统单元的功能与价值。

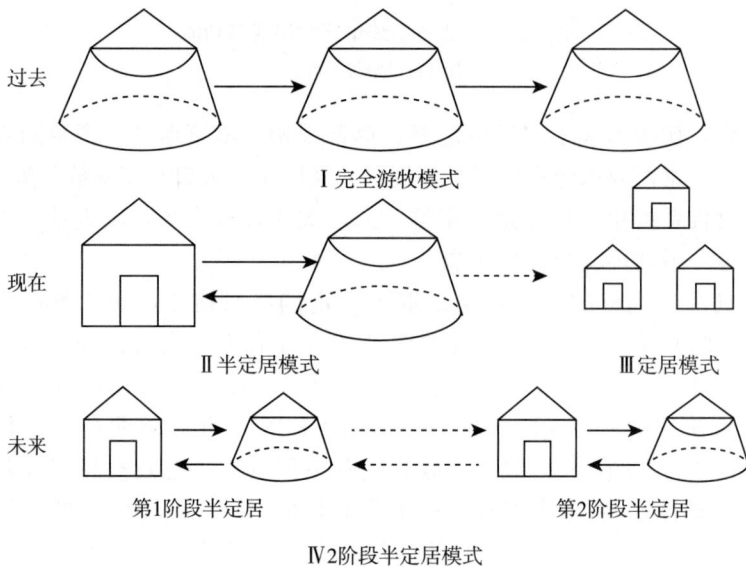

图 10-2　联户/合作社为单位的现代游牧模式
（引自董世魁等，2020）

（2）家庭或小型牧场为单位的定居放牧模式　在水热生境优越而草场面积小的高生产力区域，可采用家庭或小型牧场为单位的定居放牧模式。这种放牧系统单元主要以家庭或小型牧场为单位，以商品专业化生产为目的，采用放牧与舍饲相结合的生产方式，拥有一定的牧业生产规模，能够获得稳定的经济收入。在农牧交错区，可引导发展该模式。在农闲时期建植生育期短的牧草，作为舍饲原料或降低放牧强度。此外，在全国移民的背景下，我国现存弃耕地约 2 亿亩，该种放牧系统单元的构建可以将弃耕地"变废为宝"，实现土地资源的再利用，形成粮食、经济、饲料作物的三元结构。构建粮-草-畜的系统耦合响应了当下提倡的发展草地农业、藏粮于草的目标，既能有效提高家畜产量，又能改良土壤、控制杂草、节约劳力，将生态功能、粮食安全、经济效益集于一体。

（3）合作社/大型牧场为单位的划区轮牧模式　在草场面积广阔且生产力高的区域，适宜于发展合作社/大型牧场为单位的划区轮牧模式。遵循规模化、专业化、集约化的发展原则，采取大范围草地的季节轮牧和小范围草地的小区轮牧，实现草畜供需之时空平衡，促进草地资源的可持续利用。在保证畜牧业规模化生产的同时，达到环境保护与畜牧业产值增收的双赢目的。

（三）利用生态模型理论指导草地资源利用

草原的牧草资源是有限的，只有在利用的同时进行保护，才能够实现草原畜牧业的可持续发展。当前，牧民尚未全面树立科学放牧意识，不科学的放牧造成草原环境污染和牧草面积退化严重。

加强草原生态建设应首先从引导牧民的思想意识入手，改变传统盲目放牧的做法，加强牧民对草原生态环境的保护，避免在牧草再生期间放牧，从而留给牧草生长足够的时间。应当确定适当的放牧采食量（或者是确定一个采食范围），使得系统输出最多而又不危及永续利用。例如，可通过以下阻滞增长数学模型和 $K/2$ 值原理建立草地保护指标，探讨持续利用对策（杜国祯等，2001）。

1. 牧草资源种群阻滞增长模型　在环境条件制约下，牧草资源种群呈现阻滞增长。式（1）为种群阻滞增长机制的基本模型：

$$\frac{\mathrm{d}x}{\mathrm{d}t}=rx\left(1-\frac{x}{K}\right),\ r>0,\ K>0 \tag{1}$$
$$x(0)=x_0$$

其中：$\mathrm{d}x/\mathrm{d}t$ 表示牧草种群增长率；$x=x(t)$ 表示 t 时刻种群密度；r 为种群内禀增长率；K 为环境容纳量。参数 r 和 K 可利用观测统计数据计算确定。

用分离变量法求解上式得到资源种群增长特征曲线：

$$x=x(t)=\frac{K}{1+\left(\dfrac{K}{x_0}-1\right)e^{-n}} \tag{2}$$

由式（2）和特征曲线可知，模型描述的资源种群动态具有如下特性：

（a）资源种群的增长速率由快逐渐变慢，最后达到极限情况时速率趋于零而密度达到 K（环境容纳量）。

（b）增长特征曲线呈 S 形，拐点在 $x=K/2$ 处。

以上特征表明环境因素对种群增长具有抑制效应，大量试验观测结果也与这个模型的情况相吻合。

2. $K/2$ 值最大持续产量原理与管理对策　从生态学上看最大持续产量意味着牧草种群增长率应达到极大，并且种群数量应稳定在这一水平之上，从而使资源得到保护和永续利用。当种群密度 $x=K/2$ 时，增长率 $\mathrm{d}x/\mathrm{d}t$ 获得极大值 $rK/4$。因此，理论上只要收获量保持在 $rK/4$，就能使种群保持在 $K/2$ 水平上，从而使草地资源得到较好保护。

（四）转变传统生产方式

除牲畜放牧外，高寒草地传统的生产方式还有农牧交错区的农业发展等其他生产方式。进行传统生产方式转型是促进甘南草地生态系统可持续发展的方法之一。根据高原地区各生产方式的特点，解决好以下几个层面的耦合是实现草原畜牧业生产方式转变的关键：①不同生产层之间的系统耦合；②不同地区-生态系统类型之间的系统耦合；③不同专业之间的系统耦合。这三者的市场-生产流程新构建，形成了新时代草地畜牧业方式转变的主要特征。另外，建立稳定、高产的人工草地并加强冷季补饲，能够缓解枯黄期牧草供需矛盾。此外，还应加大结构调整力度，促进产业优化升级，推进畜牧业产业化，提高畜牧业的综合效益。同时也要注意完善牧区的生态保护制度，切忌对草原畜牧生态环境造成二次破坏。

（五）改善对旅游资源保护的认知

自 2015 年以来，甘南州提出全员打造全域旅游示范区的口号，并将其付诸行动。随后，经过甘南人民不懈努力，如今的甘南城乡面貌已有所改观，各方游客蜂拥而至。然而，加强城乡环境综合治理与保护仍是一项发展之计、改革之策。保护好现有"大生态、大环境、大旅游"是一项严峻的考验。

以迭部县扎尕那和夏河县为例，夏河博拉乡有 31% 的牧民了解过当地旅游资源存在的问题，而扎尕那高达 73% 的牧民了解过当地旅游资源存在的问题。旅游资源为两地带来的经济效益不同，两地的牧民对旅游资源保护的关注度也不同。扎尕那地区的旅游资源开发的力度较大，并且为当地带来的经济效益非常显著，所以，扎尕那的牧民对旅游资源的保护力度较大；夏河博拉乡地区因为地形、地势、气候等自然因素的制约，旅游开发力度不大，给当地带来的经济效益较低，因此只有 3 成的牧民关注旅游资源的保护情况。

在参与旅游资源保护的方式上，两地牧民有共同的特征，即均以捡垃圾为主。此外，夏河博拉乡牧民还采取轮休放牧，减少放牧数量的方式保护旅游资源。在参与旅游资源保护的阻碍方面，迭部扎尕那绝大多数牧民认为奖补机制不完善是第一因素，而夏河博拉乡绝大多数牧民则认为他人的影响排在第一位。在参与旅游资源保护的驱动因素方面，迭部扎尕那牧民认为经济效益是第一因素，而夏河博拉乡牧民则认为保护牧区环境、美化家园是主要因素。同时，两地牧民均认为造福后代的环境可持续发展，也是影响其参与旅游资源保护的重要因素之一。

第二节　人工草地的可持续发展

人工草地是在严重退化或未退化自然牧场上构建的以优良牧草或豆科为建群种的草地植被体系。由于土壤种子库的存在，人工草地存在向天然草地演替的趋势，表现为优良牧草的迅速消失、产草量急剧下降和杂类草的侵入。该过程对人工草地而言就是其退化演替序列的顶极"非稳态"。人工草地存在的逆向演替阻碍了其在青藏高原高寒地区的大面积推广。因此，遏制人工草地的逆向演替，保持生产稳定性，是实现高寒人工草地高产和持续利用的关键所在。

合理利用人工草地是抑制其逆向演替的关键，甘南高寒地区的人工草地可通过割制干草（或青贮牧草）、放牧、刈牧等方式实现可持续割草利用。

一、人工草地的经济及生态效益分析

人工草地亦具备天然草场所具有的生态功能和服务功能。草本植物密集的根系可固持土壤，提高土壤碳储量和土壤有机质，是农田持水能力的 5 倍。每 25～30 米^2 的草地可吸收氧化 1 个人呼出的 CO_2，且能固定扬尘，降低噪声，增加空气湿度。人工草地可大幅度提高牧草产量（一般可提高 5～10 倍），同时提高饲草质量，解决冬春饲草不足、牲畜乏弱、遇灾即死等限制动物生产增长的瓶颈问题。一般当人工草地占到草地总量的 10% 时，畜牧业经济效益可以翻 1 番。

二、影响人工草地可持续利用的方式

为达到人工草地高产、高质和可持续发展的目标，需明确影响人工草地生态系统的关键因素，主要考虑从播种方式、播种时限、放牧强度以及施肥等方面分析人工草地的关键驱动因子。

（一）播种方式

人工草地的播种方式有单播、同行混播和隔行混播。单播人工草地由于物种结构的单一性，容易出现杂类草的入侵，混播在一定程度上可抑制该效应。隔行混播充分利用物种的生态位差异，高效利用水平和垂直层面的各种资源，同时提高体系的抵抗力和稳定性。不同根系深度物种的混播，可利用不同层面的营养和水分资源，同时增加不同层面的碳存储量和土壤有机质含量。例如，播种无芒雀麦和紫花苜蓿时，无芒雀麦单播、同行混播和隔行混播草地 0～20 厘米深的土壤有机质含量要大于紫花苜蓿单播草地，在 20～30 厘米的土层中这种差异则不显著，而在 30～40 厘米土层中紫花苜蓿单播草地的土壤有机质要大于其他几种播种方式下的草地（邰继承等，2010）。

不同高矮牧草品种的混播，可截获灌丛顶部、中部与底部的光资源，实现高产。如果单播高植株的品种或低矮的品种，种内仅利用了同一层面的光资源，无法实现不同冠层光资源的高效利用。因此，从对资源的利用和生态系统的稳定性和持续性考虑，混播较单播更具优势，尤其是禾本科植物和豆科植物混播后可形成营养成分均衡、共青期和可利用年限延长以及养分水分优势互补的草地群体，进而提高牧草的产量和质量，改善土壤质量，减少杂草的入侵和危害。例如，与同行混播相比，间行混播苜蓿＋无芒雀麦的牧草产量通常更高（张宏宇等，2008）。

（二）播种时限

播种时限会改变群落种内和种间的竞争关系、群落盖度、植株高度与冠层高度、群落生产力的积累、群落的物种结构和组成，以及生物多样性。随着建植时间的延续，单播人工草地群落的种内高度趋于一致，而混播群落的盖度、高度、物种多样性、物种数和生物量等则随着时间的推移呈现 V 形变化。建植初期混播群落的种间竞争激烈，随时间的延续，种间竞争趋于稳定，进而形成相对稳定的群落，此时种间竞争逐渐转变为种内竞争。为了增加群落的稳定性，在混播选种时，应选择具有不同生态位和资源利用特征的品种。例如，高寒地区禾草混播人工草地初期以一年生杂草占据优势，此后分别经历多年生禾草占优势期、多年生杂草快速生长期以及多年生杂草占优势期。

土壤特性受植被群落结构变化的影响，土壤含水量和有机碳含量也随群落产量和物种多样性的增加而增加，在不同建植期呈现 V 形变化。与此同时，土壤微生物群落结构随土壤理化特性的改变而发生演替，通过土壤的下行效应调节地上的群落结构和物种多样性。例如，对内蒙古一块紫花苜蓿人工草地试验地的研究表明，补播 6 年后，土壤有机质、胡敏酸、富里酸、全氮、碱解氮等均呈现增加趋势，且种植年限越长增加越明显，而植物根际的固碳能力则在第 3 年达到最大。此外，由于土壤类型、气候条件和种植品种的差异，不同区域建植期对植被群落结构和土壤理化性质的影响也各不相同。一般情况下，需在草地各个建植阶段通过施肥、割草等人工措施来改善植物的生存环境，否则人工草地将面临退化的危险。

（三）放牧强度

适当的放牧通过降低冠层高度，可减弱种内个体对光资源的竞争，增加冠层底部的通气性，通过补偿效应促进牧草的生长和营养价值发育，提高牧草的再生能力和营养价值。同时还可保护物种多样性，维持草地的群落稳定性，促进草原人工草地的可持续发展。但过度放牧使留茬过低，有些物种无法越冬，从而影响翌年植株个体的再生长。与此同时，适当放牧亦会对土壤特性产生影响，例如踩踏对土壤容重、含水量的改变。研究表明轻度放牧使高寒人工草地土壤有机质含量显著增加，而随着放牧强度的增加，土壤各层有机碳和有机质含量呈现 S 形变化；土壤中 0～10 厘米的全氮和全钾含量呈现倒 V 形的变化趋势，10～20 厘米和 20～30 厘米土壤层全氮和全钾含量呈现 V 形的变化趋势。土壤特性与植被生长间的反馈作用，又引发人工草地群落结构和物种组成的改变。当无法对大范围内轻度和中度退化草地采取补播、施肥、灌溉等人工措施时，禁牧封育是一项有效的补救措施。对"黑土滩"人工草地的研究表明，禁牧封育使得四龄垂穗披碱草人工草地的物种多样性指数、丰富度指数和均匀度指数显著降低，而优势种的重要值和生态优势度则显著提高（刘德梅等，2008）。

（四）施肥

在一些退化的人工草地中，长期的土壤侵蚀和风沙活动等外界干扰会导致土壤肥力大量流失。为了补充人工草地植被生长过程中对营养元素的需求，可采用施加化肥或微生物肥的形式进行大量与微量元素的补充。大部分陆生生态系统植被的生长主要受氮素的限制，部分区域受到磷的限制。对于豆科牧草，适当的补施磷肥可促进其生长，增加地上生物量的产出和营养物质的积累，提高越冬率。长期轮作作物的土壤中有机碳含量在不施肥的情况下会持续下降，通过施肥能增加或保持土壤肥力。研究表明，施肥与牧草产量和质量呈显著正相关，施肥可使牧草草层结构得到改善，还可有效抑制杂草的入侵和生长，有利于维持人工草地的生产力和稳定性（顾梦鹤等，2010）。

三、生物土壤结皮对人工草地土壤特性的影响

生物土壤结皮（biological soil crusts，BSCs）是由非维管束植物（苔类、藓类、藻类、地衣、真菌、细菌和蓝藻）通过菌丝体、假根和微生物分泌物等与表层松散的土壤颗粒紧密结合形成的集合体，是干旱、半干旱荒漠地表景观的重要组成成分。研究表明，BSCs 在很多脆弱或受损生态系统中占据着重要的生态位，在土壤生态系统的碳、氮循环中发挥着重要的功能。国内外对 BSCs 的研究目前主要集中在干旱、半干旱地区，涉及 BSCs 对土壤稳定性和理化性质、土壤生态水文过程的影响等方面，同时发现 BSCs 的存在可改变微生境，影响菌类和土壤动物及维管植物的生存和繁衍，在多层次上影响着生态系统的结构和功能，促使生态系统健康发展。

BSCs 不仅在干旱、半干旱地区广泛分布，在高寒草甸也有分布，尤其是在过度放牧

及不合理的开发利用区和人工饲草地中。对高寒草甸的研究发现，草地退化程度及其土壤状况会影响 BSCs 的生长发育。对黄河源区人工草地的研究也表明，BSCs 有利于改善土壤特性，提高土壤速效养分和土壤有机质的含量。也就是说，BSCs 既可促进正向演替，又是逆向演替的表征。

（一）生物土壤结皮对高寒草甸土壤特性的影响

近年来高寒草甸生态系统受人类活动干扰严重，BSCs 呈斑块状镶嵌在高寒草甸与人工饲草地中。对甘肃省天祝县抓喜秀龙镇高寒草甸的研究表明，BSCs 可改善高寒草甸的土壤理化性质，显著提高土壤含水率、全氮、全磷、速效磷、速效氮和有机碳含量。BSCs 还可使土壤蔗糖酶活性升高，脲酶活性降低，碱性磷酸酶活性增加。此外，BSCs 还降低了土壤微生物生物量氮和碳含量。可见，BSCs 具有改善高寒草甸土壤环境质量的生态功能，对高寒草甸生境的恢复与改善有促进作用。

（二）生物土壤结皮对人工草地土壤特性的影响

李希来等（2002）在青海省玛沁县 5 个建植年限的人工草地，调查了各年限草地中 BSCs 的分布情况，以及 BSCs 的特征与植被和土壤理化性质的关系。发现不同建植年限人工草地中 BSCs 的类型、盖度、厚度各不相同，较长建植年限人工草地中 BSCs 的多样性高、种类多，主要包括苔藓、地衣以及藻类，而建植年限短的人工草地中仅分布少量的苔藓，但厚度较大。BSCs 盖度与禾本科植物盖度、密度以及地上生物量显著正相关，但与植被平均高度及 0～10 厘米地下生物量显著负相关。BSCs 能调节 pH，对累积土壤养分有明显作用，能显著增加建植年限长的人工草地中表层土壤速效养分及建植年限短的人工草地中的全效养分含量；在建植年限短的草地中，BSCs 可减小土壤粒径，增加土壤细颗粒（细砂粒、黏粉粒）含量。因此，建立人工草地有利于增加 BSCs 盖度、厚度及多样性，同时 BSCs 对人工草地地上生物量的增加及土壤结构和养分的恢复也具有重要意义。

四、人工草地的信息管理

由于养殖模式的转型，牧民对人工草场越发依赖。同时，作物饲草储备体系的建立，也使得人工草场备受重视。青藏高原高寒牧区自 1980 年以来开展的人工草地种植与管理经验足以支持人工草地的建设和可持续管理。但目前缺乏高效的现代信息管理体系，在信息化建设、应用快速发展的今天，牧区基层管理人员和广大牧民仍难以方便地获取和共享科技信息。

兰州大学等单位开发的《青藏高原人工草地建植与管理信息系统》软件平台结合青藏高原不同地区人工草地种质资源筛选、建植农艺措施、后期田间管理、草地植被群落调查及人工草地建植前后土壤理化性质等内容，为青藏高原高寒牧区人工草地建植和管理提供了一个快速检索和查询的通道。该系统包括全部数据、栽培牧草区划、草地类型检索、草种名称检索、试验地点检索、相关文章查看、高寒草地管理系统等 7 个子系统。数据库建设是整个平台的核心，可以为其余 6 个子系统提供数据源，也可以为后续信息服务平台的开发提供可能（图 10-3）。

（一）全部数据库子系统

全部数据库收纳了栽培牧草区划、人工草地类型、草种名称、试验地点、相关文章、

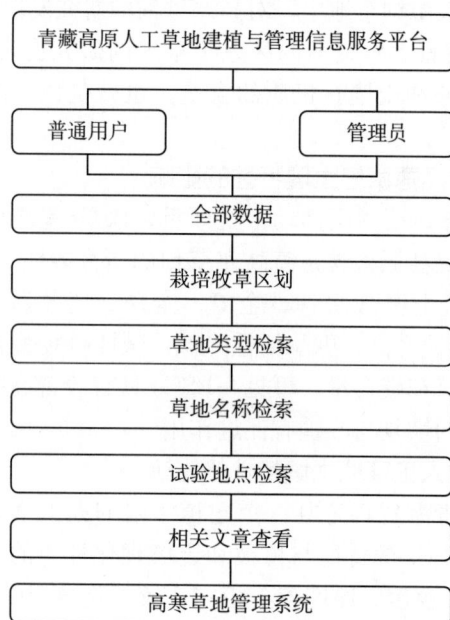

图 10-3　信息系统搭建的技术路线

（引自马元成等，2020）

高寒草地管理系统等 6 个方面的内容。具体包含草种来源、建植农艺措施、田间管理、植被高度、群落盖度、群落物种数、生物量、植物群落结构功能变化、土壤的理化性质及相关文献等。

（二）栽培牧草区划子系统

栽培牧草区划模块包括藏西北高原亚区、藏西南山原湖盆亚区、喜马拉雅山南翼亚区、祁连山山地-环潮盆亚区、青藏高原中东部高原山地亚区、柴达木盆地亚区、河湟谷地-黄土高原亚区、甘川边缘山地亚区等 8 个亚区。进入任意分区，可查看有关该区的行政区域、自然概况以及适宜栽培优良牧草的具体信息。

（三）草地类型检索子系统

在人工草地类型检索主界面输入检索关键词，即可获得相关的具体信息界面。例如，输入"垂穗披碱草人工草地类型"，系统会自动跳转到"垂穗披碱草"检索结果界面，点击"详细"按钮获得具体信息。

（四）草种名称检索子系统

在草种名称检索子系统界面输入需要查询草种的名称，可获得有关该草种的生物学特性等相关信息。

（五）试验地点检索子系统

在该界面可获得收录数据库中有关检索县域的所有试验样点，获得自己感兴趣的样点信息。

（六）相关文章浏览子系统

在该界面用户可以查阅人工草地建植与管理体系中相关的文献名称及类型。

（七）高寒草地管理子系统

该模块构建了基于网络环境的高寒地区草地分类与动态监测支撑系统，实现了对草地分类及草地动态监测的数字化和网络化管理，为高寒地区草地资源的合理利用及保护提供了科学依据。

未来应对人工草地建植进行统筹规划与科学管理，根据区域环境的变化，构建不同尺度的人工草地数据库和信息化服务平台。同时，促进未来集约化生态畜牧业的发展，提高相关工作人员快速获取精准信息的能力，实现不同地区人工草地建植管理的数据资源共享，真正实现提质增效（马元成等，2020）。

第三节　生态奖补政策的优化

人类活动对自然生态系统的影响是一个严重的全球环境问题，决策者们需要采取行动保护环境免受人类活动的过度干扰，同时增加或保护人民的福祉。生态补偿（PES）计划已经成为全球范围内解决这两种需求的一种潜在方法。PES 项目通过自愿交易进行，让从环境服务中受益的人向提供此类服务的人支付报酬，本质上为环境保护创造了一个市场。

自 20 世纪 70 年代以来，许多国家都实施了大规模和高调的生态环境保护计划，以维持其自然资源，特别是在农田、森林和水域体系中。例如，美国的"生态系统保护计划"、欧盟的"农业环境计划"和中国的"退耕还林计划"都是知名的生态系统保护项目。这些项目的实施实现了农田、森林等系统自然环境的保护和优化，增加了生物多样性，促进了生态系统内物质循环的速率，提高了生态系统的服务功能。

目前国际上大多数生态补偿项目都侧重于对农田或林地的保护。中国在促进草地生态系统持续发展的过程中，陆续执行了相关生态奖补的政策，分别于 2003 年和 2011 年先后实施了旨在保护草原生态环境的"退牧还草"工程和"草原生态保护补助奖励机制"。确保草原牧区生态安全，不仅可保障农牧民的可持续生计，对维护民族团结和边疆稳定也具有重要的战略意义。

一、退牧还草

（一）退牧还草在全国范围内的执行效果

实施退牧还草是党中央、国务院为保护草原生态环境、改善民生作出的重大决策，是西部大开发的标志性工程之一。自 2003 年以来，退牧还草工程在内蒙古、四川、青海、甘肃等 8 省份和新疆生产建设兵团实施，整体取得了显著成效。到 2011 年累计安排草原围栏建设任务 7.78 亿亩，配套实施重度退化草原补播 1.86 亿亩，中央投入资金 209 亿元，惠及 181 个县（团场）、90 多万农牧户。工程实施后，当地生态环境明显改善。根据 2010 年农业农村部监测结果，工程区平均植被盖度为 71%，比非工程区高出 12%，冠层高度、鲜草产量和可食性鲜草产量分别比非工程区高 37.9%、43.9% 和 49.1%。生物多样性、土壤饱和持水量、有机质含量均有提高，草原涵养水源、防止水土流失、防风固沙等生态功能增强。工程推行禁牧与休牧相结合、舍饲与半舍饲相结合的生产方式，促进了传统草原畜牧业生产方式的转变。广大农牧民草原保护意识明显增强，草原承包经营制度不断落实，特色农牧产业及其他优势产业快速发展，农牧民收入稳步增加。

然而，退牧还草对牲畜数量的影响有两种不同的结果。一方面，草原补贴有助于增加家庭收入，提高牧民抵御风险的能力，再加上自上而下实施的约束，实现了牲畜数量的减少和草原生态的保护。另一方面，在内蒙古的东部和中部等地区，一些牲畜减少补贴和禁牧补贴对减少当地牲畜数量没有显著的作用。同时，由于社会经济和气候因素的影响及政策设计不当，当地草地退化仍较为严重。可见，在制定政策时只有将不同地区和不同牧民家庭在生计资产和生计策略方面的差异考虑在内，草原补贴政策才可能取得较好的减少牲畜效果。

（二）退牧还草执行中存在的问题及建议

2020 年受甘肃省林业和草原局委托，笔者团队承担《甘肃省退牧还草工程实施成效监测评估》项目，调查 2002—2020 年甘肃省执行退牧还草工程的效果。在河西走廊、黄土高原、青藏高原地区的 10 个县/市选择不同自然村作为调查对象，包括天祝县、合作市、碌曲县、玛曲县、夏河县、肃北县、肃南县、环县、高台县和华池县。通过入户调查、基层政府部门咨询和访谈、构建评价指标体系、开展野外试验以及当地草原站等相关部门协助提供数据等方式，形成了以退牧还草工程实施效果为目标层，以工程自身特性、工程经济效益、工程社会效益、工程生态效益、工程可持续性为准则层的层次分析模型。运用 Metable 软件计算得出了各级指标的权重，根据各指标的权重及指标标准化之后的数据，得出了退牧还草工程实施效果的评价结果。基于评价结果，分析了甘肃省在执行退牧还草过程中存在的问题并提出建议。

1. 甘肃省退牧还草工程实施中存在的问题 退牧还草工程实施以来，尽管草原生态环境得到了改善，农牧民生产生活水平进一步提高，但也存在一些问题，主要集中在以下几个方面。

（1）统一的治理标准与因地制宜间的矛盾 从 2016 年起，国家提高了退牧还草工程各项建设内容的补助标准，如：青藏高原地区的围栏建设每亩补助由 20 元提高到 30 元，其他地区由 16 元提高到 25 元；退化草原改良每亩补助由 20 元提高到 60 元；人工饲草地每亩补助由 160 元提高到 200 元；舍饲棚圈（舍储草棚、青贮窖）补助由 3 000 元提高到 6 000 元，舍饲棚圈补助根据实际情况不得高于中央投资补助测算标准的 30%；黑土滩治理每亩补助由 150 元提高到 180 元；毒害草退化草地治理每亩补助由 100 元提高到 140 元。

在统一的治理标准下，实践中产生了诸多问题和矛盾。首先，地方配套资金不足。以上标准在不同县域、地区执行时均存在配套资金捉襟见肘的问题。退牧还草工程的执行资金来源包括中央预算投资和地方配套两部分，但受地方经济发展所困，地方配套资金往往不能起到辅助作用。

其次，各项补贴标准的地域匹配性低。由于地域环境差异，各项补贴的标准不符合当地的实际情况。例如，退化草原改良每亩补助从 20 元提高到 60 元，雨水丰沛的高寒地区补播就可见到效果，实现退化草场的改良，但对于雨水短缺且没有足够水源的西部荒漠区，按照 60 元补贴难以取得资金投入后的预期效果，投入无产出反而存在资金浪费的问题。

（2）牧户补贴机制存在短板　尽管在退牧还草工程实施过程中，县乡草原管理和技术人员作了大量的宣传工作，农牧民对此项政策总体了解程度较高，补助经费的发放实行"一卡通"等管理措施，保证了经费能足额发放到农牧民手中，但该体制仍存在一些问题。

第一，补助标准体系构建还需完善。有些县域是按照家庭户口人数完成补贴，有些县域是按户补贴，导致农牧民对按人、按户分配补奖资金的期望值过高，造成大量的分户、迁户等问题，从而引发诸多的矛盾纠纷。许多新分户的出现将直接导致实际发放户数超过省上核定的牧户数。

第二，省际、县域间补助发放标准存在差异。由于县域间发放标准不一致，农牧民反映，与邻县、周边省份相比，草场相邻、类型相同，获得的补偿资金额度却不同，从而增加了退牧还草工程的执行难度。

第三，补偿资金发放的可持续性有待进一步研究。对于人均草场面积过高的县域，需思考高额度补助金发放带来的负面效应。例如，肃北县退牧还草补助金的发放按照每人3.96万元发放，对于一个三口之家，无需劳动就有近12万的纯收入。该区已浮现出部分年轻人养成好吃懒做的毛病等问题。长期来看，眼前过高的补助不利于社会持续稳定，需完善相关补助金的发放模式。

（3）退牧还草执行中科技支撑力量薄弱　在退牧还草工程的实施项中，退化草原改良、人工饲草地、舍饲棚圈、黑土滩治理和毒害草退化草地治理均需科技支撑，提高资金的投入产出比，才能有效改善生态环境，提高经济收益，达到退牧还草的目的。虽然省上对地方工作者开展过相关培训，但是收效甚微。同时，科研院校的最新成果也未能高效地支持地方产业发展。

（4）草原监管队伍薄弱　地方草原站及相关单位的工作涉及面广、工作量大，但实施禁牧的大多数乡镇没有设置专门的草原管理或监督管护岗位，村级草原管护员管护草原的劳动报酬普遍偏低（比较而言，林业部门补助较高）。管理部门工作经费不足，加之禁牧和草畜平衡区互相交错，导致禁牧、休牧等草原保护执法工作难以有效全面地落实和监管，致使部分牧民的草地减畜量很少，甚至有个别牧民减畜不明显，整体实施效果不理想。

（5）农牧户的草原生态保护意识有待提高　调研中发现，大多数农牧户非常关注草原退化对生产生活的危害，但仍有1/3左右的农牧民对草原生态保护的关注不够，对草原退化导致的严重后果认识不足，甚至大部分受访者从未思考过草原退化对他们自身以及后代的生活会产生怎样的不良影响，整体生态保护意识仍有待提高。

（6）牧民生计转型导致传统牧业告急　传统牧业生产的养殖投入大，频繁的干旱、冻害、暴雨等自然灾害以及畜产品价格波动等因素增加了牧业的风险。同时，退牧还草工程也在一定程度上加快了牧区劳动力向城市转移，年轻的牧民子女外出上学后留在城市从事其他行业的工作。老年牧民由于身体原因也无力承担牧业劳作，只有中年以上的牧民还能坚持放牧。但多数牧户除接羔等牧业生产关键期在春、夏季牧场放牧外，其余时间则雇请人员进行放牧，或者采取其他牧户代牧等方式进行放牧。老年牧民或家庭劳动力少的牧户开始出租草场，传统牧业面临严峻挑战。

（7）现代完善牧业体系构建的亏缺　优质饲草供给不足，草畜矛盾突出。限制舍饲棚圈发展的首要因素是饲草问题。受自然条件的限制，加之牧草良种和人工种草技术缺乏、基础设施薄弱等现实问题，农牧户种草意识不强、热情和积极性不高，人工草地的建设和发展较为缓慢。退牧还草后人工草地面积虽有所增加，但增幅较小，有些样本县域如永昌县，尽管苜蓿产业发展较快，但主要是草业企业生产的商品草。因此，农作物秸秆和玉米、麸皮等精料仍然是农牧民牛羊舍饲养殖和家畜冬季补充营养的主要饲草料来源，无法满足农牧民舍饲家畜及放牧家畜冬季补饲对优质牧草的需求，纯牧区草畜矛盾更为突出。

家畜良种化程度低。实行舍饲养殖后，需重新选择家畜品种，但大多样本县域特别是在纯牧区，现有家畜品种基本以原始适宜放牧品种为主，优良品种较少，家畜良种化程度低，造成家畜生长缓慢、饲养年限长、周转慢。同时，适龄母畜比例低也导致家畜生产性能和经济效益低。

舍饲圈养、规模化养殖管理技术缺乏。随着舍饲、规模化养殖户的增加，养殖和管理技术明显缺乏。圈养后，一方面由于防疫和卫生管理跟不上，家畜易发生传染病，农牧民损失较大。另一方面由于饲养条件的变化及养殖技术、饲草料搭配、家畜品种与畜群结构选择不足等原因，管理、经营水平有限，农牧民增产不一定增收。如有牧民表示，圈养的羊肉品质低于放牧的羊肉品质，牧民不愿接受舍饲圈养方式。

（8）后续产业发展不足，影响农牧民收入和转产就业　目前，实施禁牧的区域基本实现了5～10年的禁牧期，但畜牧产业发展后劲不足，后续产业开发滞后，加之农牧民文化层次不高，转产就业又缺乏必要的劳动技能，转型就业空间狭小，目前仍主要以外出务工为主，收入较低。另有一部分牧民单纯依靠草场补贴等维持生活，劳动力闲置现象突出。

2. 对退牧还草工程的建议　针对目前甘肃省退牧还草工程中存在的问题，提出以下对策建议。

（1）提高退牧还草建设经费标准　国家和省级部门整合草原保护与修复资金，提高建设项目经费标准。退牧还草工程的实施已取得了良好的效果，建议国家将这项惠农政策持续实施下去。目前的补助金额在退牧还草政策实施区农牧民收入中的占比很低，特别是纯牧区，天然草原放牧依然是主要饲养方式。因此，要想完全使该区草原载畜量降下来，应进一步加大补奖额度，并考虑补奖工作落实的系统性，如干部管理和工作经费、农牧民生产方式转变经费，并责任明确、奖惩分明；还要结合牧民收入来源单一、人均草原面积较少的实际情况，综合考虑牛羊肉市场价格波动和生产生活成本不断上涨的因素，科学测算并适当提高补助奖励标准。

针对特殊地区增加建设退牧还草工程的辅助项目。对于干旱少雨的西部荒漠区，限制草场改良和草场植被群落结构的关键因子是水，可增加水利建设项目，提高退牧还草的治理效果。

整合资金，实现效益最大化。退牧还草工程建设内容相对单一、资金有限，要在短时间内解决草地退化问题，恢复天然草原植被并增加牧民收入，光靠退牧还草工程的资金远远不够。在项目建设过程中，相关部门可在不改变资金使用方向的前提下整合扶贫、救灾等资金设立暖棚育肥养殖区，同时整合牧村人畜饮水、交通等方面资金改善项目区基础设施建设。通过整合，退牧还草工程资金可发挥更大的效益，强化项目区基础设施建设，解决项目区牧民的后顾之忧。

（2）加强退牧还草相关政策宣讲，提高民众的生态保护意识　草原生态保护较森林生态保护更难的一个主要原因是国家对森林保护和林业建设非常重视，甘肃林业部门有森林公安、护林站、林场等，设置和安排了很多机构和人员，保证了护林任务的落实，也在广大群众心目中深深地植入了破坏森林违法的意识。与之相对，草原生态难保护的根本原因是草原法没有深深植入群众头脑中。另一方面，草原监理部门和草原站等草原管护、执法基层单位力量薄弱，执法人员少、任务重，无法满足现实需求，无法确保草原法的落实，造成违法成本太低或违法无法追究的局面。因此，未来需要广泛宣传退牧还草政策，《中华人民共和国草原法》《甘肃省草原条例》等法规，通过举办培训班、宣讲、以会代训等方式将草原保护观念和政策植入广大干部群众内心。只有政策深入民心，才利于退牧还草相关工作的开展，也利于后期管护工作的执行。

（3）完善补助金发放模式，省际、县际补偿金发放的公开透明化　为推动退牧还草工程的执行进度，需解决农牧民心中的遗憾与所谓的不公平现象。提高农牧民的配合度，改善执行效果。

保证补偿金发放的可持续性。对于人均草场面积过大的县域，建议将补助金中一部分以养老金的形式发放，由社保机构先替牧民保存起来，而不是每年以全额形式发放。一方面可以避免年轻人仅靠补助金生活的弊端，另一方面可以阻止年轻人无规划地使用资金，减少浪费。这一形式还能延续补助金的社会效益，保障工程的可持续性。

（4）完善草原划定和执法、监督体系　进一步完善基本草原划定和规范化承包，为退牧还草政策实施奠定基础。基本草原的划定是草原保护与修复相关政策落实的前提。为便于后续退牧还草工程的实施，切实加强草原生态保护，草原主管部门应在前期试点的基础上，根据农业农村部关于基本草原保护的有关要求，在全省范围内全面完成基本草原面积划定，明确四至界限，确定基本草原保护"红线"，为依法、严格保护草原和实施退牧还草工程奠定基础。同时，全面实施草原合理流转，加大力度推进并建立县、乡、村草原土地流转平台，规范和完善草地经营权流转。对无力经营草地的农牧户，应及时转让草地经营权，做到草地"管、用、建、责、权、利"的完全统一和真正落实。

加强基层草原监督管理和草原技术推广机构及队伍建设。各乡镇应设立草原管护站，在基础设施建设、执法装备水平、村级草原管理员报酬、科技支撑等方面加大政策、项目和资金扶持力度，不断提高禁牧和草畜平衡区域监管能力，提升草原植被变化监测水平。同时，解决基层草原管理人员与业务部门工作经费不足等问题，确保补奖政策顺利贯彻实施。

完善第三方监督体系。为了切实发挥退牧还草工程政策的作用，改善草原生态环境，应加强监管，建立科学的评价机制。首先，加强草原生态的动态监测，为草原保护和利用提供可靠数据。其次，发动农牧民群众，制定村规民约，建立家畜限养制度，从根本上解决超载放牧现象，达到草畜平衡和恢复退化草地的目的。再者，成立以县、乡、村草原管理干部和村民代表组成的监督评价小组，对每户当年的禁牧休牧和草原保护落实情况进行综合评价和分级，按优、中、差3个等级进行补助奖励，取消平均分配，体现公平原则。

（5）成立专家库，加快技术研发，构建科研院校与市级单位的配比体系　加强干旱区修复模式的构建。高寒区修复模式相对黄土高原区与西部荒漠区较成熟，而黄土高原区与西部荒漠区的退化草场修复治理模式还需加大科技支撑力度。可成立专家库，构建科研院校与市级单位的1∶1配比体系，从而高效利用补贴资金，提高治理效果。

筛选优良牧草。加强耐旱、耐寒牧草品种的选育，重点突破连作障碍，解决连作导致的各种牧草病害。加强青绿饲料的生产及苜蓿、燕麦等优质人工草地的建设，增强优质饲草加工产能，提高人工饲草料的产量和质量。同时，分区域分层次建设饲草储备库，解决舍饲和规模化养殖饲草不足的问题，提高抗灾能力，培育一批高效优质的饲草料基地，促进现代牧业的发展。

加快家畜畜种改良。加强与科研院校的协作，在良种选择和养殖方式上改进，加快牲畜育肥的速度，缩短喂养时间，提高投入产出比和出栏率，增加经济收益。

加快农业废弃物-尾菜饲料化。传统饲草模式包括人工牧草、青贮氨化饲料、加工草粉、混配合饲料、秸秆饲料等。但在半农半牧区及其周边县市，蔬菜的种植面积可观。随着蔬菜产业的快速发展和城镇居民生活水平的日益提高，大量残次蔬菜和蔬菜加工处理时产生的废弃叶、根、茎和果实等沦为尾菜。这些尾菜往往被随意倾倒和堆积于农村田间地头，无害化处理不到位，腐烂变质后造成了较为严重的环境污染。目前，尾菜饲料化技术已成熟，既解决了尾菜带来的环境污染问题，又降低了圈养成本。

（6）调结构、转方式、促进后续产业发展　采用放牧与舍饲相结合的饲养方式，促进畜牧业产业发展。传统的畜牧业经营方式使天然草原的牧业产值达到了顶峰，草原生态环境日趋恶化。放牧和舍饲相结合的饲养方式一方面可以减轻天然草场压力，解决饲草料不足的问题，另一方面可以加快幼畜生长，利用充足的饲草料和幼畜生长优势，加大育肥力度，加快牲畜周转，切实增加牧民收入，达到了保护生态和增加牧民收入的双赢目标。

构建灌溉饲草料地高效运行机制。针对干旱少雨区，完善单户、联合、集中开发和实体开发的灌溉体系。针对单户开发的微小型灌溉饲草料地（家庭草库伦）、灌溉人工改良草场，发放水利工程产权证，实行"谁建、谁有、谁用"。对联户开发的中小型灌溉饲草料地和灌溉人工改良草场实行联户管理，可由牧户分户承包经营，也可组建用水合作组织或者聘请有专业管理经验的人员管理。集中开发的集中管理，将连片开发的大中型灌溉饲草料基地和灌溉人工改良草场，按照《水利工程管理体制改革实施意见》组建管理机构，落实责任，同时按水系、渠系范围或牧区聚居区组建用水合作组织，加强工程管理和维护。鼓励企业等经济实体在水土资源条件较好的地区，集中连片开发饲草料基地，实行企业化运作，发展草业和畜牧业。

加强基础设施和配套服务建设。实施禁牧后的畜牧业生产方式由以草地放牧饲养为主转变为舍饲圈养，生产方式的转变要求基础设施及配套技术同步更新。因此，各级政府应加强道路、社区环境、农贸市场等基础设施配套建设，建立县、乡、村完整的畜禽防疫体系。目前项目区的草产业、畜牧业生产仍处于以家庭为主的分散、低水平运行状态，存在生产成本高、配套服务技术落后、抗风险能力弱、效益不稳的现象，应进一步培育合作社、龙头企业和专业大户等新型经营主体，延伸产业链，让农牧民在技术、资金、购买、销售、加工、储运等多元环节中受益。同时，通过发展龙头企业、培育畜产品加工合作社，挖掘当地绿色草食畜牧业等特色，生产优质高品质的饲草、牛羊肉和乳制品等草畜产品。打造当地草畜品牌，开发草原和草原畜牧业的多功能性，带动补奖区农牧民由单纯的草畜业收入，向美丽牧区建设、观光游憩休闲服务、一二三产业融合发展的方式转变。创造农牧区新业态，开发农牧民多元化收入途径，减轻草原的放牧压力，提高草原的生态价值和景观价值，确保草原健康持续发展，有效推进并保持退牧还草工程的效果。

大力开发草原生态旅游，增加牧民收入。在草原旅游资源丰富的地区，可结合当地的自然景观、人文景观、民族风情，因地制宜，大力发展生态旅游项目。加强旅游特色产品的开发与设计，让更多的农牧民参与到旅游的开发经营中，让更多文化层次较高的年轻人留在家乡，带动家乡的建设和发展。为农牧民拓展新的就业途径，促进生计方式的多样化，扩大农牧民的收入来源，不断提高生活水平。

（7）完善退牧还草后牧民生产方式转变所需资金的保障制度　针对退牧还草实施区舍饲、规模化养殖等生产方式转变带来的资金短缺问题，省、市、县、乡各级政府应加大对草原畜牧业发展的财政和金融扶持力度。积极协调农业银行、农村信用社等金融机构，从支持和促进地方经济发展的实际情况出发，加大对草原畜牧业的信贷规模并促进信贷方式转变，切实解决广大农牧民的贷款难问题，为农牧民发展生产提供资金保障。同时，政府和相关部门应引导农牧民合理利用草原生态补奖资金，使之切实应用到牲畜棚圈、饲草料生产基地建设和牧草养殖机械购置等改善农牧业基础设施的建设上，提高生产效率，促进畜牧业可持续发展。

（三）退牧还草在甘南州执行中存在的问题及建议

甘肃省玛曲县为国家首批退牧还草试点县，也是甘肃省退牧还草示范县。退牧还草工程涉及面广、工程量大，如何及时、客观、准确地评价退牧还草工程的生态恢复效果并有效地组织管理是各级政府和相关部门极为关注的问题，也是进一步科学有效地制定退牧还草工程规划的重要依据。2020年，笔者团队受甘肃省林草局委托，承担了全省退牧还草工程实施效果调查评估工作。重点从退牧还草的工程自身特性、生态效益、经济效益、社会效益和工程可持续性5个方面入手，结合多项式问卷调查等方法，开展了甘肃省退牧还草生态工程的绩效评价工作。在甘南州分别调查了玛曲、夏河、碌曲3个草场牧业大县。在此以玛曲县的调查结果为例，分析退牧还草在甘南州执行过程中存在的问题并提出相关建议。

1. 甘南退牧还草主要做法及取得的经验和亮点

（1）加强组织管理是项目建设的重要保证　2003年退牧还草工程实施时，玛曲县成立了项目领导小组、项目实施管理领导小组和项目点工作小组，设置了项目办公室，做到了"专职领导、专门机构、专管人员"。此后，由于项目领导小组和实施管理领导小组人员有所变动，玛曲县及时调整充实了2个小组的工作人员，为项目的顺利实施提供了组织保障。在项目建设过程中，省、州、县项目管理领导小组多次深入项目区检查指导工作，及时解决项目建设过程中存在的问题，积极协调落实项目资金。各项目点工作小组技术人员在项目建设过程中始终参与项目建设，利用召开会议和深入牧户等形式做项目区牧民群众的思想工作，积极动员牧民群众参与项目建设，保障了项目建设工作的顺利进展，使项目区较好地完成了年度工作任务。

（2）作业设计是项目建设成功的关键　作业设计是工程按时顺利完成的前提。项目实施方案批复后，县退牧还草办及时派业务技术人员到项目乡（镇）协助政府开展作业设计工作。玛曲县地形地貌复杂，高山、沼泽、河流多，大部分禁牧区都在海拔 3 500 米以上的高山地带，GPS 拐点较多，且多数拐点测点困难。技术人员克服种种困难，坚持结合实际、因地制宜、力求准确、实事求是的原则，反复测点，多次重复计算，减少误差，从而达到了计算准确的目的。作业设计完成后及时报州退牧办审批，为项目的实施奠定了基础。

（3）技术人员全程跟踪参与技术服务，保证项目的建设成效　在项目建设中，技术人员始终在一线工作点负责解释作业设计并指导工作，按照项目建设技术要求严把建设质量关。实行技术承包，从围栏材料调运、交接、围栏安装等方面全方位做好服务工作，培训牧民群众掌握围栏安装及维修技术，加强对牧民群众的培训，从而提高了项目建设质量。技术服务让广大牧民群众切身感受到了科学技术在发展畜牧业中的巨大作用，使退牧还草的积极性有了很大的提高，建设草原和保护草原已成为全县牧民群众的共同心愿和畜牧业经济发展的重要动力。

（4）积极发动牧民群众参与项目建设，加快项目建设进度　为了使项目受益户积极参与项目建设，在项目建设过程中，笔者团队利用村委会、牧民小组等组织，成立了县、乡、村、组 4 级项目督查组织。在项目实施过程中，让村委会和牧民小组发动牧民群众参与项目建设和围栏安装的质量监督，提高项目区牧民群众对项目建设重要性和必要性的认识。2003 年和 2004 年退牧还草工程区大部分位于沼泽和高山地带，围栏材料转运困难。在村委会和村民小组的宣传动员下，项目区牧民群众纷纷投工投劳，积极参与围栏材料驮运、安装、维修等，并修建便道，帮助转运围栏。牧民群众参与项目建设的积极性不仅明显提高，而且为项目建设提出了许多建设性意见。在技术人员的现场指导培训下，一部分牧民群众掌握了围栏的管护及维修等牧业实用技术，极大地提高了项目区牧民群众退牧还草的积极性。

（5）建立监理监督体系，保证项目建设质量　建立项目监理监督体系是保证项目建设资金到位、项目按计划实施和建设质量的有力措施。在项目建设过程中，在省、州派监理监督人员专门负责围栏材料质量监督检查和项目建设的同时，县、乡、村、组都抽调专人负责项目建设质量和建设进度的监督，同时县退牧办也成立了专门的督查小组，经常深入施工现场协调解决相关问题。项目相关群体参与项目建设和监督，保证了项目建设进度和质量。

（6）禁牧、休牧是恢复高寒牧区天然草原植被的有效途径　高寒牧区生态环境脆弱、天气恶劣、牧草生长季节短，生境一旦破坏很难恢复。长期以来的过度放牧导致天然草原退化严重。实践证明，在高寒牧区采用禁牧、休牧措施，能使中度和重度退化草原植被自然恢复、产草量显著增加。

（7）放牧与舍饲相结合的饲养方式　高寒牧区主要以放牧为主，传统的畜牧业经营方式使天然草原的牧业产值达到了顶峰，草原生态环境日趋恶化。放牧和舍饲相结合的饲养方式一方面可以减轻天然草场压力、解决饲草料不足的问题，另一方面可以加快幼畜生长。利用充足的饲草料和幼畜生长优势，加大育肥力度，加快牲畜周转，切实增加牧民收入，达到了保护生态和增加牧民收入的双赢目标。

（8）适时调整工程实施方案、提升进度　自 2004 年，采日玛乡采日玛村和下乃日玛村项目区实施退牧还草工程，当地处于沼泽地段，到了六、七月的雨季，车辆无法进出。为使项目按期顺利完成，县退牧办及时与项目乡、村及供货厂家协商，将采日玛村和下乃日玛村项目区的围栏材料提前运到项目区，由项目村、组派专人负责管护，错开雨季，7月县城通往采日玛乡的公路因降雨多被黄河淹没时，围栏材料已提前运完，为顺利完成采日玛乡围栏建设任务奠定了一定的基础。

（9）加大宣传力度，确保退牧还草"退得下、稳得住、不反弹"　各项目乡、村、组负责人积极给牧民群众做思想宣传动员工作的同时，将省、州、县有关项目文件翻译成藏文下发到每个村委会，同时将县上制定的有关退牧还草工程的办法、制度、禁牧令等印制成藏汉两文的小册子分发给各项目乡、村、退牧户，使牧民群众及时了解国家的有关政策和信息。

2. 甘南州退牧还草中存在问题

（1）条件差、施工难度高，影响项目建设进度　由于玛曲县乡级公路均为简易公路，项目区沼泽、河流多，而且施工时间降雨多，给围栏材料运输和安装带来了很大困难。有的项目区靠牦牛驮运，1头牦牛1天只能运1趟。同时，项目施工期多处于夏季，通往项目区的乡级公路经常被雨水冲毁，给围栏材料运输和安装带来了很大困难，一定程度上影响了项目建设进度。

（2）工程实施后相关补助不足　玛曲县属纯牧业县，又属于黄河源头区，是黄河水源的重要补给区，应保证草原植被休养生息，予以重点保护。但禁、休牧后国家补助的饲草料不足以保证牧民正常的生产、生活需要，建议相应调整饲料粮补助标准，确保项目效益的综合发挥。

（3）项目区基础设施落后　项目建设内容单一，项目区基础设施落后，影响了项目整体效益的发挥。建议加大项目后续产业建设方面的投资，真正解除牧民群众的后顾之忧。

（4）牧民获取畜产品销售信息的渠道不畅　牛羊销售价格与市场脱节，屠宰、加工、运输、销售等环节获取牛肉生产过程中的大部分利润，而养殖业者无法得到应有的货币回报。

（5）禁牧标准较邻省还有差距　禁牧标准的设定与牧民心里底线还有一定差距，应参考禁牧草原面积可饲养牛羊数的市场价格进行补贴。

（6）部分禁牧地植被恢复情况较差　禁牧地区植被腐败，影响新生植物的生长。也有相关研究显示，不合理地开发利用草地反而会影响植物多样性和生物量积累。租用草场载畜量过大，造成部分区域植被盖度和生物量下降。

（7）项目实施后监督工作还需加强　乡村一级并未设置专人负责退牧还草项目实施的监督工作，致使部分地区项目推行困难。还需加强政策宣传力度，尤其对于少数民族地区，可制作民族语言的宣传画册、视频、手册、标语等，使国家退牧还草政策深入民心。

（8）机构改革带来的暂时性管理混乱　由于机构改革整合，专职于退牧还草工程的相关人员数量减少（尤其是少数民族地区，基本上是汉族工作人员在做），提议加大相关专业人才吸引力度，提高当地大学生本地就业率。

（9）加强地区基础教育，提高政策接纳度　玛曲县地处偏远地区，教育比较落后，大多数人缺乏知识技术，放牧是保证他们生活的基本来源。减畜会影响牧民的正常生活，建议提高相关补助的标准。同时，由于教育资源匮乏，获取一些政策的渠道比较单一，大多数人是通过干部宣传获知信息，通过网络等渠道获取较少。

（10）天然草原有害生物危害情况日益严重 近年来，毒杂草种群数量和分布范围呈增长态势，对天然草原优良饲草生长造成一定的影响，而黄帚橐吾、露蕊乌头、葵花大蓟、醉马草等恶性毒草直接威胁草地畜牧业健康发展。

3. 甘南州退牧还草具体对策及建议

（1）应提高项目实施地设计的合理性，尽量选取交通较为便利，且各项收益增益较高的地区。另一方面应加大路网建设和村村通道路硬化工程，为牧民的生产和生活提供便利条件。

（2）应根据当年草地生产力和牧民养殖的家畜总数，对禁、休牧后国家补助的饲草料做出精准预估。

（3）合作社应在销售、生产、防疫等方面发挥更大的作用。带领牧民科学养殖的同时实现最大化货币回报，进一步提高牧民养殖和保护草原的积极性。

（4）应选取生境脆弱、植被多样、覆盖度和生物量较低等地区进行禁牧，其他地区可以采取季节性轮牧或作为打草场利用。对租用草场放牧情况进行摸查，严禁过牧。

（5）增加网络通信信号的覆盖范围和强度，便于牧民通过手机等智能设备了解最新的市场供需信息和政策指导。

（6）对全县草原毒害草种类、分布及数量进行调查，并有针对性地进行防治和草地恢复工作。

二、生态奖补

2011年6月1日，国务院发布了《关于促进牧区又好又快发展的若干意见》，要求草原牧区遵照"生产生态有机结合、生态优先的发展方针"，全面建立草原生态保护补助奖励机制。2015年4月25日，国务院发布《关于加快推进生态文明建设的意见》，明确指出严格落实禁牧休牧制度和草畜平衡制度，加大退牧还草力度，继续实行草原生态保护补助奖励机制；2016年中央一号文件强调实施新一轮草原生态保护补助奖励政策，适当提高补奖标准。2016年我国第2轮草原生态补助奖励政策继续实施，政策覆盖范围由2011年第1轮的8个地区扩展到13个省、自治区和新疆生产建设兵团。草原生态保护补助奖励机制成为当前中国最重要的生态补偿机制之一，是中国继森林生态效益补偿机制之后建立的第2个基于生态要素的生态补偿机制。

（一）生态奖补取得的成效

1. 禁牧和草畜平衡已成为牧民的自觉行动，草原生态环境持续改善 通过实施补奖政策，国家实行草原禁牧补助措施。通过补播改良，草原植被不断恢复，人工种草扶持力度逐渐增强。同时引导牧民落实禁牧和草畜平衡制度，牧民的草原保护意识也明显增强，牧区生产、生活、生态在保护中发展，取得显著的阶段性成效。补奖政策实施以来，全国近12.1亿亩草原通过禁牧封育得以休养生息，26.1亿亩的草原通过季节性休牧轮牧和减畜初步实现草畜平衡，草原承载压力显著降低，草原涵养水源、保持土壤、防风固沙和维护生物多样性等生态功能逐步恢复。监测结果表明，2020年全国草原综合植被盖度达

56.1%，较 2015 年提高 2.1 个百分点；全国天然草原鲜草总产量 11.13 亿吨，连续 9 年保持在 10 亿吨以上；全国草原牲畜承载能力达 27 139 万羊单位，较 2015 年提高 8.8%。第三方评估结果显示，2020 年全国重点天然草原的平均牲畜超载率较 2010 年下降了近 20 个百分点，超过 90% 的受访农牧民认为，近年来草原生态环境明显好转。

2. 调结构、转方式，草原畜牧业生产方式加快转型 在改善草原生态的同时，如何保证牧民的收入不会随着牲畜数量的下降而减少，成为牧区发展面临的新课题。过去我国草原畜牧业沿用传统粗放的放牧方式，草原超载过牧，牲畜舍饲圈养比例低，良种覆盖率不高，冬季饲草短缺。补奖政策既考虑了草原生态保护，又兼顾了生产发展和民生改善；同时，还考虑了补偿牧民损失的合理性，也兼顾了草牧业转型升级的必要性。政策实施过程中，各省份一手抓政策落实，通过发放禁牧补助、草畜平衡奖励，确保政策资金及时准确发放到草场牧户，增加牧民政策性收入；一手抓生产方式转变，推行划区轮牧和舍饲圈养等措施，优化畜群结构，围绕人工种草、棚圈建设、畜种改良、新型农业经营主体培育等方面做文章，坚持"以草定畜、增草增畜，舍饲圈养、加快出栏"，努力实现"禁牧不禁养、减畜不减收、减畜不减肉"的政策目标导向。2020 年，13 个省份新建人工饲草地5 768 万亩；肉牛、肉羊出栏率达 47.4%、94.4%，分别较 2015 年提高 1.2%、8.1%；牛、羊肉产量分别增长 9.5% 和 12.6%，为保障牛羊肉市场供给作出了积极贡献。

3. 直接补助奖励与拓宽就业渠道相结合，农牧民收入持续增加 补奖政策通过培育建立健全生态畜牧业股份制合作社，让牧民完成了资源变资产、资产变资金、资金变股金的转变，也实现了牧民变股东、牧业变产业、社员变职员的转变。整合"托管土地"，大力发展人工饲草地，实现以饲草产业促进舍饲畜牧业发展，以舍饲畜牧业带动居住环境改善。据统计，农牧民人均每年来自补奖资金的政策性收入近 700 元，户均增收近 1 500元，青海等省份当初的一些贫困县，补奖政策收入占农牧民总收入的 60% 以上。在补奖政策的推动下，农牧民发展二三产业的积极性不断提高，家庭经营性收入稳步增加，农牧民外出务工机会增多，收入渠道更加多元。2020 年，13 个省份畜牧业产值达 1.77 万亿元，占农林牧渔总产值的 36%，较 2015 年增长 46.3%。牧区县和半农半牧区县牧民人均牧业收入，较 2015 年分别增长了 62.3% 和 49.5%。

（二）生态奖补的补偿标准

针对传统过度放牧等不利于草原生态建设的行为，应严格把控好在牧草返青期的放牧活动，实现科学化放牧。其中，补偿标准的制定一直是影响政策成效的核心问题之一，也是影响生态奖补项目参与者积极性和生态补偿项目可持续性的关键要素。

目前，针对补偿标准问题的研究，主要方法有机会成本法、意愿调查法（支付意愿和受偿意愿）、市场价值理论法、生态系统服务功能价值法等（李屹峰等，2013）。这些方法各具优缺点，在实际运用过程中受条件和方法的局限，所得结论颇具差异。从福利经济学角度出发，补偿标准应确保项目实施前后牧民的经济收入维持在原有水平，而不是有所降低，即牧民得到的补偿金额应和项目实施后损失的实际价值相当，这才是行之有效的补偿。在众多研究补偿标准的方法中，机会成本法以受损方提供生态系统服务或产品而不得不放弃的利益为参考基础，选择合适的载体来核算受损方所放弃的最大利益是其关键。该方法较其他几种方法是应用较广、使用最多的补偿标准核算方法。

民众对草原生态补偿的接受度在民族区域普遍不高，项目实施效果不佳的主要原因在于制度和决策执行过程中缺乏针对当地实际问题的调查与访问，致使政策与实际脱节，导致民众抵触和拖延应付。这不仅降低了项目的公信力和执行力，也造成了各种资源的浪费。因此，在政策制定时，要做到"听声音、调基础"，结合基层实际状况制定切实可行的标准。具体来说，需做到以下几点：首先，充分考虑当地民族的传统生产生活方式；其次，决策前和决策过程中要进行实地调研，充分了解当地公众的想法和需求，把当地公众愿不愿意、支持不支持、希望怎么办等作为决策的重要依据；再者，对项目的执行、进展和效果等进行跟踪评估，对政策措施进行不断完善。

第四节　国家公园保护技术

一、国家公园建设总体要求

(一) 国家公园

国家公园的概念，最早由美国艺术家乔治·卡特林因美国西部大开发对印第安文明、野生动植物和荒野的影响深表忧虑而首先提出。随着对国家公园理解的深入，其概念不断被完善。所谓国家公园是指国家为保护一个或多个典型生态系统的完整性，为生态旅游、科学研究和环境教育提供场所而划定的需要特殊保护、管理和利用的自然区域。由于国家公园的保护模式能较好平衡保护与利用的关系，世界各国都根据实际情况建立了自己的国家公园和自然保护地。国家公园具有 2 个较明显的特征：①国家公园自然状况的天然性和原始性，即国家公园的环境为天然性的环境，而非人为构建的环境，人为建筑设施只是辅助；②国家公园景观资源的珍稀性和独特性，即国家公园的天然环境具有国际或地域特色，有不可替代性。

国家公园有别于严格的自然保护区和一般的旅游景区。经百年发展，国家公园已上升到世界范围内人类对天然自然环境的文化保护运动，与此同时形成了一系列的思想模式和保护方法：①保护对象从视觉景观保护走向生物多样性保护；②保护方法从消极保护走向积极保护；③保护力量从一方参与走向多方参与；④保护空间从点状保护走向系统保护。因此，国家公园的内涵可以理解为保护利用、全民共享、发展民生。所以，在生态环境保护建设上，一定要树立大局观、长远观和整体观，坚持保护优先，坚持节约资源和保护环境的基本国策，像保护眼睛一样保护生态环境，像对待生命一样对待生态环境，推动形成绿色发展方式和生活方式。

(二) 我国国家公园的建设现状

我国国家公园的建设起步较晚，之前主要借鉴前苏联模式构建以自然保护区为主体的保护地体系。在此期间，有关国家公园构建的制度法规也在不断完善。如中共中央办公厅、国务院办公厅联合印发的《建立国家公园体制总体方案》中指出，建立国家公园的目的是保护自然生态系统的原真性、完整性，始终突出自然生态系统的严格保护、整体保护、系统保护，把最应该保护的地方保护起来；国家公园的首要功能是重要自然生态系统的原真性、完整性保护，同时兼具科研、教育、游憩等综合功能。《建立国家公园体制总体方案》指出，国家公园属于全国主体功能区规划中的禁止开发区域，纳入全国生态保护红线区域管控范围，要实行最严格的保护。

近年来，我国逐渐建立了一批国家公园。例如，2006 年 8 月，云南省建立了普达措国家公园；2008 年批准云南省为国家公园建设试点省，之后又将黑龙江汤旺河设立为国家公园试点；2014 年又批准浙江省开化和仙居国家公园试点；直到 2015 年，三江源国家公园正式批准成立，成为我国首个国家公园体制试点。在此期间，有关国家公园制度也在不断被完善。学者们指出，在国家公园建设中，要充分考虑到中国文化与自然遗产资源所产生的共生问题，设立国家公园管理局、重视国家公园的立法进程和国家公园专项资金以及保证公益性（马晓东和王冰洁，2019）。

二、国家公园建设存在的主要问题及改进措施

（一）主要问题

虽然目前已有建成的国家公园及其试点，并配备了相应的监管辅助机构，完善了相关的管理规章制度及资金支配，但仍旧存在以下问题：

（1）国家公园的建设属于新事物，各地在尚未明晰国家公园带来的效应时，在试点工作中仍存在发展与保护间的博弈。

（2）所处地域、职能部门管理间的重叠问题，致使各自职责不明晰、管理效率和保护效果低下。

（3）自然资源资产确权登记相关工作办理缓慢，同时，中央与地方在职责界定方面不明确。

（4）《建立国家公园体制总体方案》中明确指出"所有者与监管者分开"的原则，但目前试点区域仍未建立权责统一的统一管理机制和协调联动机制，未能实现所有者与监管者分离，直接影响了生态保护效果。

（5）仍旧缺乏健全的制度体系。国家公园总体发展规划及发展战略不够完善，没有配套的法规政策、标准规范及生态补偿标准等。

（二）改进措施

目前建立国家公园的国家有 100 多个，部分发达国家针对国家公园设置了专项法或基本法，在国家层面通常都设有专门的管理机构，如国家公园管理局或特定部门进行管理，且国家公园的土地权属明确划归国有，管理权和经营权严格分离。对此，我们还需从以下几个方面进行改进。

（1）尽快编制全国自然保护地体系规划和国家公园总体发展规划，合理确定国家公园空间布局，自上而下根据保护需要有计划、有步骤地推进工作。

（2）在明确国家公园与其他类型保护地关系的基础上，完善自然生态保护制度，研究制定有关国家公园的法律法规，进一步明确国家公园的功能定位、保护目标、管理原则和管理主体。

（3）整合各类自然保护地的管理职能，加快建立包括国家公园在内的各类自然保护地统一管理和监管机构，统一行使自然保护地内国土空间用途管制、生态保护修复及相关监管职能。

（4）积极推进自然资源确权登记工作，逐步划清全民所有和集体所有之间的边界，划

清全民所有、不同层级政府行使所有权的边界，也要划清不同集体所有者的边界，做到权属清晰、权责明确。

（5）着力争取多方投入，完善资金筹措机制。在积极争取中央财政资金转移支付的同时，努力构建政府投入与社会捐赠资金并举的多元化资金筹措机制，创新融资渠道。

（6）建立健全社会参与的渠道机制，促进社会参与。以自然地理单元为整体实现跨区域联合共建，加强舆论引导，建立社区共管机制，完善社会参与机制，打造"共建-共管-共享"型国家公园。

三、草原自然公园

作为基于生态保护的一种可持续的草地管理和资源利用方式，草原自然公园是目前解决草地开发与保护矛盾、实现生态扶贫行之有效的途径之一。

（一）草原自然公园

草原自然公园是指具有较为典型的草原生态系统特征、有较高的生态保护和合理利用示范价值，以生态保护和草原科学利用示范为主要目的，兼具生态旅游、科研监测、宣教展示功能的特定区域。草原自然公园属于国家自然保护地体系中的一般控制区，可以在生态红线管理办法的约束下，划分多个功能保护区，非损伤性地可持续利用草原自然资源。

（二）设立草原自然公园的意义

首先，设立草原自然公园，有助于实现草原生态类型及其生物多样性的保护，可以有效促进中国草原生态系统的原真性和完整性的保持，有力推进草原生物多样性的保护。

其次，设立草原自然公园可以维持草原自然公园区域的生态功能、服务功能和文化功能。目前全国约1/3的草地都发生退化，其生态功能和服务功能均有所下降。2019年6月，中共中央办公厅、国务院办公厅印发了《关于建立以国家公园为主体的自然保护地体系的指导意见》，将自然保护地按生态价值和保护强度高低依次分为国家公园、自然保护区和自然公园三级体系。草原类国家公园和自然保护区主要对少数具有代表性的草原生态系统、草原生物多样性的集中分布区和珍稀濒危动植物的栖息地进行保护，兼顾草原资源的可持续利用；草原自然公园则以生态保护和合理利用及示范为主要目的，兼顾草原生态旅游、科研监测、宣传教育等功能。通过三级保护体系的建设，可以促进草原资源的合理利用和有效保护，实现草原生态系统保护与利用的协调发展。

再次，设立草原自然公园是丰富充实自然保护地体系的需要。青海省三江源国家公园是我国第一个得到批复的国家公园体制试点，也是试点中面积最大的一个国家公园，总面积12.31万千米^2，其中草原占70%以上（8.69万千米^2）。三江源国家公园实行集中统一高效的生态保护规划、管理和执法，可以实现以草原为主体的综合生态保护与建设，保障山水林田湖草生命共同体的系统治理，保护三江源这个中华民族的生命之源、生态之本、文化之根，推进自然生态保护、美丽中国建设以及人与自然的和谐共生，为全国国家公园体制建设提供范例。

最后，设立草原自然公园有助于传承和弘扬草原生态文化。建立草原自然公园能够让公众了解、认识草原，传承和弘扬先进的草原生态文化，为推动中华文明演进注入新的生机与活力。

（三）草原自然公园构建的技术模式

建设草原自然公园需协调地方、总体规划并完善体制机制。从技术层面可提供以下技术模式。

1. 家畜放牧及营养均衡生产　保障草原自然公园"生态优先、绿色发展、科学利用、高效管理"的基本方针，需要从保护和利用协调发展进行探索。放牧系统单元是指草原放牧过程中形成的草地、家畜、人居三位一体的共生体和稳定格局，具体指一定数量的人群在一定面积的草地上牧养一定数量的家畜，以维持牧业生产、牧民生计生活和草地健康的放牧系统。放牧系统单元具有生产、生活和生态等"三生"功能。过去一段时间，我国草原不合理的管理和利用方式导致放牧系统单元的草地、畜群、人居关系逐渐失衡，造成"三生"功能下降，出现草地退化、牧业衰退、牧民返贫等一系列环境与社会问题。例如，草地条块化分割降低了放牧系统单元的移动性、灵活性和保护性，造成部分草地因超载过牧或利用不足而发生退化的现象。草畜分散化经营也降低了放牧系统单元的适应性和多样化，造成草畜产品在市场竞争中处于弱势地位。此外，人居个体化生产减弱了放牧系统单元的传统知识利用和共同支持作用，导致牧户应对自然灾害等风险的能力下降。

因此，我国国家草原自然公园体制建设，需要从人居、草地和畜群的整体性和系统性来优化放牧系统单元体系，形成生态、社会和经济效益显著提升的放牧系统单元优化模式，解决草原不合理管理和利用带来的环境、经济和社会问题。构建国家草原自然公园的放牧系统单元，需根据自然环境（草原类型、气候因素、地形地貌等）和社会经济条件（基础设施建设、市场条件等），因时、因地分类设计和实施。

2. 新型牧业生产组织方式

（1）联户或合作社为单位的现代游牧模式　草地资源大面积分布但生产力较低地区（西部荒漠或荒漠草原区）的草原自然公园，适于发展联户或合作社为单位的现代游牧模式。这种放牧系统单元主要以牧民联户或合作社为单位，以规模化、低投入、粗放式草地畜牧业生产为目的，依据传统的"逐水草而居"的游牧原则，通过大范围、长距离的人居和家畜迁徙、游牧，维持人居、草地和家畜的时空平衡关系，实现草地资源的可持续利用。

（2）家庭或小型牧场为单位的定居放牧模式　水热条件较好、草地面积较小但所在区域生产力高的草原自然公园，适于发展家庭牧场或公司化运营的小型牧场定居放牧模式。主要以家庭或小型牧场为单位，以商品专业化生产为目的，采用放牧与舍饲相结合的生产方式提高牧业生产规模，获得稳定的经济收入。这种模式的优势在于突破草地载畜量的束缚（种植养殖结合），将土地的效益最大化，并且可以将资源配置合理化，使放牧系统单元的组分要素趋于最佳化发展。

该模式在不同区域实行的优势在于：在北方农牧交错及北方以草地农业生产为主的地区，可以促进形成农业的农、经、饲三元结构，改善农业和产品的结构性缺陷。在南方农牧交错区及南方以草地农业生产为主的地区，该模式可以在冬闲田建植超短期栽培草地，使传统的热带、亚热带水稻生产与牧草和草食家畜生产相结合，进一步提高复种指数、光能转化率、产品多样性和经济效益。在南方草山草坡区，还可以充分利用这些地区独特的气候资源和土地潜力，发展家庭牧场或小型牧场放牧，施行精密的划区轮牧，如日粮计或小时计的划区轮牧，实现草牧业持续发展、生态环境优化，并助力农牧民脱贫致富。

（3）合作社或大型牧场为单位的划区轮牧模式　草地资源大面积分布且生产力较高地区（如北方温带草原和草甸分布区、青藏高原高寒草甸和草原分布区）的草原自然公园，适于发展以合作社或公司化运营的大型牧场为单位的划区轮牧模式。这种放牧系统单元的优势在于，以社区或大型牧场为单位，以草地畜牧业生产的规模化、专业化、集约化为目的，通过大范围草地的季节轮牧和小范围草地的小区轮牧，维持草畜供需之时空平衡，实现草地资源的可持续利用。这种放牧系统单元模式不仅可以保证畜牧业的规模化生产，还可以保护草地生态环境，达到生态保护和牧业持续生产双赢的目的。

在产权模式上，通过牧户承包草原使用权的转租或入股，形成规模化的牧业合作社或公司化运营的大型牧场。根据不同季节、不同类型草地的载畜量，配置相应数量和种类的放牧家畜；在同一类型的草地上根据牧草的生长和再生速率，划分不同轮牧小区以调控放牧家畜的数量和时间，维系放牧系统单元中草地、家畜和人居三大组分之间的和谐关系，提高放牧系统单元的生态服务功能。

（四）草原自然公园的建设和管理

建设草原自然公园，首先要遵循生态保护优先的原则，促进草原生态系统服务功能全面发挥，维护区域生态平衡。对于生态区位重要、景观独特的区域，可以率先开展草原自然公园的试点建设工作。其次要坚持科学规划的原则，编制全国性的草原自然公园发展规划，构建布局合理、类型丰富、建设规范、管理高效、保障有力的草原自然公园体系。涉及草原自然公园周边社区群众利益的规划、决策和项目，应充分听取群众的意见，增强规划的科学性和可操作性。再者要坚持突出特色的原则，根据全国不同区域内草原的特点、保护目标及社会需求，因地制宜将自然生态、草原文化、生物多样性、生态体验及合理利用示范等要素融入草原自然公园发展。在北方，景观尺度大，有条件的地方应恢复"风吹草低见牛羊"的美丽风光；在青藏高原，可以将雪域风光与藏地文化进行完美结合、精彩呈现；在南方，景观可以精致一些，不强求集中连片，而是要展示山水林田湖草的融合。此外，还应按照草原生态系统的演化规律，科学地开展保护修复和合理利用，在生态优先的前提下，发展草原生态旅游和绿色产业，探索草原生态保护与畜牧业协同发展新模式。

在草原自然公园的管理上，一定要突出对生态的保护与修复。加强对重要的草原生态系统、草原自然遗迹及自然景观资源的保护，对退化生态系统进行以自然封育为主、人工修复为辅的生态修复，使草原生态系统保持良性循环与自然演替。开展草原巡护、防火和有害生物防控等活动，杜绝滥垦、滥采、滥挖等破坏行为，维护生物多样性，保持草原植被景观的原生性和完好性。

开展适度放牧和多功能利用示范。科学规划，进行禁牧、休牧、轮牧的分区建设，制定草原健康质量标准、发展草畜平衡的放牧模式。严格监管，在有效保护重要草原生态系统及自然资源的前提下，实现草原生态价值商品化，打造绿色产业示范区，为草原可持续利用、乡村振兴及巩固脱贫成效方面提供示范。

将科研监测与自然教育相结合。建立生态监测点，长期、连续性监测草原状况、生物多样性、有害生物、生态旅游影响因素等内容，掌握、探索草原生态系统特征及演替规律，为有效保护草原生态系统、恢复草原植被、改善草原生态环境提供科学依据。同时，以科普和生态文化展示为主题，开展自然教育活动。还要严格落实各项管护措施，保障草原自然公园可持续发展。严厉打击乱捕滥猎、乱采滥挖等破坏草原资源、侵占国有财产的违法犯罪行为，加强生态环境损害追责。注重草原畜牧业、旅游发展与草原生态环境保护相协调，实现经济效益与生态效益的协调统一。因管理不善导致草原自然公园条件丧失，或者因存在重大问题拒不整改以及整改不符合要求的，撤销其草原自然公园的命名并追究相关责任。

广泛动员社会力量参与草原自然公园的建设与管理。建立多元化资金筹措机制，按照"谁投资、谁建设、谁受益"的原则，采取合资、合作和股份经营等运作模式，引导和促进资金整合。将草原自然公园建设与生态扶贫、乡村振兴相结合，纳入国家生态建设和地方国民经济发展规划，鼓励和支持社会各界参与建设，并且给予必要的信贷和税收优惠政策，保障建设者的合法权益。推进志愿者队伍建设，鼓励公众参与管理工作，开展自然教育，促进民众全面认识草原自然公园建设的意义和作用。

参考文献
REFERENCES

包维楷，陈庆恒，1999. 生态系统退化的过程及其特点 [J]. 生态学杂志，18 (2)：36-42.

鲍毅新，诸葛阳，1984. 社鼠的年龄鉴定与种群年龄组成 [J]. 兽类学报 (2)：127-137.

柴林荣，孙义，王宏，等，2018. 牦牛放牧强度对甘南高寒草甸群落特征与牧草品质的影响 [J]. 草业科学，35 (1)：18-26.

晁玉祥，2002. 治多县莞根的种植实验及适宜性分析 [J]. 青海气象 (2)：2.

陈懂懂，孙大帅，张世虎，等，2011. 放牧对青藏高原东缘高寒草甸土壤微生物特征的影响 [J]. 兰州大学学报 (自然科学版)，47 (1)：73-77.

陈亮，赵兰坡，赵兴敏，2012. 秸秆焚烧对不同耕层土壤酶活性、微生物数量以及土壤理化性状的影响 [J]. 水土保持学报，26 (4)：118-122.

陈佐忠，汪诗平，2000. 中国典型草原生态系统 [M]. 北京：科学出版社.

董全民，李青云，2003. 世界牦牛的分布及生产现状 [J]. 青海草业，12 (4)：32-35.

董世魁，1998. 什么是草原载畜量 [J]. 国外畜牧学 (草原与牧草) (1)：6-11.

董世魁，任继周，2015. 牧业文明与草地健康：认识草地畜牧业自然生态-人文社会耦合系统 [J]. 兰州大学学报 (社会科学版)，43 (4)：105-110.

董世魁，杨明岳，任继周，等，2020. 基于放牧系统单元的草地可持续管理：概念与模式 [J]. 草业科学，37 (3)：403-412.

董玮，张璞进，常虹，等，2013. 不同放牧强度对荒漠草原蝗虫群落的影响 [J]. 环境昆虫学报，35 (5)：572-577.

杜国祯，李自珍，惠苍，2001. 甘南高寒草地资源保护及优化利用模式 [J]. 兰州大学学报，37 (5)：82-87.

杜卫国，鲍毅新，2000. 社鼠和褐家鼠消化道长度和重量的季节变化 [J]. 动物学报，46 (3)：271-277.

樊乃昌，景增春，王权业，1985. 士的宁杀灭高原鼢鼠的试验研究 [J]. 兽类学报，5 (4)：311-316.

樊乃昌，施银柱，1982. 中国鼢鼠 (EOSPALAX) 亚属分类研究 [J]. 兽类学报，2 (2)：183-199.

方精云，2000. 全球生态学：气候变化与生态响应 [M]. 北京：高等教育出版社.

傅伯杰，周国逸，白永飞，等，2009. 中国主要陆地生态系统服务功能与生态安全 [J]. 地球科学进展，24 (6)：571-576.

顾梦鹤，王涛，杜国祯，2010. 施肥对高寒地区多年生人工草地生产力及稳定性的影响 [J]. 兰州大学学报 (自然科学版)，46 (6)：59-63.

贺金生，卜海燕，胡小文，等，2020. 退化高寒草地的近自然恢复：理论基础与技术途径 [J]. 科学通报，65 (34)：3898-3908.

洪军，杜桂林，贠旭疆，等，2014. 近10年来我国草原虫害生物防控综合配套技术的研究与推广进展 [J]. 草业学报，23 (5)：303-311.

洪军，倪亦非，杜桂林，等，2014. 我国天然草原虫害危害现状与成因分析 [J]. 草业科学，31（7）：1374-1379.

侯天爵，周淑清，刘一凌，等，1996. 苜蓿锈病的发生、危害与防治 [J]. 内蒙古草业（1）：41-44.

贾树海，王春枝，孙振涛，等，1999. 放牧强度和时期对内蒙古草原土壤压实效应的研究 [J]. 草地学报，7（3）：217-222.

李春杰，王正凤，陈泰祥，等，2021. 利用禾草内生真菌创制大麦新种质 [J]. 科学通报，66（20）：2608-2617.

李华，1995. 中国鼢鼠亚科的分类研究 [J]. 首都师范大学学报（自然科学版），16（1）：75-80.

李青云，施建军，马玉寿，等，2004. 三江源区人工草地施肥效应研究 [J]. 草业科学，21（4）：35-38.

李文，曹文侠，徐长林，等，2014. 不同休牧模式对东祁连山高寒草甸草原植被特征变化的影响 [J]. 西北植物学报，34（11）：2339-2345.

李希来，2002. 青藏高原"黑土滩"形成的自然因素与生物学机制 [J]. 草业科学，19（1）：20-22.

李晓晨，王廷正，1992. 甘肃鼢鼠种群年龄的研究 [J]. 兽类学报，12（3）：193-199.

梁海红，王树茂，加杨东知，等，2018. 甘南黑土滩（鼠荒地）草场的等级划分及治理模式调查研究 [J]. 畜牧兽医杂志，37（1）：49-52.

梁振玲，马建章，戎可，2016. 动物分散贮食行为对植物种群更新的影响 [J]. 生态学报，36（4）：1162-1169.

刘德梅，马玉寿，董全民，等，2008. 禁牧封育对黑土滩人工草地群落特征的影响 [J]. 青海畜牧兽医杂志，38（4）：10-12.

刘千枝，胡自治，2000. 高寒地区饲用芜菁塑膜覆盖栽培研究Ⅱ. 覆膜对芜菁生长发育、产量和质量的影响 [J]. 草业学报（2）：83-88.

刘日出，2011. 放牧和围封对草地植物病害的影响 [D]. 兰州：兰州大学硕士论文.

刘若，1988. 国外利用火防治牧草病害的概况 [J]. 国外畜牧学，草原与牧草（2）：1-4.

刘伟，王溪，刘季科，等，1990. 家畜实验放牧强度对啮齿动物群落多样性作用的研究 [J]. 青海畜牧兽医杂志，5：3-6.

刘伟，严红宇，王溪，等，2014. 高原鼠兔对退化草地植物群落结构及恢复演替的影响 [J]. 兽类学报，34（1）：54-61.

刘勇，张雅雯，南志标，等，2016. 天然草地管理措施对植物病害的影响研究进展 [J]. 生态学报，36（14）：4211-4220.

刘钟龄，王炜，梁存柱，等，1998. 内蒙古草原植被在持续牧压下退化演替的模式与诊断 [J]. 草地学报，6（4）：244-251.

龙章富，刘世贵，1996. 退化草地土壤农化性状与微生物区系研究 [J]. 土壤学报，33（2）：192-200.

吕晓英，吕胜利，2003. 中国主要牧区草地畜牧业的可持续发展问题 [J]. 甘肃社会科学（2）：115-119.

罗莲，2022. 抗草地贪夜蛾 Bt 基因的筛选及应用 [D]. 成都：四川农业大学.

马敏芝，2015. 多年生黑麦草-内生真菌共生体抗病性及其对根腐离蠕孢（Bipolaris sorokiniana）抗病机制的研究 [D]. 兰州：兰州大学.

马其东，高振生，洪绂曾，等，1999. 不同苜蓿地方品种根系发育能力的评价与筛选 [J]. 草业学报，8（1）：42-49.

马玉寿，施建军，董全民，等. 人工调控措施对"黑土型"退化草地垂穗披碱草人工植被的影响 [J]. 青海畜牧兽医杂志，2006，36（2）：1-3.

马元成，王彦龙，更藏，等，2020. 青藏高原黑土滩人工草地建植与管理信息系统设计 [J]. 青海畜牧兽医杂志，50 (1)：50 - 54.

南志标，2001. 我国的苜蓿病害及其综合防治体系 [J]. 动物科学与动物医学，18 (4)：81 - 84.

钱亮，李昌平，吴正雄，等，1989. 川西北草地鼠虫害调查报告 [J]. 四川草原 (3)：34 - 37.

热娜古丽·艾合麦提，李叶，张翔，等，2015. 阿尔金山自然保护区喜马拉雅旱獭夏季的食性分析 [J]. 经济动物学报，19 (1)：20 - 24.

任继周，2002. 藏粮于草施行草地农业系统——西部农业结构改革的一种设想 [J]. 草业学报，11 (1)：1 - 3.

尚占环，董全民，施建军，等，2018. 青藏高原"黑土滩"退化草地及其生态恢复近 10 年研究进展—兼论三江源生态恢复问题 [J]. 草地学报，26 (1)：1 - 21.

尚占环，龙瑞军，马玉寿，等，2008. 青藏高原"黑土滩"次生毒杂草群落成体植株与幼苗空间异质性及相似性分析 [J]. 植物生态学报，32 (5)：1157 - 1165.

申波，马青青，程云湘，等，2018. 不同放牧制度对土壤种子库的影响——以青藏高原东缘高寒草甸为例 [J]. 草业科学，35 (4)：791 - 799.

师尚礼，2015. 苜蓿根瘤菌 [M]. 北京：科学出版社.

师尚礼，南丽丽，郭全恩，2010. 中国苜蓿育种取得的成就及展望 [J]. 植物遗传资源学报，11 (1)：46 - 51.

施建军，董全民，马玉寿，等，2012. 生态型黑土滩人工草地建植及利用技术规范 [J]. 青海畜牧兽医杂志，42 (1)：15.

施建军，马玉寿，薛晓蓉，等，2003. 果洛地区芜菁栽培试验 [J]. 青海畜牧兽医杂志 (4)：6 - 7.

史娟，贺达汉，冼晨钟，等，2006. 宁夏南部山区苜蓿褐斑病田间发生及流行动态 [J]. 草业科学，23 (12)：93 - 97.

苏军虎，WeihongJi，南志标，等，2015. 鼢鼠亚科 Mysopalacinae 动物系统学研究现状与展望 [J]. 动物学杂志，50 (4)：649 - 658.

苏军虎，南志标，纪维红，2016. 家畜放牧对草地啮齿动物影响的研究进展 [J]. 草业学报，25 (11)：136 - 148.

苏军虎，许国成，康宇坤，等，2019. 甘南高寒草甸蝗虫和毛虫的分布与植被群落的关系 [J]. 草地学报，27 (5)：1364 - 1369.

孙飞达，苟文龙，朱灿，等，2018. 川西北高原鼠荒地危害程度分级及适应性管理对策 [J]. 草地学报，26 (1)：152 - 159.

邰继承，杨恒山，范富，等，2010. 播种方式对紫花苜蓿＋无芒雀麦草地土壤碳密度和组分的影响 [J]. 草业科学，27 (6)：102 - 107.

谭宇尘，韩天虎，许国成，等，2019. 青藏高原东缘高原鼢鼠种群抗药性评估 [J]. 草业科学，36 (11)：2952 - 2961.

汤永康，武艳涛，武魁，等，2019. 放牧对草地生态系统服务和功能权衡关系的影响 [J]. 植物生态学报，43 (5)：408 - 417.

王保海，次仁多吉，王敬龙，等，2009. 西藏疯草研究进展 [J]. 草原与草坪 (4)：81 - 86.

王德利，王岭，2019. 草地管理概念的新释义 [J]. 科学通报，64 (11)：1106 - 1113.

王德利，王岭，辛晓平，等，2020. 退化草地的系统性恢复：概念、机制与途径 [J]. 中国农业科学，53 (13)：2532 - 2540.

王金梅，李运起，张凤明，等，2006. 刈割间隔时间对苜蓿产量、品质及越冬率的影响［J］. 河北农业大学学报，29（3）：86-90.

王俊杰，云锦凤，吕世杰，2008. 黄花苜蓿种质的优良特性与利用价值［J］. 内蒙古农业大学学报（自然科学版），29（1）：215-219.

王权业，周文扬，张堰铭，等，1994. 高原鼢鼠挖掘活动的观察［J］. 兽类学报，14（3）：203-208.

王小燕，张彩军，蒲强胜，等，2022. 人工草地建植对甘南高寒草甸草地生产力及土壤理化特征的影响［J］. 草地学报，30（2）：288-296.

王玉山，王祖望，王德华，2001. 温度和光周期对高原鼠兔和根田鼠最大代谢率的影响［J］. 动物学研究，22（3）：200-204.

卫万荣，2019. 高原鼠兔种群密度及植被群落结构与捕食风险的关系［J］. 草地学报，27（2）：350-355.

卫万荣，麻安卫，何凯，等，2016. 啮齿类动物群居起源研究假说［J］. 草业学报，25（4）：212-221.

魏代红，张卫国，王莹，等，2017. 利用禾草隔离技术防控鼢鼠危害豆科人工草地的研究［J］. 草地学报，25（1）：184-189.

魏万红，周文扬，王权业，等，1996. 高原鼢鼠繁殖期和非繁殖期的行为比较［J］. 兽类学报，16（3）：194-201.

闻鸣，2021. 草地螟幼虫取食和成虫交配行为的嗅觉分子机制研究［D］. 长春：东北师范大学.

薛龙海，刘佳奇，李春杰，2024. 披碱草属真菌病害研究进展［J］. 草业学报，33（2）：226-241.

颜忠诚，陈永林，1998. 放牧对蝗虫栖境结构的改变及其对蝗虫栖境选择的影响［J］. 生态学报，18（3）：56-60.

杨青川，康俊梅，张铁军，等，2016. 苜蓿种质资源的分布、育种与利用［J］. 科学通报，61（2）：261-270.

姚宝辉，王缠，张倩，等，2019. 甘南高寒草甸退化过程中土壤理化性质和微生物数量动态变化［J］. 水土保持学报，33（3）：138-145.

于贵瑞，2001. 生态系统管理学的概念框架及其生态学基础［J］. 应用生态学报，12（5）：787-794.

张道川，周文扬，张堰铭，1994. 高原鼢鼠饲养研究初报［J］. 中国媒介生物学及控制杂志，5（5）：354-357.

张国胜，李希来，李凤霞，等，1999. 青南高寒牧区莞根种植气候适应性试验研究［J］. 草业科学（6）：15-19.

张宏宇，杨恒山，李春辉，等，2008. 不同混播方式下苜蓿＋无芒雀麦人工草地生产力动态研究［J］. 内蒙古民族大学学报（自然科学版），23（1）：55-58.

张金青，陈奋奇，汪芳珍，等，2018. 紫花苜蓿茎秆组织中木质素的分布与沉积模式［J］. 草业科学，35（2）：363-370.

张黎敏，龙瑞军，汪永红，等，2005. 土壤筛对一定深度不同退化高寒草甸土壤种子库的分选效果［J］. 草原与草坪（5）：48-51.

张龙，1999. 蝗虫微孢子虫及其在蝗害治理中的作用［J］. 生物学通报，34（2）：14-15.

张蓉，2009. 甘南高寒草地植物主要真菌病害调查与鉴定［D］. 兰州：甘肃农业大学.

张蓉，王生荣，2009. 甘南玛曲高寒草地蒲公英锈病初步调查研究［J］. 安徽农业科学，37（17）：7879；7880-7891.

张文浩，侯龙鱼，杨杰，等，2018. 高寒地区苜蓿人工草地建植技术［J］. 科学通报，63（17）：1651-1663.

张知彬，王祖望，1998. 农业重要害鼠的生态学及控制对策 [M]. 北京：海洋出版社.

章祖同，2004. 草地资源研究 [M]. 呼和浩特：内蒙古大学出版社.

赵宝玉，曹光荣，童德文，等，1999. "棘防C"预防山羊甘肃棘豆中毒初探 [J]. 动物医学进展，20 (1)：44-46.

赵新全，马玉寿，王启基，等，2011. 三江源区退化草地生态系统恢复与可持续管理 [M]. 北京：科学出版社.

朱慧，王德利，任炳忠，2017. 放牧对草地昆虫多样性的影响研究进展 [J]. 生态学报，37 (21)：7368-7374.

Begon M，Mortimer M，Thompson DJ，1996. Population ecology：a unified study of animals and plants [M]. Third Ed. Blackwell Science Ltd. ，Oxford.

Branson DH，Sword GA，2010. An experimental analysis of grasshopper community responses to fire and livestock grazing in a northern mixed-grass prairie [J]. Environmental Entomology，39 (5)：1441-1446.

Cumming DHM，Cumming GS，2003. Ungulate community structure and ecological processes：body size，hoof area and trampling in African savannas [J]. Oecologia，134 (4)：560-568.

Daleo P，Silliman B，Alberti J，et al，2009. Grazer facilitation of fungal infection and the control of plant growth in south-western Atlantic salt marshes [J]. Journal of Ecology，97 (4)：781-787.

Davidson KE，Fowler MS，Skov MW，et al，2017. Livestock grazing alters multiple ecosystem properties and services in salt marshes：a meta-analysis [J]. Journal of Applied Ecology，54 (5)：1395-1405.

Ebeling A，Klein AM，Weisser WW，et al，2011. Multitrophic effects of experimental changes in plant diversity on cavity-nesting bees，wasps，and their parasitoids [J]. Oecologia，169 (2)：453-465.

Fischer M，Weyand A，Rudmann-Maurer K，et al，2012. Omnipresence of leaf herbivory by invertebrates and leaf infection by fungal pathogens in agriculturally used grasslands of the Swiss Alps，but low plant damage [J]. Alpine Botany，122 (2)：95-107.

Graciela García-Guzmán，Dirzo R，2001. Patterns of leaf-pathogen infection in the understory of a Mexican rain forest：incidence，spatiotemporal variation，and mechanisms of infection [J]. American Journal of Botany，88 (4)：634-645.

Gray FA，Koch D，2004. Influence of late season harvesting，fall grazing，and fungicide treatment on verticillium wilt incidence，plant density，and forage yield of alfalfa [J]. Plant Disease，88 (8)：811-816.

Humbert JY，Ghazoul J，Walter T，2009. Meadow harvesting techniques and their impacts on field fauna [J]. Agriculture，Ecosystems & Environment，130 (1)：1-8.

Moran MD，2014. Bison grazing increases arthropod abundance and diversity in a tallgrass prairie [J]. Environmental Entomology，43 (5)：1174-1184.

Pan Y，Wu J，Xu Z，2005. Analysis of the tradeoffs between provisioning and regulating services from the perspective of varied share of net primary production in an alpine grassland ecosystem [J]. Ecological Complexity，17 (1)：79-86.

Rodríguez JP，Douglas BT，Bennett EM，et al，2005. Trade-offs across space，time，and ecosystem services [J]. Ecology and Society，11 (1)：709-723.

Thompson DC，Knight JL，Sterling TS，1995. Preference for specific varieties of woolly locoweed by a specialist weevil，*Cleonidius trivittatus* (Say). Southwestern Entomologist，20：325-333.

參 考 文 献

参 考 文 献

Wang L, Delgado - Baquerizo M, Wang DL, et al, 2019. Diversifying livestock promotes multidiversity and multifunctionality in managed grasslands [J]. Proceedings of the National Academy of Sciences, 116 (13): 6187 - 6192.

Zavaleta ES, Pasari JR, Hulvey KB, et al, 2010. Sustaining multiple ecosystem functions in grassland. communities requires higher biodiversity [J]. Proceedings of the National Academy of Sciences of the United States of America, 107 (4): 1443 - 1446.

图书在版编目（CIP）数据

甘南退化高寒草地生态恢复理论与实践 / 苏军虎主编. -- 北京：中国农业出版社，2024.9. -- ISBN 978-7-109-32617-0

Ⅰ. S812.29

中国国家版本馆 CIP 数据核字第 2024F2D026 号

甘南退化高寒草地生态恢复理论与实践

GANNAN TUIHUA GAOHAN CAODI SHENGTAI HUIFU LILUN YU SHIJIAN

中国农业出版社出版

地址：北京市朝阳区麦子店街 18 号楼

邮编：100125

责任编辑：周锦玉

版式设计：王　晨　责任校对：张雯婷

印刷：中农印务有限公司

版次：2024 年 9 月第 1 版

印次：2024 年 9 月北京第 1 次印刷

发行：新华书店北京发行所

开本：787mm×1092mm　1/16

印张：17.25

字数：409 千字

定价：108.00 元